U0310001

内容简介

本书全面介绍了枣生产的关键技术，内容涵盖了无公害枣、绿色A级、绿色AA级、有机枣的生产及枣的优良品种、枣树优良品种培育、枣园建设、枣树栽植与管理。从幼树定干、整形修剪、施肥浇水、结果树管理到老树更新、优质果的生产、贮藏保鲜、制干等技术都作了详尽介绍。并结合我国地域广、南北差异大的特点，选择了栽培面积大、生物学特性有异、管理特点不同等有代表性的品种，针对其不同的管理技术，结合作者多年的实践经验进行了专题阐述。

本书可作为从事枣树育苗、枣树栽培、枣贮藏保鲜和经营者及各级果树技术人员在生产中的参考用书，也可作为专业技术人员的培训教材。

新编农技员丛书

枣生产配套技术手册

周正群　主编

中国农业出版社

主　　编：周正群

编写人员：周正群　　周　彦　　肖家良　　侯富华

　　　　　　韩金德　　杜增峰　　徐立新　　孔德仓

　　　　　　贾胜辉　　张福霞　　韩　琳　　曹　明

　　　　　　滕传亮　　储新房　　温如意　　周　敏

　　　　　　高　洁

　　枣是我国的名优特产，栽培历史悠久，以其良好的口感和药食同源的上佳品质受到国内外消费者的青睐，市场前景广阔，农民的栽培效益良好，仍然是目前产业结构调整中的首选果树品种。为促进枣生产发展，优化生态环境，生产出令消费者放心的安全果品，满足市场需求，帮助农民提高枣树栽培的经济效益，尽快踏上小康之路，特邀请长期工作在生产第一线的技术人员编写此书。作为生产技术手册，本书突出了生产技术内容广泛、先进的特点，简明扼要地介绍了枣从育苗、建园到枣园、枣树管理；枣树从萌芽、开花结果到果实的采摘、保鲜贮藏与制干等技术，并结合目前举国高度重视食品安全的需要，立足当前着眼未来，重点介绍了生产无公害枣、绿色食品枣、有机食品枣相关内容，选择了栽培面积大、特点不同等有代表性品种，对其不同管理技术进行专述，目的是帮助枣树栽培和经营者更好地掌握枣的安全无公害栽培、保鲜、贮藏技术，能随时解决生产中出现的问题，从而获得更高的经济效益。

　　食品安全关系到人类的生存与健康，我国政府非常重视，并制定了食品安全计划和实行市场准入制度。本书编写的枣生产技术符合安全食品标准要求，枣果生产达到我国新规定的食品安全标准。在编写过程中，作者根据自己几十年的实践并参阅了大量的科技资料，丰富了本书的内容，更突出了本书技术的先进性和实用性。书中所列参考书目可能存有疏漏，在此特向原作者表示感谢和敬意。我国地域广阔，土壤、气候差异大，枣品种繁多，内容难以面面俱到，望读者在生产中结合当地实际，灵活运用本书中介绍的技术，不断创新，丰富枣树栽培技术。

由于作者水平所限，错误难免，恳请广大同仁指正。

编　者

2012 年 1 月

目　录

前言

第一章

枣树栽培概况

第一节　我国枣树栽培概况及发展前景

一、枣树分布概况

枣是鼠李科枣属植物，原产地中国，据最近考古资料介绍，其栽培历史在 7 000 年以上。目前全世界有 40 多个国家有少量枣树引种栽培，只有韩国栽培面积 7 000 多公顷，产量 2 万吨左右，尚占不到世界总产的 1％，不能满足本国需求。我国枣树的栽培面积约 200 万公顷，产量约 300 万吨（折鲜枣），栽培面和枣产量均为世界第一位，占世界的 98 ％以上。枣树栽培中心在中国，因此，我国发展枣生产具有得天独厚的优势。

枣在我国栽培很广，在北纬 23°～42°，东经 76°～124°之间的平原、丘陵、沙地、高原均有栽培。以年平均温度 15℃为等温线，以南为南枣区，以北为北枣区。南枣品系少，品质较差，以加工品种为主，能耐高温、高湿，适宜酸性土壤。北枣品系多，品质好，以鲜食和鲜食兼制干品种为主，较耐低温，适应性广，耐干旱，适应中性和盐碱地栽培。全国除西藏、东北等极寒冷地区目前尚无栽培外，其他地区均有枣树栽培。栽培历史悠久，物竞天择，各地涌现出一批优良的枣树品种，如河北沧州的金丝小枣、冬枣，赞皇的赞皇大枣，山西的骏枣、灰枣、壶瓶枣、梨枣，山东的孔府酥脆枣、金丝小枣、鲁北冬枣，辽宁的金铃圆枣，陕西的七月鲜，甘肃的鸣山大枣，浙江的义乌大枣，新疆的赞新大枣等。全国产枣较多的省依次为河北、山东、河南、山西、陕西五省，其栽培面积和产量约占全国的 90％左右，近几年新疆枣生产发展很快，已成为当地致富奔小康的重要产业。

二、发展枣生产是建设环境友好、提高人民生活质量、实现低碳经济的需要

2010 年是全球多灾多难的一年，我国西南五省（自治区）遭遇百年不遇的特大旱灾，新疆、内蒙古、东北特大雪灾，连日的沙尘暴波及隔海相望的日本和我国的台湾省。全球其他地方也不平静，美国暴风雪，西欧、拉美多个国家暴雨洪水，墨西哥、古巴飓风，澳大利亚森林大火……频繁的自然灾害，给生活在地球上的人类造成巨大灾难，经济损失十分惨重。自 20 世纪工业大发展以来，世界性的气候自然灾害发生的频次越来越多，这一切无不与现代人类对地球资源过度开发，造成地球上的森林大面积消失，大气中的二氧化碳气浓度增加，产生的温室效应有关。减少二氧化碳气排放是当前人类所面对的共同任务，这就是现在各国政府所积极倡导的"低碳经济"的原因所在。

所谓低碳经济，是指在可持续发展的理念指导下，通过技术、制度、生活理念的创新、产业转型、淘汰高能耗产业及新能源、清洁能源开发等多种手段，尽可能地减少煤炭石油等高碳能源消耗，减少温室气体排放，达到经济社会发展与生态环境优化、人类生活和谐文明的一种多赢经济发展模式。低碳经济最早是在 2003 年英国能源白皮书《我们能源的未来：创建低碳经济》中提出的。前世界银行首席经济学家尼古拉斯·斯特恩 2006 年，在《斯特恩报告》中指出，全球以每年 GDP 1％的投入，可以避免将来每年 GDP 5％～20％的损失，呼吁全球向低碳经济转型。

2006 年年底，中国科技部、气象局、发改委、国家环保总局等六部委联合发布了我国第一部《气候变化国家评估报告》。2007 年 6 月，中国正式发布了《中国应对气候变化国家方案》。

2007 年 7 月，国务院总理温家宝先后主持召开国家应对气候变化及节能减排工作领导小组第一次会议和国务院会议，研究部署应对气候变化工作，组织落实节能减排工作，拉开了我国发展低碳经济的序幕。

中国国家主席胡锦涛在 2007 年的亚太经合组织（APEC）第 15 次领导人会议上，本着对人类、对未来的高度负责态度，对事关中国人民、亚太地区人民乃至全世界人民福祉的大事，郑重提出了四项建议，明确主张"发展低碳经济"。2009 年的两会，代表和委员又热议"发展低碳经济"，并以一号提案正式提交两会。"发展低碳经济"成为我国今后发展国民经济的战略目标。2009 年《中共中央国务院关于促进农业稳定发展农民持续增收的若干意见》中要求"建设现代林业，发展山区林特产品、生态旅游业和碳汇林业"。

在可持续发展理念指导下，通过技术、制度、生活理念的创新、产业转型、淘汰高能耗产业、新能源、清洁能源开发等多种手段，尽可能地减少煤炭石油等高碳能源消耗，减少二氧化碳气体的排放，可减缓温室效应。而现代人类的生活活动又不可避免地排放二氧化碳，如动植物呼吸就是吸收氧气排出二氧化碳化的过程。如何利用好二氧化碳，既能减少大气中二氧化碳的浓度，又为人类造福祉，最好的办法就是植树造林。二氧化碳是由太阳能转化为生物能不可缺少的物质，在自然环境下的大田农业生产显不出二氧化碳的珍贵，大棚温室的设施栽培就需要定时施用能生成二氧化碳的气肥才能增产。因此，大气中保持一定比例的二氧化碳气是必需的，二氧化碳多了不行，少了也不能生产人类生命所需的能量物质。树木是二氧化碳利用率远高于大田农作物和草原的物种，据研究人员测定，1 公顷森林 1 天吸收二氧化碳气约 1 吨，放出的氧气可供 900 多人呼吸用。因此，造林就是为人类造天然氧吧。森林涵养水源的作用巨大，林区与无林区相比，降雨次数和数量要多 20%；1 公顷林地可多蓄水 204 千克，因此，造林就是为人类造增雨机、建水库；1公顷松柏类林，一昼夜能分泌30千克抗生素，杀死肺结核、白喉、伤寒、痢疾等细菌，因此，造林就是为人类造无毒不产生抗性的天然抗菌素；噪声对人类的身心健康危害极大，噪声通过40米林带可减少10～15分贝，因此，造林就是为人类造消声器；森林中冬暖夏凉，与无林区相比，夏季日平均气温低2℃左右，冬季日平均气温高2℃左右，因此，造林就是为人类造中央空调……森林惠及人类的益处还很多，在此不一一列举。印度科学家研究一株50年生的树其直接经济效益为625美元，而它的生态和社会效益却是19.5万美元。"前人种树，后人乘凉"，森林对人类的生态和社会效益意义巨大。为了人类自身生存和健康的需要，就要回归自然，回到森林中去。根据森林的定义，凡土地面积大于等于0.067公顷（0.1亩）郁闭度大于等于0.2，就地生长高度达到2米以上（含2米）的以树木为主体的生物群落，包括天然林、人工幼林及竹林，以及特别规定的灌木林，行数在2行以上（含2行）且行距小于4米或冠幅投影宽度在10米以上的林带，都为森林，并具有森林的巨大效益。我们要响应党和政府的号召"绿化祖国"在荒山荒地上植树造林，在不影响粮食生产的同时，把一切可以绿化的地方都绿化起来。城市也要搞好绿化，见缝插绿，使人们置身于城市里的森林中，这就是碳汇林业。森林在国家经济建设和可持续发展中具有不可替代的地位和作用，良好的生态系统是保证整个国民经济持续、健康发展的基础。林地上有大量的枯枝落叶可有效地保持水土流失，据研究，林地土地只要有1厘米的枯枝落叶层覆盖，就可以减少94％泥沙流失，无林地每公顷泥沙流失量为有林地的44倍。森林生态系统还是防风固沙的屏障。一条疏透结构的防护林带，迎风面防风范围可达林带高度的3～5倍，背风面可达林带高度的25倍，可使风速减低20％～50％，配置合理的林网，可将灾害性的大风变成小风、微风，减少沙尘的产生。乔木、灌木、草的根系可以固聚土壤颗粒，防止其沙化，在降水增加和蓄水增多的条件下，经过生物作用可改变成具肥力的土壤。据资料介绍，1996年全世界由于生态破坏造成的直接和部分间接经济损失已占世界GNP总量的14%，我国每年因为各种自然灾害造成的直接经济损失高达2 000亿元，仅因洪涝灾害就减产粮食100多亿千克。减少各种自然灾害，降低因各种自然灾害造成的损失也是低碳经济。可见，要想可持续发展，实现低碳经济，大规模植树造林，搞好森林建设，保护好森林生态系统是至关重要的。枣树抗旱耐涝、耐瘠薄、适应性强，是绿化荒山荒地的先锋树种，由于枣树是管理省工、投入较低、产出较高、效益较好的果树品种，是目前农业产业结构调整、绿化荒山荒地、增加我国森林覆盖率、实现低碳经济、帮助农民致富奔小康的首选果树品种。新疆的若羌县，2002年还是国家贫困县，通过大力发展枣树，优化了当地环境，2009年全县人均枣收入达到5 000多元，占人均收入的83%以上，发了"枣"财，走上了富裕路。

三、发展枣生产仍有广阔前景

千百年来枣树之所以能在祖国大地上生长繁衍，不论是在瘠薄的山区还是土壤盐碱的滨海地区均能生长，是因为枣树耐瘠薄、抗干旱、耐涝、耐盐碱的优良特性。枣树是集结果早、丰产性好、果实营养丰富、口感好、药食同源等诸多优点于一身的树种，成为半干旱地区实现国土绿化、增加森林覆盖率、农民致富的重要经济林树种，特别是根据我国人多耕地少、水资源匮乏、荒山荒滩相对较多的国情，发展枣树更有特殊意义。我国是旱涝等自然灾害频发的国家，枣树抵御旱涝灾害、抗灾减灾功能巨大。

枣树是半干旱地区国土绿化、减少水土流失、保护环境、农民致富的首选经济林树种之一。我国水资源匮乏，人均水资源仅为世界人均水资源的六分之一，且地域分布不均，南方湿润多雨，北方干旱少雨；时空分布不均，每年的7、8、9三个月降水量约占全年降水量的百分之七十，缺水的北方仍会造成季节性涝灾，多雨的南方也有季节性干旱，这些地方山区干旱，水土流失严重，低洼平原土地盐碱，农业产值低，效益差，严重制约当地农业生产的发展。枣树具有抗旱、耐涝、耐盐碱、耐瘠薄的特点，在国土绿化、保持水土，改善生态环境、增加农民收益方面效果显著。河北省沧州市1996年夏季洪水成灾。据调查，凡是过洪水的地方，农作物全部被冲毁，颗粒无收。而金丝小枣树在1米多深的洪水中浸泡了20多天，秋后仍获得较好收成，为当地农民抗灾自救增加了资金，社会效益显著。1998、1999年沧州连续两年干旱，全市年降水量不足300毫米，大田里浇不上水的麦子、玉米均严重减产或无收，而当地的枣树仍果实累累，每667 米^{2}效益都在千元以上。1999—2002年辽宁省朝阳市连年大旱，2002年农作物几乎绝收，而当地的金铃圆枣生长正常，且获得丰收。枣树在减少水土流失、改善生态环境方面作用巨大。河北省的赞皇、阜平、唐县等山区县凡是枣树集中的枣区水土流失得到控制，且枣区农民的生活水平远远高于其他农区。

枣粮间作是实现农业可持续发展的最佳种植模式。世界性的资源日益减少与人类需求的不断增加和环境的恶化，已严重地危及人类的生存。为此，联合国早在1972年召开的"人类与环境"大会上提出"生态农业"，"食品安全"，最近提出的低碳经济，得到各国政府和人民的重视。1992年，联合国在巴西里约热内卢召开了有183个国家参加的"世界环境与发展大会"，会议一致通过了21世纪议程，中心议题是全球环境与可持续发展问题。可持续发展可以理解为：利用最小的资源，产生最大的效益，且对环境不构成污染和破坏，物质得到最充分的利用，使当代人生活幸福，又不给后代人的生存造成不利影响的系统工程。千百年遗留下来的枣粮间作这一种植模式历经沧桑，乃是保证我国粮食安全，实现农业可持续发展、节能减排的低碳经济，建设社会和谐、环境友好的小康社会的最佳模式，同时也是生产无公害、绿色、有机果品的最佳模式。据调查，枣粮间作的农田，其风速可减弱 10%～38%，空气湿度可提高 2%～4%，气温冬天可提高 1～2℃，夏天可降低 1～2℃，有效地改善了田间小气候，创造了利于农作物生长的生态环境。枣粮间作地的小麦可减少干热风危害，较非间作地的小麦成熟晚，千粒重重，小麦增产 10%～30%。枣区枣粮间作的双千地块（树上千元钱，树下千斤粮）比比皆是。农作物的农副产品及枣树叶又是饲养牲畜的上等饲料，牲畜的粪便通过沼气池发酵，沼渣、沼液是生产无公害农产品的最佳肥料。产生的沼气可以作为燃料，照明做饭，节省的秸秆又可作饲养牲畜的饲料。农、林业为畜牧业提供了饲料，畜牧业为农、林业提供了优质肥料，做到了物尽其用，良性循环，实现了农业的可持续发展。2002 年笔者调查，实施了新农村生态家园工程的农户，用沼渣、沼液作肥料生产的金丝小枣，较一般的金丝小枣每 667 米^2 增加效益 200～400 元，且树势壮，病虫害轻，果实品质好。养牲畜年增加收入 2 000～3 000 元，年节约燃料 300 元左右，仅此可年增加效益 3 000～4 000 元。另据报道，沼渣、沼液在葡萄上施用效果显著，与对照使用多元素复混肥相比，仅提高葡萄产量和品质就每亩增收 940 元（2000 年前的价格水平），并代替化肥 750 千克/公顷，其生态、社会效益巨大。目前农业生产有机肥料严重不足，是影响无公害农产品乃至有机农产品生产的限制因素，实施枣粮间作模式实现农业的循环经济就能较好地解决这一难题。

　　生产无公害果品乃至有机果品，其病虫控制应主要依赖于物种间的生态平衡，而生物的多样性是促进生态平衡的首要条件。中国农业科学院在云南、贵州进行的生物防治实验研究，就是通过农作物的间作、套种、轮作等形式，充分利用生物多样性及其相互抑制来实现的。枣粮间作是实现生物多样性的种植模式。历史变迁，枣粮间作种植模式流传至今，应是源于符合生态规律的结果。

枣果营养丰富，有良好的医疗保健价值。红枣营养极为丰富，富含人体所必需的物质，素有"维生素丸"之称。据中国医学科学院和北京食品研究所等多个单位对红枣的测定，每百克鲜枣含蛋白质 1.2 克、脂肪 0.2 克、粗纤维素 1.6 克、糖 24 克、胡萝卜素 0.01 毫克、硫胺素 0.06 毫克、核黄素 0.04 毫克、尼克酸 0.6 毫克、维生素 C 420 毫克、钙 41 毫克、磷 23 毫克、铁 0.5 毫克、锌 1.52 毫克、钾 375 毫克、钠 1.2 毫克、镁 25 毫克、锰 0.32 毫克、铜 0.06 毫克、硒 0.8 微克及多种人体必需的氨基酸、膳食纤维等。制成干枣，胡萝卜素、硫胺素不变，维生素 C 降为 10～20 毫克，其他物质均有增加，糖可增至 73 克。据日本学者测定，红枣的提出物中 D-葡萄糖、D-果糖和其他如低聚糖各占 1/3 左右。由此可见，红枣中含的糖是以对人身体有益的多糖为主，利于益生菌的繁殖，是不可多得的益生原，对增强人的体质、提高人的免疫力和耐力是有益的。红枣所含主要营养物质远高于其他果品，如维生素 C 的含量，鲜枣是苹果、桃的 100 倍，是猕猴桃含量的 10～15 倍，钙和磷是一般水果含量的 2～12 倍，维生素 P 的含量达 3 000 毫克，为百果之冠。在平常人们的印象中似乎是猕猴桃是含维生素 C 之王，这是因为国外多数国家都有猕猴桃，研究得多，宣传得多，食用得多，认知程度高，而红枣唯我国独有，研究的少，宣传力度不够，认知程度低，在世界范围内食用人群相对较少，不知道鲜枣维生素 C 的含量远远超过猕猴桃也就不足为奇了。在崇尚食品保健和食疗的今天，红枣无疑是人们日常生活中的最佳果品。

（编者按：枣所含营养物质种类，品种间差异不大，品种间或同品种在不同的区域及栽培水平的不同，其含同种营养物质有数量差异，现有资料对枣的内含物检测项目不同，不同品种难以比较，故在下文品种介绍栏目中不再一一介绍品种所含的营养物质，只介绍枣含可溶性固形物来粗略判断枣果的品质。）

红枣的医疗作用为历代医学大家所重视。《神农本草》中记载"枣主心腹邪气，安中养脾，助十二经，平胃气，通九窍，补少气、少津液、身中不足、大惊、四肢重、和百药。"一代名医张锡纯高度评价"枣虽为寻常之品，用之得当，能建奇功。"现代医学研究表明，红枣中含有人体必需的多种维生素，而且还含有环磷酸腺苷和环磷酸鸟苷，是人体能量代谢的必需物质，并有扩张血管、增强心肌、改善心脏营养等作用，可防治高血压、心脑血管、慢性肝炎、神经衰弱、非血小板减少性紫癜等多种疾病。最新中药药理与临床应用报道，大枣对N-甲基-N-硝基-N-亚硝基胍诱发的大鼠胃腺癌有一定抑制作用，可降低胃肠道恶性肿瘤发生。实验表明，大枣含有桦木酸、山楂酸对肉瘤180增殖有抑制效果。周锡顺报道，大枣煎剂能提高小白鼠体内单核-巨噬细胞系统的吞噬功能，对小白鼠机体免疫功能有提高作用。国外医学家对红枣也有新的认识。一位英国医生用168位身体虚弱者做对比实验，凡是连续吃红枣的，其康复速度比单服用维生素类药物的患者快3倍以上。红枣是集医疗和保健于一身的美味果品，药食同源，可天天食用。"日食仨枣，一辈子不显老"，"天天吃仨枣，郎中不用找"的民谚并非虚传。红枣营养丰富是集医疗与保健于一身的果品，是防治"未病"的佳品，在人人崇尚健康和快乐的今天，红枣已开始步入百姓家庭，市场前景广阔。红枣是我国特有果品，随着我国改革开放，对外贸易日益扩大，红枣这一名优果品必将走向世界。现代社会，人的生活节奏加快，工作压力和社会压力增大，健康成为普遍关注的问题，中医医学在治疗"未病"上有独到之处，黄帝内经的"上工治未病"医学观念，正吻合当前国际流行健康保健潮流，枣的保健医疗价值开始为世界各国人民所认识，枣的用途广泛，外贸出口逐年增加，国际市场前景良好。

　　枣树用途广泛，市场前景良好。枣树不仅能防风固沙、保持水土、美化环境，又能为人类提供营养丰富、美味可口的佳果，而且是上等蜂蜜的蜜源植物，蜂蜜及其相关蜂产品如蜜胶、花粉、蜂王浆等对防治疾病和人体保健同样是不可替代的佳品，又能为养蜂业带来丰厚的报酬。其木材比重大，质地坚硬，纹理细密美观，可满足高贵家具雕刻用材。随着世界性天然林日益减少，优质高档木材日趋紧缺，枣木的市场前景同样良好。因此，大力发展枣树无疑是实施低碳经济，利国富民之举。

四、目前在枣树栽培中存在的问题及对策

我国枣树栽培历史悠久，有的名优品种栽培有上千年历史，在这历史长河中，环境的影响、自然的变异使这些古老品种分化严重。据沧州市红枣资源普查，仅金丝小枣一个品种就有近20个类型。笔者曾调查一块6年生用归圃苗栽植的金丝小枣园，初步分类有大长身、小长身、长圆身、中圆身、小圆身之分，有的裂果严重，有的裂果轻，有的抗病，有的不抗病。在相同管理条件下都没开甲，有的树上果实累累，有的全树基本无果，变异之严重可见一斑，各地枣区特别是老枣区的其他品种也同样存在这一问题。长期依赖根蘖苗繁殖发展起来的枣园，生产的枣果大小不一，风味口感各异，难以做到内在品质与外观质量的一致性，和现代化商品标准要求极不相称，不能适应市场的需求。有的管理粗放，优质果率低，效益差。品种结构不合理，早熟鲜食品种少，市场销售链短。枣加工品种数量少，缺少现代化大型企业带动枣产业发展，枣产业化水平低。这些问题都制约枣业的发展，应在生产中解决好，以促进枣业的健康发展。为此，在生产中应注意以下几点：

1. 继续选育优良品系 中华人民共和国成立以来，经广大科技工作者和枣农的努力，已选育出几十个优良品系，改进了原品种的质量，推进了枣业发展，我们还应继续努力，发动群众，充分利用我国丰富的枣资源选育出新的抗性更强、品质更优的新品系。

2. 加大新品系的推广力度　20 世纪末栽植的枣树多以根蘖苗为主，影响枣果质量全面提高，今后新建枣园一定要选择新选育的良种苗木栽植，以保证枣园苗木纯正，品质优良。

3. 加快大树改造　对已结果的枣园特别是老枣区，通过普查，把果实小、品质差、抗性差，特别是易染病、易裂果的单株，通过大树高接换头，改换成优良品系。只有这样才能做到降低成本，生产优质果品，增加农民收入。

4. 提高枣果品质　目前生产上，有的枣园重种轻管，有的片面追求产量忽视质量，致使枣果质量下降，影响市场销售。栽培者和经营者应建立质量第一、品牌至上、诚信经营赢得市场的现代理念。要全面提高枣果品质除采用优种外，还要优种优法，通过增施有机肥，合理的肥水管理，正确地运用保花促果技术，做到结果适量，适时采收，提高采后加工工艺水平，才能保证枣果的高质量，赢得市场，满足国内外市场的需求。

5. 调整品种结构，丰富红枣市场　枣果品种单一既不利于延长市场销售链又给集中采收、加工增加压力，遇到阴雨连绵的天气会给枣业造成严重损失。2007 年沧州金丝小枣成熟时连续阴雨致使枣裂果、烂果损失惨重，应引以为戒。目前红枣品种凡是品质特优的枣，果皮一般都薄，成熟时易裂果，因此不宜过于集中大面积发展单一品种，应以适应本地气候、环境的优良品种为主，早、中、晚熟，鲜食、加工品种兼顾，根据市场需求，形成一个品种配置合理的结构，这样回旋余地大，应对不断变化的气候和市场，减少损失，增加效益。

6. 积极开发枣产业，促进产业化　目前我国枣的生产多是一家一户的小生产，无力与现代化大生产抗衡，更无力驾驭国内外市场。有很多应解决而解决不了的问题，如现代技术的引进与应用，精品名牌商标的创建等，这些问题不解决，直接阻碍枣产业的发展。因此，必须适时扩大经营规模，与现代化大企业联合，走龙头企业加基地加农户的道路，或组织集产、销、研、加一体化的合作社、产业协会式的产业化，依靠集体的力量，通过科技创新，不断提高果实品质及产业化水平，应对千变万化的国内外市场，这是今后枣业发展唯一的出路。

7. 积极开发现代化的枣业加工，提升产品档次 搞好果品加工是实现增值、扩大果品销路、促进枣业发展的重要途径。我国果品加工业相对滞后，果品加工仅占总量的 10％左右，与世界果品加工占总量的 50％差距甚远，枣业加工也是如此。今后要在加工上做文章，运用现代化的技术提升加工品的质量和档次；积极引进外国资金和技术，开发枣的内含物的提出技术，如枣红素、环磷酸腺苷等深加工，通过扩展枣的应用途径，带动枣产业的健康发展。

第二节　枣名优新品种介绍

一、优良鲜食品种

(一) 六月鲜

1. 品种特点 为鲜食品种，山东省农业科学院果树研究所选育，2000 年通过省级审定。果实长筒形，单果重平均 13.6 克，果皮中厚浅紫红色，果肉绿白色质细松脆，味浓甜微酸可口，脆熟期含可溶性固形物 32％～34％，可食率 97％，品质上。成熟期遇雨不易裂果。在当地 8 月上旬即能采摘上市，果实成熟期可历时 40 余天。树体中大，树势较弱，适应性差，要求土壤深厚肥沃，花期温度较高，日均温度在 24℃以下坐果不良。

2. 栽培要点 作为鲜食品种宜采用小冠密植模式栽植，株行距以 3 米×5 米、3 米×4 米或计划密植 1 米×2 米、1.5 米×2.5 米、1.5 米×2 米后改造成 2 米×3 米、3 米×5 米、3 米×4 米为宜。引种时要充分考虑当地花期温度和土壤状况，以免引种失败。为提高果实商品率，幼果期应做好疏果工作。采果后仍要加强果园后期管理，保证叶片完好无损功能正常，增加树体贮藏营养的积累，为翌年枣果的优质丰产奠定基础。其他管理参照本书有关部分，不再赘述。

(二)月光

1. 品种特点 早熟鲜食品种，河北农业大学选育，2005年通过省级审定。果实近橄榄形，单果重10克左右，含可溶性固形物23.9%，糖20.1%，果皮薄红色，果面光滑果点中大，果肉细脆汁液多，风味浓，酸甜适口，果核小，可食率96.8%。在河北保定8月中下旬成熟，成熟期遇雨裂果较轻。树势中等，干性较强，树姿半开张。适应性强，抗寒耐瘠薄，适宜我国长江以北，河北承德、辽宁沈阳以南栽培。

2. 栽培要点 栽培条件要求不如六月鲜严格，其他栽培要点同六月鲜。

(三)七月鲜

1. 品种特点 鲜食枣，由陕西果树研究所选育，2003年通过省级审定。果实大，圆柱形，平均单果重29.8克，最大74.1克。果皮中厚深红色，果面平滑，果肉厚质细味甜，汁液较多，果核较小，鲜枣可食率97.8%，品质上。花红期果实含可溶性固形物25%～28%。在陕西关中地区8月中旬可采收上市。该品种结果早，丰产性好，产量高。果实较抗裂果、缩果病、不抗炭疽病，采前不落果。

2. 栽培要点 该品种不抗炭疽病应注意防治。花期使用赤霉素（九二○）提高坐果其浓度要高于一般品种，采用50～70毫克/千克效果较好，其他管理同六月鲜。

(四)京枣39

1. 品种特点 京枣39由北京市农林科学院果树研究所选育，2002通过专家鉴定。果实大，圆柱形，单果重28.3克，大小较均匀。果皮深红色，果面光滑，果肉厚绿白色，肉质松脆，味酸甜可口，汁液较多，宜鲜食，品质上。果实含可溶性固形物25.5%，鲜枣可食率98.7%。在北京地区9月中旬果实成熟。

该品种干性强，生长势旺，结果早，丰产性好。抗逆性好，抗寒、抗旱、耐瘠薄、对土壤要求不严，抗枣疯病和炭疽病力强，适宜北方枣区栽植。

2. 栽培要点 幼树应注意控制营养生长，可适当加大各级各类枝条角度以促进生殖生长，在实现早果早丰的同时培养健壮的树体结构。其他参照七月鲜。

（五）孔府酥脆枣

1. 品种特点 为山东曲阜的名优鲜食品种。果实中大，单果重13～16克，大小较均匀。果实长圆形或圆柱形，果皮中厚深红色，果面不平，果肉厚乳白色，肉质酥脆甜味浓，汁液中多，品质上。鲜食枣可食率92.6%，含可溶性固形物35%～36.5%。原产地8月中下旬果实成熟。结果早，坐果率高，丰产。果实较抗病，一般年份裂果极轻。

2. 栽培要点 幼树期应注意中小枝组培养，盛果期应控制膛内大枝，保持冠内通风透光。其他参照七月鲜。

（六）金铃园枣

1. 品种特点 辽宁朝阳市发现优良单株，2002年通过省级审定。果实大近圆形，平均单果重26克，最大75克。果皮薄鲜红色，果肉厚绿白色，肉质致密，味甜酸多汁，果实含可溶性固形物39.2%，品质上，宜鲜食。枣核小，鲜枣可食率96.7%。结果早、丰产性好。原产地9月下旬成熟。该品种抗寒、抗旱、耐瘠薄、适应性强。资料介绍：1990年低温－34.4℃未发生冻害，1990—2002年连续4年大旱，2002年农作物绝收，该品种生长正常枣果丰收。适宜北方年均气温8℃以上，低温－30℃地区栽植。

2. 栽培要点 参照七月鲜。

（七）冬枣

1. 品种特点 冬枣也叫黄骅冬枣、鲁北冬枣、苹果枣、冰糖枣、雁过红等。历史上河北的黄骅、盐山、海兴、山东的无棣、乐陵、庆云、沾化等市县农家院内均有零星栽培,目前唯有黄骅市聚官村有成片栽植的千年老树千余亩,20世纪90年代初开发,是目前品质最优的鲜食晚熟品种,通过贮藏保鲜可贮至春节。果实中大,平均单果重11.5克,果皮薄赭红色,果肉细嫩绿白色,极酥脆多汁,味浓甜微酸,风味口感极好,成熟期果实含可溶性固形物40%~42%,可食率96.9%,品质极上。沧州9月下旬至10月中旬可采收上市。树体较大,树姿开张,发枝力中等,幼树期发枝力较强。花期要求温度较高,日均温度在24~26℃坐果才好,适应性较强,耐盐碱,幼树耐寒性差,特别是冬季温度骤然变化易受冻害。据测定其果实为呼吸跃变型,贮藏时应注意。

2. 栽培要点 栽培冬枣要注意花期温度适宜地域,即年均温度达到要求,花期温度低也难以栽培成功。花蕾期、花期、幼果期要严格控制枣头生长,花期开甲宽度较一般枣树宽,但不宜超过1.2厘米。要加强以增施有机肥为主的土肥水管理,搞好人工疏果,做到合理负载,提高贮存营养水平,要注意果实病害的防治,具体技术参照本书有关部分。

(八)冀星冬枣

冀星冬枣(冀冬6号)由沧州市林业科学研究所从沧州市众多的冬枣资源中历经数年选育的冬枣新品种,2007年通过省级专家鉴定,2008年通过省级审定。

1. 品种特点 冀星冬枣在当地4月中旬萌芽,5月下旬开花,盛花期6月上旬,果实9月底成熟,10下旬落叶。果实圆形(多为苹果形),个大,平均单果重16.55克,大果35克,大小较均匀,整齐度高。果皮薄赭红色,有光泽,果肉黄白色,肉质细嫩汁液多、甜味浓、酥脆、口食无渣,口感极好,果实含可溶性固形物白熟期为18.6%,全红期为31.28%,每百克含维生素C 356.3毫克,较一般冬枣高17.28%,果核较小,可食率97.3%,品质极上,是极为优良的晚熟鲜食品种。结果早、丰产，嫁接两年可结果，6 年生平均株产 35.5 千克。抗逆性较强，耐旱、耐涝、耐盐碱，适宜发展冬枣的地区均可发展，以提高冬枣的商品价值。

2. 栽培要点 对现有品质不佳的冬枣可改接冀星冬枣，以提高冬枣的商品价值，获得较高的经济效益。其他参照冬枣栽培部分。

（九）临猗梨枣

原产山西运城、临猗等地，20 世纪 90 年代开始规模发展，是目前栽培面积较多的鲜食品种。

1. 品种特点 果实长圆形个大，平均单果重 30 克，最大 70 克以上。果皮较薄浅红色，果面不光滑，果肉厚白色，肉质松脆，味甜汁较多，品质中上。含可溶性固形物 27.9%，宜鲜食，可食率 96%。果实当地 9 月下旬至 10 月上旬成熟。树体较小，干性弱，枝条密，树姿开张。结果早，新枣头结实力强，丰产性好。但易感枣疯病和铁皮病，易裂果。据测定其果实为呼吸非跃变型，贮藏时应注意。

2. 栽培要点 适宜采用小冠密植、高度密植模式栽培，幼树期充分利用新枣头结果和扩大树冠，该品种枣股 2～3 年生坐果好，进入结果期应通过短截促发新枣头更新枣股，发挥其丰产性能。及时疏除膛内无用枝条，保持冠内通风透光良好。应注意枣疯病和铁皮病的防治，要适时补钙以减少后期裂果。其他参照临猗梨枣栽培部分。

（十）大瓜枣

山东果树研究所在东阿县选出优良单株，1998 年通过省级审定。

1. 品种特点 大果型，果实椭圆形，平均 25.7 克，最大果重 50 克以上。果皮薄红色光亮鲜艳，果面平滑。果肉厚乳白色，肉质细密酥脆，味浓甜微酸，果汁中多，含可溶性固形物 30%～32%，宜鲜食，可食率 95%，品质上。山东泰安 9 月中旬成熟。

树体较大，发枝力强，树姿开张，结果早，丰产。适应性强，较耐瘠薄，对土壤要求不严。花期日均温度 21℃ 以上即可坐果，成熟期不耐干旱，遇旱易落果，遇雨裂果轻，较抗炭疽病。

2. 栽培要点　果实成熟期天旱应适当浇水，防止落果。其他参照京枣 39 和七月鲜。

（十一）大白铃

山东果树研究所从山东夏津县选出优良单株，1999 年通过省级审定。

1. 品种特点　果实大，平均果重 24.5～25.9 克，最大 80 克。果实近球形，果皮薄棕红色光亮。果肉绿白色，肉质松脆，味甜汁中多口感好。含可溶性固形物 33%，可食率 98%，鲜食品质上。在泰安果实 9 月上中旬成熟。树势中庸，干性较强，发枝力中等，结果早丰产。耐瘠薄，抗旱、抗寒、抗风，较抗炭疽病和轮纹病，裂果极轻。

2. 栽培要点　鲜食品种宜采用小冠密植模式栽培，幼树注意直立枝控制，其他同七月鲜。

（十二）早脆王

早脆王俗称冰糖脆、酥脆王，1988 年全国小枣资源普查中在河北省沧县发现，1989 年由河北省沧县红枣良繁场引入，进行观察和培育繁殖。2000 年在山东乐陵市召开的红枣鉴评会上以其优良的品质荣获金奖。于 2010 年通过国家级审定。

1. 品种特点　大果型，果实卵圆形，平均果实横径 4.9 厘米，纵径 5.9 厘米，平均单果重 30.9 克，最大可达 87 克。果面光亮，果皮鲜红色，果皮薄果点小，果肉白绿色肉质细嫩酥脆多汁，味甜爽口，果肉厚核小，可食率 96.7%。树体中等，幼树或初果期树势较强，结果后树势变缓，树姿开张。花期温度在 22℃ 以上坐果良好。当地 9 月上旬果实开始着色，即可采摘上市，脆熟期口感最佳，全红期果实易萎蔫，适宜半红期鲜食或白熟期加工蜜枣。早脆王抗旱耐涝，抗盐碱对土壤要求不严适应性强。

2. 栽培要点 注意结果后结果枝及时复壮，其他参照本书有关部分。

二、优良鲜食制干兼用品种

（一）金丝小枣

是河北、山东主产的优良品种，栽培历史悠久。目前河北、山东新选育的金丝丰、金丝蜜、金丝新1号、2号、3号、4号、乐金1号、乐金2号等新品种均是从金丝小枣中选出的优良单株培育而成，其综合性状和品质均优于现在栽培的金丝小枣，应发展推广新选育的品种。现存的金丝小枣园应对哪些品质劣的单株通过高接换头改劣换换优，提高枣园整体的优良水平。并继续选育新品种，使栽培的金丝小枣综合性状越来越好，品质越来越优，使这一古老品种不断得到提升。其他地方品种也应如此，不再赘述。

1. 品种特点 河北沧州，山东德州、滨州市及所属县市为主产地，栽培历史悠久。目前栽培的金丝小枣有20多个品系，株间差异较大，良莠不齐。果实小，一般平均单果重5克左右，果皮薄，鲜红色或紫红色，果面平滑，光亮美观。果肉乳白色，肉质致密细脆，果汁中多，味浓甜微酸，含可溶性固形物34%～38%，可食率95%～97%，可鲜食和制干，制干率55%～58%，干枣果皮深红色光亮，枣核小，肉厚质地细腻饱满富有弹性，果肉含糖74%～80%，酸1%～1.5%，味道清香浓甜，无苦辣异味，耐贮运，品质极上。金丝小枣适应性较差，栽培在黏质壤土才能突出该品种的优良品质，在砂质土壤上则品质和产量均下降且树势早衰。抗盐碱，可在含盐量0.3%以下的盐碱地上生长，沧州盐碱地上生长的金丝小枣品质和产量均好。花期日均温度需在22℃以上坐果好。果实成熟期遇连阴雨天易裂果，烂果严重。果实在沧州9月下旬成熟，鲜食9月上中旬可采摘上市，制干一般在 10 月初当果皮出现皱纹、果核处果肉变褐色出现糖心时采摘。树势较弱，树姿开张，树体中大。花量大自然坐果率低。据测定其果实为呼吸非跃变型，贮藏时应注意。

2. 栽培要点　要选择气候环境适宜及土壤深厚的壤土或黏质壤土栽培，适宜中冠型栽植，应加强以增施有机肥为主的土肥水管理，开花前应控制枣头生长，花期必须采取开甲等提高坐果率的技术措施，保证枣的优质丰产。加强以叶螨和枣锈病为重点的病虫防治工作，栽培中注意补钙以减少后期裂果，其他参照本书有关部分。

（二）金丝 4 号

该品种由山东省果树研究所从金丝 2 号的自然杂交实生苗中选出优良单株培育而成，其综合性状和果实品质均优于原金丝小枣。

1. 品种特点　果实长圆筒形，单果重 10～12 克，大小均匀，果皮紫红色较薄，果肉白色肉质致密脆甜，口感好，含可溶性固形物 40%～45%，鲜枣可食率 97.3%，制干率 55% 左右。干枣浅棕红色，肉厚富有弹性，光亮美观，耐贮运。在当地 9 月底 10 初成熟。适应性强，能在花期日均温度 21～22℃ 的条件下坐果，结果早，丰产性好，花期即使不实施环剥技术也能获得较高产量，在山地、平原、盐碱地上均可生长。抗炭疽病、轮纹病、一般年份裂果少。可在我国北方和南方发展。

2. 栽培要点　在管理水平较好的条件下，花期可不用采取开甲措施提高坐果，花期温度要求不如金丝小枣高，因此栽培区域较金丝小枣宽，其他要点参照金丝小枣。

（三）献王枣

由河北省献县林业局从献县河街枣区栽培的金丝小枣中选育出的优良新品系，2005 年通过省级审定。

1. 品种特点　献王枣果实长圆形，平均单果重 9 克，最大果重 12 克，果皮深红色，有光泽，果面平滑稍有凹凸，鲜枣果肉厚黄白色，肉质细腻，口感较硬味甜汁液较多，含可溶性固形物 32% 左右，枣核较小可食率高。干枣含糖量 76.5%，制干率 70%～78%，果肉厚口感好，耐压耐贮运，品质极上。成熟期一致，当地 9 月下旬至 10 月上旬成熟，较一般金丝小枣晚 10 天左右，果实极少有裂果，适宜制干，鲜食口感虽不如金丝小枣中的优良品系，但仍好于其他品种枣。献王枣树势比一般金丝小枣长势略旺，发枝力强，树姿开张，枝条结果后下垂。耐旱耐盐碱，结果早，丰产。

2. 栽培要点 宜采用自由纺锤形、疏散分层形、单层半圆形树形。注意枝组结果后，抬高枝组角度，并及时更新和回缩下垂枝组。其他管理参照金丝小枣相关部分。

（四）赞晶

由河北农业大学和赞皇县林业局从赞皇大枣中选出优良单株，2004 年通过省级审定，是目前唯一的三倍体大枣。

1. 品种特点 果实近圆形，单果重 22.3 克，最大果重 31 克。鲜枣含总糖 28.6%，总酸 0.31%，果肉绿白色，肉质酥脆，味甜微酸，果汁中多，宜鲜食和制干及加工蜜枣，制干率 56.3%，干枣含糖 63.4%。当地 9 月中旬果实成熟。树势强健，树姿较开张。该品种耐旱耐瘠薄，抗铁皮病、枣疯病较差，果实成熟时遇雨易裂果。据测定其果实为呼吸非跃变型，贮藏时应注意。

2. 栽培要点 秋季多雨地方不宜引种，栽培中应注意铁皮病和枣疯病的防治。自花结果率低，宜配置其他品种授粉，赞皇县多配斑枣作授粉树。为提高枣产量，现在也在赞皇大枣上应用花期开甲技术同样取得好的效果。果实生长期应当补钙防治裂果。其他管理参照赞皇大枣栽培部分。

（五）晋枣

1. 品种特点 也叫吊枣、长枣，主要分布在陕西、甘肃交界泾河及支流两岸地带。果实大，平均单果重 21.6 克，大小不均匀。果皮薄赭红色，果面不平有凹凸和纵沟，果点小。果肉厚乳白色致密酥脆，甜味浓汁较多，含可溶性固形物30.2％～32.2％，可食率97.8％，鲜食品质上，制干品质中上，制干率30％～40％。当地果实10上旬成熟。树体高大，干性强，树姿直立。结果早，丰产。适应性较强，抗寒抗风，较耐盐碱，花期忌干热风和低温阴雨天气，成熟期不抗裂果。

2. 栽培要点 幼树应注意控制直立枝，培养平斜枝组以期提前结果，肥水管理要求较高，应注意成熟期裂果防治，其他参照婆枣栽培部分。

(六) 骏枣

1. 品种特点 产自山西交城，已有千余年栽培历史。果实大圆柱形，平均单果重22.9克。果皮薄深红色，果面平滑。果肉厚，肉质细松脆，汁液中多味甜，含可溶性固形物33％，品质上。当地果实9月中旬成熟。鲜食、制干、加工蜜枣、枣酒兼用。树势强，树体高大，干性强树姿半开张，结果较早较丰产。耐旱、耐盐碱、抗枣疯病。果实成熟遇雨易裂果，适宜秋季少雨地区栽植。

2. 栽培要点 适宜培养中冠或大冠树形，幼树注意控制直立枝，培养平斜结果枝组，以利早结果，其他参照婆枣栽培部分。

(七) 金昌1号

谷北洸乡从壶瓶枣中选出优良单株，2003年通过省级审定。

1. 品种特点 果实大短圆柱形，平均单果重30.2克，最大果重80.3克。果皮深红色较薄，果面平滑。果肉浅绿色肉质酥脆多汁，果味甜酸可口，含可溶性固形物38.4％，可食率98.6％。干枣肉质细腻香糯甘甜，制干率73.5％，品质上。果实成熟期遇雨易裂果，产地9月下旬果实成熟。树势强，树姿较开张，枣头萌发力强，生长势也较强。耐旱耐瘠薄，在黏性、微碱性土壤上生长良好。抗枣疯病，较抗炭痂病和锈病。

2. 栽培要点 可作为壶瓶枣的替代品种开发，果实成熟期秋雨多的地方不宜发展。幼树期应控制直立枝条旺长，坐果前期应注意枣头适时摘心，做到长树结果两不误。果实生长后期应适当补钙以减轻裂果。

（八）圆铃1号

1. 品种特点 由山东省果树研究所从圆铃枣中选出，2000年通过省级审定。果实圆柱形，平均单果重16～18克，果皮紫褐色中厚，无光泽，果面不平滑。果肉绿白色肉质致密，甜味浓果汁少，含可溶性固形物33％，可食率97.2％，品质上。产地9月上中旬果实成熟。果实成熟期遇雨不易裂果。制干枣品质亦好，制干率60％。树体高大，树姿开张。适应性强，耐瘠薄耐盐碱，黏壤土、砂质土、砾沙土均生长良好。坐果期日均气温22℃以上。

2. 栽培要点 适宜中、大冠树形，幼树期利用枣头摘心促进结果，实现早丰。

（九）无核小枣

无核小枣是河北、山东枣区混杂在金丝小枣园中的古老品种，枣核已退化只剩有一薄核膜，果实品质优，唯果实个小，产量较低，但食用方便，市场销售价格高，单位经济效益较好，栽培面积较前增加。目前从无核小枣中选出并通过省级审定的新品种有沧无1号、无核红、沧无3号、无核丰、乐陵无核1号等其综合性状和单果重均好于原无核小枣应予推广。

1. 品种特点 无核丰由河北青县林局选育，2003年通过省级审定。果实长圆形，平均单果重4.63克，果味甘甜，无核率100％，制干率65％。鲜食和制干品质均优。树势中庸，发枝力强，树姿开张。结果早，无大小年结果现象，丰产。当地9月中旬果实成熟，无采前落果。裂果轻。抗旱、耐盐碱。

乐陵无核1号由山东德州市林业局和乐陵市林业局选育，

1997 年通过省级审定。果实长圆柱形平均单果重 5.7 克，果面光滑，果皮薄鲜红色，果肉黄白色肉质细脆，果汁中名味甘甜，含可溶性固形物 34.3%。核呈膜状，食之无硬物感，可食率近100%。鲜食制干均优。当地 9 月中旬果实成熟。干枣色泽鲜艳皱纹少而浅，肉质细腻甘甜无苦味，品质极上。制干率 58.1%。树体高大干性强，骨干枝直立树势强健，丰产性好。抗性较强，果实成熟遇雨裂果较轻。

2. 栽培要点 乐陵无核 1 号等树体高大干性强的无核小枣幼树整形应注意控制直立枝，各级骨干枝间距和角度应大于金丝小枣，控制营养生长，促进生殖生长实现早果早丰。其他可参照金丝小枣部分。

（十）泗洪大枣

1. 品种特点 原产江苏泗洪县上塘镇，明朝就被选为贡品，1985 年由泗洪县五里江农场果树良种场推出，1995 年通过省级审定。果实长圆形或卵圆形，果实大，平均单果重 30 克，最大果重 107 克。果皮中厚紫红色，果面不平稍有棱起，果肉淡绿色肉质酥脆，果汁多味甜，含可溶性固形物 30%～36%，品质上。宜生食和加工蜜枣。当地果实 9 月中下旬成熟。果实成熟期遇雨不裂果。树势强，树姿开张，发枝力强。适应性强，抗旱、耐涝、抗风、耐盐碱、耐瘠薄，抗枣疯病。

2. 栽培要点 幼树期应控制直立枝，减少营养生长，促进生殖生长早结果。其他参照枣栽培部分。

（十一）灰枣

1. 品种特点 源于新郑，栽培历史 2 700 余年。果实长倒卵形，平均单果重 12.3 克，果面较平滑，果皮橙红色，果肉绿白色，肉质致密，味甜，含可溶性固形物 30%，可食率 97.3%，适宜制干、鲜食、加工，品质上等。制干率 50% 左右。当地 9 月中旬果实成熟，成熟期遇雨易裂果。树姿开张，树体中大。对土壤要求不严。

2. 栽培要点 秋雨多的地区不宜栽植。

（十二）灌阳长枣

1. 品种特点 又叫牛奶枣，主产广西灌阳。果实长圆柱形较大，果尖多向一侧歪斜，平均单果重 14.3 克，果皮深赭红色较薄有光泽，果肉黄白色，肉质较细松脆，果汁少味甜，可食率 96.9%，含可溶性固形物 27.9%，适宜加工蜜枣和鲜食。制干率 35%～40%。当地果实 8 月上旬白熟，9 月上旬完熟。对土壤和气候适应性较强。树体高大干性强，树姿开张。早果性好，丰产稳产。

2. 栽培要点 适宜南方枣区栽植。幼树注意控制营养生长，促进生殖生长，实现早果早丰。

三、较好的加工品种

（一）义乌大枣

1. 品种特点 主产浙江义乌，果实圆柱形，平均单果重 15.4 克。果皮赭红色较薄，果面不平滑。果肉厚质松乳白色，果汁少，宜加工蜜枣。鲜枣可食率 95.7%。产地 8 月中旬果实白熟期，白熟期枣含可溶性固形物 13.1%，加工蜜枣品质上等。树体较大，树势中庸，树姿较开张。结果较早，产量高。自花结实率低。抗旱耐涝，喜肥沃土壤。

2. 栽培要点 适宜南方枣区栽植，栽植时应配置授粉品种，当地以马枣作授粉品种。应注意肥水管理以期高产优质。

（二）相枣

1. 品种特点 相枣又名贡枣，主要分布山西运城北相镇一带，栽培历史悠久。果实大卵圆形，平均单果重 22.9 克。果皮厚紫红色，果面平滑有光泽。果肉厚肉质硬绿白色，味甜少汁，鲜枣含可溶性固形物 28.5%，宜制干，制干率 53%，干枣品质上。可食率 97.6%。产地 9 月中旬成熟，成熟期遇雨裂果较轻。树体较大，树姿半开张，树势中庸。资料介绍干枣含环磷酸腺苷较高。

2. 栽培要点　果实速长期注意补钙可减轻后期裂果，其他参照枣栽培部分。

（三）婆枣

1. 品种特点　婆枣又名阜平大枣，是河北太行山一带的古老栽培品种，沧州和山东德州枣区有少量栽培。果实长圆或短圆柱形，平均单果重 15 克左右，果皮深紫红色，表面光滑有光泽，果肉绿白色较疏松，果汁较少味甜，口感较淡。产地 9 月中下旬成熟，制干率 55％左右，干枣果肉松软，味甜，含糖可达 70％以上，不耐挤压，品质中上。该品种适应性强，耐干旱耐瘠薄较耐盐碱，唯不抗枣疯病，成熟期遇雨易裂果，故适宜加工蜜枣和乌枣。树冠高大圆形，枝条直立干性强，树干不圆常有沟棱，枣头紫褐色，皮孔中大较密，叶片较厚深绿色，卵圆形，基部广圆形，先端锐尖。坐果率较高，丰产。

2. 栽培要点　可作为加工品种栽培，制干应在成熟期降雨几率少的地域栽植。幼树应注意控制营养生长促进生殖生长。其他参照枣栽培专题部分。

（四）宣城尖枣

1. 品种特点　宣城尖枣是安徽省宣城市主栽的古老品种，至今已有 400 多年的历史。果实近圆形，平均单果重 24.5 克，大小较均匀，果面光滑赭红色，果皮薄，果肉厚淡绿色，肉质细脆致密，味甜微酸，果汁较多，核小，可食率 97.4％，当地 8 月中下旬白熟期，适宜加工蜜枣。当地加工蜜枣历史悠久，所产蜜枣品质上乘，肉厚核小，有金丝琥珀蜜枣美誉，畅销国内外市场。该品种树势强，树体高大，树姿开张，结果早，丰产性强，寿命长。

2. 栽培要点　宣城尖枣适应性较强，抗旱能力强但不耐涝，要选择地势高排水良好的地块栽植，适宜南方栽种。要加强以增施有机肥为重点的综合管理，充分发挥其增产潜力。

四、观赏品种

目前我国正在进入全面小康社会建设的关键时期，人民的生活水平普遍提高，休闲、旅游、健身成为时尚，城郊的观光农业方兴未艾，为促进城郊观光农业的发展特介绍几个既好看、好玩，又好吃的枣树品种，供读者选用。

（一）龙枣

1. 品种特点　龙枣又名龙爪枣、曲枝枣、蟠龙枣等，河北、山东、山西、河南、陕西等枣区有零星分部，果实品质较差，多为庭院观赏栽培，北京故宫有上百年老树。龙枣树势弱，枝条弯曲生长，干性弱，树体矮小，叶片较小，针刺小或无，枣股小，枣吊弯曲细长，果实小，深红色，果肉较厚，绿白色，有甜味，果汁少，食用品质较差，由于株形古朴苍劲，是著名的观赏品种或作盆景的优质材料树种。适应性强、耐瘠薄、耐盐碱，由于主要用途是观赏，故温度因子特别是花期温度显得不重要，各地均可栽培。

2. 栽培要点　栽培管理同其他品种枣，无特殊要求。树形的整形可根据观赏需要进行。

（二）胎里红

胎里红原产河南镇平官寺、八里庙、侯集等地沧县红枣良繁场有栽培。

1. 品种特点　树势强，树姿开张，树体较大。果实椭圆形，平均单果重 10 克左右，果实坐果后就是紫红色，随果实增大，果实变为粉红色、鲜红色有光泽，十分靓丽。果肉厚，绿白色，肉质较细腻酥脆，汁液较多，宜鲜食，鲜枣含可溶性固形物 32.5%，可食率 96% 以上。坐果不整齐，成熟不一致，评价食用枣是一个缺点但作为以观赏或观光为主的品种可视为优良特性。

2. 栽培要点　可作为以观赏为主兼食果实的枣树栽培。胎里红枣，自坐果就具美丽的紫红色，在众多果蔬品种中也极为罕见，是城郊发展观光休闲果园难得的果树品种。树的大小和造形随栽培者的要求而定。也是制作盆景的优良树材。

（三）茶壶枣

茶壶枣原产山东夏津，多为庭院零星栽培，用于观赏，因其果形极像茶壶状，极具观赏价值。沧县红枣良繁场引进栽培。

1. 品种特点　茶壶枣干性较强，树姿开张，树体中大。果实紫红色，果形酷似紫砂壶，单果重8克左右，果肉绿白色，肉厚质较粗，味甜酸适口，汁液较多，鲜枣含可溶性固形物31％，可食率95％左右，品质中上。结果早，坐果率较高，沧州9月上中旬成熟。

2. 栽培要点　可作为鲜食观赏两用发展，特别是城郊发展观光休闲果园可谓难得的果树品种。栽培技术参照本书有关内容。

（四）磨盘枣

磨盘枣又名磨子枣、葫芦枣、药葫芦枣。

1. 品种特点　磨盘枣栽培历史较久，河北、陕西、甘肃、山东等省均有零星栽培。磨盘枣干性较强，树姿开张，树体中大。果实紫红色，果形短圆柱形，中间有一缢痕，好像两片石磨重叠在一起，故名磨盘枣或磨子枣。果实较小，平均果重5克左右，果肉绿白色，肉厚，肉质较粗，味甜略有酸味，口感较好，鲜枣含可溶性固形物33％左右。适应性强，结果早，产量中等，由于枣果极具观赏性，可作为鲜食观赏两用枣发展。

2. 栽培要点　可作为鲜食观赏两用发展，特别是城郊发展观光休闲果园是招引游客的优良果树品种。栽培技术参照本书有关内容。

第三节　引种应该注意的问题

①引种首先考虑栽培目的，如加工蜜枣就要引种适宜加工蜜

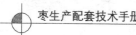

枣的品种。大中城市郊区、县应适当发展鲜食品种，因此就要选择适宜当地气候、环境、土壤条件的优良鲜食品种。

②要看该品种是否适合当地的气候、土壤及抗病能力等条件，气候应注意极端温度的影响，特别要考虑枣树花期的日均温度是否适宜，充分考虑影响枣树生长和结果的各种因子。

③在综合上述因素确定某品种后，应选用该品种新选育出并通过省级品种审定委员会审定的优良品系。如确定引种壶瓶枣，可引种金昌1号，这样可使新建的枣园上一个档次。因为金昌1号是从壶瓶枣中选出的优良单株培育而成，并通过省级审定，其综合性状远高于壶瓶枣。

④农业品种引进应遵循试验、示范、推广的原则。植物生长是受多种因素影响，一个品种在原产地的表现，被引种到新的地方不一定和原产地的表现一样，所以要先适量引种试验，在试验成功的基础上扩大栽培面积进行示范，在示范成功的基础上再大面积推广。盲目大面积引种可能给生产造成严重损失，有很多盲目引种造成重大损失的实例应引以为戒。

（周正群）

第二章

枣树的生物学特性

第一节 枣树适宜生长的环境

一、温度

枣树是喜温树种，在其生长发育期间需要较高的温度，枣树栽培在北方表现发芽晚、落叶早。当春季气温达到 13～15℃时（沧州 4 月中旬前后），枣芽开始萌发，达到 17～18℃时抽枝、枣吊生长、展叶和花芽分化，19℃时出现花蕾，日平均气温达到 20～21℃时进入始花期，22～25℃进入盛花期。花粉发芽的适宜温度为 22～26℃，低于 20℃或高于 38℃，花粉发芽率显著降低。果实生长发育的适宜温度是 24～27℃，温度偏低果实生长缓慢，干物质少，品质差。果实成熟期的适宜温度为 18～22℃。因此，低温、花期与果实生长期的气温是枣树栽种区域的重要限制因素。当秋季气温下降到 15℃时，树叶变黄开始落叶，至初霜期树叶落尽。冬季耐极端温度的能力很强，休眠期可忍耐 -34℃的低温，夏季可忍耐 50℃短时的高温。

枣树花期坐果要求日均温度是枣树区域栽培的重要因子，也是品种引进的重要依据。可分为广温型，要求花期坐果日均温度在 21℃以上，如大瓜枣、板枣等，这类枣栽培区域广；常温型，花期坐果日均温度不低于 22℃，如金丝小枣、骏枣、大荔圆枣等大多数品种；高温型，花期坐果日均温度在 24℃以上，如灵宝大枣、冬枣等，这类枣栽培区域狭窄。

品种不同其耐极端高温和低温有差异，各生育期所需温度也不同，对土壤环境要求各异，抗病、抗裂果能力都有差别，这些品种特点在引种时要充分考虑，以免给生产带来损失。

二、湿度

枣树是抗旱耐涝能力较强的树种，对湿度的适应范围很广，年降水量100～1 200毫米的区域均有分布，以年降水量400～700毫米较为适宜。沧州最低年降雨不足100毫米，最高1 160毫米，均能正常生长结果，枣园积水30多天也不会死亡。

枣树不同的生长期对湿度的要求有差异。开花期要求较高湿度，相对湿度70％～85％有利授粉受精和坐果，若此期过于干燥，相对湿度低于40％，则影响花粉发芽和花粉管的伸长，致使授粉受精不良，落花落果严重，产量下降，"焦花"现象就是因为空气干燥，相对湿度过低造成的。如果花期雨量过多，尤其花期连续阴雨，气温低不利于授粉，花粉容易胀裂不能正常发芽，坐果率也会降低。果实生长后期要求少雨多晴天气，白天温度高，夜间温度低，昼夜温差大，有利于糖分积累和果实着色。如雨量过多、过频，会影响果实的生长发育和营养积累，裂果、浆烂等果实病害加重，并降低枣果的品质。

土壤湿度可影响树体内水分平衡及各部分器官的生长发育，土壤田间持水量在70％左右有利枣树的生长，当30厘米土层的含水量5％时，枣苗会出现暂时性萎蔫；土层含水量3％时就会永久性萎蔫。水分过多，土壤透气不良，根系会因窒息影响根系生长，长期积水也会造成枣树死亡。

三、光照

阳光是一切生物赖以生存的基础，提供了取之不尽的能源，通过植物实现了能量的转换。植物的光合作用，只有在光的作用下，在叶片的叶绿体中把吸收空气中的二氧化碳和从土壤中吸收的水（包括叶片吸收的水），矿物质，转化成有机物放出氧气，光能转换成生物化学能，完成了能量转换。

适宜的光照可促进植物体细胞增大和分化，控制细胞分裂、伸长，维持正常的光合作用，有利于树体干物质的积累及各部分器官的健康生长。如花芽的分化及形成的多少，质量的好坏，坐果率的高低，果实的生长、着色、糖和维生素 C 等物质的生成都直接与光照有关。不仅如此，光照不足也会影响根系生长，因为根系生长所需的养分主要依靠地上部的光合作用产物，根系生长又会影响到地上各个部分的生长发育，光合作用离不开根所吸收的水和矿物质，因此光照在枣树的生育期中极为重要。

目前生产上有的枣园，为达到提早结果的目的，实行密植。但由于管理不当造成枣园郁闭，树冠通风透光不良，致使形成无效叶面积增多，叶片的生产能力下降，造成树体衰弱，枣头、二次枝、枣吊生长不良、坐果率低、产量低、果实品质差、内膛枝条枯死、结果部位外移、病虫害严重等现象，必须通过冬剪和夏剪，合理整形，解决枣园的群体结构和树体结构过密问题，增加有效叶面积，才能达到树体健壮，实现枣优质高产的目的。

四、土壤

枣树一般对土壤要求不太严格，适应性强，是耐瘠薄抗盐碱能力较强的树种，在土壤 pH5.5～8.2 范围内，含盐量（滨海地区）不高于 0.3％的土壤上均能生长（pH 是表示土壤溶液酸碱程度的数值，凡土壤溶液的 pH 小于 7 的为酸性，pH 越小酸性越强，土壤溶液 pH 等于 7 为中性，大于 7 的为碱性，pH 越大碱性越强。）。平原荒地、丘陵荒地均可种植，特别是 2004 年党中央、国务院已明确指出今后发展果树不能占用基本农田，枣树耐瘠薄抗盐碱的优良特性在今后农业产业结构调整和农民增收上更有特殊意义。沧州地区滨海盐碱地上栽植的冬枣、金丝小枣不仅长势好，而且生产出品质优良、闻名中外的名牌金丝小枣和冬枣。河北省的赞皇、阜平，山西的吕梁等山区县也均有名优枣的生产，如赞皇大枣、阜平婆枣、吕梁木枣等。尽管如此，枣树栽植在土壤肥沃、环境条件良好的地块上，生产投入成本低且枣树生长良好，树势壮，结果早，产量高，果实品质优良，经济效益高。因此在枣树栽植前高质量的整地，为枣树生长创造一个良好的土壤和环境条件是必要的。

五、风

微风与和风对枣生长有利，可以促进气体交换维持枣林间的二氧化碳与氧气的正常浓度，调节空气的温、湿度，促进蒸腾作用，有利于枣树的生长、开花、授粉与结果。大风与干热风对枣生长发育极为不利，虽然在休眠期枣树的抗风能力很强，但在萌芽期遭遇大风可改变嫩枝的生长状态，抑制正常生长，甚至折断树枝。花期遇大风特别是干热风，可使花、蕾焦枯或不能授粉降低坐果率。果实生长后期和成熟前遇大风，导致落果或降低果品质量。为减少风对枣树生长的不良影响，选择园地要避开风口，建园前要规划栽植防护林带，采用花期喷水等技术措施改善田间小气候，为枣树生长发育创造一个较适宜的生态环境。

第二节　枣树的器官特征

枣属于鼠李科枣属，与其他落叶果树有不同特点，如花芽分化是在当年萌芽后开始，与芽、叶、新生枣头的生长、花蕾形成、开花、坐果同步进行。其结果枝为脱落性果枝，摘果后一般与叶片一起脱落。开花时间长、开花量大，落花落果严重、坐果率极低等。为有针对性地搞好枣的栽培管理，了解枣树各个主要器官及其生物学特性是必要的，故简要介绍如下：

1. 根　枣树的根系分为两种类型，一种是茎源根，是用枝条扦插和茎段组织培养方法繁殖的苗木及采用分株法生产的苗木根系均为茎源根系。其特点是水平根系较垂直根系发达，向周围延伸能力强，分布范围是树冠的 2～5 倍，有利于增加耕层的吸收面积。水平根向上发生不定芽形成根蘖苗，向下分枝形成垂直根，长势较好，能吸收较深层土壤的养分，但延伸深度远不及实生苗的垂直根。枣树的实生根系是由酸枣（南方多用铜钱树）种子育成实生苗木的根系经嫁接而成的苗木，垂直根与水平根均发达，但垂直根比水平根更发达，据调查，一年生酸枣实生苗垂直根深可达 1～1.8 米，水平根长 0.5～1.5 米，是地上部分的 2～4 倍。

枣树的根系分布与砧木、繁殖方法、树龄、土壤质地及管理有关，一般在 15～30 厘米土层内分布最多，长期采用地面撒施方法施肥的枣树，根系多分布在 20 厘米左右的土层内，采用深沟施肥方法的枣树根系多分布在 40～60 厘米。根系分布深，吸收范围广，抗旱抗寒能力强，利于树木生长。根系水平分布范围一般多集中于树冠投影范围内，约占总根量的 70%。枣的根系除具有吸收、固结土壤、支撑地上树体的作用外，还具有合成养分、激素、贮存和转运养分、水分，参与代谢的重要功能，由于其根系有发生根蘖的特性也是重要的繁殖器官。

枣树的根系活动温度低于地上部分，故活动先于地上部分，开始生长的时间因地区和年份有差异，在沧州一般 3 月下旬根系开始活动，7～8 月份为生长高峰，落叶后进入休眠期。

2. 芽　枣树的芽分为主芽和副芽，主芽又称冬芽，外被鳞片，着生在一次枝、枣股的顶端及二次枝的基部。主芽萌发可生成枣头（发育枝），用于培养骨干枝，扩大树冠；也可生成枣股（结果母枝）。枣股顶端的主芽每年萌发，生长量极小，枣股的侧面也有主芽，发育极差，呈潜伏状，仅在枣股衰老受刺激后萌发成分歧枣股。枣股上也可抽生枣头，但生长弱寿命短，利用价值不高，在幼树整形时可将二次枝重短截（二次枝基径在 1.5～2 厘米时）可刺激形成新枣头，培养角度较水平的骨干枝小。副芽为裸芽又称夏芽，是着生在一次枝上的副芽，当年萌发形成二次枝或脱落性二次枝，在二次枝上、枣股上的副芽生成脱落性的结果枝，即枣吊。

有的主芽可潜伏多年不萌发，成为隐芽或休眠芽其寿命很长，在受到刺激后可萌发生成健壮枣头，有利于结果基枝和骨干枝的更新；在枣树的主干、主枝基部或机械损伤处，易发生不定芽，多由射线薄壁细胞发育而来，可生成枣头，这些特点都是枣树寿命长、更新容易、百年以上的老树仍能正常结果的优势因素。

3. 枝 枣幼树枝条一般生长较旺盛，树姿直立，干性较强，成龄树后长势中庸，树姿开张，枝条萌芽力、成枝力降低。有的品种成龄后长势仍较强。枣的枝可分为三类，即枣头、二次枝、结果基枝、枣股和枣吊（图2-1）。

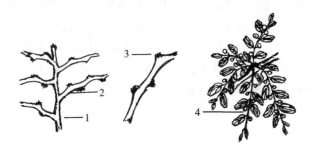

图2-1 枣 枝
1. 枣头 2. 二次枝 3. 枣股 4. 枣吊

枣头：由枣主芽发育而成的发育枝，是构成树体骨架或结果单位枝的主要枝条，即苹果、梨等其他果树上所谓的发育枝。枣头是一次枝和二次枝的总称，每个枣头有6～13个二次枝。二次枝是由枣头每节的副芽形成的结果枝组，没有顶芽，来年春季尖端回枯。由枣头、二次枝组成的结果枝组也称结果基枝。

枣股：是生长量极小的结果母枝，也可视为缩短了的枣头，是枣头由旺盛生长转为结果的形态变异。枣股是由主芽萌发而成，生长缓慢，随枝龄的增长而增粗增长。枣股顶端有主芽，周围有鳞片。枣股主要着生在二年生以上的二次枝上。枣头一次枝顶端和基部也可生成枣股。每个枣股上可抽生3～20个枣吊，当遭受自然灾害和人为掰枣吊后，当年可再次萌发新的枣吊并能开花结果，这也是枣树抗灾能力较强的原因所在。枣股的寿命很长，可达20年以上。据观察，以3～7年生的枣股结果能力最强，10年以后逐年衰弱，应及时更新。当然枣股的经济寿命与品种、栽培管理关系密切，管理水平高的果园，其寿命就长，否则就短。品种间有差异，如梨枣以一、二年生枣股结果最好。

枣吊：即结果枝，又称脱落性果枝。主要由枣股上的副芽形成，当年生枣头一次枝基部和二次枝的各节也可着生枣吊。枣吊随枣树萌芽开始伸长，着生叶片并随之花芽分化形成花蕾，开花、坐果，果实成熟后，秋后一般随落叶一起脱落，个别木质化程度高的枣吊不易脱落。枣吊的数量与长度和品种、树体的营养水平、树龄、着生位置及管理水平密切相关，如对枣头进行重摘心，基部可生成木质化或半木质化的枣吊，结果能力明显提高。枣吊一般长8～30厘米，10～18节，在同一枣吊上以4～8节叶片最大，3～7节结果最多。

4. 叶 叶片是进行光合作用、气体交换和蒸腾作用的重要器官。枣叶片互生，叶形长圆形、长卵圆形、披针形，叶片一般长3～8厘米，宽2～5厘米，叶片革质，有光泽、蜡层较厚，无毛，叶尖钝圆，叶缘锯齿有的钝细，有的稀粗，叶绿色，三主叶脉，叶柄短黄绿色。当平均气温降至15℃时随枣吊一起脱落。

5. 花和果实 枣花着生于枣吊叶腋间，一般一个叶腋的花序有花3～8朵，营养不足可产生单花花序。其分化特点是当年分化，多次分化，随生长随分化，单花分化速度快，时间短，全树花芽分化持续时间长，可达2个月左右。枣的花芽分化与树体贮存营养和环境条件密切相关，一般枣吊基部与顶部几节，因营养状况、温度等影响，叶片小，花芽分化慢，花的质量相对较差，坐果率及果实品质低，特别是遇干旱或干热风时易出现焦花和落蕾、落花现象，中部各节的叶片大，花芽分化完全而充实，结果能力显著增强。

北方枣花开放时间一般从 6 月初到 7 月初，地域不同，品种不同，年份积温不同，花期也有差异。春季干旱，气温高时，花期早而短，春季温度低尤其是花期多雨，气温低，则花期晚而长。据观察，庭院的枣树开花先于大田枣树，幼树先于老树。开花顺序为树冠外围最早，一般先分化的花芽先开放。一个花序中的中心花先开，依次是 1 级花、2 级花、多级花的顺序开放。枣树开花为夜间蕾裂型和白昼蕾裂型，但散粉、授粉均在白天，对授粉无不良影响。

6. 授粉与结果 枣树具有浓香的蜜盘，为典型的虫媒花。枣多为自花结实（少数品种自花结实率低，需配授粉树），但异花授粉坐果率更高，因此在枣园混栽两个以上的品种有利于坐果。应大力提倡花期放蜂，完成授粉。花开的当天坐果率最高，以后逐减。枣花授粉、花粉发芽与环境、激素、营养水平密切相关，低温、干旱、大风、阴雨天气均对授粉坐果不利，花粉发芽温度以 22～26℃、相对湿度 70%～85% 时最为适宜，温度低于 20℃或高于 38℃，相对湿度低于 60%，都对花粉发芽不利。花期喷水、喷九二〇和微肥可提高坐果率的原因也在于此。枣树盛花期的枣品质好，坐果率高，初花期前与终花期开的花，坐果率低果实品质也差，在生产中应抓好盛花期实施提高坐果率的技术措施，以保证枣的产量和质量。

（周正群）

第三章

枣 树 育 苗

枣树苗木一般采用根蘖、嫁接、嫩枝扦插、组培等方法培育。嫁接、嫩枝扦插、组培育苗如果所用的材料均来自标准的品种圃、根蘖苗选自品种茎源根系，可以保证育出的苗木品种纯正，保持原品种的遗传特性。但根蘖育苗大面积选自品种茎源根系难以做到，生产上采用根蘖苗多来自一般枣园自繁的小苗，特别是老枣区更是如此，难以保证品种纯正。河北、山东枣区，金丝小枣的品系繁杂良莠不齐，是长期自然的变异并依赖于根蘖苗繁殖的结果，要全面提高金丝小枣的品质必须用新选育并通过省级审定的新品种，采用嫁接方法培育苗木或大树改接，改变目前金丝小枣良莠不齐株系混杂问题。其他枣区也存在同样的问题。为保证苗木品种纯正，现在一般都采用嫁接、嫩枝扦插和组培的方法育苗。

第一节 枣树砧木育苗

一、砧木的选择

嫁接繁育枣苗是保证品种纯正，投入少，方法简便，广大群众都能掌握的枣苗繁殖方法，被广泛采用。

目前嫁接繁育枣苗采用的砧木多为酸枣苗（南方可用铜钱树）或当地枣树的根蘖小苗。砧木和接穗对嫁接生成的苗木均有影响，主要表现在抗逆性、生长势及果实品质等方面。如以酸枣苗做砧木嫁接的冬枣抗旱性、耐瘠薄的能力，植株矮化程度要好

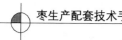

于用金丝小枣做砧木嫁接的冬枣，但耐盐碱的能力和果实的含糖及单果重不如以金丝小枣做砧木嫁接的冬枣。据李永蛾研究，用金丝小枣、酸枣、婆枣和铃枣做砧木嫁接冬枣的成活率分别为96%、93%、76%、83%，说明不同品种枣的亲合力不同，以金丝小枣最好。枣头平均长为110.6厘米，二次枝平均长为40.8厘米，枣吊平均长为19.84厘米，均大于其他砧木。以金丝小枣做砧木的冬枣果实含可溶性固形物为41.42%，酸枣砧木为35.7%，婆枣砧木为37.6%，铃枣砧木为36.81%，平均单果重以酸枣做砧木的最小，其他组合果实单果重差异不显著。定植后第二年金丝小枣砧木的冬枣单株平均产量为1.72千克，稍低于婆枣砧木1.85千克，但后者果实品质稍差。另据报道，以酸枣作砧木的冬枣贮藏后的口感要好于以金丝小枣作砧木的冬枣。笔者认为，嫁接选择砧木应以当地表现好抗性强的枣树为砧木，因为用这样的枣树做砧木已经适应当地的环境条件，嫁接成的苗木能适应当地的环境条件，成活率高，长势好。盐碱地区应选择抗盐碱能力强的枣苗作砧木较好，干旱山区以酸枣苗作为砧木较好。

二、苗圃地的选择

苗圃地最好选在近造林地的地方，也就是常说的"就地育苗，就地造林"，可以减少因长途运输致苗木失水降低成活率的因素，并能在苗期就地受到锻炼，适应造林地的环境，提高造林的成活率。为给幼苗创造一个良好的生长条件，苗圃地以选择地势较高、背风向阳、平坦、土壤肥沃、排水良好的砂壤土或轻壤土较好，如必须用沙土或黏土地育苗应通过沙掺黏或黏压沙改善土壤的理化性能提高育苗的成功率。苗圃地还应近水源，有良好的灌溉和排水系统，保证苗圃地旱能灌、涝能排。为便于苗木外运，苗圃地还应选在交通方便的地方。

三、育苗前苗圃整地

培育优种壮苗，是保证造林成活率的基础，因此，育苗前苗圃地必须进行细致整地。首先对苗圃地进行平整，撤高垫低，如需动土方过多的地块，应采用挑沟的取土方法撤高垫洼。也可分段平整，局部整平能浇、能排即可。土地平整后要施足底肥，均匀撒满整个苗圃地，每 667 米^2 要求施入经发酵无害化处理的有机肥（圈肥、厩肥均可）4 000～5 000 千克，加入尿素 10～15 千克或硫酸铵 20～30 千克，然后深翻，将肥料翻入土内，翻耕深度 20～30 厘米左右随之耙地，地耙平后做畦，并做好灌水和排水沟渠，然后浇水，浇水后待育苗。

四、酸枣砧木苗培育

（一）种子处理

选用当年籽粒饱满的酸枣种仁育苗。育苗前先做发芽试验，随机抽取供试样品，采用十字取样法，取出 500 粒种子，进行发芽试验，一般发芽率达到 80％以上就可以作为育苗种子，低于80％的种子如果选用要加大播种量。冬前要对种子进行沙藏处理，方法是：先将种子捡干净，清除空粒、破碎的种子及杂物，用种子的 3～5 倍干净河砂与种子混合用水喷湿，砂的湿度以手握成团，不滴水，松手可散开为度。然后进行砂藏，砂藏的地方可根据种子多少确定。种子少可用木箱或瓦盆做容器，先在容器底铺一层湿沙，然后将已拌入湿砂的种子放入容器内，上面再用一层湿沙盖好，放入地窖内或埋入背阴处土内，上面用草或秸秆盖好，防止水分蒸发。如种子量大，可以选择高燥排水良好的背阴处挖沟沙藏，沟深 70 厘米左右，沟宽 1 米，沟的长度视种子多少确定。先在沟底铺一层湿砂，每隔 1 米在沟中间竖立 1 株秸草把，把高要高出地面，然后将已拌湿砂的种子均匀地放入沟内，距沟边地面 10～20 厘米为宜，上面再铺 10 厘米厚的湿沙，

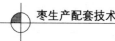

然后覆土，并做成屋脊形，再将秫秸把抽出 2～3 根秫秸，便于砂藏种子通气，在砂藏沟周围挖排水沟，以免积水。来年温度开始回升时要经常检查种子萌动情况，如有 30％的种子露白即可播种。

如果春天买的种子，已不能进行砂藏处理，可采用种子浸种处理。方法是：经过精选的种子用凉水浸泡 24 小时，捞出后再用 0.3％的高锰酸钾溶液浸种子 1 小时，然后将种子捞出平摊开，厚度 5～10 厘米，放在温度 20～25℃室内，种子上面用湿布或麻袋片盖好，保持湿度进行催芽，当种子有 20％～30％"露白点"后即可播种。

（二）播种

种子处理好后即可进行播种。播种时间旬平均 20℃、地温 20℃为宜（华北中南部多在 4 月中旬）。如采用地膜覆盖可提前至 3 月下旬，早播种早出苗，可延长苗木生长期，砧木当年即可达到嫁接的粗度。播种方法采用条播和撒播均可，为便于苗木嫁接以条播较好。一般采用宽窄行的条播形式，宽行 50 厘米，窄行 30 厘米，播沟深 2～3 厘米，覆土 1 厘米，不可覆土过厚影响种子出土。播种时为防地下害虫可用高效低毒的有机磷农药如马拉硫磷、乙酰甲胺磷等 100～200 倍，拌入麦麸，随种子一起播于沟内。用种量根据种子发芽率确定。如种子发芽率在 80％以上，每 667 米² 留苗 8 000 株，每 667 米² 播种量 3 千克左右即可。地膜覆盖育苗，播种后要经常检查出苗情况，发现出土苗芽在其上方捅破地膜，露出苗芽，用细土把苗芽周围的地膜压好即可。不采用地膜覆盖育苗，为保持土壤墒情，防止芽干，可顺播种沟起高 15 厘米、宽 20 厘米的土垄，播种 3 天后经常检查出苗情况，当有 30％左右种子露出原覆土后，可在无风天的下午，将土垄扒平，俗称"放风"，利于种子出土。如采用酸枣核育苗请参照本书第十四章赞皇大枣栽培相关部分。

（三）幼苗管理

播种后 10～15 天，苗木出土，当苗高 5 厘米时进行间苗，株距 15～20 厘米，每 667 米² 留苗 6 000～8 000 株。苗高 10～15 厘米时浇第一次水，结合浇水每 667 米² 追施尿素 15 千克或硫酸铵 30 千克。当苗长到 25～30 厘米高时，进行摘心或喷施 500 毫克/千克的多效唑加 0.3％尿素液，抑制新梢生长，促进苗木加粗生长。此时天旱可浇第二次水。在苗木生长期如发生病虫害，要及时防治，防治方法参阅本书病虫防治部分。结合每次喷药均应进行叶面施肥或单独进行叶面喷肥。8 月份以前可用尿素，8 月份以后可以喷磷酸二氢钾，浓度 0.3％～0.4％即可。经过上述管理，酸枣苗基部粗度可达 0.5 厘米以上，来年春天即可嫁接枣苗。

五、根蘖苗培育砧木

利用当地枣树资源，采用根蘖苗归圃育苗，培育砧木。育苗时间在秋季落叶后至土壤封冻前或翌年春季土壤解冻后，枣树萌芽前均可进行。方法是：先整地，同上述育苗地整地，在畦中每隔 60 厘米挖一深 30 厘米、宽 40 厘米的纵向沟，沟壁垂直于地面，以便摆放小苗。育苗用的小苗是采集自枣园一年生基茎粗 0.5～1 厘米的根蘖苗，挖苗时尽量保留完整根系，育苗前要剪去劈裂根，除去根系有病苗木，将选出的苗子地上部分留 2 个好芽剪干，然后用水浸 12 小时以上（如远地购入根蘖苗水浸时间应在 24 小时以上），再用 10～15 毫克/千克的 ABT 生根粉液浸根 1 小时或 1 000 毫克/千克的 ABT 生根粉液浸根 5～10 秒，然后将苗子直立摆放在已挖好的沟内，株距 25 厘米，摆完苗木后覆土，先覆至沟深的一半用脚踩实，然后浇一次透水，待水渗后再覆土至苗子原土痕处。如采用地膜覆盖，在苗木发芽后及时将地膜划破露出幼苗，并将幼苗周围的地膜用土压好。苗木成活后，留一个长势粗壮的小苗作主苗，其余的萌芽皆抹去，以集中养分促进留下的主苗生长，浇水、追肥、病虫管理可参照酸枣育苗。

第二节 品种枣嫁接育枣苗

一、品种枣接穗的采集

嫁接品种枣的接穗应选自该品种枣优良母树上（最好选用该品种新选育并通过省级以上审定的优良品种作接穗）或优良母树所繁育的优质专用采穗圃的枣树上的枣头或优良的二次枝作接穗，接穗剪留长度以保留 2 个主芽为宜。采集时间，以枣树萌芽前的 10～20 天剪集接穗最好，此时接穗含水和养分较高，故嫁接成活率也高。接穗剪集好后可用 3 倍干净的用水喷湿的河砂，与接穗混合放入温度 0℃、湿度 90％的冷库内或冷凉的背阴房间内，用湿沙土埋好，待枣树芽萌动前后即可嫁接。此种方法处理的接穗，嫁接时要采用薄的地膜将整个接穗和接口缠好，接穗主芽用一层薄膜缠好（接穗用的是一层薄地膜故芽子萌发时能顶破薄膜，不影响幼芽生长），避免接穗因蒸腾作用失水而影响成活率。剪集好的接穗最好用工业石蜡进行蜡封处理。方法是：用炉火将蜡熔化，温度应控制在 100℃左右（最好用水浴的方法加热，即将石蜡切成碎块，放入铁制容器内，将盛蜡容器放入沸腾的水盆中加热使石蜡熔化，水浴能保证蜡液不超过 100℃），随即逐一将整个接穗速蘸蜡液，如处理接穗量大，可将接穗放入铁笊篱中在蜡液中速蘸，然后撒散在干净地面上使接穗互不粘连并迅速冷却。封蜡好的接穗剪口鲜绿，接穗光亮透明，如果接穗发白，说明蜡温偏低，蜡皮较厚，易使蜡皮脱落，如接穗变色说明蜡温过高。封蜡后的接穗可装入塑料袋内放入冷库或冷凉室内贮藏，方法同前。封蜡的接穗，嫁接时只需用塑料条将接口缠严即可，省工方便。

二、嫁接枣树的几种主要方法

目前生产上嫁接枣树一般多采用插皮接、劈接、腹接和芽接。

（一）插皮接

插皮接是枝接的一种，宜在枣树萌芽后，树液流动旺盛树皮易剥离时期采用。嫁接方法简单，速度快，成活率要高于其他嫁接方法，技术熟练成活率接近100%。方法是：选砧木表皮光滑处剪断砧木，在横断面一侧树皮由上而下切一0.5厘米左右的小口深达木质部，剥开皮层呈三角形裂口。在接穗下端距芽5～8毫米处，用剪、刀向下斜切，切面成马耳形斜面（斜面超过髓心），在斜面对面下端再削一长1毫米的小短切面，成"一"字形锐尖，便于插入皮内。将削好的接穗长削面顺木质部从已切好的砧木三角裂口处插入皮内（接穗长削面与砧木的木质部密接），削面上面留1毫米的切面俗称"露白"，以利生长愈合组织，然后用塑料薄膜将砧木的切口及与接穗的结合部分全部缠严，不能透气，嫁接完成。如接穗未进行蜡封处理，要用薄地膜将接穗缠严（图3-1）。

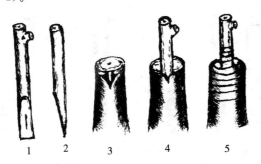

图3-1　插皮接示意图

1. 接穗削面（正面）　2. 接穗削面（侧面）

3. 砧木纵切口　4. 接穗与砧木接合状　5. 绑扎

（二）劈接

劈接是枝接的一种，也称大接，嫁接时间可早于插皮接，在树皮尚不易剥离但树液已开始流动时进行嫁接成活率最高。苗圃小苗嫁接或大树改接均可使用。方法是：苗圃小苗嫁接，先将小苗周围的杂草、无用的根蘖苗清除干净，将砧木苗贴地面剪去，然后向下挖去深 10 厘米左右的土，露出根茎较粗的光滑部位，用剪刀将砧木横断面剪截，并沿砧木横断的中心将砧木纵向劈一长 2～3 厘米的切口，再迅速将接穗从距下端 2～3 厘米处向下削成双面楔形平滑削面，上厚下薄，如接穗比砧木细，切面的一侧略薄于另侧，主芽在薄侧，之后速将削好的接穗插入砧木的劈口内，接穗削面的上端留 1～2 毫米的切面俗称"露白"，使接穗较厚一侧的形成层与砧木的形成层对齐即可（如砧木与接穗粗细相同，可使砧木和接穗两边皮层的形成层对齐）。然后用塑料薄膜将砧木劈口及接穗的结合部均匀缠严，以利保湿。如接穗未经蜡封处理，用薄地膜将整个接穗缠严以防失水。大树改接是在大树需要改接的部位，选择树皮光滑处截断树枝，在横断面中间劈切口嫁接，接穗的切取及嫁接方法同上（图 3-2）。

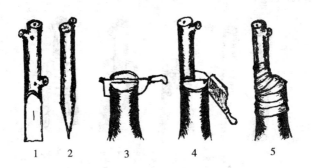

图 3-2　劈接示意图

1. 接穗削面（正面）　2. 接穗削面（侧面）
3. 劈砧木　4. 接穗与砧木接合状　5. 绑扎

（三）腹接

腹接也是枝接的一种，嫁接的适宜时间同劈接。嫁接时，剪断砧木，沿砧木断面斜剪砧木一劈口，深度超过砧木直径的一半，但不能超过 2/3，否则易风折，形成一个深达木质部的斜切口。接穗的削法基本同劈接，不同之处是接穗削面要削成一面稍长一面稍短。嫁接时将削好的接穗插入砧木的斜切口中，长削面朝里面，短削面朝外，使接穗和砧木皮层的形成层对齐，其他工序及要求同劈接（图 3‐3）。

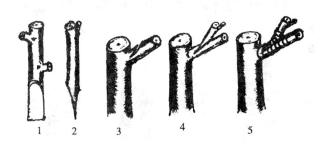

图 3‐3　腹接示意图

1. 接穗削面（正面）　2. 接穗削面（侧面）

3. 砧木嫁接处切口　4. 砧木与接穗接合状　5. 绑扎

（四）芽接

芽接一般是在生长季节主芽形成后，用当年主芽嫁接的方法，也称 T 字形芽接。如用上一年的接穗，也可在春季枣树萌芽后进行芽接，因取芽片难以带全维管束故一般都采用带木质芽接，也称嵌芽接。7 月份以前嫁接成活的砧木可在接芽上方剪去本砧，当年仍能长成成熟的嫁接苗，8 月份以后嫁接成活的砧木当年不剪砧，否则嫁接苗因木质化程度低难以越冬，待来年春天发芽前再剪砧。T 字形芽接方法是：

①种条采集，一般用当年枣头，把主芽上的二次枝及主芽上叶片剪去，保留叶柄，然后用湿布裹好保湿备用，取下的种条在常温下不宜久放，应随采随用，如需较长时间贮藏应放在 5℃左

右的冷藏容器内。

②在砧木的光滑部位，用芽接刀横割一刀深达木质部，然后自横切口中间向下切一纵向小口形成 T 字切口，取芽用锋利的芽接刀在接穗主芽上方 3 毫米左右处横切一刀，深达接穗直径的近 1/3～1/2，然后在芽下方距芽 1 厘米左右处由下向上挑切与上方横切口相连，用手捏紧芽片轻轻一掰，取出接芽迅速插入砧木的切口内，使接芽横切口与砧木的横切口对齐，用塑料薄膜缠严，露出主芽和叶柄，芽接完成。嫁接 7 天后如叶柄仍保持绿色或轻轻一碰叶柄即脱落说明嫁接芽已成活，否则再重接（图 3-4）。

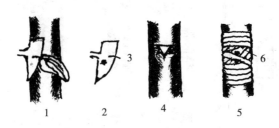

图 3-4　芽接示意图

1. 接穗芽片切口　2. 芽片

3、6. 叶柄　4. 砧木切口　5. 绑扎

（五）带木质芽接

带木质芽接在春季砧木树液流动后进行，其方法是：在砧木基部光滑处，用芽接刀在砧木上横切一刀深达木质部，长度为砧木直径的 1/3 左右，在距切口下方 1 厘米左右处用刀向上削切一盾形片与切口相连，取下木质片，最好用与砧木粗细相仿的接穗，在主芽上方 3 毫米处用刀横切一刀，长度与砧木的横切口一样，然后在芽的下方用刀向上削切一盾形芽片，大小与砧木盾形片相同，把芽片嵌入砧木盾形切口内，使芽片的形成层与砧木盾形切口的形成层对齐对严，用塑料薄膜条缠严，中间露出接穗的主芽，带木质芽接完成。如接穗芽片小于砧木盾形切口，应使接

穗的上切口及一侧的形成层与砧木的上切口及一侧的形成层对齐，然后用塑料薄膜条缠严露出主芽。此外还有舌接，方块芽接等方法，操作方法类似在此不一一介绍（图3-5）。

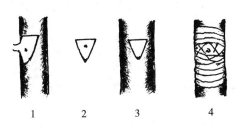

图3-5 带木质芽接示意图
1. 接穗芽片切 2. 带木质芽片
3. 砧木切口 4. 绑扎

（六）靠接

嫁接成活率取决于亲缘关系、嫁接技术、嫁接时间及品种的内含物。两个品种的亲缘关系越近成活率越高，一般同品种间嫁接成活率高于同属间嫁接，同属间嫁接高于同科间嫁接。嫁接时间最好在树液流动期进行成活率较高。嫁接品种的内含物也影响成活，如柿子由于树皮含单宁多即使同种间的嫁接成活率也不太高，嫁接技术好的其成活率达到90％也是难事。为选择两个品种的特长融于一体而其亲缘关系较远，采用一般嫁接方法难以成活，可试用靠接方法。具体操作于下：将要嫁接的品种小苗和砧木小苗移栽在一起苗干可距1厘米，成活一年后，在树液流动以后进行嫁接。嫁接时选择苗干光滑部位在两苗干相连处用刀将两苗削去带木质部大小相同的橄榄形皮层，木质深度可达髓心但不能过髓心，然后将两苗干靠在一起使两削面的形成层紧密相接用塑料薄膜缠绕密封接口即可，靠接完成。当接口完全愈合以后，最好翌年春季萌芽后在接口以下剪断接穗苗干直径和剪去接口以上砧木的苗干各1/3，生长3～4个月后再剪去余下的1/2～2/3，再生长2～3月后将接穗苗干全部剪断、砧木苗干全部剪去，一个新的植株形成（图 3-6）。

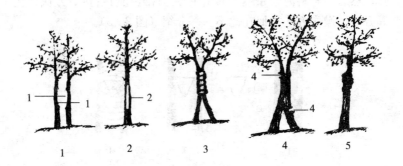

图 3-6　靠　接
1. 接穗砧木树的切口　2. 切口（正面）　3. 靠接及绑扎
4. 一年后接穗、砧木树断口处　5. 靠接成活新个体

三、嫁接后枣苗的管理

为保证枣苗的优质壮苗，嫁接后的管理非常重要。从苗木嫁接后到接穗萌芽约需半月的时间，由于养分相对集中，在砧木基部会萌发出幼芽，应及时清除以利于接穗的萌芽和生长；用二次枝做接穗的嫁接苗，粗壮的可能直接长出枣头，也有部分可先长出枣吊，为刺激主芽生成枣头，要从枣吊基部约 0.5 厘米处将枣吊剪去；采用插皮接和芽接方法嫁接的枣苗，当嫁接苗长到 15～20 厘米时应及时用木棍或细竹竿绑扶（绑扶时，木棍与新梢不能绑扶太紧，要有 2 厘米左右的活动范围），以防风折，风大地区，劈接或腹接的苗木也需绑扶；当嫁接苗木与砧木已愈合牢固后，应用小刀纵向割断缠绕的塑料薄膜，以防苗木加粗生长出现缢痕，影响苗木生长；6～7 月份应及时追肥，每 667 米^2 追肥施尿素 15～20 千克或硫酸铵 30～40 千克，追肥后及时浇水、松土保墒；嫁接苗萌芽后可能出现食芽象甲、绿盲蝽、枣瘿蚊、刺蛾类等食叶害虫及红蜘蛛和枣锈病的为害，防治方法请参照本书病虫防治的相关部分。

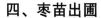

四、枣苗出圃

枣苗木出圃时间一般在秋季落叶后或春季萌芽前进行。枣苗出圃前如土壤干旱，应浇一次水，一是起苗省力并能保证根系完整，二是让枣苗吸足水分，可提高栽植的成活率。

起苗时应顺行在距苗子25厘米左右处，用铁锹挖掘一30厘米左右的深沟，然后在沟对面、苗的另一侧距苗25厘米左右处下锹，掘起苗木根系逐一将苗木掘出。出圃的苗木应该进行苗木分级。首先将根系劈裂、根系达不到标准、有病虫害的苗子检出。枣优质壮苗应该是根系完整，枝、皮无伤，用归圃苗做砧木嫁接的苗木根，要求直径在2毫米以上、根长20厘米以上的侧根有4～6条；用酸枣做砧木嫁接的苗木根，要有6～8条侧根。苗高应在1.2～1.5米以上，基径在1.2厘米以上，梢条成熟度好，顶芽充实饱满，嫁接口愈合良好，无病虫着生的苗木。苗木出圃后如不能随起苗随栽植时，应随起苗随时用湿土暂时埋起来，以防苗木失水。如超过12小时不能运走，要临时假植起来，方法是：挖一直立深30～40厘米的沟，将出圃的苗木逐一摆放在沟底，顺沟用锹掘湿土将苗子根系逐一埋好，之后又掘出第二条沟，依次将苗子假植起来。外运时，从一端开始逐一将苗子拔起。为提高成活率可将枣苗的枣头和二次枝各剪去1/3～1/2，用加1%保水剂的泥浆蘸根，再用100倍的羧甲基纤维素液，喷洒全苗（羧甲基纤维素应提前12小时用水泡溶），将苗木打捆，每20株捆成一捆，拴上标签，标明品种、产地、规格等。运苗车厢先用塑料膜将车厢底、四周铺好包严，然后装放苗木，装完后用帆布将苗子盖严外运。如长途运输，为便于保湿运输在征得客户主人同意后，可将苗木主干截留80～100厘米，将主干上的二次枝或枣头全部剪除，苗木在按上述方法处理后，用湿草将根系裹好，然后用塑料膜将苗木全部裹好，再按上述要求装车运输，可保证苗木一周内不失水，成活率能达到90%以上。

第三节 枣树嫩枝扦插育苗

枣树扦插较难生根，在塑料薄膜、植物激素等新技术运用的条件下，枣嫩枝扦插育苗成为可能。只要有丰富的种条资源，采用嫩枝扦插育苗可免除培育砧木和嫁接枣的麻烦，又能较好地保持枣优良的遗传特性，采用塑料拱棚育苗是一种快速繁育枣苗的方法。塑料拱棚育苗方法：

一、插床建设

插床应选光照充足、地势平坦、排水良好的砂壤土地为宜，整地参照育苗部分的整地方法和程序进行。然后做扦插床。扦插床畦宽 1.5～2 米，长度不超过 10 米，畦与畦之间挖宽、深各25 厘米的排水沟，床面与地面平或稍低于地面，在插床上搭遮阴棚，以混凝土桩或竹木作立柱，棚高 2 米左右，棚的南面、西南面和顶部用苇帘或遮阳网遮盖，防止阳光直接照射，降低棚内温度，透光率一般掌握在 20％～30％。

二、种条采集及处理

枝条年龄阶段越老，其插条生根率越低，为提高插条成活率，应选幼龄母树上一年生枣头，如必须选自成龄母树，可通过环剥、刻伤、短截等措施，促使成龄母树萌发新枣头用作插穗。枣的枝条极难生根，利用嫩枝扦插必须用 ABT 生根粉处理促进生根。方法是：剪取半木质的嫩枣头，截成 15～20 厘米长，有主芽 4～5 个，上剪口距芽 0.5～1 厘米处剪成平茬，下剪口削成马蹄形并去掉下部 5 厘米以内的侧枝和叶片，保留上部叶片，每20～30 枝捆成一捆，随即用 40％多菌灵 800 倍或 0.5％的高锰酸钾液浸泡插条基部 10～15 分钟进行灭菌，然后用 1 000 毫克/千克 ABT 生根粉液速蘸插条基部 5～10 秒钟，再在已准备好的苗床上扦插。注意采条时间最好在阴天或晴天的 8 时前，要随采、随处理、随用。

三、种条扦插及扦插苗管理

种条扦插前，先将畦内土壤深翻 25 厘米左右，用 0.5% 的高锰酸钾水溶液进行消毒，然后上午 9 时前或下午 5 时后进行打孔扦插，孔深 3～4 厘米，每平方米插种条 200～300 根，并用土将插孔封严，插完一畦后立即向插条上喷洒 50% 的多菌灵 800 倍或 70% 甲基托布津可湿性粉剂 1 000 倍液，随即在畦上搭高 60 厘米的小拱棚，上覆盖塑料薄膜，两端和一侧用砖压实，另一侧用土压实。在棚的中间、四角装干湿温度计，定时观察棚内温度和湿度。棚内地温以 25℃ 左右，气温保持在 28～32℃，相对湿度 85%～90% 为宜。棚内温度是插穗成活的关键，注意棚内气温不能超过 38℃，在高温季节应随时观察棚内温度，当棚内温度达到 35℃ 时，要向棚外覆盖的薄膜上喷凉水降温。为保持小拱棚内的湿度，每日早晚各向棚内喷水 1 次。扣棚后每隔 5～7 天喷 50% 多菌灵 800 倍或 70% 甲基托布津 1 000 倍液 1 次，防止叶片和嫩枝染病。笔者实践，小拱棚嫩枝扦插育苗最好在 6 月至 7 月初（北方），成功率高，7 月中旬以后进行嫩枝扦插育苗，出苗生根期正值 7 月底至 8 月份的高温季节，棚内气温不易控制，难以降到 35℃ 以下，是塑料拱棚育苗失败的重要原因。

插条 1 个月后，种条已经生根，此时要进行炼苗，每天傍晚掀开拱棚薄膜的一侧通风，初期先掀开 1/3 的薄膜放风，每天早晚各喷 1 次水，以后逐渐扩大通风面积，7～10 天可全部除去拱棚上的塑料薄膜并继续喷水，保持土壤湿度，撤棚后要逐步加大苇帘或遮阳网的透光面积，直至全部撤去遮阳材料，使小苗逐渐适应大田自然环境，此时如土壤湿度低喷水时可加入 0.1% 的尿素液，促进小苗健壮生长。

第四节　枣树全光照喷雾育苗

全光照喷雾嫩枝扦插育苗，是在全光照条件下，运用自动间歇喷雾的方式，调节空气及苗床的温、湿度，为插条创造一个适宜生根、萌芽、生长的条件，从而使嫩枝扦插育苗成为可能，是一种育苗周期短、成本较低、成苗率高的育苗方法。全光照喷雾嫩枝扦插育苗方法：

一、建床

床址应选择在背风向阳、地势较高、接近水源、有电的地方。床高40厘米，床周围用砖砌成，用泥作为黏合剂，目的是利于从砖缝中排水。床底部铺20厘米厚的大石子，中间层铺10厘米厚的炉灰渣，上层铺10厘米厚的干净河沙或较细的炉灰作为扦插基质。床的形状可砌成圆形和正方形，以圆形较好，便于均匀喷雾。喷雾设备采用中国林业科学院生产的双长臂自压旋转扫描喷雾装置，再安装 HL-Ⅲ型叶面水分控制仪，现实自动间歇喷雾。扦插前1～2天，用0.5％的高锰酸钾液对插床进行消毒，每平方米用药液4千克。

二、种条扦插及幼苗管理

种条采集、处理及扦插均参照塑料拱棚嫩枝扦插育苗相关部分。扦插时间要求不严格，只要做到随插随喷雾即可。扦插密度较嫩枝扦插育苗密度适当高些，以插条叶片互不重叠即可。扦插完成后立即启动自动喷雾装置，喷雾控制仪可根据叶面的干湿自动控制喷雾，光照强度越高，喷雾越频繁，间隔时间越短。清晨和黄昏光弱喷雾少，晚上自动停止喷雾，这时应启动控制仪的定时喷雾开关，可每半小时喷雾1次，每次喷雾时间在20秒左右，保证插条在夜间不失水。如采用全天定时喷雾，可根据天气情况人为调整，定好时间可自动定时喷雾。一般每天上午8~10时，每10秒钟左右喷1次，10~16时每3~5秒钟喷1次，16时以后逐渐减少喷水次数。在管理中，每周在傍晚停喷前喷50%的多菌灵800倍或70%的甲基托布津可湿性粉剂1000倍液1次，防止插穗腐烂。插后15天喷1次0.3%的尿素液，促进小苗生长。枣嫩枝扦插育苗，在喷雾条件下，应尽量延迟插条落叶时间，生根后大部分叶子已经脱落，插条上的嫩芽会明显生长，一般15天后出现新根，20天后达到生根高峰，30天后可逐渐减少喷水时间，只在阳光强烈高温的10~16点时适当喷水，阴天及早晚时间停止喷水炼苗，过2~3天后全天停止喷水，进一步炼苗，5~10天后即可移栽。

三、苗木移栽

苗木移栽前，需对苗圃地整地，方法参照前面苗圃整地部分。圃地整好后做畦，畦宽2米，每畦均匀开沟3条，将苗木栽植沟内，株距20厘米左右，扶正苗木用细土填平压实，然后浇一次透水。为提高移栽成活率，移栽最好选择连阴天，或在傍晚进行，一周内向畦内苗木喷水，缩短缓苗时间，以后苗木管理参照前面育苗相关部分。在扦插时直接用营养钵，可提高移栽成活率，不足之处是较平插出苗少。营养钵规格为8厘米×8厘米，营养土按壤土：河沙：腐熟无害化圈粪比为3：3：1配制，并用0.5%的高锰酸钾液消毒，再行嫩枝扦插，也可将小苗移栽到营养钵内再放回育苗床上实施喷雾，待小苗成活后，在移至苗圃内，浇一次透水，其他管理参考育苗相关部分。

此外还有组织培养育苗方法，可实现工厂化育苗，是快繁优质无毒苗木的先进方法，需在无菌的条件下进行，投资大，技术较复杂，在这里不再介绍。

第五节　充分利用当地野生枣资源改接优良品种枣

　　山区野生酸枣资源丰富，是山区水土保持的优势树种，其生态效益和社会效益巨大，但对于农民来说经济效益相对不高，利用野生酸枣改接适宜当地气候等自然条件的优质枣既有巨大的生态效益、社会效益又提高了经济效益，不失为山区农民致富之举，更符合当前举国开展的节能减排发展低碳经济战略。南方地区可利用当地铜钱树野生资源改接优良品种枣。利用山区野生酸枣、铜钱树等资源改接优质枣。首先要对野生资源地进行整地，根据当地实际情况在有利于水土保持的前提下，在资源地周围可采取水平梯田、水平沟或鱼鳞坑等形式的整地，增加活土层，提高土壤肥力，为枣树生长提供良好的土壤环境，然后再根据当地管理水平，确定适宜的密度。将野生苗进行清理，清除杂草、无用根蘖苗，选择一长势健壮无病害（主要是枣疯病）的单株进行枣头（枝头）摘心，并加强水肥、病虫防治等管理，促进野生苗健壮生长，第二年春天枣萌芽后进行改接。枣接穗的采集、处理、嫁接方法及成苗后的管理见本书有关部分。

（周正群、肖家良）

第四章

新 建 枣 园

在举国上下高度关注食品安全的今天，枣的安全无公害生产乃至有机枣的生产是市场的需求，是保障人民身体健康的需要，是未来果品生产的发展方向。因此，新建枣园必须符合相关的国家标准。

第一节　生产安全食品的有关标准

1. 我国将食品分为无公害食品、绿色食品、有机食品　这三类食品同是安全食品，而无公害食品是安全食品的底线。无公害食品是指在生态环境质量符合国家规定标准的产地、生产过程中允许限量使用限定的化学合成物质，按特定的生产操作规程生产、加工、产品质量及包装经检测、检查符合特定标准，并经专门机构认定，许可使用无公害食品标志的产品，是我国制定实施最早的安全食品，后来我国政府根据国内外市场需求又实施了绿色食品生产。我国将绿色食品分为 A 级绿色食品和 AA 级绿色食品两种。A 级绿色食品，是指在生态环境质量符合规定标准的产地、生产过程中允许限量使用限定的化学合成物质，按特定的生产操作规程生产、加工、产品质量及包装经检测、检查符合特定标准，并经专门机构认定，许可使用 A 级绿色食品标志的产品。AA 级绿色食品则较为严格地要求在生产过程中不使用化学合成的肥料、农药、兽药、饲料添加剂、食品添加剂和其他有害于环境和健康的物质。从本质上讲，绿色食品是从普通食品向有机食品发展的一种过渡性产品。

按特定的生产操作规程生产、加工、产品质量及包装经检测、检查符合特定标准，并经专门机构认定，许可使用AA级绿色食品标志的产品。

177×177 8k jpg 无公害农产品标志

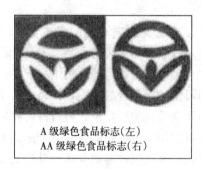

A级绿色食品标志(左)
AA级绿色食品标志(右)

1024×1024 78k jpg 绿色食品标志

由于与环境保护有关的事物国际上通常都冠以"绿色"，为了突出这类食品出自最纯真的生态环境，因此定名为绿色食品。无公害、绿色食品应同时具备以下条件：产品或产品原料产地必须符合无公害、绿色食品生态环境质量标准；农作物种植、畜禽饲养、水产养殖及食品加工必须符合无公害、绿色食品生产操作规程；产品必须符合无公害、绿色食品质量和卫生标准；产品外包装必须符合国家食品标签通用标准，符合无公害、绿色食品特定的包装、装潢和标签规定。

无公害、绿色食品标志管理，即依据无公害、绿色食品标志证明商标特定的法律属性，通过该标志商标的使用许可，衡量企业的生产过程及其产品的质量是否符合特定的无公害、绿色食品标准，并监督符合标准的企业严格执行无公害、绿色食品生产操作规程、正确使用无公害、绿色食品标志的过程。无公害、绿色食品标志管理有两大特点，一是依据标准认定，即把可能影响最终产品质量的生产全过程（从土地到餐桌）逐环节地制定出严格的量化标准，并按国际通行的质量认证程序检查其是否达标，确保认定本身的科学性、权威性和公正性。二是依据法律管理。是依据标准认定所谓依法管理，即依据国家《商标法》、《反不正当竞争法》、《广告法》、《产品质量法》等法规，切实规范生产者和经营者的行为，打击市场假冒伪劣现象，维护生产者、经营者和消费者的合法权益。

通过无公害、绿色食品认证的产品可以使用统一格式的无公害、绿色食品标志，有效期为3年，时间从通过认证获得证书当日算起，期满后，生产企业必须重新提出认证申请，获得通过才可以继续使用该标志，同时更改标志上的编号。从重新申请到获得认证为半年，这半年中，允许生产企业继续使用绿色食品标志。如果重新申请没能通过认证，企业必须立即停止使用标志。另外，在3年有效期内，中国无公害食品管理中心、绿色食品发展中心每年还要对产品按照无公害、绿色食品的环境、生产及质量标准进行检查，如不符合规定，中心会取消该产品使用标志。为严格规范有机产品认证，确保有机产品认证的有效性，自2012年3月1日起，《有机产品认证目录》开始实施。国家认监委对2005年6月发布的《有机产品认证实施规则》进行了修订。修订后的新版实施规则对有机产品认证要求更加严格，进一步统一了认证尺度，进一步细化了认证实施要求，进一步完善了有机产品认证追溯体系。国家认监委要求，各认证机构要依据新版实施规则修订自身的管理体系文件，并做好新版实施规则和《有机产品》国家标准的宣传；对新申请有机产品认证企业及已获认证企业的监督活动要依据新版实施规则执行。"国家有机产品认证标志备案管理系统"也将同步开通使用。该系统运用现代化信息技术手段，确保认证机构发放的每枚有机产品认证标志都能够从市场溯源到所对应的每张有机产品认证证书、获证产品和生产企业。今后市场上销售的有机产品，将加施带有唯一编号（有机码）、认证机构名称或其标识的有机产品认证标志，便于消费者辨识及产品的追溯。在 2012 年 3 月 1 日前，已从认证机构领取旧版有机产品认证标志或印制相关产品包装的，仍然可以使用，但应在 2012 年 7 月 1 日前使用完毕。届时，公众可登录"中国食品农产品认证信息系统"（food. cnca. cn）进行查询验证。

2. 怎样申请无公害、绿色食品标志 凡想从事绿色食品生产并获得无公害、绿色食品标志的单位或个人均可申请无公害、绿色食品标志。凡具有无公害、绿色食品生产条件的单位与个人均可作为无公害、绿色食品标志使用权的申请人。申请人填写《无公害、绿色食品标志使用申请书》，一式两份（含附报材料），报所在省（自治区、直辖市、计划单列市）无公害、绿色食品管理部门；省无公害、绿色食品管理部门委托通过省级以上计量认证的环境保护监测机构，对该项产品或产品原料的产地进行环境评价；省无公害、绿色食品管理部门对申请材料进行初审，并将初审合格的材料报中国无公害管理中心、绿色食品发展中心；中国无公害管理中心、中国绿色食品发展中心会同权威的环境保护机构，对上述材料进行审核。合格的由中国无公害食品管理中心、中国绿色食品发展中心指定的食品监测机构对其申报产品进行抽样，并依据无公害、绿色食品质量和卫生标准进行检测；对不合格的当年不再受理其申请。

中国无公害食品管理中心、中国绿色食品发展中心对质量和卫生检测合格的产品进行综合审查（含实地核查），并与符合条件的申请人签订"无公害.绿色食品标志使用协议"：由中国无公害食品管理中心、农业部颁发绿色食品标志使用证书及编号；报国家工商行政管理局商标局备案，同时公告于众。

有机食品是指以有机方式生产加工的，符合有关标准并通过专门认证机构认证的农副产品及其加工品，包括粮食、蔬菜、奶制品、禽畜产品等。有机食品在生产加工过程中绝对禁止使用农药、化肥、激素等人工合成物质，并且不允许使用基因工程技术；其他食品则有限允许使用这些物质，并且不禁止使用基因工程技术。有机食品在土地生产转型方面有严格要求。考虑到某些物质在环境中会残留相当一段时间，因此需有一定时间的有转换期，生产其他食品和无公害食品则没有转换期的要求。有机食品在数量上进行严格控制，要求定地块、定产量，生产其他食品没有如此严格的要求。

第二节　枣园园址选择

为保证食品的安全，新建枣园首先要符合生产无公害枣的建园标准，并要考虑未来果品升级，生产绿色果品、有机果品的需要。

园址选择是生产安全果品的基础，必须选择符合生产安全果品标准又适宜枣树生长的地块作为枣园。

一、无公害食品标准

生产无公害果品的果园要求远离有污染的工矿企业、医院、生活污染源、车流量多的重要交通干线。具体要求见表4-1、表4-2。

表4-1 无公害农产品地距污染源要求

项 目	指标（米）
高速公路、国道	≥900
地方主干道	≥500
医院、生活污染源	≥2 000
工矿企业	≥1 000

表4-2 无公害农产品产地大气质量要求

项 目	指 标	
	日平均	1小时平均
总悬浮颗粒物（TSP）（标准状态）（毫克/米³）	0.3	
二氧化硫（SO_2）（标准状态）（毫克/米³）	0.15	0.50
氮氧化物（NO_X）（标准状态）（毫克/米³）	0.12	0.24
氟化物（F）[微克/（厘米²·天）]	月平均10	
铅（标准状态）（微克/米³）	季平均1.5	季平均1.5

1. 土壤要求 土壤承载果树，不仅为果树提供所必需的养分，而且直接影响果树的生长和果品的品质，建园前必须对土壤进行全面的调查，选择无有害物质、重金属含量超标的土壤和水源，适宜生产无公害枣的地块。生产无公害枣对土壤环境及水质的要求见表4-3、表4-4。

表4-3 土壤环境质量要求

项 目		指标（毫克/千克）		
		pH<6.5	pH6.5～7.5	pH>7.5
总汞	≤	0.30	0.50	1.0
总砷	≤	40	30	25
总铅	≤	250	300	350
总镉	≤	0.30	0.30	0.60
总铬	≤	150	200	250
六六六	≤	0.5	0.5	0.5
滴滴涕	≤	0.5	0.5	0.5

表 4-4　无公害农产品产地浇灌水质量要求

项　目		指　标
氯化物（毫克/升）	≤	250
氰化物（毫克/升）	≤	0.5
氟化物（毫克/升）	≤	3.0
总汞（毫克/升）	≤	0.001
总砷（毫克/升）	≤	0.1
总铅（毫克/升）	≤	0.1
总镉（毫克/升）	≤	0.005
铬（六价）（毫克/升）	≤	0.1
石油类（毫克/升）	≤	10
pH		5.5～8.5

2. 土壤质地　土壤质地也影响枣树生长。一般地讲，最适宜农林作物生长的土壤是壤土，也叫中壤土。砂质土壤，透水性和通气性、热量状况良好，耕作容易，但有机质和腐殖质含量低，分解快，保水保肥能力差，成苗率高，但后劲不足。黏质土壤，透水通气性差，排水不良，当地势低洼时，土壤含水量高、土壤温度低，耕作阻力大，易板结，但土壤有机质和腐殖质含量较高，作物生根困难，因此幼苗成苗率低，但后劲足。壤土其有机质和腐殖质含量高，土壤的理化性能介乎于砂壤土和黏壤土之间是最有利用价值的土壤。

3. 土壤酸碱度　土壤中的溶液组成不同，致使土壤呈酸性或碱性。土壤的酸碱度影响枣的生长，一般枣适宜在酸碱度为pH 5.5～8.2，含盐量（滨海地区）不高于 0.3% 的土壤上均能生长。

4. 地形特点　平原、丘陵山地均可发展枣树，全国各地无论是山地还是平原、滨海碱地都有当地的名优枣，不少内地品种引种到新疆表现良好，近些年利用荒山酸枣的资源改接优种枣，成功的实例很多。不同的是，要根据不同的地域、地形，种植适宜的品种，进行适宜当地条件的整地和管理技术。

平原地区地面高差起伏小，较为平坦，便于管理，一般分为冲积平原、黄泛平原和滨海冲积平原。

冲积平原地面平整，土壤深厚较肥沃，便于耕作，适宜发展果树，只要地下水位不高，可以选做枣园。

洪积平原由山洪夹带泥沙沉积而成，其幅员较冲积平原小，常含有大量石砾。距山较远的洪积地带含石量少，土粒较细，山洪危害较少地带可以选做枣园。

黄泛平原主要是黄河中下游，称为黄泛区，最典型的为黄河故道区。中游为黄土，肥力较高，下游多为砂壤，有的是纯砂，或与砂泥相间，形成沙荒区。其特点是土壤肥力低，缺乏有机质、氮、磷、钾等营养物质，土壤的理化性能差，漏水漏肥，通过改良土壤可以建枣园。

滨海冲积平原是地处河流末端，近海的河流冲积平原，其土壤是砂、泥相间，含盐分较多且以氯化盐为主，地下水位较高，通过降低地下水位，蓄淡水淋碱盐，改良后可建枣园，著名的黄骅冬枣就是在这样的土地上生产出来的。

丘陵山区高度变化不大，交通便利，适宜发展枣树，但丘陵山地地形、土壤、肥力和水分条件变化较大，应根据土壤风化程度和成土年限区别对待，通过工程措施，提高土壤肥力和良好的理化性能，为枣树创造适宜的生长环境。丘陵山地建枣园还应避开冷空气下沉的谷地，因为枣树虽然耐寒但萌芽和花期需要较高温度，冷空气下沉的谷地易造成霜冻或花期低温影响授粉和坐果。大风也对枣树授粉不利，应避开风口地带。

尽管枣树的适应性较强，平原、丘陵山地均能生长，但仍以土层深厚、有浇灌条件、排水良好、土壤酸碱度适中且较肥沃的壤土生长最好，树势健壮，寿命长，丰产性强，并能很好地表现出其优良的品质特性，以较低的投入获得较高的效益。品种不同对土壤的要求也不同，如金丝小枣生长在黏质壤土上树势壮果实品质最好，生长在砂壤地上树势早衰果实品质下降，在选择园址时应充分考虑。生产绿色食品、有机食品枣应参照下列表内要求选择园址。

二、绿色食品标准

生产 A 级绿色枣对大气和土壤的要求见表 4-5。

表 4-5　绿色食品产地空气质量指标

项　目	指　标	
	日平均	1小时平均
总悬浮颗粒物（TSP）（标准状态）（毫克/米³）　　　　　　　≤	0.3	—
二氧化硫（SO_2）（标准状态）（毫克/米³）　　　　　　　　　　　≤	0.15	0.50
氮氧化物（NO_X）（标准状态）（毫克/米³）　　　　　　　　　　≤	0.10	0.15
氟化物（F）　　　　　　　　　≤	7微克/米³、1.8微克/（厘米²·天）（挂片法）	20微克/米³

表 4-6　土壤中各项污染物指标　单位：毫克/千克

耕作条件	旱　田			水　田		
pH	<6.5	6.5~7.5	>7.5	<6.5	6.5~7.5	>7.5
镉≤	0.30	0.30	0.40	0.30	0.30	0.40
汞≤	0.25	0.30	0.35	0.30	0.40	0.40
砷≤	25	20	20	20	20	15
铅≤	50	50	50	50	50	50
铬≤	120	120	120	120	120	120
铜≤	50	60	60	50	60	60

注：果园土壤中铜限量为旱田中的铜限量的1倍。

三、有机食品标准

有机食品枣对大气和土壤的要求见表 4-7、表 4-8。

表 4-7 有机农业生产基地大气环境质量标准

项　　目	指标（毫克/米³）			
	日平均	任何一次	年日平均	1 小时平均
总悬浮微粒物	0.15	0.30		
飘尘	0.05	0.15		
二氧化硫	0.05	0.05	0.02	
氮氧化物	0.05	0.10		
一氧化碳	4.00	10.0		
光化学氧化剂				0.12

表 4-8 有机农业土壤质量标准 单位：毫克/千克

土壤类型		铜	铅	镉	砷	汞	铬
绵土	≤	23.0	16.8	0.098	10.5	0.016	57.5
塿土	≤	24.0	21.8	0.123	11.2	0.055	63.8
黑垆土	≤	20.5	18.5	0.122	12.2	0.016	61.8
褐土	≤	24.3	21.3	0.100	11.6	0.040	64.8
灰褐土	≤	23.6	21.2	0.193	11.4	0.024	65.1
黑土	≤	20.8	26.7	0.078	10.2	0.037	80.1
白浆土	≤	20.1	27.7	0.106	11.1	0.036	57.9
黑钙土	≤	22.1	19.6	0.110	9.8	0.026	52.2
灰色森林土	≤	15.9	15.6	0.066	8.00	0.052	46.4
潮土	≤	24.1	21.9	0.103	9.7	0.047	66.6
绿洲土	≤	26.9	21.8	0.118	12.5	0.023	56.5
水稻土	≤	25.3	34.4	0.142	10.0	0.183	65.8
砖红壤	≤	20.0	28.7	0.058	6.7	0.040	64.6
赤红壤	≤	17.1	35.0	0.048	9.7	0.056	41.5

（续）

土壤类型		铜	铅	镉	砷	汞	铬
红壤	≤	24.4	29.1	0.065	13.6	0.078	62.6
黄壤	≤	21.4	29.4	0.080	12.4	0.102	55.5
燥红土	≤	32.5	41.2	0.125	11.2	0.027	45.0
黄棕壤	≤	23.4	29.2	105	11.8	0.071	66.9
棕壤	≤	22.4	25.1	0.092	10.8	0.053	64.5
暗棕壤	≤	17.8	23.9	0.103	6.4	0.049	54.9
棕色针叶林土	≤	13.8	20.2	0.108	5.4	0.070	46.3
栗钙土	≤	18.9	21.2	0.069	10.8	0.027	54.0
棕钙土	≤	21.6	22.0	0.102	10.2	0.016	47.0
灰钙土	≤	20.3	18.2	0.088	11.5	0.017	59.3
灰漠土	≤	20.2	19.8	0.101	8.8	0.011	47.6
灰棕漠土	≤	25.6	18.1	0.110	9.8	0.018	56.4
棕漠土	≤	23.5	17.6	0.094	10.0	0.013	48.0
草甸土	≤	19.8	22.4	0.080	88	0.039	51.1
沼泽土	≤	20.8	22.1	0.092	9.6	0.041	58.3
盐土	≤	233	23.0	0.100	10.6	0.041	62.7
碱土	≤	18.7	17.5	0.088	10.7	0.025	53.3
磷质石灰土	≤	19.5	1.7	0.751	2.9	0.046	17.4
石灰（岩）土	≤	33.0	38.7	1.115	29.3	0.91	108.6
紫色土	≤	26.3	27.7	0.094	9.4	0.047	64.8
风沙土	≤	8.8	13.8	0.044	4.3	0.016	24.8
黑毡土	≤	27.3	31.4	0.094	17.0	0.028	71.5
草毡土	≤	24.32	27.0	0.144	17.2	0.024	87.8
巴嘎土	≤	5.9	25.8	0.116	20.0	0.022	76.6
莎嘎土	≤	20.2	25.0	0.116	20.0	0.019	80.8
寒漠土	≤	24.5	37.3	0.083	17.1	0.019	80.6
高山漠土	≤	26.3	23.7	0.124	16.6	0.022	55.4

注：有机磷农药、六六六、滴滴涕残留均不得检出。

上述果园的土壤、环境、大气、水质等标准是符合生产绿色农产品包括有机农产品选园用地标准，唯生产有机枣选地还应考虑前3年是否用过合成肥料，如用过要通过种植绿肥或休闲3年后才能作为生产有机枣的用地。作为有机枣的生产基地还应设立隔离保护带（缓冲地带），保护带内的农作物要按照有机农产品标准要求进行管理，其产品可作为A级绿色食品使用，目的是防止非有机农产品生产地的管理如肥料、农药的使用影响到有机枣的生产。保护带的宽度及设置可根据具体情况而定，以符合生产有机食品规定不受污染为原则，在规划有机枣园用地时应予以考虑，并取得有关部门的认可。

第三节　枣园规划

枣树的经济寿命在百年以上，搞好果园规划非常重要。规划原则既要最大限度提高土地利用率，创造有利于枣树生长的局部环境，发挥枣树的生产潜力，又要充分考虑有利于枣的生产，方便管理，并要考虑适应未来机械化和科技发展的需要。

一、防护林设置

适宜的防护林可减弱大风、冰雹等灾害天气的危害，降低风速、增加空气温度，有利于枣树花期授粉和坐果。有防护林的果园冬季园内温度可提高1～2℃，夏季温度可降低1～2℃，可使风速降低10%～40%，湿度增加10%以上，能为枣树生长创造良好的局部环境，还能起到保护天敌的作用。

防护林的结构、高度不同，其有效防护范围也不同，据研究防护范围为树高的20～30倍。因此，防护林带的间距可设置为300～500米。垂直于主要风向的林带为主林带，根据当地风力大小决定林带的宽度，一般主林带由5～10行乔木树种组成，株间栽植灌木，副林带由3～5行乔木树种组成，株间栽植灌木。

林带株行距 2 米×3 米，品字形栽植，林种选择尽量避开主要病虫害与枣树为共同寄主的树种。目前枣园较好的树种组合有窄冠毛白杨、间种紫穗槐，此组合病虫相对较少，防护效果较好，紫穗槐是优良的绿肥树种，有益果园土壤肥力的提高。为节约土地，可充分利用作业道路、排灌沟渠的两侧设置防护林带。为最大限度地减少林带对枣树的影响，东西行向林带可将林带设置在道路或沟渠的南侧，南北行向林带可将林带设置在道路或沟渠的两侧，靠近枣树一侧的林带边缘可挖深 1 米左右的断根沟，防止树根串入枣园内与枣树争水争肥。林带栽植时间最好先于枣树的栽植时间，以便提早发挥防护效益。

二、建立作业小区

大型枣园为便于管理，应规划作业小区，小区划分应根据园地的地势及土壤条件，气候情况划分，地势、土壤及小气候条件基本一致的可划分一个小区，面积大的可分为若干个小区。小区的大小可根据地形、劳力和机械化程度设置，以方便管理为原则，可结合作业道路和排灌渠道的设置划分作业小区。

三、建筑物设置

为方便生产，枣园要设置作业道路、排灌设施、配药设备、库房、选果场、储果库房、办公休息室等辅助设施。设置原则要以能满足生产需要，最大限度地节约用地，提高枣园的效益为目的，兼顾当前，着眼未来发展的需要，做好总体设计规划，切忌朝令夕改。

第四节　枣园整地

枣是经济寿命很长的果树，为给枣树创造一个良好的生长环境，栽植前的整地十分必要。通过整地可以改良土壤质地，改善土壤的理化性能，提高土壤的通透性和良好的保水保肥能力；可以保持水土，有效地防止水土流失，涵养水源；可以减少盐碱地有害离子的浓度，利于枣树根系生长，提高枣树栽植的成活率及整个生育期的生长。特别是党中央、国务院已明确规定，今后基本农田一律不准栽种果树，再发展果树只能上山下滩，利用荒山、荒地。荒山、荒地立地条件差，因此果树栽种前的整地更显得必要。

我国幅员辽阔，有丘陵山地、荒漠和盐碱地等，整地方法不尽相同，下面分别叙述。

一、荒地的平整

荒地为未耕种或耕种后的废弃地，除缺水的西北荒漠外，一般立地条件要略好于丘陵山地或盐碱地。

荒地多高低不平、杂草灌木丛生，土壤活土层一般 20 厘米左右，很难满足枣树生长的要求，在枣树定植前需进行细致整地。如荒地的杂草灌木要彻底清除，在可控制火势、采取有效防火措施的条件下，采用烧荒的方法清除杂草灌木和各种病虫，或人工机械清除杂草灌木，然后平整土地。如土地高低相差悬殊，工程量大，可采用分段局部整平的方法，在平整土地的基础上再进行穴状或带状整地。一般每 667 米² 定植枣树密度不足 70 株的可采用穴状整地。方法：在定植点上挖长、宽、深各 0.8～1 米的坑（如土质太差还应增加深度），将上面阳土与下面阴土分开堆放，每株枣树用不小于 50 千克经无害化处理的腐熟有机肥与阳土拌匀回填坑内，填至距地面 10 厘米处，浇透水塌实，以备种树。土质不好，可进行换土或掺土。砂土掺黏土，黏土压砂土，以改善土壤的理化性能，提高土壤的保水保肥能力。如每 667 米² 超过 70 株可进行带状整地，顺定植行挖沟，沟深 0.8～1.0 米，将阳土与阴土分开，把有机肥与阳土掺匀，回填沟内，填至距地面 10 厘米后浇透水塌实，以备种树。施肥改土参照上述部分内容。

二、盐碱地整地

盐碱地上生长的冬枣和金丝小枣其质量不亚于好地。黄骅市正是在滨海盐碱地上，长出了品质极佳的名牌冬枣，畅销国内外。我国盐碱地多，可在不影响粮食生产的同时，在选定区域内发展枣生产。枣树虽然对盐碱抗性较强，但降低土壤含盐量，减小碱性有利于枣树生长发育，防止根系早衰和缺素症的出现，给枣树创造一个良好的生长环境，以利于早果、早丰、优质生产。

盐碱地的特点是土壤含盐、碱量高，地下水位高，缺少淡水。整地要按照盐碱地盐碱分布"高中洼"、"洼中高"和"盐随水走，水走盐存"的规律，充分利用雨季降水、蓄水淋盐、适当深栽躲盐、坑底覆草阻盐等技术，降低土壤含盐量，达到适宜枣树生长的土壤要求。方法是：

（一）建设台条田

根据土壤含量规划建设台条田，挖好排灌渠道，保证排水畅通，降低地下水位，有效降低土壤含盐量，为枣树生长创造良好的土壤环境。台条田的面积应根据土壤含盐碱程度确定，一般2～4公顷一个台面。台面面积小有利淋盐排碱，但工程量大，不便大型机械作业，台面面积大不利淋盐排碱，但工程量小，土地使用率高，便于大型机械作业。如果土壤盐碱程度低，台面面积还可再大。台条田沟深度一般毛沟深1.5米以上，斗、支渠深度应比毛沟深能顺畅排水，以利于淋盐排碱为宜。台条田建设的关键是田面要求平整，四周修筑不低于30厘米的挡水埝，保证不跑水、渗水，以起到蓄水淋盐碱的作用。

（二）台、条田整地

在建设好高标准台条田的基础上，要在栽植枣树的前1年整地，将含盐量较高的表层盐土刮去，运出果园，如无法运出果园也可刮至行中间作排水渠，尽量减少盐碱回流的机会。然后进行穴状或带状整地（要求同前），利用雨季降水，蓄水淋盐。在株与行的中间作成蓄水树盘，盘埂高 20～30 厘米，盘面倾向树坑，并拍实，以利集水压碱。雨季过后回填土，填土前，先在坑底或沟底垫一层麦秸、麦糠或其他碎秸秆、杂草，厚度 10～15 厘米，起阻盐碱作用，再回填腐熟有机肥和阳土混合土，填至离地面 20 厘米后浇透水塌实（用肥量同上），以备种树。

三、丘陵山地整地

适宜栽植果树的丘陵山地一般是丘陵缓坡地，坡度在 25°左右，在有利于水土保持的前提下，坡度在 25°以上可采取穴状（鱼鳞坑）整地，坡度在 25°以下可采取带状整地。

（一）鱼鳞坑整地

鱼鳞坑是挖长径 1 米左右，短径 0.8 米左右，深 0.8～1 米的半圆形深坑，坑与坑品字形设置，坑外缘修筑挡水埝，截留降水，扩大活土层。如土层薄，下面岩石多可采取局部爆破的方法（应在有关部门和专业技术人员指导下进行），进行局部整地。也可采用二次整地技术，根据花岗岩、片麻岩母质干旱时坚硬湿润时比较疏松的特性，可在春秋干旱时先挖深 20 厘米的坑，待雨季坑内母质湿润时再进行二次整地，此法比较省工。

（二）带状整地

丘陵缓坡也可采用修筑水平阶田和沟状梯田。

1. 水平阶田　可沿山地的等高线进行，水平阶面水平或倾斜成 5°左右的反坡，阶面宽随地而异，一般 0.5～2 米，阶长 1～8 米，阶外缘修筑土埂以利保持水土，内沿修排水沟，自下而上连接各阶田的排水沟，形成排灌系统。

2. 沟状梯田　是先将表土和风化疏松的岩层挖出翻到隔坡上，然后对下层岩石实施爆破，将爆破后的疏松母质挖出放在沟上方的坡面上，石块放在下面，要求沟宽 2 米、沟深 1 米（以外沿为标准），然后将上方疏松碎母质及隔坡表土、有机肥一起填入沟内与沟外沿平，如土不够需客土填满，待植树。田面要形成外高内低略向内倾斜的平面，外沿用石块、土垒土埂，内沿修排水沟，自下而上连接各梯田的排水沟，形成排灌系统。其他整地工作如施肥同前面穴状或带状整地。采用围山转水平梯田整地可参照本书第十四章赞皇大枣栽培相关部分。

第五节　枣树种植

一、枣树栽种密度

枣树的种植密度与结果期的早晚、立地条件及管理水平有关。如立地条件好，水浇条件好，有充足的肥源，可以将枣树种植密度适当小一点；反之密度可以适当大一些。要求枣园尽早获得高效益，可将枣树种成密植枣园或计划密植枣园的形式。

多数专家的研究，果园覆盖率达到70％～80％，叶面积系数达到4～5，才能实现果品的优质丰产。枣树是喜光树种，叶面系数以3～4为宜。栽植密度越大，达到上述指标的年限越短。稀植果园要10年左右才能达到上述丰产指标，密植园3～5年就能实现。密植园能充分发挥果园前期群体优势，叶面积迅速扩大，同化功能强，营养物质积累多，营养生长向生殖生长转化快，可提前结果并缩短进入丰产期的年限。另外鲜食品种枣，只能人工采摘，适宜小冠密植。密植园树体矮小，便于修剪、施肥、浇水、摘果、喷药等果园作业，减少生产成本，利于枣园增效。制干加工品种可采用稀植中、大冠形栽培模式。枣有当年栽植或改接、当年成活、当年成花、当年结果的特点，适当密植能充分发挥枣的早实特性，达到早结果早丰产。

目前密植园的栽植密度一般株距1～3米，行距2～5米。笔者近几年对不同栽植密度的枣园进行调查，密度为1米×2米、2米×2米的枣园，前期产量高，由于不能及时调整果园的群体结构，使果园过早的郁闭，果品产量和质量均呈下降趋势且病虫较难控制。3米×4米、3米×5米的栽植形式，前3～5年枣产量低，但树形容易培养，树体和果园的群体结构较好，枣产量呈逐年上升趋势。笔者认为枣目前仍是市场前景好、效益较高的果树品种，建园后尽快获得较高的产量和效益是栽培者的愿望。为此，栽植密度2米×2米或1.5米×2.5米，如管理水平较高也可栽成0.5米×1米、米1×2米的密度，此种植形式为计划密植形式，将枣树培养成永久株和临时株，永久株按计划树形整形，3～5年以培养树形为主，结果为辅，临时株栽植成活后，就可以采用各种技术措施抑制营养生长，促进生殖生长，强迫幼树提前结果，通过适时间伐临时株，最后改造成1米×2米，2米×3米，2米×4米，3米×5米密度的小冠形枣园，较好地解决了密植果园前期产量上升快、后期果园群体结构郁闭产量下降及稀植果园前期产量和效益低的矛盾。发枝力强树势旺的加工品种栽植株行距可适当加大，以4米×6米、5米×6米为宜，培养成中冠树形。枣粮间作（枣农间作）株距3～4米，行距10～15米，如机械作业行距20米，总之行距大的枣园枣的效益低，农作物效益高；反之，可突出枣的效益。近些年新疆红枣产业发展很快，他们根据本地的气候特点及病虫发生轻的优势，实施高度密植栽培，一般每公顷栽植枣树3 000～12 000株，栽植第二年就可结果，充分发挥了枣树结果早的优势，生产出高品质的红枣，发了"枣"财，很多县市靠发展枣业脱贫致富，有的走上小康路。

从实践看，果园的行向以南北向较好，南北行向树与树之间遮阴少，光照均匀，通风透光好，适宜枣的生长发育，遇到大风和冰雹等灾害性天气，南北行枣树受害程度相对较轻。

关于枣园正方形与长方形栽植形式，哪个较好？笔者认为南北行向栽植的枣园宜采取行间大于株距的长方形栽植形式。果园良好的群体结构必须是行间要有1～1.5米的通风透光带，长方形栽植的树冠造形为东西扁形树冠，受光面积大，正方形栽植只能造形为南北扁形树冠较同密度的长方形栽植的树受光面积小。枣树是喜光树种，长方形栽植的枣园群体结构合理，通风透光好，利于枣树的生长发育，并利于抑制枣园病虫害发生和蔓延，对提高枣的产量和质量十分有益。枣树虽然绝大部分品种为自花结实，但异花授粉对提高枣树坐果率和果实品质均有益，且品种适当的多点可丰富市场，满足消费者的多种需求，对趋避自然灾害的风险能力均大有益处，可提高枣树的栽培效益，因此提倡枣树品种混栽。树种安排应根据栽培目的选择适宜当地气候、环境等条件的主栽品种，然后选择经济效益好的品种作为授粉品种，授粉品种的比例应遵循效益好的原则，如同是效益高且市场畅销的品种，其比例可达到 1：1，否则可以减少授粉树的比例，以10：1 为宜。栽植形式可以是行列式或多点梅花式栽植。

二、枣树栽植

影响枣树栽植成活率的因素很多，如苗木的质量、栽植的时间、栽植技术、栽后的管理等，为提高枣树栽植成活率应做好以下几点：

（一）枣树的栽植时期

枣树的栽植时期可分为秋栽和春栽。秋栽从秋季落叶后到土壤封冻前均可进行，秋季栽植时间越早越好，如无需长途运输苗木，可在 9 月下旬实行带叶栽植，可提高成活率（苗木叶片应摘去 1/2～2/3 为好）。翌年春季栽植可适当晚栽，如不是大面的栽植可在枣芽刚萌动时栽植成活率较高。从理论上分析，枣树秋栽应该比翌年春栽成活率高，如秋栽土壤墒情好，返盐低（盐碱地），翌年根系活动先于地上部分等，但实践结果是春季晚栽成活率高，其主要原因是苗木失水。因为从秋栽到来年枣树萌芽需经过半年的时间，受冬季北方寒冷低温、空气干燥、大风等因素的影响，造成苗木失水。另外，枣树是喜温树种，根系活动和开始生长所需地温高于其他北方落叶树种，秋季枣树落叶后的土壤温度已低于根系生长和活动的地温，根系已无吸水功能，难以补充地上部分需水造成苗木死亡。秋栽保证成活的关键是苗木不失水，可采取下述 3 种方法。一是实施截干栽植，即苗木栽植后，将苗木保留两个枣树主芽进行截干，然后用土将截干后的苗木全部埋起来。初冬开始覆土薄一点，随温度下降加厚覆土，进入深冬覆土要超过当地冻土层的厚度，来年春天随气温升高逐步撤去覆土，在枣树萌芽前全部撤去覆土。此法适宜栽植树高不足1米的小苗。二是将苗木弯倒埋土保温防寒。采用一年生、苗高1米左右、基径在1厘米以下的小规格枣苗栽植，栽后顺行轻轻将苗木弯倒，为防止折断苗木，在弯倒处垫一土枕，然后用土将苗木全部埋起来，开始先覆土20厘米厚，然后逐渐加厚覆土，到严冬再覆土至当地冻土层的厚度，来年随气温增高逐步去掉覆土，萌芽前将覆土全部除去，将苗木扶正。三是苗木栽好后，在苗木周围覆地膜，面积不少于1米^2，并在苗木的西北面距苗木30厘米处培一个高50厘米的半圆月牙形的土硬，可提高根际温度，有利根系提前生长吸收水分，来年萌芽后再撤出土埝，并用100～150倍羧甲基纤维素喷布整个树苗或用薄膜套将枣树套起来翌年萌芽后撤去薄膜套，以减少苗木的失水。

春季栽植枣苗最好在枣芽萌动时，但由于芽萌动时期很短，难以实施大面积栽植枣树，可提前进行，栽后采用覆地膜，剪去部分二次枝和枣头，苗木喷羧甲基纤维素等综合技术措施均可提高成活率，具体方法参照上述有关部分。保证枣树栽植成活率的关键是在枣树起苗过程中、运输途中、栽植中的各个环节都要保证苗木不失水。采取的措施如起苗前苗圃浇水，起苗后根系要蘸泥浆、临时假植，苗木栽植前要浸水等均是围绕枣树苗子不失水而进行的技术措施，因为枣树是含水较低的树木，苗木在空气中暴露极易失水而影响栽植成活率。据孙玉柱实验，苗木主根和侧根的水分含量分别在41.6%、38.3%以上时，苗木栽植成活率在80%以上，当主根和侧根含水量下降到36.9%、26.9%时，苗木栽植成活率仅为36%。

（二）枣苗选择与处理

为建设无公害高效的枣园，枣苗一定要选择品种纯正、根系完整、无机械损伤、无检疫对象的新鲜优质壮苗。栽前根系要用水浸 12 小时以上使根系充分吸水，并对根系进行修整，剪去脱水、腐烂及劈裂等不良根系，再用 ABT 生根粉 10～15 毫克/千克的溶液浸根 1 小时或用 ABT 生根粉 1 000 毫克/千克速蘸 5～10 秒，然后即可栽植。为提高成活率可将苗木的二次枝部分或全部剪除，中心主枝延长头剪留在壮芽部分。笔者实验，在一切条件均相同的情况下，枣苗剪除二次枝和短截中心主枝延长头与不剪的比较，成活率提高 46%。

　　（三）栽植技术

　　在已完成整地的地块上，根据枣树的根系大小再在定植穴或沟上挖植树坑，坑的长、宽、深各为 40 厘米以保证根系在坑内舒展为宜，然后放入处理好的枣苗，苗木阳面栽植时仍朝阳面，苗木的株行间对齐，使行内、行间成直线，然后填土，边填土、边提苗，使苗木根系在土内舒展，然后踩实，苗木埋土可略高于原苗木土痕（浇水后土面下沉至原土痕为宜），栽后浇一次透水，水渗后覆地膜，以保墒和提高地温，利于根系生长。覆膜面积，每株苗木不少于 1 米²。如果不覆地膜，可在水渗后，适时进行锄划保墒。据笔者调查，春天覆地膜耕层地温可提高 2～4℃，土壤含水量提高 30%左右，枣树成活率高、发芽早、当年生长量大。栽后苗木剪口要涂漆、树体喷石灰乳，防止苗木失水和日灼，有利成活（石灰乳配制方法：优质生石灰 10 千克＋食盐200 克＋水胶 100 克＋水 40 千克，搅成乳状即可）。

三、枣树栽后管理

　　枣树栽植后的管理非常重要，直接影响枣树的成活率和结果的早晚。影响枣树的成活与苗木质量和栽植技术有关，栽后管理主要是解决根系尚无吸水功能而地上部分又需水分的矛盾。解决办法：一是栽后要在苗木周围覆盖 1 米² 的地膜，保持土壤水分，保证根系不失水，提高地温促使根系生长吸收根。二是在为苗木覆地膜的同时，用150倍的羧甲基纤维素喷树苗或用塑料薄膜套将树干整个套起来，萌芽时去掉膜套，目的是保持苗木不失水。枣树定植成活后，可在夏季高温来临之前撤去地膜，如土壤墒情不足，可进行灌水增加土壤湿度，浇水后要及时进行中耕除草保墒，促进枣树生长。盐碱地上的枣树，如水质不好，在一般的情况下不要浇水，可进行多次中耕，减少土壤返盐。枣树成活后新萌生的枣头和二次枝一律不动，任其生长，但要注意与中心枣头竞争的枝头，必要时进行适当抑制竞争枝以扶持中心枣头的旺盛长势。生长期要注意病虫防治，防治方法参照本书的病虫害防治部分。结合喷农药可进行叶面喷肥，生长前期可用0.2%的尿素液进行叶面喷肥2～3次，促进枣树的营养生长，生长后期可用磷酸二氢钾0.2%的溶液进行叶面喷肥2～3次，提高植株的木质化程度，有利于枣树安全越冬和翌年的生长、结果（有机枣可喷施沼液）。通过上述管理除个别苗木因质量和栽植技术的问题影响成活外，成活率可达98%以上。枣园因苗木质量和栽培技术的问题有栽后假死现象即"迷芽"。对发芽晚的枣苗喷20毫克/千克的赤霉素（九二〇）溶液有促进萌芽的作用，可解决"迷芽"现象。枣萌芽后在整个生长期要追肥、中耕除草。第一次追肥要在6月份，以氮肥为主，第二次追肥在8月份，应以磷钾肥为主，追肥方法在苗木周围30厘米处挖一环状沟，沟深20厘米，每株施肥量50克左右（氮肥可用硫酸铵，用尿素减半，磷肥可用钙镁磷肥，钾肥可用硫酸钾肥），然后覆土，施肥后浇水，适时中耕除草，并注意枣锈病及食叶害虫的防治，有机枣可追施沼液、沼肥或经无害化处理的有机肥。通过上述管理，当年新生枣头长势粗壮，长度可达50厘米以上，为枣树早结果早丰产打下基础。对没有成活的枣树，来年要选择规格相同的苗木及时补栽，以保持枣园林相整齐，便于管理。

（周正群、韩金德）

第五章

枣树的管理与整形修剪

枣树栽植后的管理非常重要，直接影响枣树的成活率和结果的早晚及枣树的经济寿命。枣树是一个有生命的个体，在其生长发育过程中时时受到大气环境、土壤环境、枣园的生态环境及自身的树体结构等多种因素影响和制约，因此，枣树管理就是通过实施土壤管理、整形修剪、施肥浇水、病虫防治等技术措施建立环境友好的生态系统。友好就是和谐，和谐就要做到各个因子之间的平衡，因此搞好枣树管理就是使与枣树生长有关的因子之间的平衡。如要做到树体自身结构的平衡，就要运用整形修剪技术，建造一个合理的树体结构，做到各主枝间、主枝与侧枝、各骨干枝与结果枝、结果与发育、地上部分与根系等的平衡谐调；要做到树体健壮就要通过施肥浇水建立土壤的结构、各营养元素之间、有益微生物之间的平衡谐调；要搞好病虫害的防治，就要做好果园的天敌与害虫、有益微生物与有害微生物之间的平衡谐调，这是我们管理好果树要遵循的宗旨。

第一节 枣树的整形修剪

一、枣树整形修剪的意义

枣树整形修剪是枣树管理的重要组成部分。一个良好的果园生态环境和一个良好的树体结构，是生产无公害、绿色、有机食品，获得枣果优质丰产的保证条件之一，应引起栽培者的高度重视。枣树整形是通过修剪实现的，修剪分为冬剪和夏剪，落叶后至萌芽前的修剪称为冬剪，生长季节的修剪称为夏剪。修剪的主要作用是构建良好的树体结构，平衡树势，调节营养生长与生殖生长的关系，调节膛内各类枝条的长势，改善树冠内通风透光条件，促使树势健壮，结果适量，延长枣树的经济寿命，获得较高的经济效益。

二、枣树修剪依据的原理

枣树修剪是依据芽的异质性、顶端优势、垂直优势及树冠层性，运用不同的修剪技术达到平衡树势，调节各部分生长关系的目的。顶端优势是指活跃的顶端分生组织抑制其下部芽子的发育，保持顶端芽子生长旺盛的优势，主要表现在枝条上部的芽能萌发抽生强枝，下部的芽萌生抽枝能力逐渐减弱。垂直优势是枝条与芽的着生位置不同，生长势不同，直立枝条生长势强于斜生枝条，斜生枝条生长势又强于水平枝条，水平枝条生长势又强于下垂枝条，而同一枝条上弯曲部位背上的芽子长势超过顶端芽，这种枝条和芽子所处的位置不同而出现的强弱变化称为垂直优势。芽异质性是由于芽子生长的时间不同、生长位置不同、芽的质量不同表现为萌发枝条能力产生的差异，如生长位置相同，芽子质量好萌生的枝条强于芽子质量差萌生的枝条，这种差异称为芽的异质性。树冠层性是顶端优势和芽异质性共同作用的结果，表现为中心枝中上部的芽萌发枝条角度小且壮，中下部的芽萌生枝条角度大且长势弱，基部的芽不萌发枝条，每年往复循环，形成层形。树冠的层性是树木适应自然环境，增强冠内光照，自我调节自我修复的表现。

三、修剪技术

枣树修剪技术有短截（双截）、回缩、疏剪、目伤、环割、开甲（环剥）、摘心、扭枝、缓枝、拉枝等，具体做法为：

1. 短截（双截）　　截去一年生枣头或二次枝的一部分，叫短截，作用是集中养分，改善膛内光照，刺激生长或抑制生长。短截可分为轻短截、中短截、重短截。轻短截约截去枝条长的1/3，中短截约截去枝条长的1/2左右，重短截约截去枝条长的2/3或更短。双截是在枣头上的二次枝上方截去枣头并将二次枝上从基部疏去叫双截。作用是刺激主芽萌发新枣头，扩大树冠或培养结果基枝。这是枣树修剪"一剪子堵、二剪子放"的特殊性。

2. 回缩 截去二年生以上的枝条的一部分叫回缩，作用是集中养分，改善膛内光照，促进生长，一般用于复壮和更新枝条。

3. 疏剪 疏去膛内枣头、二次枝、枣股，叫疏剪，作用是调整膛内枝条结构，集中养分，改善通风透光条件，平衡树势，促进健壮生长。疏剪的部位和剪去的枝条大小强弱不同其作用不同。疏去大枝对母枝有减弱长势的作用，但对其他枝有助势作用。疏去竞争枝有促进其他枝生长的作用。

4. 目伤 在枣头、二次枝基部主芽的上方0.5厘米处横割两刀深达木质部，两刀间距2～3毫米，剪去二次枝，叫目伤，作用是刺激主芽萌发生成目的发育枝。

5. 环割 在非骨干枝上用刀环割2～3圈，环与环间有一定间距称为环割。作用是暂时割断该枝的韧皮部输导组织，阻隔养分回流，提高环割部位以上营养物质积累，促进花芽形成，提高坐果率，是密植高效枣园提前结果，充分利用非骨干枝增加枣树前期产量的重要技术。

6. 开甲 在枣树主干、主枝上进行环状剥皮称为枣树开甲。作用是暂时割断树干皮层输导组织，阻断甲口以上部位养分回流，集中营养，促进花芽形成、坐果、果实生长等，枣树花期开甲是提高坐果率的重要手段。开甲的时间不同，其作用不同。如在枣树萌芽期开甲，有促进花芽分化和形成的作用；在枣树花期开甲有提高坐果率的作用；在果实幼果期或膨大期开甲有促进果实生长，增加单果重和果实提前着色、成熟的作用。枣的花芽分化和形成一般不成问题，但坐果率很低，故一般只在花期开甲。

7. 摘心　剪去新生枣头、二次枝、枣吊的部分嫩梢叫摘心。作用：一是抑制枣头生长，减少养分消耗，减少落花落果，提高坐果率；二是培养目的结果基枝或枝组。

8. 扭枝　对暂时有保留价值的膛内非骨干枝、影响骨干枝生长及膛内光照的枣头或二次枝，手持枝条慢慢弯曲扭转，改变其生长角度和方向的作业手法称扭枝或拿枝软化。对半木质化的枣头改变生长角度和方向的作业称扭梢。作用是破坏枝条输导组织，改变生长方向和角度，缓和生长势，改善膛内光照条件，促进营养生长向生殖生长转化有利于结果。

10. 缓枝　根据树冠构成各类枝条不同要求，在修剪时对不动的枝条称为缓枝。作用是缓和枝条的长势，平衡树势，有利于开花结果。

11. 拉枝　根据树冠各类枝条构成角度的不同要求，用绳索将枝条拉成适宜角度固定，称为拉枝。作用是改变不同枝条的生长角度、方向，平衡各类枝条生长势，构建良好的树体结构，改善膛内光照条件（图 5 - 1）。

12. 抹芽与除萌　及时抹去各级枝上萌生的无用芽及嫩枝称抹芽和除萌。作用是减少养分消耗，利于树体发育与结果。枣树砧木及树下根部极易萌发根蘖，消耗树体养分，对不留做育苗用的根蘖应及早刨除，越早越好，以节约养分和减少病虫害发生。

枣树是有生命的统一的有机体，根系与树冠，冠内的各类枝条，芽与芽之间均有相关性，如根系衰弱必然引起地上部生长不良，一个枝条旺长必然引起附近枝条的减势生长。枣树有幼树生长旺盛，枝条单轴延伸，成枝力强的特点。因此在修剪时必须考虑枣树的生长特性和整体性及与周围枣树的关系，综合运用恰当的修剪技术，完成修剪的目的，取得良好的结果，因此修剪技术的综合运用非常重要，必须熟练掌握才能轻车熟路。

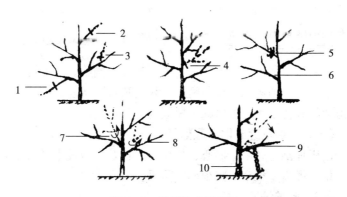

图 5-1　修剪技术示意图

1、2. 短截　3. 摘心　4. 疏枝　5. 环割　6. 缓枝
7. 扭枝改变角度　8. 扭枝改变位置　9. 拉枝　10. 开甲

四、各种修剪技术的综合运用

(一)调节生长势

1. 加强树体的生长势　要重冬剪轻夏剪，骨干枝延长枝头要剪留壮枝壮芽，去弱枝留强枝，抬高枝头角度，多留少疏辅养枝促进营养生长。

2. 减弱枝条的长势　要用弱枝弱芽带头，去强留弱，去直立枝留平斜枝，压低枝头角度，适当多疏枝，并运用扭枝、拉枝等修剪技术减弱其生长势，促进生殖生长。缓和树体生长势，要冬、夏剪并重，运用疏剪、缓剪、拉枝、扭枝、开甲等技术综合运用才能达到目的。需要旺盛生长部位应采取增强长势的修剪技术，需要减弱生长势部位应采取减弱长势的修剪技术，保证整个树体每年既有一定量的营养生长，又有适量的生殖生长。

3. 调整枝条角度　调整枝条角度目的是平衡树势，可采用拉枝、扭枝、短截、疏枝等修剪技术。如需要减弱一大枝的长势，可行拉枝加大其生长角度或疏除该枝条上直立生长的枝条便可减弱该枝的生长势。如需要增强一骨干枝的长势，可在该枝延长枝头留壮芽短截或疏去原枝头平斜枝，保留角度较直立的延长枝头，抬高枝头的角度，复壮该枝长势。

（二）调节枝梢密度

尽量保留利用已长出枝条，采用短截、摘心、芽上目伤等修剪技术，可增加树冠内枝条密度。采用疏枝、缓枝、拉枝加大分枝角度等修剪技术，可以减少树冠内枝条密度。

（三）促进花芽分化，保花保果

运用环割、开甲、摘心、拉枝、扭枝等修剪技术可以促进花芽分化，提高坐果率，减少落花落果。

（四）培养结果枝组

枣树冠内分布大小不等的结果枝组，对保证枣丰产、稳产、延长经济寿命非常重要，从幼树开始就要注意培养。要根据枝位的空间大小决定结果枝组的大小，空间大的培养大型结果基枝，空间小的培养小型结果枝组，没有空间的枝条从基部疏除。培养小结果枝组可采用先缓枝，后短截，结合扭枝等修剪技术进行。培养大结果基枝可采用先双截后缓枝的修剪技术，如一个枣头有较大生长空间，可培养一较大结果基枝，冬剪时可在枣头的 $1/2 \sim 2/3$ 有二次枝的壮芽处进行双截，利用主芽长成新枣头，然后再采取缓枝、拉枝技术，即可培养出大型结果基枝。

总之，上述多种修剪技术综合的运用，调节枣树长势，平衡树势，培养结果基枝，促进花芽分化和提高坐果率等目的的实现必须是在肥水、病虫防治等其他管理技术到位的条件下进行才能达到预期的目的。

五、运用修剪技术平衡枣树的营养生长和生殖生长

营养生长可以简单地理解为构建树体枝干，叶片及根系的生长，生殖生长是花芽分化、开花、结果，果实及种子的生长。在树木的整个生命周期中，幼树期又称童期，主要是营养生长；初果期是以营养生长为主，生殖生长处于次要地位；盛果期是以生

殖生长为主，营养生长为辅；衰老期生殖生长和营养生长都严重衰退。不同时期，树体养分分配去向不同，决定营养生长和生殖生长的转换，修剪技术是调节树体养分分配的重要手段，通过修剪可以调控营养生长和生殖生长的转换。如一个直立枝条，营养生长旺盛，在夏剪时通过扭枝改变生长方向，使其水平或下垂生长，该枝就会由营养生长转向生殖生长，生长势缓和，很快变成结果枝结果。再如一个结果枝本来是以生殖生长为主，如果冬剪时回缩修剪，可以促生新的枣头，此时该结果枝的营养生长得到加强，使该枝条长势转强，回复结果能力，结果枝得到复壮。

六、枣树整形

（一）目前生产上枣树采用的树形

枣树树形是根据枣本身的生长特点、栽培目的、立地条件的好坏、管理技术水平等因素决定的。如鲜食品种，具有酥脆的特点，只能用手工采摘，树高应控制在 2.5 米以下，因此树形多以中小冠形为主。如制干品种可采用中、大冠形，树高控制在 4～6 米。如立地条件好，管理水平较高可适当密植，采用中小冠形。若想早结果，就要采取密植，采用小冠形才能达到早结果早丰产的目的。目前枣区多采用开心形、延迟开心形、圆头形、自由纺锤形、扇形等。

1. 开心形 也称多主枝自然开心形，由树干、主枝、侧枝、结果基枝组成骨干枝。由枣头、二次枝构成的结果枝组或称结果基枝。树干高 70 厘米左右（枣粮间作栽植形式的干高 120 厘米左右），树高 2.5～3 米，冠径 2.5～3.5 米。全树留 4～5 个主枝，主枝着生在中心干上，每个主枝间距 15～20 厘米，与树干夹角 50°～60°，各个主枝均匀向四周延伸，每主枝上着生 2～3 个侧枝，第一侧枝距中心干 60 厘米左右，两个相邻异侧侧枝间距 20 厘米左右，两个同侧侧枝间距 80～120 厘米（树势弱的品种间距小，树势强的品种间距要大，以下同）。该树形顺应枣树生长习性，整形容易，修剪量小，成形快，前期产量较高，进入盛果期应及时清除中心枝，成开心形解决冠内光照不足的问题。整形方法：枣树定植后，加强管理促进快速生长，在枣树干直径达到 2 厘米左右时，春季萌芽前，在枣树高 1 米处留壮芽进行双截，选 4～5 个 2 次枝保留 1～2 个枣股短截，促发角度缓和的枣头培养主枝。在肥水管理较好的条件下，当年可萌发出 4～5 个粗壮的新枣头，第二年春季冬剪时选留前口下第一枝作为中心枝的延长枝头继续生长，在下面的枣头中选 2～3 个角度和间距适宜的作为主枝，其余枣头作辅养枝处理，培养结果基枝。辅养枝的角度要大于主枝，生长势要弱于主枝。二年后当枣中心枝的延长枝头直径达到 2 厘米左右时在距下面主枝 30～40 厘米处进行双截，疏去剪口下的二次枝，在当年萌生的新枣头中继续选留中心枝延长枝头和选 2 个角度和间距适宜的枣头作为第四、五主枝。当选留的主枝直径达到 2 厘米左右时，距中心干 80 厘米左右处进行双截，剪去以距中心干 60～80 厘米处的二次枝，主枝两侧要各有一个主芽。在精细管理的条件下，当年可萌生 2～3 个新枣头作为主枝的延长枝头和主枝两侧的侧枝，各层主枝的侧枝的顺序应相同，如第一层主枝的第一侧枝是顺侧，则第二侧枝都应是逆侧，第二层主枝的第一侧枝应为逆侧，则第二侧枝都应是顺侧，以下同。其他的枣头在不影响主、侧枝生长和膛内光照的条件下，培养成大小不等的结果基枝。第三、四年继续培养侧枝及结果枝组工作，直到树冠达到要求，此时整形工作基本完成，当中心主枝影响冠内光照时在最后一个主枝上面留一辅养枝剪去中心枝成为开心树形（图 5-2）。

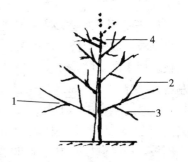

图 5-2　开心形示意图

1. 主枝　2、3. 侧枝　4. 落头处

2. 延迟开心形 延迟开心形也称疏散分层形或小冠疏层形、双层疏散形。由树干、中心主枝、主枝、侧枝和结果基枝组成。树干高70厘米左右（枣粮间作120厘米左右），树高2.5～3米，全树留5个主枝分为两层，着生在中心主枝上，主枝间距15～20厘米，与中心主枝夹角70°左右，基部三主枝间水平夹角120°左右，第四、第五主枝与中心主枝夹角60°左右，与第三主枝交错生长，第三与第四主枝的层间距1米左右。侧枝着生在主枝上，结果基枝着生在中心主枝、主枝、侧枝上其基角要大于同级主枝、侧枝，生长势要弱于同级主枝、侧枝。整形方法：当枣树干直径达到2厘米时在树高1米处选壮芽双截定干，剪口下4～5个二次枝保留2个枣股截去，促发枣头，第二年春季冬剪时，选留剪口下第一个枣头作为中心主枝延长枝头，其余枣头选留3个生长方向、间距与中心主枝夹角适宜的枣头作为第一层三个主枝。当中心主枝距第三主枝120厘米处直径达到2厘米时，选壮芽双截，剪口下2～3二次枝保留枣股1～2个截去，促发枣头，选剪口下第一个枣头作中心主枝的延长枝头，其余的枣头选留方向、角度和间距适宜的2个枣头作为第四、第五主枝。侧枝的选留参照开心形整形的有关部分。当第四、五主枝上侧枝、结果基枝配置完成后，可在第五主枝上方对面留一辅养枝，剪去中心枝的延长枝，成为开心形，此时延迟开心形的整形工作全部完成。大冠的延迟开心形，适宜制干或加工品种。全树留7个主枝分为三层，每层主枝

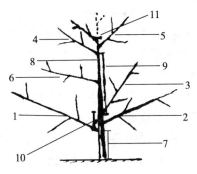

图 5-3 延迟开心形示意图

1、2、3. 第一层3个主枝 4、5. 第二层两个主枝

6. 辅养枝 7. 树干及干高 8. 中心主干

9. 层间距 10. 层内距 11. 落头处

上着生侧枝3～4个，全树高5～6米，各主枝、侧枝的培养整形同上（图5-3）。

3. 自然圆头形 此种树形多是在定干后放任生长的情况下形成的，生产中较为常见。全树有主枝6～8个，不分层，各主枝交错着生于中央主干上，主枝间距20厘米左右，每个主枝上着生侧枝3～4个，第一侧枝距主干60厘米左右，同侧侧枝间距100～120厘米，异侧侧枝间距20厘米左右，结果枝组多着生于主侧枝的两侧或背部。树高250～300厘米，干高60厘米左右。

自然圆头形树形顺应枣树的发枝特性，树体常较高大，修剪量小，枝条较多。在生长发育良好的情况下，单株产量较高。编者在沧县、献县等地调查时看到过树高9米、冠径5米的婆枣树，其单株产鲜枣可达100千克以上，适宜加工、制干品种采用。

这种树形进入盛果后期时，由于外围枝条密挤、树冠内膛光照状况变劣，常造成内膛小枝枯干死亡，结果部位外移，产量下降的后果。为改善内膛光照状况，保持稳定的产量，可将中央领导干落头，改造成开心形树。整形方法：枣栽植后1～2年，当苗木主干1.2米左右处，粗度达到1.5～2厘米，即可进行定干。定干时将主干在1.2米高度剪除，要求剪口下20～40厘米整形带内主芽饱满，二次枝健壮。将主干剪口下3～4个二次枝保留1～2个枣股剪掉，促生枣头。定干后第二年选留一直立生长的枣头作为中心主干，其余枣头做主枝培养。枣树定干3～4年时，当第一层主枝距中心干50～60厘米处，粗度超过1.5厘米时，进行短截，同时将剪口下3～4个二次枝保留1～2个枣股剪掉，促使剪口芽萌发枣头作主枝延长枝，其余主芽萌发的枣头作主枝，培养第四至第六主枝。当主枝距主干60厘米直径达到1.5～2厘米时可双截培养侧枝（培养方法参照开心形的侧枝培养方法）。主干延长枝一般不做短截处理，依靠枣树自然生长特性，靠二次枝顶端枣股萌发形成枣头延长生长，形成新的主枝。除基

部1～4主枝外其他主枝一般
不选留侧枝（图5-4）。

4. 自由纺锤形 自由纺
锤形由树干、中心主枝、主
枝、结果基枝组成。树干高
70厘米左右（枣粮间作120
厘米左右），全树留8～12个
主枝，主枝着生在中心主干
上，结果基枝着生在中心主干
或其他主枝上，各主枝间距

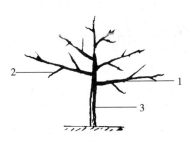

图5-4　自然圆头形示意图
1. 主枝　2. 侧枝　3. 树干

15～20厘米，主枝与中心枝夹角（基角）70°～80°，上部主枝基
角要小于下部主枝基角，保持各主枝均衡生长。相邻两主枝水平
夹角在120°以上，各主枝交错着生，两重叠的主枝间距要在1米
以上，结果基枝的角度要大于同级主枝的角度，生长势要弱于同
级主枝，结果基枝大小根据树冠内空间而定。树高控制在2.5米
左右，整个树冠呈纺锤形。整形方法：枣树定植后，当主干直径
达到2厘米左右时，春季冬剪，在树高1米处选壮芽进行双截定
干，新发枣头作为中心主干的延长枝，自70厘米到剪口芽的整
形带内选2～3个方位、角度和间距适宜生长粗壮的二次枝留1～
2个枣股进行短截，促发健壮新枣头作为主枝，第二年春季冬剪
时，当中心主枝粗达到2厘米左右时（如达不到可再缓一年）在
距最后一个主枝的40厘米左右处选壮芽进行双截，新生枣头继
续做延长枝头，下面选2～3个方位、角度和间距适宜生长粗壮
的二次枝留1～2个枣股进行短截，促发健壮新枣头作为主枝，
第三、第四年重复第二年选留中心主干和主枝的工作，直到完成
整形为止。培养为主枝外余下的枣头、二次枝选留生长位置好、
长势好的培养成结果基枝或结果枝组，无生长空间的从基部疏除
（图5-5）。

5. 扇形 扇形整形结果早，适用密植果园或是计划密植果

园的临时株整形。由树干、中心枝、主枝、结果基枝组成。树干高70厘米，全树由5～8个主枝组成，主枝着生在树干上，结果基枝着生在主枝上。各主枝间距20～40厘米，主枝与树干的夹角80°左右，相邻两个主枝水平夹角180°，各主枝呈扇形与行间垂直。结果基枝的角度要大于同级次的主枝，长势要弱于同级次主枝。整形方法：枣树定植后要加强管理，第二

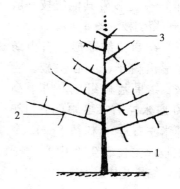

图5-5　自由纺锤形示意图
1. 树干　2. 主枝或结果枝组
3. 落头处

年春季萌芽前，在树干距地面60～70厘米选一有健壮主芽的二次枝处，将全树向行间弯曲拉成与树干夹角80°左右的水平枝成为第一主枝用绳索固定。从基部疏去弯曲处的二次枝，并在主芽上方进行目伤，刺激主芽萌芽发成新枣头，成为直立生长的新中心枝。对弯倒的主枝背上枣头、二次枝进行扭枝改变生长方向或疏除，在盛花期可对主枝环割或开甲令其结果。第三年在中心枝距第一主枝20厘米处选留一有健壮主芽的二次枝处，将中心枝弯曲拉向第一主枝的相反方向，培养第二主枝、结果基枝和中心枝，技术要求同上。以后逐年培养第三、四主枝，当树高达到2米左右时，将中心枝弯曲拉倒成60°左右呈开心形，弯曲处不再培养新的中心枝，此时整形全部完成。

另一扇形整形方法如下：

定干：在苗木90～100厘米处短剪，将剪口下面第一个二次枝从基部剪去，长出的枣头培育成中心干。主枝培养：在中心干整形带内选2～3个方向适宜的二次枝，剪留1～2个枣股刺激萌发健壮枣头培养主枝，第二年在中心干延长枝50～60厘米处剪留，再选择位置适合的2～3个二次枝，剪留1～2个枣股刺激萌

发健壮枣头培养主枝。所有主枝的基角为80°左右。各主枝应保持相反方向交互生长状态，与行向的夹角视栽培密度决定，一般30°左右，呈南偏西，北偏东方向排列（图5-6）。

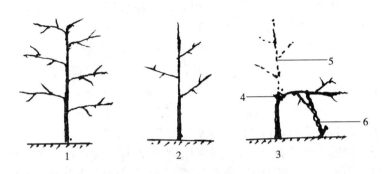

图5-6 扇形示意图

1. 扇形树形 2. 栽后第一年树 3. 栽后第二年形状
4. 目伤处 5. 目伤后新生枣头 6. 拉绳

6. 篱壁形 篱壁形枣树干高40厘米，2个1米长的匍匐状中心主枝，每个匍匐状中心主枝上着生两个直立主枝，主枝长1.2～1.3米，匍匐干和主枝着生枣头和二次枝。顺枣树行架设立柱、支架，架材为水泥立柱、角钢和直径4毫米的铁丝。每隔10米埋一根支柱，架高2米，支柱上平行固定4道铁丝拉线，第一道铁丝距地面40厘米，其他各道铁丝拉线间隔40厘米。适宜枣树密植或避雨栽培采用。

整形方法：定植后第一年萌芽前将枣树中心枝顺行间向一侧弯90°，使之与地面平行，距离地面高约40厘米，引缚到第一道铁丝拉线上固定，培养成第一匍匐中心主枝。并要剪除弯倒处主芽附近的二次枝并进行刻芽，促生直立枝旺长。第二年对上年培养的直立枝长度达到1米的顺行拉向与第一匍匐中心主枝的相反方向，高度相同，引缚到第一道铁丝拉线上固定，培养成第二匍匐中心主枝（长度不足1米可再长一年）。按上述方法在每个匍匐中心主枝上培养2个直立主枝，主枝间距50厘米，当年夏季将直立主枝引缚到架面的各道铁丝上固定。一般第三年秋季即可培养成双侧蔓干篱壁式树形。篱壁形枣树成形后，主要以夏季重修剪控制篱壁的高度和厚度。每年5月上旬对枣头重摘心；花期环剥、环割促坐果，6月下旬和8月上旬各进行一次抹芽和疏枝，维持枣树的健壮生长和结果。

（二）枣树整形修剪应注意的问题

枣树良好的树体结构和群体结构无疑是枣果优质丰产的保证。枣树是有生命的个体，受多种因子影响，树姿千差万别，难以做到像工业产品那样规格一致，因此枣树整形要因地、因树、因栽培目的而异，做到因树修剪随树作形，有形不死无形不乱，只要树冠内骨干枝健壮，能负载丰收的产量，枝条摆布疏密合理，通风透光，能发挥每个叶片的生产功能就是好的树形。这里强调的不是不要树形，而是在既定树形基础上更好的灵活的修剪整形。枣园整体结构要通风透光良好，株间疏密适中，行与行之间至少要留有1米的通风透光带，建造一个利于枣树生长结果而不利于病虫生存的生态环境，充分发挥土地的最大生产力，生产优质果品。

七、枣树提前结果的技术措施

枣树要做到提前结果实现早结果早丰产必须在优质壮苗、整地质量好、有机肥充足、栽植水平高、当年缓苗快、生长量大和密植的条件下，再采取促花促果的技术措施才能实现，否则就是结果了也只能是零星结果，难以形成经济产量取得好的效益。栽植密度每667米^{2}在200株以上的枣树密植园或计划密植树园的临时株采用自由纺锤形或扇形整形，在良好的管理条件下，栽植的第二年花期对主枝开甲或环割，并采取花期的保花保果措施即可结果，并获得理想的产量。栽植密度每667米^{2}40～100株的枣园，每年在保证各级骨干枝健壮生长迅速扩大树冠的同时，对各级结果基枝和结果枝组通过拉枝、缓枝、背上枝扭枝、摘心等技术措施缓和其营养生长促进生殖生长，花期通过开甲或环割，并采取花期保花保果措施，强迫其结果，能做到长树结果两不误，获得一定的产量。

第二节　不同时期枣树的修剪

一、幼龄期的枣树修剪

从定植到结果前这一段的生长时期称幼龄期，又称幼树期、童期。这一时期主要是营养生长，建造牢固的树体骨架，迅速扩大树冠，积累营养为初果期奠定基础。此期枣树的枣头单轴延伸能力强，修剪以冬剪为主，通过枣树定干、短截、双截，促生健壮枣头、二次枝，在不影响各级主枝生长和膛内光照的条件下对树上的枣头、二次枝可缓剪不动，缓和长势，夏剪时通过拉枝、扭枝、枣头摘心等技术措施培养成大小不等的结果基枝和枝组。

二、初果期的枣树修剪

初果期又称为生长结果期。此期树体骨架已初步成形，尚未完善，树冠仍需继续扩大，营养生长仍占重要地位，枣果产量逐年增加，但尚达不到最高产量，此期修剪的主要目的仍是保证各级骨干枝的旺盛生长，扩大树体的营养面积，调节生长和结果的关系。冬剪时对各骨干枝头仍进行双截，保持各延长枝头的生长优势，对有空向的枣头进行双截；二次枝留1～2个枣股进行短截培养成较大型的结果基枝或结果枝组。其余的枣头和二次枝尽量保留，通过拉枝、扭枝等技术措施培养成各类结果基枝或枝组，对影响光照或无生长空间的可从基部疏去。当树冠达到一定要求（株间将要相互搭接时）可进行花期树干开甲，促使全树结果，步入盛果期。

密植果园此期应控制营养生长促进生殖生长，尽量多结果，以果压冠，抓好前期产量，减缓果园郁闭时间，延长盛果期的年限。

三、盛果期的枣树修剪

枣树进入盛果期树冠已经形成，大小基本稳定，生殖生长大于营养生长，结果能力强，果实品质好。随着盛果期的延长，后期骨干枝先端逐渐下垂长势减弱，内膛枝逐渐衰老枯死，结果部位外移。此期在修剪上应注意调整营养生长与生殖生长的关系，在结果适量合理负载的前提下，要保持枣树每年都有一定的营养生长，以促进根系生长，保持树体健壮，尽量延长盛果期的年限。在冬剪时每年要对外围延长枝头进行双截或回缩，促发新枣头，生长量每年维持在 30 厘米左右，对连续结果 7～10 年的枣股，结果量及果实品质趋于下降，应及时回缩结果基枝或枝组，利用隐芽萌发新枣头，培养成新的结果基枝和结果枝组，保持整个树体旺盛的结果能力。对衰老、生长位量不好，无生长空间，影响主枝和其他主要结果基枝生长的枝条可从基部疏除，为主枝和其他结果基枝让路。对主枝和结果基枝上的新枣头、延长枝头过旺可通过摘心仍保持一定的营养生长，其余枣头可培养成新的结果基枝代替已衰老的结果基枝，无生长空间的枣头可从基部疏除。

四、衰老期的枣树更新

枣园管理水平决定着枣树衰老的年限，管理水平高的果园进入衰老期的时间就长；反之则短，不能以结果年限硬行划定，而应根据结果情况而定。枣树衰老的标志是产量大幅度下降，外围枝头极度衰弱，各骨干枝、结果基枝已开始枯死，局部更新已无明显效果，此时，为恢复枣产量就应及时进行全树更新。更新强度应根据骨干枝上有效枣股（活枣股）的多少来确定。轻更新在枣树刚进入衰老期、骨干枝出现光秃、一般有效枣股不足 1 500 个、株产低于 10 千克以下时进行（不包括小冠密植形枣树，下同）。方法是轻度回缩，一般剪除各主、侧枝总长的 1/3 左右，应减少坐果，最好停止开甲一年，加强肥水管理，恢复树势。中、重更新应在二次枝大量死亡、骨干枝大部光秃、一般有效枣股不足 1 000 个、株产低于 7.5 千克以下时进行。方法是锯掉骨干枝总长的 1/2 至 2/3，刺激骨干枝中下部的隐芽萌发新枣头，重新培养树冠。中更新和重更新后都要停止开甲，加强肥水管理，养树 2～3 年，恢复树势。枣树骨干枝的更新要一次完成，不可分批轮换进行。更新后剪锯口要用蜡或漆封闭伤口。要及时进行树体更新后的树形培养。

五、密植枣园的修剪

密植枣园进入结果期后，除对树体结构进行调整，保证有良好的通风透光条件，生殖生长与营养生长、各类枝条协调平衡，长势健壮外，要对枣园的整体结构进行调整，计划密植枣园要对临时株加强控制生长，逐年减少树体，最后刨除；对非计划密植的密植枣园，要隔行、隔株进回缩修剪，控制生长为保留株让路，最后刨除。调整后的枣园，要求株间允许有 10～15 厘米搭接，行间要留有 1 米通风透光带，以保证整个枣园良好的生态环境。原则上冠幅要小于株距，树高不大于行距。

六、放任枣树的修剪

放任树是指管理粗放，从不进行修剪或很少进行修剪的枣树。修剪时要因枝因树修剪，随树做形，不强求树形。对于放任树生产上采用"上面开天窗，下部去裙枝，中间捅窟窿"的方法。即上面延长枝落头开心，打开光路，下部清理主干 30 厘米以下的辅养枝，中间适当疏除过密枝，达到树体通风透光的目的。具体做法：主侧枝偏多的，应选择其中角度较大、位置适当、二次枝多、有分枝的留作主枝，其余的疏除或改造成结果枝组。对于中心主干过高，下部光秃、无分枝或分枝少的树体，应回缩落头，使树冠开张，改善通风透光条件，增加有效叶面积。对于徒长枝，应多改造利用，能保留的尽量保留，将其改造成为结果枝组。主枝分布或生长势不均衡造成树形偏冠可借枝补冠，生长不平衡的要抑强扶弱，逐步调整，枣树行间互相搭接的枣园要回缩外围枝头，保证行间要留有1米的通风透光带，改善枣园整体的生态环境，提高枣树的生产力。

（周正群）

第六章

枣树的施肥与灌水

第一节　枣树的施肥

一、枣树的施肥

枣树是多年生木本植物，几十年甚至上百年生长在一块地方不移动，每年从土壤里吸取大量养分用于萌芽、长叶、发枝、开花、结果等一系列生长发育过程，致使土壤里可供营养物质会越来越少，如不及时补充将直接影响树体的生长及结果，补充土壤养分的过程就是施肥。早在18世纪德国著名的农业化学家李比希就提出了养分归还学说，确立了肥料三大定律，即最小养分律、同等重要律和不可替代律，为农作物的施肥奠定了理论基础。养分归还学说，阐明植物从土壤中吸收矿质养分，为保持土壤肥力，就需把植物带走的矿质养分以肥料的形式归还给土壤，否则土壤肥力会逐步下降，影响植物生长。并阐明植物生长所需要的营养元素尽管数量不同，但都是同等重要的，不能互相替代，并且受土壤中元素含量相对不足的元素制约，只有首先满足不足元素的数量，作物的产量才能提高，这就是所谓的"木桶效应"。例如我国20世纪50～60年代土壤中氮素缺乏成为当时作物增产的限制因子，通过推广增施氮肥，使农作物产量得到提高。当重视氮肥的使用后，到70年代土壤中磷元素不足凸显出来，通过推广磷肥使用又使农作物的产量有较大提高，目前钾元素不足又成为制约因子，应引起广大农民朋友的重视。大量的实验表明，在施氮、磷肥的同时增施钾肥，无论作物的产量和品质都有较大的提高，枣树的施肥也是如此。另据中国农业科学院调查研究表明，目前全国有30％的地块缺硫，缺硫的地块应引起耕作者的重视。为科学地施肥，应大力提倡通过土壤和植物叶片的营养诊断，以了解各种矿质元素分布情况及含量作为施肥依据，实施配方施肥和平衡施肥，保证农作物的高产优质。如无营养诊断条件时可采用实验方法确定，即在一小区内（2～3株树）增施某一元素的肥料取得大幅度增产和改善品质的效果，说明该地块缺乏此种元素，可以此为依据，指导合理施肥。生产无公害食品、绿色食品、有机食品，对肥料的施用有极严格的规定，特别是有机食品，更为严格。

二、生产无公害食品、绿色食品、有机食品允许使用的肥料

根据国家有关标准，可以施用以下肥料。

（一）农家肥料

包括大量生物物质、动植物残体、排泄物、生物废物等积制而成的肥料。有堆肥、沤肥、厩肥、沼气肥、绿肥、作物秸秆肥、泥肥、饼肥等。

1. 堆肥　以各类秸秆、落叶、荒山荒地各种草类、湖草等为主要原料并与人畜粪便和少量泥土混合堆制经好气微生物分解而成的一类有机肥料。

2. 沤肥　所用物料与堆肥基本相同，只是在有水的条件下，经微生物嫌气发酵而成的一类有机肥料。

3. 厩肥　以猪、牛、马、羊、鸡、鸭等畜禽的粪尿为主与秸秆等垫料堆积并经微生物作用而成的一类有机肥料。

4. 沼气肥　在密封的沼气池中，有机物在嫌气条件下经微生物发酵制取沼气后的副产物。主要有沼气水肥和沼气渣肥两部分组成。

5. 绿肥　以新鲜植物体就地翻压、异地施用或经沤、堆后

而制成的肥料。主要分为豆科绿肥和非豆科绿肥两大类。

6. 作物秸秆肥　以麦秸、稻草、玉米秸、豆秸、油菜秸等作物秸秆的直接还田的肥料。

7. 泥肥　以未经污染的河泥、塘泥、沟泥、港泥、湖泥等经嫌气微生物分解而成的肥料。

8. 饼肥　以各种含油分较多的种子经压榨去油后的残渣制成的肥料，如菜子饼、棉籽饼、豆饼、芝麻饼、花生饼、蓖麻饼等。

9. 商品肥料　按国家法规规定，受国家肥料部门管理，以商品形式出售的肥料。包括商品有机肥、腐殖酸类肥、微生物肥、有机复合肥、无机（矿质）肥、叶面肥等。

（1）商品有机肥料　以大量动植物残体、排泄物及其他生物废物为原料；加工制成的商品肥料。

（2）腐殖酸类肥料　以含有腐殖酸类物质的泥炭（草炭）、褐煤、风化煤等经过加工制成含有植物营养成分的肥料。

（3）微生物肥料　以特定微生物菌种培养生产的含活的微生物制剂。根据微生物肥料对改善植物营养元素的不同，可分成五类：根瘤菌肥料、固氮菌肥料、磷细菌肥料、硅酸盐细菌肥料、复合微生物肥料。

（4）有机复合肥　经无害化处理后的畜禽粪便及其他生物废物加入适量的微量营养元素制成的肥料。

（5）无机（矿质）肥料　矿物经物理或化学工业方式制成，养分是无机盐形式的肥料。包括矿物钾肥和硫酸钾、矿物磷肥（磷矿粉、煅烧磷酸盐、钙镁磷肥、脱氟磷肥）、石灰、石膏、硫黄等。

（6）叶面肥料　喷施于植物叶片并能被其吸收利用的肥料，叶面肥料中不得含有化学合成的生长调节剂。包括含微量元素的叶面肥和含植物生长辅助物质的叶面肥等。

（7）有机无机肥（半有机肥）　有机肥料与无机肥料通过机

械混合或化学反应而成的肥料。

（8）掺合肥　在有机肥、微生物肥、无机（矿质）肥、腐殖酸肥中按一定比例掺入化肥（硝态氮肥除外），并通过机械混合而成的肥料。

（9）其他肥料　系指不含有毒物质的食品、纺织工业的有机副产品，以及骨粉、骨胶废渣、氨基酸残渣、家禽家畜加工废料、糖厂废料等有机物料制成的肥料。

（二）AA组绿色食品生产允许使用的肥料种类

①上述的农家肥料。

②AA级绿色食品生产资料肥料类产品。

在农家肥料不能满足AA级绿色食品生产需要的情况下，允许使用商品肥料。包括商品有机肥、腐殖酸类肥、微生物肥、有机复合肥、无机（矿质）肥、叶面肥、有机无机肥（半有机肥）等。

（三）A级绿色食品生产允许使用的肥料种类

生产A级绿色食品允许使用农家肥料和部分商品肥料。包括商品有机肥、腐殖酸类肥、微生物肥、有机复合肥、无机（矿质）肥、叶面肥、有机无机肥（半有机肥）等。

在上述肥料不能满足A级绿色食品生产需要的情况下，可适量施用商品肥中的掺合肥（有机氮与无机氮之比不超过1：1）。

（四）肥料使用规则

肥料使用必须满足作物对营养元素的需要，使足够数量的有机物质返回土壤，以保持并增加土壤肥力及土壤生物活性。所有有机或无机（矿质）肥料，尤其是富含氮的肥料应对环境和作物（营养、味道、品质和植物抗性）不产生不良后果方可使用。

1. 生产AA级绿色食品的肥料使用原则

①必须选用上述农家肥及部分商品肥料种类，禁止使用任何

化学合成肥料或掺有任何化学合成肥料的混合肥料。

②禁止使用城市垃圾和污泥、医院的粪便垃圾和含有害物质（如毒气、病原微生物、重金属等）的工业垃圾。

③各地可因地制宜采用秸秆还田、过腹还田、直接翻压还田、覆盖还田等形式。

④利用覆盖、翻压、堆沤等方式合理利用绿肥。绿肥应在盛花期翻压，翻埋深度为15厘米左右，盖土要严，翻后耙匀。压育后15～20天才能进行播种或移苗。

⑤腐熟的沼气液、残渣及人畜粪尿可用作追肥。严禁施用未腐熟的人粪尿。

⑥饼肥优先用于水果、蔬菜等，禁止施用未腐熟的饼肥。

⑦叶面肥料质量应符合 GB/T17419，或 GB/T17420，或表6-5的技术要求。按使用说明稀释，在作物生长期内，喷施2次或3次。

⑧微生物肥料可用于拌种，也可作基肥和追肥使用。使用时应严格按照使用说明书的要求操作。微生物肥料中有效活菌的数量应符合 NY227 中4.1及4.2技术指标。

⑨选用无机（矿质）肥料中的煅烧磷酸盐、硫酸钾，质量应分别符合表6-3和表6-4的技术要求。

2. A 级绿色食品的肥料使用原则

①生产 A 级绿色食品允许使用农家肥料和部分商品肥料。包括商品有机肥、腐殖酸类肥、微生物肥、有机复合肥、无机（矿质）肥、叶面肥、有机无机肥（半有机肥）等。

在上述肥料不能满足 A 级绿色食品生产需要的情况下，可适量施用商品肥中的掺合肥（有机氮与无机氮之比不超过1：1），但禁止使用硝态氮肥。

②化肥必须与有机肥配合施用，有机氮与无机氮之比不超过1：1，例如，施优质原肥1 000千克加尿素10千克（厩肥作基肥、尿素可作基肥和追肥用），对叶菜类最后一次追肥必须在收

获前 30 天进行。

③化肥也可与有机肥、复合微生物肥配合施用。厩肥 1 000 千克，加尿素 5～10 千克或磷酸二铵 20 千克，复合微生物肥料 60 千克（底肥作基肥，尿素、磷酸二铵和微生物肥料作基肥和追肥用）。最后一次追肥必须在收获前 30 天进行。

④城市生活垃圾一定要经过无害化处理，质量达到 GB8172 中 1.1 的技术要求才能使用。每年每亩农田限制用量，黏性土壤不超过 3 000 千克，沙性土壤不超过 2 000 千克。

⑤秸秆还田：同上述③条款，还允许用少量氮素化肥调节碳氮比。

⑥其他使用原则，与生产 AA 组绿色食品的肥料的要求相同。

3. 无公害食品的肥料使用原则 无公害枣的施肥要求同生产 A 级绿色枣的施肥标准。

4. 其他规定

①生产绿色食品的农家肥料无论采用何种原料包括人畜禽粪尿、秸秆、杂草、泥炭等制作堆肥，必须高温发酵，以杀灭各种寄生虫卵和病原菌、杂草种子，使之达到无害化卫生标准。农家肥料，原则上就地生产就地使用。外来农家肥料应确认符合要求

表 6-1　高温堆肥卫生标准

编号	项　目	卫生标准及要求
1	堆肥温度	最高堆温达 50～55℃，持续 5～7 天
2	蛔虫卵死亡率	95%～100%
3	粪大肠菌值	10^{-2}～10^{-1}
4	苍蝇	有效地控制苍蝇孳生，肥堆周围没有活的蛆，蛹或新羽化的成蝇

后才能使用。商品肥料及新型肥料必须通过国家有关部门的登记认证及生产许可、质量指标应达到国家有关标准的要求。

②因施肥造成土壤污染、水源污染，或影响农作物生长、农产品达不到卫生标准时，要停止施用该肥料，并向专门管理机构报告。用其生产的食品也不能继续使用绿色食品标志（表6-1至表6-5）。

表6-2 沼气发酵肥卫生标准

编号	项 目	卫生标准及要求
1	密封贮存期	30天以上
2	高温沼气发酵温度	53±2℃持续2天
3	寄生虫卵沉降率	95%以上
4	血吸虫卵和钩虫卵	在使用粪液中不得检出活的血吸虫卵和钩虫卵
5	粪大肠菌值	普通沼所发酵10^{-4}，高温沼气发酵$10^{-2}\sim10^{-1}$
6	蚊子、苍蝇	有效地控制蚊蝇孳生，粪液中子孓、池的周围无活的蛆蛹或新羽化的成蝇
7	沼气池残渣	经无害化处理后方可用作农家肥

表6-3 煅烧磷酸盐

营养成分	杂质控制指标
有效$P_2O_5 \geqslant 12\%$	含$1\% P_2O_5$
（碱性柠檬酸铵提取）	$As \leqslant 0.004\%$
	$Cd \leqslant 0.01\%$
	$Pb \leqslant 0.002\%$

表6-4 硫酸钾

营养成分	杂质控制指标
K_2O 50%	含1‰K_2O
(碱性柠檬酸铵提取)	As≤0.004%
	Cl≤3%
	H_2SO_4≤0.5%

表6-5 腐殖酸叶面肥料

营养成分	杂质控制指标
腐殖酸≥8.0%	Cd≤0.01%
微量元素≥6.0%	As≤0.002%
(Fe、Mn、Cu、Zn、Mo、B)	Pb≤0.002%

三、枣树不同生育期的施肥

果树一年中不同的生育期所需肥料品种数量是不尽相同的，为满足果树不同时期生长的需要及时补肥可以取得良好的结果，错过时机，将引起不良后果。陕西省农业科学院果树研究所曾开展实验，当养分分配中心在开花坐果时，此时追肥量即使超过一般生产水平，促进坐果的作用也很明显，错过此时期再施肥，会加速营养生长，促进生理落果。生产实践中也有此种实例，由于花期不适当的追肥浇水，加重落花落果。为此施肥一定要掌握合理的施肥时期。

枣树的花芽分化、花蕾形成，是从萌芽开始，随着枣吊和叶片的生长而同时进行。随着枣树开花、授粉、坐果花芽仍在继续分化，整个花期可持续1个多月，这就决定了枣树需肥极为集中的特点。另外，枣树从萌芽、枣叶生长，到枣树叶片具有合成营养功能之前这一段所需要的营养物质完全依赖于去年的贮藏营养，因此贮藏营养的多少，在很大程度上决定着枣树来年花芽分化质量及枣果产量。为满足枣树上述的需肥特点，一年之中施好基肥，萌芽前、开花前、幼果和果实膨大 4 个时期的追肥是必要的。

1. 基肥　基肥以有机肥为主，辅以适量化肥。有机肥属迟效性肥料，秋季 9 月份在枣树采果前施肥效果最好。笔者实验，9 月 2 日与第二年的 3 月 19 日施同一肥源、施肥方法及数量均相同的基肥，结果是 9 月 2 日施基肥比第二年的 3 月 19 日施基肥的树，叶片面积增加 22%，枣吊增长 3.7 厘米，果吊比提高 0.28%。根据李克会在水果树上试验，相同的有机肥和施肥方法，9 月中旬至 10 月上旬使用比第二年 3 月上旬至 4 月中旬使用增产幅度高 55%，由此可见，秋季施基肥要好于春季使用。如使用迟效性磷肥，应与有机肥混合作基肥秋季一次施入土壤，以提高磷肥的使用效果。

2. 萌芽前追肥　在枣树萌芽前进行，此次追肥以氮肥为主，可将全年应补充氮肥的 1/2～2/3 及 1/3 的磷肥混合施入地内，目的是保证萌芽时期所需养分，促进枣头、二次枝、枣吊、叶片生长和花芽分化、花蕾形成。据调查，萌芽前追肥与不追肥的枣树比较，前者较后者枣吊长度平均多 3～4 节，形成的花蕾明显好于后者。

3. 花前追肥　枣树花芽分化、开花、授粉、坐果几个时期重叠，花期长，此期需要养分多且集中，如此期养分不足将影响花芽质量、授粉和坐果率，直接影响果实的品质和产量。此次追肥以磷肥为主，适当配合氮和钾肥一块混合施入土内。

4. 幼果期、果实膨大期追肥　幼果期、果实膨大期是枣树全年中需肥的主要时期，目的是减少落果，促进果实膨大，提高果实品质和产量，养分不足将导致落果且果实品质下降，并影响枣果的耐贮性。此次追肥幼果期以磷肥为主，适当配合氮和钾肥、果实膨大期以钾肥为主，配合磷肥，如果叶片表现缺氮、适当加入少量氮肥混合施入土内。

四、枣树生长发育需要的元素

目前已经发现植物生长发育需要的营养元素 10 多种。碳、氢、氧是植物进行光合作用合成碳水化合物等有机养分的主要元素，一般从空气和水中可以得到，不需补充，但棚室等设施栽培，由于通风不良，造成二氧化碳气不足，影响光合作用，需要进行补充碳。其余的氮、磷、钾、钙、镁、硫、铁、硼、锌、锰、钼等均是枣树生长发育需要的矿质元素，每年应通过施肥予以补充。为帮助读者了解各种元素在枣树生长发育中的重要作用，介绍如下：

1. 氮 是植物细胞组成主要成分，是生命的物质基础。氮肥可促进营养生长，延缓衰老，提高光合效能，增进果品的产量和质量。长期缺氮可导致果树贮存含氮有机化合物减少，降低氮素营养水平，表现为果树萌芽晚，开花不整齐，花期延长，落花落果严重，使果树减产，同时还影响根系生长，导致地上树体衰弱，抗逆性下降。果树缺氮开始叶色变浅，随着均匀变黄脱落，一般不出现坏死。缺绿症状先从老叶开始，后逐步向新叶、幼叶发展。氮素施用过量，则引起果树枝叶徒长，枝条不充实，影响花芽分化及根系生长，落花落果严重，降低果品产量、品质、果树的抗性及果实的耐贮性。只有适时适量供应氮素，才能保证枣的正常生长和优质丰产。

2. 磷 是细胞核和核酸的重要组成成分，对植物的生长发育及遗传都有重要作用，参与体内各项代谢。对碳水化合物的形成、运转和转化起重要作用，能增强果树的生命力，促进花芽分化、果实发育和种子成熟，增进果实品质，提高果树的抗逆性。磷素不足，影响分生组织的正常活动，延迟果树萌芽开花，影响新梢和细根的生长。磷在植物体内可以流动，故缺磷症状首先表现在老叶片上，开始叶片呈暗绿色，后茎和叶脉变成紫色，严重缺磷叶片会出现坏死区。磷素过量会抑制氮、钾、锌的吸收，使果树因缺素而生长不良。

3. 钾 在光合作用中起重要作用,是促进碳水化合物的合成与代谢、运转、储存、淀粉形成的必要元素,并能活化树体内多种酶。适量钾素可促进果实肥大和成熟,提高果实品质和耐贮性,促进枝条加粗生长,组织充实,提高抗寒、抗旱、耐高温和抗病虫能力。钾素不足,果树营养生长不良,影响顶芽发育,出现枯梢,叶片干尖、焦边、叶缘坏死,叶片卷曲,严重时焦枯,果实发育不良,单果重下降,着色不良,含糖量降低,易裂果,影响果品产量和品质。钾元素可在树体移动,缺钾症状开始表现在老叶片上,随后逐步影响新叶。钾素过量影响氮、镁、钙的吸收,致使果肉松软,降低耐贮性,枝条不充实,耐寒性差。

4. 钙 钙在果树体内起着平衡生理活性的作用,可减轻土壤中的钾、钠、氮、锰、铝等离子的毒害作用,保证铵态氮的吸收,增强某些酶的活性,促进果树的生长发育。果实中含有果胶钙,是细胞壁和细胞间层的组成成分,所以细胞的组成离不开钙。缺钙影响氮的代谢和营养物质的运输,影响细胞的建造,果实中缺钙易产生裂果,易患病害,果实品质下降,成熟后细胞膜迅速分解失去作用,导致果实衰老不耐贮藏,整个植株抗性下降。钙在植物体内移动性差,因此缺钙症状首先表现在嫩叶上,叶尖和边缘坏死,严重时芽也坏死。钙素过多,影响铁、锰、锌、硼在土壤的溶解,使根系难以吸收发生果树的缺素症。

5. 镁 镁是叶绿素的主要组成成分,是多种酶的活化物质,促进蛋白质、脂类等多种物质的合成,增进果实产量和品质。缺镁时叶绿素不能形成,呈现失绿症,植株生长停滞,严重时叶片出现小面积坏死,引起新梢基部叶片早期脱落,果实营养物质含量下降,影响果实品质和产量。镁可在植物体内移动,缺镁症状首先表现在老叶上,这是与缺铁症状不同之处。

6. 硫 硫是构成蛋白质和多种酶的重要成分,参与酶及辅酶的生理活动,影响光合作用、淀粉合成、呼吸作用及脂肪等物质的代谢，能促进根系生长。缺硫开始叶肉还是绿色叶脉变黄，以后叶片均匀变黄，严重时叶片基部发生红棕色的坏死焦斑。光合作用减弱，植株的生理活性下降，影响果品产量和质量。

7. 铁 铁是许多重要酶的组成成分，是保证果树正常生命活动，维持叶绿体功能所必需的元素，缺铁时不能合成叶绿素，叶片黄化，初期叶脉仍是绿色，严重时全叶黄白并出现褐色坏死斑点，使光合功能减弱。铁在植物体内移动性差，缺铁症状首先表现在幼叶上缺绿，特别是雨后缺铁症状更明显。我国土壤含铁较高，一般在正常管理的情况下不会发生缺铁现象，但是在盐碱地的土壤里铁易被固定，根系不能吸收，易产生缺铁症。增加土壤有机肥的使用量，改善土壤的理化性能，是解决植物缺铁症状的有效途径。

8. 硼 硼对植物体内碳水化合物的运转和生殖器官的发育有重要作用，能促进花粉发芽、花粉管生长和子房发育；能改善氧对根系的供应，增强根系的吸收能力，促进根系发育；能提高果品维生素和糖的含量，增进果品质量。缺硼植物根茎叶的生长点枯萎，叶绿素形成受阻，叶片黄化，早期脱落，花芽分化不良，受精不正常，落花落果严重，果肉木栓化，果实畸形或果面呈现干斑，病果味苦，严重影响果实品质。硼过量有毒害作用，影响根系吸收养分，土壤 pH 超过 7 时，钙质过多的土壤，硼不易被果树吸收而出现缺硼症。

9. 锌 锌是某些酶的组成成分，对植物体内的酶有活化作用，参与叶绿素、碳水化合物等物质的合成，缺锌影响氮素代谢，枝叶果实停止生长或萎缩，生长素含量低，新梢顶部叶片狭小，枝条纤细，节间短，小叶密集丛生，质厚而脆。沙地、盐碱地及瘠薄的山地果园易缺锌，与土壤中磷、钾、氮、铜、镍过量及其他元素不平衡有关。

10. 锰 锰直接参与植物的光合作用，为叶绿素的组成成分，也是多种酶的活化剂，促进植物各生理过程正常进行，能提高果树的抗逆性，对果品的产量和质量有重要的影响，缺锰将使碳水化合物和蛋白质的合成受阻，叶绿素含量降低影响果树的生长发育，因此也表现叶片失绿，与缺镁失绿不同的是缺锰症状可同时在幼叶和老叶上发生。

11. 铜 铜是某些酶的组成成分，在植物的光合作用中起重要作用，参与硝态氮的还原。缺铜时，阻碍蛋白质的合成，使果品品质下降。缺铜最初症状是老叶叶脉间缺绿和坏死，有时呈斑点坏死。

12. 钼 钼是硝酸还原酶的组成成分，在氮素代谢上有重要作用，参与硝态氮的还原。缺钼时，阻碍蛋白质的合成，使果品品质下降。缺钼最初症状是老叶脉间缺绿和坏死，有时呈斑点坏死。

上述氮、磷、钾在植物的一生中需要量多，需要补给量也多，称为大量元素，即植物的三要素。钙、镁、硫的需要量较少，一般称为中量元素，其余的需要量更少，称为微量元素。植物在生长发育过程中，不管需求量多少都是不可缺少、同等重要、不可代替的，不论缺少哪种元素都会影响植物的生长发育。

五、肥料的种类及作用

1. 有机肥 有机肥是人畜粪便和动植物死亡残体及城市经无害处理的生活垃圾，在微生物的作用下经高温发酵而成的富含有机质的优质肥料，含有植物生长所必需的各种营养元素、维生素、生物活性物质及各种有益微生物，是营养全面、生产有机食品及绿色食品最好的天然肥料。近些年有机肥开始工厂化生产成为商品有机肥。

2. 生物菌肥 是近几年发展起来的新型肥料，利用生物发酵技术生产的有益生物菌活态菌制剂，充分利用有益菌群分泌的生物活性物质分解土壤中不能被植物根系吸收的矿物质，成为能被植物根系吸收利用的矿质营养，调节土壤的酸碱度、增加土壤有机质、促进根系生长、改善土壤生态环境，并能抑制土壤中杂菌及病原菌对枣树根系的危害，是一种不用能源，充分利用土壤中的矿质资源，对环境无害的新型肥料，是生产无公害果品的理想肥料，有广阔的发展前景。生物菌肥最好与有机肥混合一起施用既利于有益菌群的加速繁殖，又加速有机肥的分解，效果更好。目前市场上有固氮菌肥、磷细菌肥、硅酸盐细菌肥料。复合微生物肥料是上述3种菌肥的混合体。EM原露是多种有益菌群的液体，笔者使用EM原露进行有机肥堆积发酵后的有机肥作为基肥和用EM原露的稀释液叶面喷肥均提高了枣果的品质及产量，效果显著，农民朋友可以试用。

3. 化肥　通过化学合成或矿石加工能被植物吸收的元素较为单一的肥料称为化肥，如尿素、硫酸铵、氯化铵、氨水、磷酸二铵、过磷酸钙、钙镁磷肥及硫酸亚铁、硫酸锌、硼酸等微肥。其作用比较单一，能快速补充作物所需的元素。

六、施肥必须重视以有机肥为主的基肥使用

（一）基肥必须以有机肥为主

追肥对于基肥而言，是对基肥的不足而采用补充的施肥方式，因此，基肥是土壤施肥的基础。土壤施肥的目的除了补充植物每年从土壤中带走的矿质元素外，重要的是通过施肥提高土壤的肥力，为植物生长创造一个良好的生态环境。肥力是土壤最根本的特征，是土壤可供矿质营养、保水保肥能力、土壤空气的通透性、土壤热容量状况、土壤有益微生物的多少等的综合能力，而有机肥的使用正是提高土壤肥力最好的最全面的肥料品种，它不仅能补充植物所需要的各种矿质元素，而且能增加土壤中腐殖质的含量。腐殖质可使土壤形成大量的团粒结构，一个团粒结构就是一个小的肥水贮藏库，土壤的团粒结构越多，土壤的保水保肥能力越高。腐殖质中的腐殖酸可中和土壤中的碱，变不溶矿质营养为可溶性的矿质营养利于根系吸收，可改善土壤的理化性

能，有利于有益微生物的繁殖，提高土壤的供肥能力。有益微生物是土壤中不可缺少的生物菌群，它能分解土壤中根系不能吸收的有机物、矿物质，并能合成促进根系生长的生物活性物质，从而提高植株的抗性，特别是以秸秆还田、绿肥翻压作为土壤有机肥的施肥形式，更需有益微生物的消化分解才能被植物吸收和利用。由此可见有机肥是不可替代的优质肥料。各种有机肥的养分含量见表6-1。

表6-1　各种有机肥的养分含量

名称	状态	氮(%)	磷(P₂O₅)(%)	钾(K₂O)(%)	名称	状态	氮(%)	磷(P₂O₅)(%)	钾(K₂O)(%)
人粪尿	鲜	0.45	0.28	0.25	芝麻	干	1.94	0.23	2.2～5
牛厩肥	鲜	0.34	0.16	0.4	玉米秸	鲜	0.48	0.38	0.64
马粪	鲜	0.45	0.33	0.24	稻草	鲜	0.63	0.11	0.85
羊厩肥	鲜	0.5	0.23	0.67	紫穗槐	干	3.02	0.68	1.81
猪厩肥	鲜	0.83	0.19	0.6	苜蓿	鲜	0.79	0.11	0.40
鸡粪	鲜	0.45	1.54	0.85	田菁	鲜	0.52	0.07	0.15
鸭粪	鲜	1.03	1.4	0.62	沙打旺	鲜	0.49	0.16	0.20
圈肥	鲜	1	0.25	0.6	苕子	鲜	0.56	0.63	0.43
鹅粪	鲜	0.55	0.54	0.95	紫云英	鲜	0.48	0.09	0.37
鸽粪	鲜	1.76	1.78	1.00	绿豆	鲜	2.08	0.52	3.90
棉籽饼	鲜	5.6	2.5	0.85	豌豆	鲜	0.51	0.52	0.52
菜子饼	鲜	4.6	2.5	1.4	草木樨		0.58	0.09	0.27

我国耕地有机质含量普遍偏低，一般群众认为的好地，土壤有机质的含量仅在1%左右，而发达国家由于人均耕地多，多采用生草、土地休闲的轮作制，土壤有机质含量在3%以上，土壤有机质含量低是限制果品产量和质量的重要因素。有机肥是人畜粪便和动植物死亡残体在微生物的作用下经发酵而成的富含有机

质的优质肥料，含有植物生长所必需的各种营养元素、维生素、生物活性物质及各种有益微生物，是营养全面，生产有机食品最好的天然肥料。生产无公害的优质果品在施肥上必须以经无害化处理的有机肥为主，不施或少施化肥，尽量减少化肥的施用。目前农村随着机械化程度的提高，农户养牲畜的减少，有机肥源不足是普遍存在的问题，限制了无公害、绿色食品的生产。为保证有充足的有机肥源，要大力提倡发展畜牧业，实现农、林、牧互相结合，综合发展，使资源优化配置，合理利用，形成以牧养农林，以林促农、牧，以农养林、牧的良性循环。为做到物尽其用，帮助农民千方百计增收，应提倡建设生态家园，即通过沼气池的发酵将人畜粪便转化为沼气，用作做饭照明的燃料，节省下的柴草供牲畜饲料，余下的沼液、沼渣是生产无公害果品的上等有机肥料，实现大农业生产的循环经济。笔者曾调查一个四口之家，养牲畜产出的粪便供一个沼气池发酵用料，可满足做饭照明用气，每年节约燃料费 600 多元，用沼渣、沼液为枣树施肥可提高果品的产量和品质，减少病虫害及化肥投入，仅此一项每 667 米^2 可增收 400～500 元，饲养牲畜每年可增收 4 000 元左右，仅此一项每年可增收 5 000 多元。通过沼气池的转化，使资源得到更进一步地利用，环境净化，农村生态环境得到改善，"生态家园建设"是我国广大农村的发展方向。

（二）基肥的使用方法

一般采取环状沟施、放射状沟施与地面撒施结合运用效果较好。2003 年在调查金丝小枣裂果原因时发现，凡是多年施肥连续采用地面撒施的地块，金丝小枣的根系大部分集中在 15～20 厘米的土层内，抗旱、耐涝、抗寒的能力减弱，而多年采用深沟施肥的地块，根系大部分集中在 40 厘米以下的土层中，抗旱、耐涝、抗寒的能力好于根系分布浅的枣树，表现为在连续多日不降雨的情况下，根系分布浅的枣树叶片中午萎蔫的时间远多于根系深的枣树，且果实裂果的趋势也高于根系深的枣树。

1. 环状沟施 是在树冠投影的外围向内挖深 40～60 厘米，宽 40 厘米左右环状沟，将有机肥与阳土拌匀撒入沟内，上面覆盖挖出的阴土。逐年外扩，直到两树连通时改为放射状沟施。也可采用条状沟施，即第一年在树冠投影的外围向内挖南北向沟，第二年在树冠投影的外围向内挖东西向沟，两年完成一环，其技术要求同环状沟施，此种方法省工，也可用机械挖沟，减轻劳动强度提高工作效率。

2. 放射状沟施 在树盘内以树干为中心距树干 30 厘米左右处向四周挖四条放射沟，沟由浅入深到树冠投影处沟深 40～60 厘米，沟宽 40 厘米左右，施肥方法同环状沟施，第二年在第一年施肥沟一侧继续挖沟施肥，直至互相连通后，再采用地面撒施。

3. 地面撒施 将有机肥均匀撒在树盘表面然后深翻 20 厘米左右，将有机肥翻入土层内。地面撒施可连续进行 1～2 年再采用沟施。上述 3 种方法交替使用，达到深翻树地（山区有的地方称为放树窝子）和施肥的共同目的，土壤的活土层不断得到扩大，土壤的理化性能和肥力均得到提高，使根系各个部分均衡生长，扩大了吸收面积有利于果树生长发育。采用沟施方法应注意保护根系，避免伤害 1 厘米以上的粗根，因粗根分生能力远不如细根、毛根，过多伤害粗根对根系生长不利。

（三）追肥的使用方法

追肥是对基肥施用不足的补充，是在枣树生长的关键时期进行。为保证根系的吸收，追肥应采取多点穴施或沟施，即在树冠投影内，挖深 10 厘米的穴或沟，将化肥撒入穴或沟内与土混合并用土埋好，然后浇水，并做好松土保墒工作。穴施，每树挖穴应在 10 个以上，每穴施肥量不能超过 50 克，穴越多施肥面积越广，越利于根系吸收，如每穴施肥过量不仅不能发挥肥效，还能引起烧根，伤害根系，适得其反，应引起重视。

（四）根外追肥

根外追肥也叫叶面施肥，是将某些可溶于水的肥料稀释后喷到叶片和枝杆上，利用叶片的气孔和角质层能吸收矿质元素的特性而进行的一种追肥方法。叶面喷肥吸收快、发挥肥效快，在1～2小时内即可吸收，3天即可发挥肥效。一般在坐果以前喷施氮肥为主，坐果以后喷施磷肥和钾肥为主，在整个生育期内可适当喷施微肥，以补充微肥的不足。根外施肥作为基肥和追肥的补充，保证枣树在整个发育期养分供应不断线，十分重要，应推广使用。尽管根外施肥是一种肥效快，肥料利用率高，使用方法简便的施肥方法，但必须与其他施肥方法配合使用，优势互补效果才好，根外施肥绝不能代替追肥和基肥的施用。生产有机枣根外追肥可喷施3～5倍沼液稀释液。根外追肥最好在傍晚进行，水分蒸发慢，便于叶片吸收，且不易发生肥害。适宜叶片喷施的化肥品种及浓度见表6-2。

表6-2　适宜叶片喷施的化肥品种及浓度

肥料种类	浓度（%）
尿素	0.3～0.5
硫酸铵	0.2～0.3
磷酸铵	0.5～0.8
硫酸钾	0.3～0.4
氯化钾	0.3～0.4
硫酸锌	0.3
硫酸亚铁	0.3
硫酸镁	0.1
磷酸二氢钾	0.3

（五）如何确定枣树的施肥量

施肥量的确定应根据树龄、树势、结果状况和土壤的肥力等多种因素综合考虑。一般结果多的树，老树、弱树、病树和土壤肥力低的树适当多施，有利复壮树势维持较高的产量；反之，树旺、结果少的树可适当少施，通过修剪缓和树势促进结果，达到经济施肥的目的。一般生产中常用的施肥量，是通过调查、分析枣树丰产园施肥情况，结合树体生长结果的表现确定的。多数研究者的工作表明，每生产100千克鲜枣应施纯氮1.5～2千克、纯磷1.0～1.2千克、纯钾1.3～1.5千克。按照目标产量和以上比例确定施肥量，并考虑每种肥料的利用率，确定每年的施肥总量。生产无公害果品的施肥要求应以有机肥为主，且追施化肥量与有机肥的元素比应为1∶1。以氮肥为例，一般的农家堆肥含氮为0.5%，如果667米²施农家肥1000千克，折合纯氮为5千克，追施氮肥不能超过5千克，相当于追施尿素10.87千克。再需增加合成氮肥的施用量，必须再增加农家肥的施用量。生产上一般要求每生产100千克枣至少要施入300～400千克（有机枣生产），生产绿色和无公害枣至少要施入150～200千克的腐熟有机肥，不足部分再通过追施化肥予以补充。如667米²产枣1500千克（无公害枣），需施用有机肥3000千克、尿素40千克、磷酸二铵40千克、硫酸钾35千克，基本可以满足枣生长结果的需要。确定枣的施肥量是涉及多种因素的复杂问题，难以做到准确无误。上述提供的施肥量只能作为参考，应根据不同的土壤，树势的强弱等因素综合考虑，灵活掌握。目前全国农村开展测土配方施肥，使施肥更加科学合理，有条件的地方应积极采用。多数科研单位对丰产园枣树叶片分析结果：氮应在3.1%～4.1%、磷0.44%～0.58%、钾1.2%～2.4%，叶片氮含量在2.7%以下无结果能力。枣树根际土壤全氮0.15%、速效磷50毫克/千克、速效钾200毫克/千克。低于上述指标的土壤应根据每种肥料的利用率予以补充。常用化肥养分含量见表6-3。

表6-3　常用化肥养分含量

肥料种类	主要成分	平均含量（%）	利用率（%）	备　注
硫酸铵	氮	20～21	30.0～42.7	
碳酸氢铵	氮	17.5		
尿素	氮	46	30～35	盐碱地不宜
普通过磷酸钙	磷（P_2O_5）	14～20	12.5～30	不能和铵态氮肥混合
颗粒过磷酸钙	磷（P_2O_5）	20	12.5～30	盐碱地不宜
钙镁磷肥	磷（P_2O_5）	12～18	12.5～30	适宜一切土壤
硫酸钾	钾（K_2O）	50	30～50	
钾镁肥	钾（K_2O）	33	30～50	
磷酸二铵	氮、磷（P_2O_5）	18、46		
磷酸一铵	氮、磷（P_2O_5）	13、39		
磷酸二氢钾	磷（P_2O_5）、钾（K_2O）	24、27		
三元复合肥	氮、磷（P_2O_5）、钾（K_2O）	12、12、12		
三元复合肥	氮、磷（P_2O_5）、钾（K_2O）	20、20、20		

（六）沼渣沼液的使用

沼渣沼液是生产有机枣的优质肥料，全国开展的农村生态家园建设，沼渣沼液开始用于果树生产，可作为基肥施用，也可作为追肥和叶面肥使用，提高了果品产量，改善了果品品质，叶面喷施还有抑制红蜘蛛、绿盲椿象和病害的作用。具体使用方法详见第十一章相关部分。

第二节　枣树灌水

一、枣树灌水的重要意义

水是一切生物赖以生存的必要条件，是细胞的主要成分，一切生命活动都离不开水。如树干含水量在 50% 左右，果实的含水量在 30%～90% 不等。树木的光合作用、蒸腾、物质的合成、代谢、物质运输均离不开水的参与。水能调节树温免受强烈阳光照射的危害，调节环境的温度、湿度有利果树生长，正确灌水是果树生育所必需的措施，不合理的灌水则使土壤侵蚀、土壤结构恶化，营养物质流失，土壤盐渍化等使土壤肥力遭到破坏，影响果树生长。枣和其他果树一样在整个生育期中，生长最旺盛的时期也是需水需肥最多最关键的时期。我国北方降水量少，且分布不均，50%～70%的降水量集中在夏季，秋季、冬季、春季降水量较小，特别是春季多风气候干燥正值枣树发芽、开花、坐果的关键时期对其生长极为不利。为保证枣树的正常生长，在萌芽前、开花前、幼果期、果实膨大期及冬前，如土壤缺水应及时浇水。为保证尽快发挥肥效，施肥一般与灌水结合进行，每次施肥后要马上浇水，浇水后应做好锄地保墒工作。浇水要视天气而定，如降水满足了此期的需水就可以不浇，如降雨过多还要进行适当排水。盐碱地灌水应慎重，如果灌水条件、水质都不太好的情况下，春季尽量推迟浇水时间，通过深锄造坷垃的方法抑制土壤水分蒸发，减少土壤反碱。提倡雨季蓄水，利用雨水冬灌，并采取冬、春季土壤保墒措施，以利枣树生长（具体措施参考旱地枣树栽培技术部分）。

二、枣树灌水对水质的要求

枣树灌水要采用生产绿色食品达到国家标准的用水（表6-4、表6-5、表6-6）。

表6-4 无公害农产品产地浇灌水质量要求

项　目		指　标
氯化物（毫克/升）	≤	250
氰化物（毫克/升）	≤	0.5
氟化物（毫克/升）	≤	3.0
总汞（毫克/升）	≤	0.001

（续）

项　目		指　标
总砷（毫克/升）	≤	0.1
总铅（毫克/升）	≤	0.1
总镉（毫克/升）	≤	0.005
铬（六价）（毫克/升）	≤	0.1
石油类（毫克/升）	≤	10
pH		5.5～8.5

表6-5　农田灌溉水各项污染物的指标要求

项　目		指　标
pH		5.5～8.5
总汞（毫克/升）	≤	0.001
总镉（毫克/升）	≤	0.005
总砷（毫克/升）	≤	0.05
总铅（毫克/升）	≤	0.1
六价铬（毫克/升）	≤	0.1
氟化物（毫克/升）	≤	2.0
粪大肠杆菌群（毫克/升）	≤	10 000

注：灌溉菜园用的地表水需测粪大肠杆菌群，其他情况不测。

表6-6　有机农业生产农田灌溉水质量标准

项　目		指　标
pH		5.5～8.5
总汞（毫克/升）	≤	0.001
总镉（毫克/升）	≤	0.005
总砷（毫克/升）	≤	0.05（水田、蔬菜），0.1（旱田）
总铅（毫克/升）	≤	0.1

（续）

项　　目		指　标
六价铬（毫克/升）	≤	0.1
氯化物（毫克/升）	≤	250
硫酸盐（毫克/升）	≤	250
硫化物（毫克/升）	≤	1.0
氟化物（毫克/升）	≤	2.0
氰化物（毫克/升）	≤	0.5
石油类（毫克/升）	≤	5.0
有机磷农药		不得检出
六六六		不得检出
滴滴涕		不得检
大肠菌群（个/升）	≤	10 000（生吃瓜果收获前一周）

三、枣树的灌水方式

目前多数果园仍采用树盘大水漫灌的方式进行灌水，此种灌水方式不仅浪费了宝贵的水资源，而且对果树生长不利。因为大水漫灌的前期土壤泥泞，土壤结构被破坏，孔隙度降低，土壤中的空气大量被水挤跑，不利于土壤中微生物活动，不利于根系的呼吸与生长；中期随着土壤水分减少，土壤结构得到恢复，适宜根系的呼吸与生长，利于根系吸收养分；后期土壤干旱又不利于根系对养分吸收与生长。我国是水资源贫乏的国家，特别是北方更缺水，水资源已成为制约我国工农业发展的限制因素之一，节约用水是我国战略决策，必须珍惜每一滴水，为此我们应改变果园大水漫灌这种既不利于果树生长又极大浪费水资源的落后灌溉方式，应大力提倡灌溉效果好，又节约水资源的滴灌、渗灌、喷灌等先进的灌溉方式。

1. 滴灌 滴灌是近几十年来发展起来的机械化与自动化结

合的先进灌溉技术，由电脑或人工控制灌水，通过主管道、支管道、毛管然后到达树盘，由滴头以滴水的形式缓慢地滴入果树根系周围，以浸润的方式补充土壤水分。滴灌节约用水，是普通灌水量的 1/4，节约劳力，能与追肥结合起来进行，滴灌能经常稳定地对根际土壤供水；均匀地保持土壤湿润，不破坏土壤结构，土壤通气良好，利于根系生长和养分吸收，促进果品产量和质量的提高。据华北农业机械化学院滴灌组实验调查，滴灌的果树根群支根多，一个根群支根多达 93 条，须根长达 70 厘米，而畦灌的果树根群支根少，最多的才 10 条，且须根短仅 37 厘米，果品产量和单果重滴灌比畦灌高一倍。滴灌的时间次数及用水量，因气候、土壤、树龄而异，以达到根系浸润为目的，成年树每株每天约需 120 多立方分米水，每株树下安装 3 个滴头，以每小时每滴头灌水 3.8 立方分米计算，则每天需滴灌 12 小时。不足之处是滴灌不便地下管理，如深翻施肥，设备投资大，一家一户果园难以实现，滴头容易堵塞等。

2. 渗灌 也称微灌，是在滴灌的基础上发展起来的一种灌水技术。渗灌是在树盘安装渗水装置，水流较滴灌大，每小时出水 $60\sim80$ 分米^3，解决了滴灌滴头堵塞的弊病，优于滴灌和喷灌。

3. 喷灌 是通过机械压力，经过管道与喷头将水喷洒在果园内，优点是节水、省工、可与喷药、叶面喷肥相结合，土地不平的果园也适用，能调节果园的小气候，提高果园湿度，有利枣树花期坐果。缺点是投资大，喷灌受风的制约，一般四级风就影响喷灌效果。由于果园空气湿度大，易诱发病害。

4. 沟灌 滴灌、渗灌、喷灌由于投资大，我国大部分果园暂时难以实施，可采用沟灌。沟灌可在树冠外围挖灌水沟，沟宽 30 厘米左右，深 $30\sim40$ 厘米，以不伤粗根为宜，灌水沟内覆草蓄水保湿，灌水后沟口用农膜或土覆盖。沟灌是通过渗透方式达到灌水目的，较畦灌省水且能保持土壤良好的结构和理化性质，有利根系的生长和吸收养分，有利于果树生长发育。

5. 贮水穴灌水 在树冠外围四角挖深 50 厘米、直径 40 厘米的坑，坑内填满秸秆或草把，建成贮水穴，灌水后上面用地膜覆盖，中间留一孔用石块或土块压好，周围用土压实，再灌水时从孔中将水灌入。贮水穴灌水是利用填充物良好的蓄水能力，长期稳定地向根系供应水分，不破坏土壤结构，有利根系生长，节约用水，并能与追肥结合进行，追肥时将化肥撒入穴内，浇水时随水渗入土壤内，不少果园应用效果很好，节约投资应以推广。

四、枣园雨季排涝

枣树虽然比较耐涝，但是枣园长期积水，土壤结构遭到破坏，枣树根系的呼吸受到抑制，易造成烂根，影响根系吸收功能。土壤通气不良，影响土壤中微生物活动，降低土壤肥力，还产生与根系有害的物质如甲烷、硫化氢、一氧化碳等，严重影响果树根系、地上部分的生长及果品产量和质量。因此，雨季要注意排出果园积水，排水时应注意水土保持，防止水土流失，树盘内的积水一定要通过渗水排走，特别是盐碱地更需蓄水压碱。有条件的果园，可在果园周围建蓄水坑塘，蓄存排水和径流，供果园需要灌水时应用。

第三节 枣园土壤管理模式

目前生产上常见的枣园土壤管理主要有以下 5 种：

1. 清耕法（耕后休闲法） 清耕法一般在秋季深翻果园（山区称放树窝子），春夏季多次中耕，清除杂草，使土壤疏松通气，利于微生物繁殖活动，加速有机质分解，提高土壤养分和水分含量，有利于枣树生长，但必须与增施有机肥相结合，注意保持水土，否则会逐年降低土壤有机质含量，水土流失，影响枣树生长。

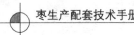

2. 生草法　在有水浇条件的地方可实施生草法。生草后减少土壤中耕锄草，管理省工，减少土壤水分流失，增加土壤有机质，改善土壤理化性状，保持良好的团粒结构，有利蓄水保墒和水土保持。雨季，草类可吸收土壤中过多水分，使土壤水分含量适中，防止枣树徒长，促进果实成熟，提高果实品质。适宜果园种植的草种有三叶草、草木樨、黄豆、绿豆、田菁、黑麦草等。多年生草可一年割草数次，覆到果园株、行间。一年生草可在产草量最大、有机质含量最高时就地翻压。为提高产草量，充分发挥生草作用应在萌芽前、幼草速生期等关键时期追施氮、磷、钾等化肥（有机枣不适用）和适时灌水解决树与草互相争肥争水的矛盾。生草如能与养牛养羊等养殖业结合起来，过腹还田或沼气池发酵，提高果园的综合效益更好。

3. 清耕生草法　缺少灌溉条件的枣园，为避免草与树争水争肥，在春季干旱季节可实施清耕，在雨季来临之前播种绿豆、田菁等绿肥作物，充分利用雨季充足的光、热、水资源，当绿肥作物开花时进行翻压。此法综合了清耕法和生草法各自优点，又解决了生草法春季与果树争水的矛盾，可以提倡。

4. 覆草法　灌溉困难的枣园可在株、行间覆盖杂草、秸秆等，覆草厚度15～20厘米，覆草后在草上面覆一层土，防止火灾。距树干周围20厘米范围内不覆草，防止根茎腐烂。覆草腐烂后再铺新草。覆草可抑制杂草生长，减少土壤水分蒸发，保持水土，增加土壤肥力，抑制土壤返碱，缩小地温季节性和昼夜变化幅度，有利根系生长。据山东省果树研究所姚胜蕊研究，果园覆草可显著提高酶的活性。5月份使0～5厘米土壤中转化酶活性提高了72.29%，5～20厘米土层中转化酶提高了46.03%。土壤酶活性的提高，加快了养分转化，土壤有机质和氮、磷、钾、钙、镁的含量均有增加。覆草3年后果园土壤含水量比对照高48.13%，地温变化幅度减少，不覆草地温昼夜温差7～8℃，覆草后昼夜地温变化不超过2℃，为根系生长创造了稳定环境。

覆草能增加土壤孔隙度，增大土壤通气性，有利根系生长。缺点是可引起枣树根系上浮，如能和秋季深翻施肥结合起来，引根向纵深生长，效果更好。

5. 枣粮（农）间作 枣粮间作是我国劳动人民创造的一种林农结合，充分利用土地、光、热、水、气资源的高效立体种植模式，既能保证粮食生产，又生产出药食两用经济效益很高的红枣。这种模式充分利用了枣树发芽晚落叶早、大量需肥水的生育期在6月以后特点，此时小麦已经落黄成熟，较好地解决了小麦与枣树共生对水、肥、光、热、气的矛盾，实现了互补共赢。20世纪七、八十年代沧州枣区涌现出很多树下千斤粮，树上千元钱的枣粮间作典型，目前仍不失为枣无公害高效栽培的模式之一。笔者见到，凡是间作小麦的枣园，春季金龟子为害轻，麦子收割后，枣树上的瓢虫数量剧增，可控制害虫的蔓延。间作形式有以下几种：

①枣粮间作。前期间作小麦，麦收后间种豆类、谷子等矮秆作物。这种形式枣、粮兼收，是解决农民花钱和吃粮的好形式。枣粮间作不宜间作玉米、高粱等高秆作物，以免影响枣树的光照。

②枣菜间作。间作蔬菜，丰富人民的菜篮子，目前效益比种粮高。但要注意不宜种植收获期晚的秋菜，如萝卜、白菜、胡萝卜、韭菜等，以免后期浮尘子为害枣树。

③枣瓜间作。间作瓜类，比间作粮食效益高，有利于土壤肥力的提高。

④枣药间作。间作中草药，特别耐阴品种，不仅能收到较高的经济效益，有的品种还有抑制病虫发生的作用。

第四节　盐碱地枣园管理

①定期清挖支、斗、毛渠，保证排水、淋盐畅通。毛、斗、支渠相连，排水畅通，每隔2～3年要清淤1次，保证应有的

深度。

②根据水往低处流、盐向高处走的自然规律，枣树栽植时树盘都比地面低5～15厘米，以利躲盐和蓄积雨水压碱。

③多次深锄造坷垃，为了保墒和防止土壤盐碱化，减少有害盐分上升到耕作层，一年多次深锄造坷垃。枣幼树期尤其注意在每年春秋两季多深锄，夏季雨后及时松土保墒。这样一是切断了土壤毛细管，防止深层盐分随水上升到表土；二是改善了土壤通透性，减轻了土壤盐碱化，有利于根系生长。

④在毛沟、株间、树下种植紫穗槐和田菁，一年中可在树下压肥2～3次。据试验，连续两年在株间、树下种田菁，70～80厘米高时及时翻压树下或每年捋三次紫穗槐叶树下压肥，0～40厘米土层中，土壤含盐量从0.35%左右降到0.12%左右。因为田菁和紫穗槐能增加土壤有机质，改善土壤团粒结构，增加土壤通透性，提高土壤肥力。同时由于根系分泌有机酸能中和碱性，起到了防盐改碱作用。

⑤树盘下覆草，改善土壤理化性状。利用目前柴草充足的有利条件，通过在枣树盘下覆草，能有效地起到增温、保湿、防盐、改碱，增加腐殖质，促进微生物活动，改善土壤理化性能，为根系生长创造良好的环境。初果期枣树覆草产量可明显增加。覆草方法：将豆秸、杂草、秸秆等在树盘下盖严，覆草厚15～20厘米（树干周围20厘米内不覆草防止根茎腐烂），可省去中耕除草、深翻等作业，省事、省工。

第五节　枣的旱作技术

我国人均耕地少，以不足世界9%的耕地，养活占世界近21%的人口，保证粮食生产是我国农业的永恒主题，稳定粮食生产是社会稳定、国家富强的保证。2004年我国政府已规定今后一律不准在基本农田栽种果树，上山下滩是我国发展果树的方向，这就决定了我们的大部分果园立地条件差、缺少水源，故旱地果园水分综合利用是生产上需要解决的课题。我们综合现有技术成果和生产经验提出利用自然降水，实现雨养枣园，获得果品优质丰产的技术要点，供读者参考，并希望在生产实践中不断地完善。

1. 增加土壤库容，提高土壤蓄水能力，稳定供应枣树生长需水，是实现枣丰产的关键 土壤蓄水能力大小与土壤的结构及土壤中团粒结构的多少有关，一个团粒结构就是一个小蓄水库。土壤中有机质越多形成的团粒结构就越多，土壤的保水能力就越强，土壤中的团粒结构是由土壤有机质形成的，增施有机肥可以增加土壤中的有机质，就可以增加土壤的团粒结构。因此，每年通过深翻增施有机肥，改善土壤结构，增加土壤的水容量。据北京林业大学王斌瑞试验，每一植树穴中施入厩肥 10 千克，可以使土壤团聚体含量提高 9%～29%，春季的土壤含水量提高 15.6%～28.9%。

2. 深翻扩穴（山区有的地方称放树窝子），**充分利用土壤深层水** 俗话说"根深叶茂"，树根扎得越深抗旱抗寒能力越强，吸收营养的面积越广，有利于树木的生长。据报道，每 667 米² 的 2 米厚土层蓄水可达 450 米³，有效水可达 300 米³，可见结合每年施基肥进行深翻扩穴（穴深 1 米左右），不仅可为根系创造一个疏松肥沃的土壤环境，而且可以引根向下，使树根向纵深发展充分利用深层土壤的水肥资源。

3. 增施土壤保水剂，提高土壤保水能力 随着科学技术的进步，高分子化合物的抗旱保水剂相继问世，目前已用于生产的保水剂一般能蓄存水的重量是自重的 300～1 000 倍，结合深翻扩穴施有机肥的同时每株成龄树施 100 克的保水剂，就可增加土壤蓄水 30 千克左右（生产有机枣不能使用）。

4. 扩大集水面积，增加蓄水量 旱地枣园需水主要靠自然降水，植株栽植密度要稀以增加集水面积。以株行距 3 米×5 米

123

为例，每株树的集水面积可达 15 米²，树冠的投影面积控制在 8～10 米²，这样就可以做到积小雨为中雨，满足枣生长的需要。为此要扩大树盘，地面向树干倾斜，扩大集水面积，防止水土流失。

5. 精细修剪，减少水分消耗　对枣树地上部分要做好冬、夏季修剪，疏除无效枝叶，适量地坐果，减少营养和水分的无效消耗，使每片叶子都有较高的生产力，让有限的营养和水分发挥最大的生产作用。

6. 抑制叶片表面蒸发，减少水分消耗　春季枣萌芽后到雨季前可喷 2 次高脂膜，既能保护叶片减轻病虫危害，又能抑制叶片表面水分蒸发，减少土壤水分消耗。笔者试验表明，喷 150 倍羧甲基纤维素与不喷对照，可减少水分蒸发 16%以上。

7. 雨季深翻，增加土壤蓄水　无灌溉条件的旱地枣园春季翻耕应推迟到雨季进行，以增加土壤蓄水能力，充分拦蓄雨季降水。

8. 春季顶凌追肥，覆膜保水　春季土壤解冻前，地表层集聚了冬季土壤上升水汽，其含水量相当于一次灌水，要抓住此时土壤含水量高的有利时机，进行顶凌追肥。在土壤表层已解冻 10 厘米左右时，可将萌芽前和开花前两次追肥合并一次挖沟施到土壤里，然后覆土再覆地膜，保持土壤水分，提高地温有利根系活动，进入雨季揭去地膜，深翻蓄水。

9. 基肥提前雨季施，保证基肥如期使用　无蓄水条件，秋施基肥又不能灌水的枣园，可将施基肥时间提前到 8 月下旬雨季结束前进行，利用后期降雨，使土壤与根系接触，发挥肥效。施基肥时应注意不能伤根过多，以免引起落果。

10. 果园覆草　旱地果园覆草是提高土壤蓄水能力，减少土壤水分土流失和地面水分蒸发的有效措施。可以用麦秸、铡碎的秸秆、当地的杂草等，覆草厚度在 15～20 厘米（树干周围 20 厘米内不覆草防止根茎腐烂），为防止失火可雨季进行，上面压土，待草腐烂后翻入土内，再覆新草。覆草有引树根上浮的弊病，可通过每年深翻施肥，引根向下，并注意草内病虫的防治，消灭在草内越冬的害虫和病菌。

11. 果园种植绿肥作物　旱地果园种植绿肥作物并就地翻压，是增加土壤有机质含量和蓄水，提高抗旱能力的良策。实行春季覆盖地膜，雨季来临前播种绿肥，可解决绿肥作物与枣树争水的矛盾。一年生绿肥作物可选择绿豆或田菁，于雨季来临前播种，待下雨后即可出苗，较雨后播种出苗早，鲜体产量高。为提高草产量，在绿肥作物的生育期内，结合降雨追施氮肥和磷、钾肥，在绿豆或田菁开花时就地翻压。还要注意防止苗期禾本科杂草滋生而影响绿肥作物生长。

12. 采用贮水穴　采用前面介绍的贮水穴技术，能节约灌水量，有效地提高土壤蓄水，为果树根系生长提供良好条件。

13. 创造条件拦蓄降雨　为拦蓄自然降水，截留地面径流和枣园排水，山区枣园可在山顶建筑蓄水池或窖，山下筑坝建蓄水塘；平原枣园可充分利用枣园周围的废弃窑地、低洼坑地，修建蓄水坑塘，拦蓄降水，创造条件变旱地枣园为水浇枣园，哪怕春季能为枣树浇上一水，对提高枣树产量和品质大有益处。为防止蓄水渗漏，有条件的果园可用石料水泥建造，无条件可在坑底及周围铺塑料膜，上面再覆土，能有效防止水分的渗漏。

总之，因地制宜综合运用上述技术措施，可以最大限度地利用自然降水，基本满足枣树整个生育期对水分的需要。旱地枣园水分的综合利用技术适宜年降水量 400~500 毫米的地区应用，无降水条件的地方此技术无效。年降水量低于 300 毫米且无浇水条件的地方不宜建园，故建园选址时应注意。

（周正群、周　彦）

第七章

枣树花期、果实
生长期的管理

第一节　枣树的花期管理

枣树的花芽分化自枣树萌芽已经开始，随着枣吊的生长逐渐现蕾，后期是花芽分化、现蕾、开花、授粉、坐果同时进行，突出表现为树体各器官营养竞争激烈，致使营养不足坐果率很低，自然坐果率不到 1%。因此花期的一切管理措施都是围绕提高树体营养水平提高坐果率进行的，花期管理除了前面讲的要进行追肥浇水外，枣头、二次枝、枣吊摘心，适时开甲、喷植物生长调节剂、喷微肥、喷清水等措施对提高坐果率均有较好的效果。

一、枣树花期喷九二〇的作用

九二〇是赤霉素的一种，为植物体内普遍存在的内源激素，目前已发现植物体内的赤霉素 70 多种，主要作用促进细胞生长和伸长，改变雌、雄花的比例，诱导单性结实，促进坐果。一般在枣树开甲后使用九二〇，浓度为 10～20 毫克/千克。品种不同所需浓度有差异，如七月鲜需要用浓度 50～70 毫克/千克效果才好，应通过实验取得合理使用浓度。九二〇是内源激素，必须在肥、水管理好，树壮的条件下使用效果才好，为充分发挥九二〇的增产效果，提高果实品质，笔者在使用九二〇的同时加上 0.2% 的尿素，0.2% 磷酸二氢钾、0.1%～0.2% 的硼砂液混合一起喷花比单一使用九二〇效果更好，提高了坐果率和果实品质。

二、枣树花期喷硼的作用

硼是枣树必需的微量元素之一，参与植物体内碳水化合物的运转和生殖器官的发育，花期喷硼能促进花粉发芽、花粉管生长和子房发育，是提高枣坐果率的重要措施。花期喷硼砂用 0.2%～0.3%或 0.1%的硼酸溶液，如和氮、磷、钾及其他微肥一起使用效果更好。

三、枣树花期喷清水的作用

枣树花期空气湿度达到 70%～85%时花粉发芽正常，枣花蜜盘分泌蜜汁多，有利于吸引蜜蜂等昆虫授粉和坐果，我国北方枣区，春季降水少，花期常遇干旱天气，特别是干热风，影响枣树的授粉受精，造成严重减产，并易产生焦花现象（即花朵干枯）。笔者调查，干旱年份冬枣焦花可达 20%～40%。花期喷水可以提高空气湿度，减少焦花，有利于花粉发芽和授粉，提高坐果率。喷水时期应在初花期到盛花期，一天之中的喷水时间以傍晚最好，因傍晚温度下降，蒸发量低，喷水后空气湿度保持时间长，特别是枣树开花散粉时间一般在上午，为其授粉提供了良好的小气候。喷水次数视天气而定，干旱年份应多喷几次，反之可减少喷水次数，一般喷水 3～4 次为宜。喷水范围越大，效果越好，故提倡整个枣区大面积喷水。

四、枣树花期开甲的作用及方法

枣树花期开甲能有效解决因养分供应不足引起的落花落果问题。开甲是河北、山东等枣区采用提高坐果率的主要技术措施，过去主要是在金丝小枣树上应用，这些年运用到大枣树上也同样取得良好的效果。

开甲时间应在枣树花开到 40%～50%时进行，过早坐果率低，影响产量，过晚坐果率虽然高，但果实生长期短，枣果单果重和果实品质下降。据河北昌黎果树研究所对金丝小枣调查，初花期开甲，果实个大，坐果率低；盛花期开甲果实大小均匀；末花期开甲，果实较小。

开甲方法：开甲工具用扒镰刀和菜刀。扒镰刀可专门锻制，也可用旧镰刀折弯制成。开甲要选择无风晴天，利于甲口形成层的保护，对甲口愈合有利。开甲时先用扒镰刀将树干老皮扒去一圈露出宽1厘米左右粉红色韧皮，再用菜刀在扒皮部位上部水平向内横切一圈深至木质部，在下面斜向上向内横切一圈深至木质部，然后将韧皮切断剔除，形成一上平下斜的梯形槽，即完成开甲。甲口呈上平下斜的梯形槽不存水，防止树皮腐烂并利于愈合。剔除韧皮时应注意保护好愈合组织（树皮与木质部之间的黏液）利于甲口愈合。甲口宽一般0.3～0.7厘米，大树、旺树、生长势强的品种、甲口可适当加宽至1～1.1厘米，小树、弱树甲口要窄些，特别弱的树应停甲养树。开甲后在20～40天内愈合为宜，过早愈合影响坐果；过晚不利于树体生长，引起落叶、落果，甲口长期不愈合造成死树。甲口要求宽窄一致，不留韧皮组织，否则影响坐果，群众中有"留一丝、歇一枝"的说法，就是这个道理。第一年开甲为方便作业可在树干距地面20厘米处开第一刀，以后每年上移，间距4～5厘米，直至树干分支处，然后再由上向下返或从下向上返均可。也可使用市场上出售的开甲器开甲，用开甲器开甲应注意开甲不要伤及木质部，要保护好愈合组织（图7-1）。

为有利于树体营养积累，保证根系有一定的营养生长，应用留一辅养枝开甲技术效果良好，可以试用。即在树干或主枝的第一枝上面进行开甲，且减少死树、死枝的风险。

甲口保护，过去枣区农民对甲口不采取保护措施，容易受甲口虫（皮暗斑螟）为害而不能愈合，影响树势和坐果。防治甲口虫的方法是，开甲后凉甲4～12小时，在甲口处用200倍左右的20%氰戊菊酯或200倍90%敌百虫，或30%乙酰甲胺磷乳油

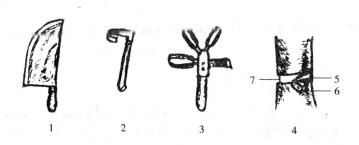

图 7 - 1　开甲示意

1. 菜刀　2. 自制扒镰　3. 开甲器
4. 树干开甲状　5. 甲口　6. 开甲剔出的韧皮
7. 甲口露出的木质部

100 倍，或用 5％抑太保 200 倍＋30％乙酰甲胺磷 200 倍（生产有机枣的果园可用 10 倍烟草水或苦楝水溶液涂抹），每隔 7 天抹一次，共抹 3～4 次，开甲 20 天后，可将甲口用湿泥抹平或用塑料薄膜包扎，既防虫又保持甲口湿度，有利于甲口愈合。

调查中发现，在花期管理中有的栽培者片面追求产量，不适当的使用提高坐果措施，致使出现虽然产量增加但果实品质下降，果皮增厚含糖量降低，失去了原枣的优良品质和风味。我们所采用的栽培措施都应围绕提高果品品质进行，在保证果品质量的前提下，将产量维持在一个合理的丰产水平上。一切商品（包括果品）只有以优异的质量才能赢得市场，才能受到消费者的青睐，生产者和经营者才能有效益，否则就会被市场淘汰。

为此在花期管理上应做到以下几点：

1. 适时实施枣头摘心　枣头摘心（包括二次枝和枣吊）是抑制营养生长促进生殖生长，提高坐果率的一项关键技术，特别是枣树幼龄期，营养生长偏旺更显得重要。目前生产上存在摘心过早、过重，影响了养分的有效积累和树冠的扩大（幼树）。任何事物都是一分为二的，适当摘心可以调节养分分配，有利于向生殖生长方向输送。过度的摘心，一方面影响树冠扩大的速度，势必影响产量的每年递增，另一方面没有适量的营养生长，必然导致树体养分恶化，对坐果和果实生长不利。适时摘心因枝位不同而异，各级骨干枝头，大型结果基枝枝头应在8月上旬枝条生长停长前轻度摘心，目的是促进骨干枝头加粗生长和枝条物质充实；从5月中下旬，对各级结果枝组，要根据所在位置，枝条的大小强弱，进行程度不同的摘心，对位置不好的，又无利用空间的枣头应从基部疏去或留两个二次枝摘心，如仅位置不好，可利用培养成小型枝组的可进行扭枝改变方向，使之水平或下垂，培养成适宜的枝组；对枣头、二次枝摘心的轻重要求是，轻摘心枣头留6～9个二次枝、二次枝留6～8节摘心，中摘心枣头留4～5个二次枝、二次枝留4～5节摘心，重摘心枣头留2～3个二次枝，二次枝留2～3节摘心。对无用的影响果实生长的枣头，摘心后的新生枝头从基部疏去，对有用的要再摘心以控制生长。

2. 适时开甲 花期开甲应在枣花开放40%～50%的盛花期开甲。开甲过早，易长大果但产量低，开甲过晚果小产量高。甲口宽度一般在0.3～0.7厘米，旺树适当宽些，弱树适当窄些甚至不开甲。如果甲口愈合过早尚未达到坐果要求，可在甲口愈合口处用利刀再环割一圈延缓愈合时间提高坐果。为使栽培者获得较好的效益，在幼树生长期间，可对非骨干枝的一切辅养枝在花期实施环割技术，枣花开放40%左右时在辅养枝上用剪刀环割2～3圈，过7～10天再环割一次，使辅养枝提前结果，做到长树结果两不误。

目前生产上有留一辅枝的开甲技术。即在树干距地面的第一枝或主枝第一枝上面进行开甲，取得良好效果。其原理是保留一辅枝不开甲，可使其制造的营养物质能回流到根系，维持根系低水平的生长，从而提高了根系的吸收能力，减少因枣树开甲的衰弱程度。笔者在花盆做模拟实验，全树开甲的地上部分叶片黄，随着开甲愈合时间的推移，叶片黄的程度加深，而部分开甲的树，叶片虽然仍保持绿色，但不如不开甲的树，其根系是全树不开甲的长得最好，部分开甲的居中，全树开甲的最差。还有的栽培者为片面追求产量，在果实生长期间开甲 2～3 次，当年产量得到提高，但是果实的品质下降，并影响到第二年产量，笔者认为不应提倡。

3. 合理使用植物生长调节剂 花期合理使用植物生长调节剂能显著提高坐果率，但使用不当，会造成不良后果。如有的农民花期喷 4～5 次九二〇，致使果实变小，成熟期延长，品质下降。花期使用九二〇不应超过 2 次，一般品种使用浓度 10～20 毫克/千克。

花期使用九二〇提高坐果率的适宜时期应在开甲之后，选择连续 4～5 天阳光充足的晴天，日均气温 23℃以上使用效果才好（应关注花期的天气预报），九二〇与芸薹素内酯，或与 0.2%尿素加 0.2%磷酸二氢钾加 0.2%～0.3%的硼砂溶液混合使用比单一使用更好（有机枣生产不能使用）。

植物生长调节剂的使用，必须在良好的肥水管理、树势健壮的条件下才能奏效。因此，秋后基肥的施用和萌芽前、开花前追肥非常重要不能忽视。

4. 捉倡枣园花期放蜂 枣是典型的虫媒花，异花授粉坐果率高，枣园花期放蜂是提高枣坐果率和果实品质的重要措施，应大力提倡。据调查枣树距蜂箱越近授粉越好坐果率越高，一般要求枣树 30～40 亩放置一箱蜂为宜，也可饲养壁蜂帮助授粉。蜂群摆放应遵循下列原则：如果面积不大，蜂群可置在地块的一边，面积超过 40 公顷或地块长在 2 千米以上，蜂群应置中央，以减少蜜蜂飞行半径，利于授粉，授粉蜂群以 10～20 群为一组，分组摆放，并使相邻组群的蜜蜂采粉范围相互重叠。

五、开甲后甲口不愈合的补救措施

生产上经常出现因甲口过宽或甲口虫为害、药剂过浓、机械损伤等人为失误造成甲口不能在 20～40 天内愈合，应采取补救措施。

①如果因甲口过宽在 1 月内而没有愈合的，可对甲口没有愈合的上下新生组织表皮用刀各切去一薄层，露出新茬，用 10～15 毫克/千克的九二〇液和泥将甲口抹平，再用塑料膜包扎好，保持湿度，一般 1 个月左右甲口就可愈合好。如果是因甲口虫为害而影响甲口愈合的树，应用尖刀先清除甲口虫为害的坏死部分，再将愈合组织切去薄片露出新茬，用 10～15 毫克/千克的九二〇液加入 30％的乙酰甲胺磷 200 倍液和泥将甲口抹平再用塑料膜包扎好即可。

②如甲口过宽采取上述措施仍不能完全愈合的树应进行桥接。

桥接时间在 4 月中旬至 8 月上旬，此时树液流动嫁接成活率高。桥接方法：将树干基部萌生的根蘖苗或甲口下部的萌生枣头保护好，当小苗长到粗 0.5 厘米以上高度超过甲口采用插皮接的方法进行。将小苗在高于甲口 2～3 厘米处短截，去掉小苗上的枝叶，将小苗靠树干一侧削成楔形长斜面，对侧头削成短斜面，然后将甲口上部的树皮撬开一细缝，将小苗长斜面从木质部和韧皮部之间插入，露出 1～2 毫米削面，然后固定，用塑料膜缠绕绑紧，桥接完成，20 天就可愈合。桥接数量根据小苗的多少而定，多接对树的生长有益，一般接 3～4 株较好，大树还应多接。如树下无根蘖苗或萌生的枣头，可采取双头桥接方法，选用一年生直径 0.5～0.8 厘米的枣头或其他大枣枣头作接穗，长度要超过上下接口长度各 10 厘米左右，随用随采。桥接部位应在甲口上下各 5～8 厘米树皮光滑处，桥接部位确定后用刮皮刀轻轻将枣树老皮刮去，露出粉红色的韧皮部，但不能露出木质部，形成一个 15 厘米左右宽的桥接环形部位，然后沿环形圈上下边在桥接接穗的部位横切一刀深达木质部的横切口，上切口向上，下切口向下，在切口中间切一纵口成 T 字形。接穗上的二次枝疏去，上下各削成长 5.5 厘米双斜面，用竹签将 T 字口处树皮撬一细缝，将接穗从上下的 T 字口插入，并露出斜面 1～2 毫米，然后可用小钉固定，再接其他接穗，当全树桥接完成后，用塑料薄膜包裹以保湿，一般 20～30 天即可愈合。当接穗与枣树愈合后可用刀将包裹的塑料膜割开，随着接穗的生长，包扎材料自然脱落。

六、枣树花期不提倡喷洒农药

有不少农民朋友询问花期是否能喷杀虫杀菌的农药。笔者认为，枣是典型的虫媒花，异花授粉坐果率高，喷药必然影响昆虫授粉，特别是对蜜蜂的伤害很大，有些药剂浓度较高对花粉也有杀伤作用。因此，在一般情况下花期是不提倡喷农药的，如果花期的害虫发生，影响到枣果产量，在这种情况下可以考虑喷药。喷药前应通知放蜂主人，采取预防蜜蜂中毒措施。药剂采用对蜜蜂无毒的农药、对授粉无影响的剂型如水剂的农药以免影响枣花的授粉。

七、枣树开花前花蕾少或无花蕾的补救措施

枣园常发现枣树有因树体营养和病虫防治等问题致使花芽分化质量不好，花蕾少或无花蕾的现象，对于此类树在 5 月上中旬喷一次 0.1 毫克/千克的芸薹素内酯加 0.2% 的尿素、0.2% 的磷酸二氢钾、0.2% 的硫酸锌溶液并通过枣头、二次枝摘心，对结果基枝进行环割可促进花芽分化和花蕾的生长，可保证枣果有一定的产量，实现枣果丰收。

第二节　果实生长期的管理

一、夏剪

果实生长期管理是保证枣的产量和质量的关键时期。因此，

要按照前面介绍的有关内容做好土、肥、水的管理、夏剪及有关病虫害防治（见后面病虫防治部分）。此期夏剪是花期夏剪的继续，除要平衡各枝条的生长势外，幼旺树要通过摘心、拉枝、扭枝、疏除内膛过密集及徒长枝等技术，控制营养生长、促进生殖生长，盛果期树要平衡营养生长与生殖生长，改善膛内通风透光条件，提高枣的质量和产量。

二、人工疏果

以冬枣为代表的鲜食品种进行疏果，不仅能提高当年的果品质量而且是实现年年优质丰产的重要技术措施。果品的品质除与品种、土壤、综合管理水平有关外，与果树的负载量呈负相关，即负载量越大果实品质越差，疏果可以把负载量调整在一个合理的水平上保证果品的质量。此外，冬枣在红枣品种中是果实成熟较晚的一个鲜食品种，采果后叶片就开始变黄落叶，基本没有纯营养积累的生长时间，因此冬枣等晚熟品种只能靠结果适量来获取储存营养，为第二年的萌芽、花芽分化、枣吊生长、花蕾形成等一系列生育过程提供充足的贮存营养，为枣丰产优质奠定基础，因此疏果更有必要。

冬枣等名优鲜食品种，果实个大、品质优异才能赢得国内外市场。要做到枣果实个大、品质优异在果实生长期减少激素的使用次数、减少氮肥的施用，加强磷、钾肥特别是钾肥的施用十分必要，此外人工疏果也是必需的。为节约树体养分，疏果时间可在枣果生理落果之后进行，可先对结果基枝进行摇枝，疏除坐果不牢、后期营养不足自动脱落的部分枣果，然后对剩下的枣果进行疏除，首先要疏去被病虫危害、果形不正、果实生长不良的劣果，保留枣吊中上部的好果，留果量掌握在果吊比1个左右，单吊单果最好，如坐果不均，可适量保留部分单吊双果，以保证枣的产量（表7-1）。

表7-1　冬枣人工疏果效果调查

疏果时间	处理	调查枣吊	果/吊	单果重（克）	单果重15克以上的比例（%）
7月底	人工疏果	100	1	16.5	100
	对照不疏果	100	2	10.1	30

三、防止落果

幼果膨大后期，果实因营养供应不足有落果现象，为减少落果，除做好果实膨大期适时追肥浇水、夏季修剪、疏果等工作外，可用经发酵好的沼液加水2～3倍加0.3%磷酸二氢钾，如有缺氮症状可加0.3%尿素液一起喷施有减少落果作用。

四、撑枝

枣果由于坐果多，枝条较软，加上修剪不当，下部结果枝后期极易下垂接地，感染病虫，影响果实品质，所以要撑枝。

撑枝方法：用竹竿或木杆将结果枝撑离地面0.5米以上。

五、铺反光地膜

果实含干物质的多少及着色与光照密切相关，对于盛果期已接近郁闭的果园，树下铺反光地膜对提高果实品质和着色效果明显。可在枣的白熟期前开始覆膜，采收前揭膜卷好保存第二年可继续使用。

六、枣果采前管理

在枣果白熟期正值北方"秋吊"降雨少，应视土壤干湿状况适时浇水保持土壤湿润，促进果实生长，减轻果实裂果。距采摘前20天可喷0.2%氯化钙两次，可防治果实后期裂果并提高鲜食枣的耐贮性。

（周　彦　周正群）

第八章

枣果的采收及采后处理

第一节　枣果的采摘期

根据枣果的成熟程度按枣果皮色和果肉的质地变化可将枣果成熟期分为白熟期、脆熟期和完熟期。

1. 白熟期　果实膨大至已基本定型，显现枣果的固有形状，果皮细胞中的叶绿素消减退色，由绿色变绿白至乳白色，果实肉质较疏松，汁液较少，甜味淡，果皮白色有光泽，是加工蜜枣的适摘期。

2. 脆熟期　白熟期以后，果实向阳面逐渐出现红晕，果皮自梗洼、果肩开始着色，由点红、片红直至全红。此时果实内的淀粉开始转化，有机酸下降，含糖量增加，果肉质地由疏松变酥脆，果汁增多，果肉呈绿白或乳白色，食之甜味增加略有酸味，口感渐佳，充分体现出该品种枣固有的风味和基本特征，此时为最佳食用期也是鲜食枣品种的最适采摘期。鲜食品种枣是货架期较短的鲜食果品，产量大幅度提高后必须通过冷库贮藏来调节市场需求达到均衡上市供应，延长市场供应期，以提高鲜食品种枣的栽培效益，满足消费者的需求。据实验研究，枣的成熟度越低耐贮性越高，贮存的时间越长。为区别不同用途的采摘期，又将枣的脆熟期分为半红期和全红期。半红期是枣果实着色面积达到25％～50％，此时适宜贮藏和远距离运输调运枣果，是鲜食品种枣主要的采摘时期。果实着色面积达到50％至果面全红，为全红期，此期适宜随采随食用或采后当天能进入市场的地方作为采收期，此期鲜食品种枣虽然口感优于半红期，但货架期短，不宜作为大量鲜食品种枣的采摘期。

3. 完熟期 脆熟期之后果实进一步成熟进入完熟期，此期枣果皮色泽进一步加深，养分继续积累，含糖量增加，水分含量和维生素 C 的含量下降、果肉开始变软，果皮出现皱褶，此时枣肉开始变褐，近枣核处褐色加深出现糖心，开始出现自然落果是枣果制干加工的采摘期。

第二节 鲜食品种枣采摘与贮藏保鲜

一、鲜食品种枣的采摘

优质的鲜食品种枣果，一般果皮薄，果肉细嫩酥脆，自由落地枣果将破碎裂口。因此，鲜食品种枣只能用人工摘果，不能用木杆振落或乙烯利催落的方法采收枣果。人工摘果必须轻摘、轻放、避免摔伤、果柄拉伤和机械损伤。人工用手摘果时要一只手握住枣吊，另一手握住枣果底部向上托掰枣果，保证果柄处不受损伤，不能用手揪拉果实，避免拉伤果柄与果实连接处果肉，降低果实的耐贮性。最好一手托住果实，另一手用疏果剪低于果肩将果剪下，轻轻放入容器内。用剪子采摘的果实能保证果柄处不受损伤，果柄也不用果实分检时再剪短，并能减少果与果的扎伤几率。盛枣果的容器可用果篮、果箱等容器，内壁一定铺垫柔软的织物，保证果实不受损伤。摘下的果实要进行挑选，将有病虫危害、机械损伤的果实挑出，并将手摘的枣果柄低于果肩剪短，可避免果实间扎伤。然后按标准进行分级、包装即完成果实的采摘（表 8-1、表 8-2）。

二、鲜食品种枣的贮藏保鲜

（一）影响鲜食品种枣贮藏的主要因素

影响枣贮藏保鲜的主要因素有，果实的内在因素和外界环境。

表 8 - 1　鲜食品种枣分级标准

项　目		特级	一级	二级
基本要求		脆熟期采摘，果实完整良好，新鲜洁净，无异味及不正常外来水分。着色面积 50％以上，无浆果及刺伤。果实内在标准达到品种固有特征。维生素 C 含量≥450 毫克/100克，可溶性固形物≥36％。		
色泽		具有本品成熟时的色泽		
果形		端正	端正	端正
病虫果（％）		＜1	≤3	≤5
单果重	有核果（克）	≥6	≥5＜6	≥4＜5
	无核果（克）	≥4.5	≥3.5＜4.5	≥3＜3.5
	碰压伤	无	允许轻微碰伤不超过0.1 厘米/处	允许轻微碰伤不超过 0.1 厘米两处
	日灼	无	允许轻微日灼，总面积不超过 0.2 厘米^2	允许轻微日灼，总面积不超过 0.5 厘米^2
	裂果	无	无	裂果总长度不超过 1厘米/果
	损伤率（％）（以上三项）	0	≤5	≤10

表 8 - 2　沧州冬枣等级分类主要指标

项　目	特等	一等	二等
基本要求	果实在脆熟期采摘果实完整良好，保留果柄，新鲜洁净，无异味及不正常外来水分，无浆果及枣伤。果实内在品质达到本品种固有特征特性。有毒物质含量符合农产品安全质量无公害要求。		
果形	端正	端正	比较端正
病虫果率 a（％）	a≤1	1＜a≤3	3＜a≤5
单果重 b（克）	b≥16	12≤b＜16	8≤b＜12

1. 果实的内在因素

(1) 枣采成熟程度 枣果实在成熟过程中，颜色、风味、含水量和营养成分都在不断地发生变化，呈现不同的成熟度。一般成熟度低较成熟度高的枣果耐贮藏，保鲜期随着果实成熟度的提高而缩短。大量的贮藏研究表明，同在 0℃条件下贮藏同树的冬枣，初红果贮藏保鲜期最长，半红果次之，全红果最短。采收过早营养积累尚未完成，还不具备冬枣的风味，虽然贮藏期延长，但贮藏后的冬枣品质明显下降，得不到消费者的认可。2003 年有的经营者片面追求冬枣的贮藏期，在冬枣的白熟期就采摘入库，尽管贮藏期延长了，出库后的冬枣外观尚好，风味口感极差，在市场上受到消费者的冷落，购买者大呼上当。笔者认为应研究枣半红期的贮藏保鲜技术，靠掠青来实现延长贮藏期是不可取的。

(2) 植物激素影响 果实内乙烯、脱落酸等内源激素的生成加速了果实的后熟和老化，对果实贮藏保鲜极为不利，应控制其浓度延缓果实的后熟和衰老。合理地使用乙烯和脱落酸的拮抗剂如赤霉素可以减轻落果，延长着色，对采后贮藏保鲜有延长作用。

(3) 果实水分 果实生长发育离不开水分，水分也是细胞质的重要组成成分，鲜食品种果实中含水量一定要充足，失水后难以恢复原来的鲜脆状态，因此枣果在销售或贮藏过程中都要十分注意并采取有效措施尽量减少果实水分的丧失。

(4) 呼吸作用 枣采收后仍是一个有生命的有机体，一切生命活动仍在继续，只是相对减弱。呼吸是果实采后的主要生理活动，淀粉、糖类、脂肪、蛋白质、纤维素及果胶等复杂有机物经过生化反应，氧化分解为简单的有机物，最终生成二氧化碳和水，产生能量。而能量是维持自身生命活动所必需的，一切生命活动都离不开呼吸。有氧气参与的呼吸为有氧呼吸。无氧气参与的呼吸称为缺氧呼吸或无氧呼吸，是在分子内的呼吸。无氧呼吸消耗的物质远高于有氧呼吸，此外无氧呼吸还能产生酒精和乙醛，当果实中酒精浓度达到 0.3％、乙醛达到 0.4％时细胞组织就会受到毒害，阻碍果实正常生理活动进行。因此，在枣果贮藏中要避免缺氧呼吸，又要尽量减少有氧呼吸的物质消耗，延缓衰老。据科研单位测定初步认为金丝小枣、帅枣、梨枣、木枣、赞皇大枣为呼吸非跃变型果实，冬枣、武灵长枣、脆枣为呼吸跃变型果实。

2. 环境因素

（1）贮藏温度　呼吸强度与温度关系密切，在一定的温度范围内，温度越高，果实的生理活动越强，呼吸强度越大。据科研单位的测定，温度在 5～35℃范围内，每升高 10℃，呼吸强度增加 2～3 倍。近几年贮存冬枣的实践也证明了这一点。冬枣低温贮藏不是越低越好，冬枣忍耐低温的能力是有一定限度，超过这一限度的低温，果肉细胞的水分将会结冰，影响冬枣贮藏后的品质，这一温度称为冰点。一般冬枣的冰点多在 -7～-5℃之间，由于冬枣的栽培条件和管理水平不同，冰点也有差异，在冰点以上，适当低温将有利于延长冬枣贮藏保鲜期。

温度除与果实的呼吸强度有关外，还与空气湿度有关，在库内水汽一定的情况下，温度越低，库内的相对湿度越大。

（2）环境湿度　鲜食品种枣，减少果实水分散失是贮藏保鲜的重要措施，而水分散失的速度与贮藏环境的湿度密切相关，环境的湿度越大，果实水分散失的速度越慢，因此冷库贮藏鲜枣，冷库的相对湿度一般控制在 95％以上。此外，研究无毒安全的鲜枣涂被技术也是减少水分散失技术之一，应予重视。笔者曾用甲壳胺保鲜涂被剂贮藏冬枣，对延长保鲜时间和提高好果率均有效，但涂被后枣果必须晾干后才能入库贮藏，在生产中推广，应试验改进使用方法。

（3）气体成分　呼吸离不开氧气，空气中氧气适当减少和其他气体（主要是氮气）的增多，可以降低呼吸强度，二氧化碳气虽然也能降低呼吸强度，但过多的二氧化碳气会对果实造成伤害。据研究，当贮藏环境中氧气降到 8％，二氧化碳气升到 5％，可起到抑制果实呼吸作用。但是，当氧气降到 8％以下，缺氧呼吸将会出现，不利于果实贮藏；二氧化碳气上升到 5％以上时会对果实产生伤害。现代的果品气调贮藏保鲜就是根据这一原理实现的。

（4）微生物作用　有害微生物的存在对果品的贮藏保鲜极为不利，可加速果实腐烂变质，防止有害微生物侵入果实是贮藏保鲜的重要环节。为此，在果实生长期做好病虫害防治，保证采果质量，一般在果品入库前进行灭菌处理，并对库内彻底灭菌非常重要。

（二）鲜食品种枣的贮藏保鲜

1. 机械冷库贮藏保鲜　机械冷库贮藏保鲜是通过机械制冷，调节库温，能保证鲜食品种枣在贮藏中的适宜温度，投资较少，贮藏保鲜效果好，目前投资 4 万～5 万元就可建设一个贮量 10～20 吨的微型机械制冷库，适合我国国情。近几年各地建设较多，对调节鲜食品种枣上市量、延长鲜枣市场销售期发挥了很好作用。各地在鲜枣贮藏保鲜的实践中都积累了不少经验，应不断总结，为完善鲜枣贮藏保鲜技术做出努力。冬枣是晚熟鲜食品种，以其最佳的品质和口感赢得市场，可贮藏到我国的传统佳节——春节，丰富了春节果品市场，获得了较好的经济效益。根据我们的实践将枣贮藏保鲜的有关技术要求综合如下，供读者在枣贮藏保鲜工作中参考。

（1）枣贮前冷库要消毒降温　为杜绝鲜枣入库后的病菌侵染机会，在入库前一定要将冷库内进行全面消毒灭菌，方法有：①二氧化硫熏蒸，每 50 米^3 空间用硫黄 1.5 千克加入适量锯末点燃熏烟灭菌，密闭 48 小时后通风（有机枣保鲜贮藏可采用）；②用福尔马林（40％甲醛）1 份加水 40 份喷洒库顶、地面、墙面，密闭 24 小时后通风；③用漂白粉消毒，取 40 克漂白粉加水 1 千克配成溶液，喷洒库顶、地面、墙面。消毒完毕开机降温，使库内温度降至 0～1℃，准备果实入库。

（2）适时采收，做好贮前处理　贮藏鲜枣最好是固定果园，从萌芽期开始，按技术规程管理，做好病虫害防治，为贮藏提供高质量的果实。在采果前 20 天喷两次 0.2%～0.3%氯化钙溶液，以减少裂果和延长贮藏保鲜期。采果前（有机枣除外）1～2天可用 10～20 毫克/千克九二〇，加入 40%新星乳油 8 000～10 000倍液或 80%大生 M - 45、600～800 倍液，可以延长果实衰老和防病。贮藏鲜枣应在初红期到半红期采摘，以保证贮后枣的原有风味。采后枣果应做到剪短果柄、挑选、分级等工作，采用 0.2%的氯化钙溶液和试用果品保鲜剂浸果，也可试用蜡膜、虫胶等涂被剂涂被，减少果实在贮藏中水分散失。处理后枣果晾干后将初红果和半红果分开包装分别贮藏，以获得最佳贮藏效果。2003 年冬枣贮藏造成烂果的主要原因是收购的冬枣，没有按照技术规程管理和采摘冬枣，80%的冬枣都有机械损伤（主要是果柄拉伤）及防病处理不当造成大量烂果。

（3）包装入库　鲜枣处理晾干后用厚度为 0.04～0.07 毫米聚乙烯塑料打孔袋装袋（一般每盛 1 千克鲜枣打直径 2～3 毫米的孔 1～2 个），袋内可放入适量的乙烯吸收剂和保鲜剂有利于鲜枣的贮藏保鲜。袋口向上不扎口，放入容量 10～15 千克的周转箱中预冷后入库，要单层摆放在贮藏架子上，不能堆叠。鲜枣一次入库不要超过库容量的 1/10，待库温降至 0℃时可将第一批入库果袋口扎紧，果箱码放成垛，再入第二、三批枣果，直至全部入库，方法同上。果箱码放成垛时，垛与墙、垛与垛之间要有空间，利于空气流通、散热并留出人行道，便于入库检查贮藏情况。

（4）库内温度调控　枣果入库后，库温可逐步降至−1～0℃适应一段时间后再降至适宜温度，根据鲜枣含可溶性固形物的多少决定鲜枣冰点，库内贮藏温度应在枣冰点以上，适当的低温可延长贮藏时间。一般库内温度稳定在 $-2\sim 0℃$ 之间为宜。

（5）**库内湿度的调制** 湿度直接影响枣的贮藏保鲜，库内湿度应保持在 95％ 以上。为此，在贮藏期间每天要定时观察库内湿度，湿度不够时可通过地面洒水、空中喷雾（水）等措施提高库内的湿度。

（6）**库内气体的调节** 枣果对二氧化碳比较敏感，一般要求库内空气中二氧化碳不高于 3％，氧气含量维持在 4％～5％，否则对果实引起伤害。通气不良的贮藏库，会因果实的呼吸作用使库内气体发生变化，氧气减少，二氧化碳增加，因此，要定期抽样测定库内氧气和二氧化碳的含量，如氧气不足或二氧化碳过多通过通风换气达到适宜的气体比例。一般一周内要通风换气 1～2 次。

（7）**及时出库** 枣果在贮藏过程中要随时检查枣果变化，当枣果转为全红后要及时出库销售，如继续贮藏将影响枣果品质，造成不必要的损失。

2. 塑料大帐贮藏保鲜 气调库贮藏鲜枣是比较先进的贮藏技术，但气调库造价高，一个单位库室贮藏的枣必须一次出库，不能根据市场需求灵活出库，这是一般农户难以做到的。塑料大帐利用了气调原理，结合普通机械制冷库贮藏保鲜枣果基本可以达到气调库的效果，不用增加太多的投资即能实现，且具备出库灵活的优点，有条件的农民朋友可以试用。

（1）**气调塑料大帐制做** 是通过在机械冷库内架设塑料大帐，将库内贮果垛罩入帐内，与外界空气隔绝，通过调节帐内气体组成比例而实现气调贮藏。塑料大帐结构包括帐底，支撑大帐的支架和塑料帐。大帐分别设充气口、抽气口和取气口。抽气口设在大帐的上侧，充气口设在大帐的下侧，取气口设在大帐的中、下侧，以便进行调气和检验帐内气体成分。大帐用 0.1～0.25 毫米的塑料膜压制而成。每一大帐贮果 1 000～2 500 千克，每立方米容积可贮果 500 千克左右。抽气、充气、取气口可以做成方形或圆形长袖形，袖长 40～50 厘米，能开能封，便于换气和测气。注意长袖及与大帐连接处要密封不能漏气。塑料大帐最好是长方体形，帐内果垛与帐面要留有一定的空间便于空气流通（图 8-1）。

图 8-1　塑料大帐示意图
1. 充气口　2. 取气口　3. 抽气口

（2）气调鲜枣贮藏　大帐做好贮果后，形成密闭系统，需对帐内气体进行调整，有 3 种方法：一是充氮法，先用抽气机将帐内空气部分抽出，而后充入氮气，反复数次，使帐内氧气达到适宜的浓度；二是配气法，先将帐内空气全部抽出，然后事先按氧气和氮气的适宜比例配制的混合气体充入帐内；三是自然降氧法，封闭后的大帐，依靠果品自身的呼吸作用，使帐内空气的氧气含量降低，二氧化碳量上升，并通过开启上下换气袖口进行换气，使帐内氧气与二氧化碳达到适宜比例。大帐气调贮藏需配备氧气、二氧化碳检测仪，经常检测帐内气体变化，适时调整帐内气体的合理比例。鲜枣气调是近几年的事情，还没有一套成熟经验可供借鉴，需在实践中逐渐积累经验。目前多数鲜枣贮藏工作者认为，帐内氧气含量应不低于 4%，二氧化碳气不高于 3% 余者充氮气比较适宜。

3. 硅窗气调贮藏　硅窗气调贮藏是利用硅橡胶薄膜，对氧气有一定的通气比例，氮气、氧气和二氧化碳的通气比例为 1：2：12，为果品贮藏提供了一个比较适宜的混合气体环境。可将硅窗镶嵌在塑料大帐上或将鲜枣装入硅窗袋内置机械制冷库内，做到气调与机械制冷贮藏保鲜有机结合取得良好效果，并免去机械制冷库内塑料大帐气体保鲜的验气、换气的复杂工作程序。20世纪80年代曾在金丝小枣的鲜果贮藏上试用过，效果不错，由于当时人们不崇尚鲜食枣，所以鲜枣贮藏没有推开，目前鲜枣深受广大消费者欢迎，鲜枣贮藏方兴未艾，可借鉴苹果使用硅窗贮藏的经验进行鲜枣贮藏，探索鲜枣贮藏的成功经验。

附：硅窗使用硅橡胶面积计算公式。

$$S/M = R_{CO_2}/0.04P_{CO_2}$$

式中：S——硅窗面积（厘米^2）；

M——贮藏果品重量（千克）；

R_{CO_2}——贮藏果实呼出的二氧化碳强度（升/千克）；

P_{CO_2}——硅橡胶膜渗透二氧化碳量〔升/（米^2·天·大气压）〕。

塑料大帐气调和硅窗气调贮藏保鲜枣果的入库处理、包装与机械冷库贮藏一样，可参阅前面有关内容。

4. 枣湿冷保鲜　湿冷保鲜新技术于1992年列为中英农业科技合作项目，1997年由国家科委批准列为国家"火炬计划"项目，是目前较为先进的果蔬保鲜技术。保鲜库由库房、制冷机、蓄冷式蒸发器、自动控制系统和臭氧发生器组成。采用湿冷保鲜可使枣保鲜4个月。湿冷保鲜是通过低温高湿气流来冷却，同时结合了臭氧的杀菌、抑菌作用来实现枣果长期贮藏，该技术既可以满足其对温度和相对湿度的要求，又可以利用臭氧的强氧化性杀死和抑制霉菌产生，氧化贮藏过程中产生的乙烯和乙醇，防止鲜枣霉烂和酒软，延长其贮藏寿命。

枣入库前用硫黄熏、高锰酸钾加福尔马林、杀菌烟雾剂对冷库及装枣的用具进行严格的全方位的灭菌、消毒，也可在入库前3～6天，将臭氧发生器开机24小时，轮番消毒，臭氧浓度大约保持在2～10毫升/升，入库前1～2天停机封库；包装袋、盛枣筐消毒杀菌与前同；选择成熟度适合无机械损伤的优质枣，尽量保留果柄（据实验不保留果柄的冬枣可保存 2～2.5 个月，保留果柄的冬枣可保存 3.5～4 个月）；为防止冷害发生，应先将枣预冷，然后库温逐渐降到枣冰点以上（一般枣的冰点 −5℃～−1℃，应根据贮藏枣的冰点确定）；入库后，采用臭氧杀菌设备杀菌消毒，臭氧浓度一般为 2～2.5 毫升/升，臭氧浓度过大对枣保鲜起副作用。操作具体情况根据库容量和臭氧机的大小而定。例如：200 吨的库容，用 10 克的臭氧机每 6 小时灭菌一次，每次 1 小时左右，每天 4 次可达到杀菌效果。入库后的前 3 天，将塑料袋敞开进行全部消毒，之后可将塑料袋口合拢；库内相对空气湿度保持在 90％以上；氧气浓度在 3％～5％，二氧化碳小于 2％，其含量可通过开关门放风来控制。原有冷库可改造后实现湿冷保鲜。

5. 减压保鲜 减压贮藏保鲜也称低压贮藏保鲜或真空贮藏保鲜，是用降低大气压力的方法来保鲜水果、蔬菜、花卉及畜禽肉类、水产等易腐败产品，是贮藏保鲜技术的新发展。

减压保鲜贮藏是将要贮物放在一个密闭冷却的容器内，用真空泵抽气，使压力降低，其压力根据品种特性及贮温而定。当所要求的低压达到后，新鲜空气不断通过压力调节器、加湿器，带着近似饱和的湿度进入贮藏室，贮物就不断得到新鲜、潮湿、低压、低氧的空气。一般每小时通风四次，就能除去物品的田间热、呼吸热和代谢所产生的乙烯、二氧化碳、乙醛、乙醇等不利因子，使贮物处于最佳休眠状态而保鲜。该方法较好地解决了贮物的失重、萎蔫等问题，而且减少了维生素、有机酸、叶绿素营养物质的消耗。贮藏期比一般冷库可延长 3 倍，产品保鲜指数提高，出库后货架期也明显增加。国家农产品保鲜工程技术研究中心研制成功的微型减压贮藏保鲜设施是农业部"九五"重点研究项目"果品减压贮藏技术研究"和天津市重大攻关项目"冬枣贮藏保鲜技术的研究"两个课题的科技研究成果。几年的实践应用证明，该设施与冷库配合使用，冬枣贮藏 100 天，保鲜脆果率可达 90%以上。新建贮藏保鲜库的企业可建减压贮藏保鲜库，投入与气调库相仿但贮藏效果优于气调库。原有冷库改造成减压贮藏保鲜库约需投入 3 万～5 万元。

6.1‐Mcp（甲基环丙烯）**保鲜剂应用**　1‐MCP 是 20 世纪 90 年代美国生物学家发现的一种新型乙烯抑制剂。于 2002 年 7 月通过美国环境署批准在苹果上保鲜使用，目前有包括我国在内的 70 多个国家批准使用，在果蔬、花卉保鲜中取得良好效果，被誉为全世界果蔬保鲜技术的一次革命。它的保鲜原理是与乙烯竞争受体，而抑制乙烯的作用，能不可逆地作用于乙烯受体，从而阻断与乙烯的正常结合，抑制其所诱导的与果实后熟相关的一系列生理生化反应，降低呼吸速率，保持品质，减轻生理病害，可延长水果、蔬菜货架期 50%～200%以上。具有无毒、低量、高效等优点，已在香蕉、芒果、南美番荔枝、木瓜、苹果、梨、柿子及多种蔬菜、花卉保鲜中应用。据胡晓艳、乔勇进等人研究，在贮藏沪产冬枣使用 1‐MCP 取得显著效果，以 1 000 纳升/升处理综合效果最好，实验贮藏 80 天，与对照比较烂果率降低 33.9%，转红果减少 30.2%，果实硬度高 1.11 千克/厘米^2，可溶性固形物高两个百分点，可滴定酸高 0.10，品尝冬枣的口感和风味均好于照。笔者在冬枣机械冷库贮藏中试用 1‐MCP，也取得良好的效果。据试验观察，用 1‐MCP 处理出现的烂果，90%以上是果实带菌或因伤口感菌产生的烂果，如能在采果前喷一次杀菌剂，再采用疏果剪带果柄采摘，尽量减少因机械损伤而感菌的机会，或采用臭氧、仲丁胺进行杀菌，枣果贮藏的时间会更长，保鲜的效果会更好。使用方法：鲜枣贮藏保鲜程序与机械冷库等贮藏方式一样，只是在封袋前每 10 千克（体积不大于 0.025 米^3）加入一片 1‐MCP，药片用一层餐巾纸包裹好，再蘸水润湿餐巾纸后放在枣果上然后封袋，如是透气袋需再将整个包装箱用塑料膜密封不能透气，当温度大于 13℃时需密封 12 小时后可解除密封，温度在 0～13℃时需密封 24 小时后可解除密封，再按原贮藏程序管理。如大量大体积处理可采用其他剂型，使用浓度一般为 1 毫克/千克。该项技术可结合上述介绍的贮藏方法结合进行，取得更好的保鲜效果。笔者建议应根据枣果的出库上市时间采摘不同成熟度的枣果分别包装分开贮藏，再结合使用 1 - MCP 提高保鲜效果，以解决目前鲜枣贮藏保鲜中果实品质下降，缺少原有风味的问题，杜绝掠青贮藏，促进鲜食枣产业的健康发展。鲜枣的品种不同，所用 1 - MCP 的浓度不尽相同，应在小量实验取得经验的基础上再推广应用，有机枣保鲜是否可用应征得主管部门的同意再确定是否可用。

编者提示：不同品种鲜枣贮藏，因其果皮厚度、内含物质多少不同，耐贮性不同，对贮藏环境条件要求各异，望读者参阅上述枣贮藏技术，不断探索、总结完善自己要贮藏鲜枣品种的贮藏保鲜技术，为生产服务。

第三节　枣果的采摘及晾晒制干

一、采收方法

1. 手摘法　枣果单株坐果不尽相同，成熟期不一致，以及特殊加工用的枣（如加工醉枣），应进行挑选，采取手摘的方式，由于费工成本高，一般干制红枣不采用。

2. 震落法　木杆或竹竿打枣采收，在我国历史上应用很久。在树下铺布单或塑料布，便于落果拾取，然后用木杆敲击大枝，或摇晃树干，将枣果震落。这种采收方式有很大缺点，如对枝干损伤严重，历年采收，木杆重击之处，击伤击落树皮，有的终生不能愈合，造成枝干伤痕累累，影响树体养分运输。每年打枣时还打落大量叶片和部分枣头及二次枝，影响摘果后叶片合成养分，不利于养分积累，衰弱树势。

3. 乙烯利催落法　为了克服木杆打枣的缺点，枣果用于制干时，可采用乙烯利催落法采收，此法较木杆打枣提高工效 10

倍左右，可大大减轻劳动强度。适时喷布乙烯利后，4～5天后摇动枝条，枣果即可落下，此法简单易行、节省劳力，不伤树体，能增进果实品质。

方法：在枣果正常采收前5～7天，全树喷布200～300毫克/千克的乙烯利，喷后2天开始生效，第四至第五天进入落果高峰，只要摇动枝干，即能催落全部成熟枣果。喷布浓度超过400毫克/千克的乙烯利有落叶现象，不宜采用。催落速度还与喷布时期有关，喷施时期越接近完熟期，催落效果越好。气温影响乙烯利释放乙烯的速度，因而对催落枣果的速度也有影响。据沧州林科所试验表明，进入脆熟期后，最高日温32～34℃时喷药，第三天即进入落果高峰，第五天果实基本落尽。最高日温30℃喷药，第四天才开始进入落果高峰，第七天才落尽。不同品种使用浓度有差异，应通过实验取得有效浓度，再大面积采用（有机枣采摘不能使用）。

二、枣果制干

枣制干是将完熟期的枣采后脱水，使枣含水量低于25％～28％达到入库标准，以保证干枣在存放、运输和销售中不发霉、不变质，保持枣果的优良品质。枣果制干方法有自然和人工制干两种。

1. 自然晾晒　是利用太阳光自然晾晒制干枣，此法无疑是一种节能减排、能较好保持枣果原有的优良品质、设备简单，简便易行的制干枣方法，不足之处是晾晒过程中枣果受到污染，不利于无公害枣的生产，遇到阴雨天易造成大量烂果，效益降低。方法：选择宽敞无遮阴的场院作晒场，场上用砖、秫秸作铺架，砖垛间隔30厘米，高20厘米左右，上面铺竹箔或苇席，在竹箔苇席上摊枣6～10厘米，每平方米放枣30～50千克。暴晒3～5天，在暴晒过程中，每隔1小时左右翻动1次，每日翻动8～10次，日落时将枣堆集于箔中间成垄状，用席封盖好，防止夜间受露返潮，第二天日出后揭去席，待箔面露水干后，再将枣摊开晾晒，空出中间堆枣的潮湿箔面，晒干后再将枣均匀摊在整个箔面上暴晒。暴晒3～5天后，改为每天早晨将枣摊开晾晒，上午11点左右将枣堆集起来，下午2点以后再将枣摊开晾晒，傍晚时将枣收拢、封盖。这样经过10天左右晾晒后（可根据枣的干湿状况可间断地稍加摊晒和翻动），果实含水量降至28％以下，果皮纹理细浅，用手握枣时有弹性，即可将枣合箔堆积，用席封盖好，每天揭开席通风3～4小时即可，10天后可包装外运销售。

枣晾晒时间与枣的成熟度和天气有关，应经常检测枣的含水量，含水量高，枣不耐贮藏，含水量低影响口感和外观，在市场上影响销售。枣采收后如遇阴雨天气，可试行将枣果在开水中速烫30秒钟再在闲屋里分层摊放，天晴后移出屋外继续晾晒，可减轻烂果。笔者试验，开水烫过的枣晾晒基本无烂果，没烫过的枣烂果率达24％以上。另外，也可将枣暂存冷库，库温控制在0℃左右，晴天后再取出晾晒，可大大减少烂果。

2. 人工制干　也称烘干法。烘干法干制红枣不受天气影响，制干时间短，制干率高，营养成分损失少，成品保存维生素C较多，枣果洁净无杂质，商品率高。在阴雨天还可有效减少烂果损失。在秋雨多的地区应该以人工制干为主，大的枣加工企业都应采用人工制干生产无公害干枣。人工制干的烘房常用的有火道式和蒸气式两大类。烘房大小根据需要建造。火道式烘房用燃料（煤）通过火道加温烘烤；蒸汽式烘房是锅炉蒸气通过管道、散热器散热加温烘烤。烘烤程序如下：

（1）清洗、分级、装盘　枣果清洗后按大小、成熟程度分级装盘，厚度以重叠两个枣为宜。枣果清洗水要随时更换，保证水质清洁。

（2）烘烤　前6小时为缓慢升温阶段，由常温升到55℃；6～8小时后为快速升温阶段，温度控制在65℃，此时注意排湿，及时翻动防止闷枣，持续到20小时；自20～22小时，烘房温度升到 68～70℃ 为高温阶段，加速果肉内水分的排出；22～24 小时压火控温，待温度缓慢降至 40℃ 左右时即可出烘房。此时烘出的枣含水量仍在 30% 左右，可在日出后晾晒 3～4 天，当枣含水量降至 28% 以下时即可包装外运或贮藏。这样做较一次烘干的枣色泽好。生产绿色食品应适当延长烘烤时间，当枣含水量小枣降至 28%、大枣降至 25% 时出烘房，通风散热待枣凉透后进行无菌包装。枣的品种不同，成熟度不同，各阶段的烘烤温度和时间都有差异，应在实践中掌握宜的温度和时间，上述提供的温度和时间仅供参考，参见表 8‑3。

表 8‑3　干枣等级质量标准

项 目	特 级	一 级	二 级
基本要求	果实饱满，具有本品种应有的特征，个头均匀，肉质肥厚有弹性；身干，握不黏手，无霉烂、浆果，含水量不超过 28%，杂质不超过 0.5%		
个头	不超过 300 粒/千克	不超过 370 粒/千克	不超过 400 粒/千克
色泽	具有本品应有色泽	具有本品应有色泽	允许不超过 5% 的果实色泽稍浅
损伤和缺点	无干条、浆头、病虫果、破头、油头三项不超过 3%	无干条、浆头，病虫果、破头、油头三项不超过 5%	干条、浆头、病虫果、破头、油头五项不超过 10%（病虫果不超过 5%）

分级方法：可人工分级，也可用选果机分级。

三、干枣贮藏

干制红枣只要枣果本身无蛀虫，或经烘烤干制的枣装入塑料袋中密封，放于经过灭菌的仓库内，保持干燥环境，可贮藏一年以上。在贮藏中要注意防鼠和虫害。少量贮藏可放入干燥洁净的缸内。装入塑料袋内密封，放入冰箱冷藏室贮藏更好。石家庄果品批发部用塑料大帐贮藏干枣效果很好。方法：制作塑料大帐（参照鲜枣贮藏相关部分）内充氮气，氧气含量控制在 4％左右，帐内空气湿度 90％左右，夏季试验，贮藏 142 天红枣完好。笔者建议采用此法贮藏干枣帐内空气湿度 60％左右效果更好。

（周正群、侯富华、周 彦）

第九章

枣园病虫防治谋略及科学使用农药

第一节 无公害枣、绿色食品枣、有机食品枣的病虫防治策略

无公害枣、绿色食品枣、有机食品枣是符合国家标准的安全食品。食品有害物质来源于原料的生产及加工、产品的包装、贮存、运输等多个环节。原料的有害物质来自环境、土壤、水、农药、化肥的使用及采后贮运等多种因素，农药污染无疑是果品污染的主要途径。维持果园的生态平衡，是生产无公害枣、绿色食品枣、有机食品枣在病虫防治上应遵循的策略。有效途径是不使用或少量使用农药，达到既能控制主要病虫为害，又不造成经济损失，且不对环境造成污染、益于人类健康又符合节能减排经济发展战略。

果园是一个生态系统，系统内的各种生物是处在一个此消彼长的动态变化的平衡之中，果园管理者的作用是在尽量减少果园经济损失的条件下，来维持物种间的平衡。我国昆虫学家徐弘复先生研究，一只雌性棉蚜的繁殖能力（孤雌生殖），在一切利于棉蚜生殖的条件下，其后代均能成活并不断生殖，150 天后棉蚜总量会达到 6.72×10^{20}，这是一个巨大的天文数字，正是由于天敌的存在及各种不利于其生殖因素的存在才控制了棉蚜的无限制生殖。美国从 1945 年至今，杀虫剂用量增加了 10 倍，害虫为害的损失不仅没有减少反而增加了 36%。我国用农药防治病虫也

是如此。据统计，1949 年我国农药产量为 0.2 万吨，到 1996 年达到 38 万吨，增加了 190 倍，而病虫发生面积，20 世纪 80 年代是 50 年代的 2.8 倍，这些无情的事实应该引起人们的反思。由此可见，生产无公害枣、绿色食品枣、有机食品枣的病虫防治，首要的是维持枣园生态平衡，应从作物、病虫、草等整个生态系统出发，综合运用各种防治措施，创造不利于病虫草害孳生和有利于各类天敌繁衍的环境条件，保持农业生态系统的平衡和生物多样化，减少各类病虫草害所造成的损失。病虫防治优先采用农业措施，通过选用抗病抗虫品种，培育壮苗，加强栽培管理，中耕除草，秋季深翻晒土，清洁田园，间作等一系列措施提高枣树本身的抗性，尽量利用灯光、色彩诱杀害虫，机械捕捉害虫，机械和人工除草等物理措施，减少农药使用，保护天敌，维持果园生态平衡，达到防治病虫草害的目的。为此要从以下几方面入手：

1. 首先搞好检疫　严禁从疫区引种枣树苗木、接穗，防止有害生物侵入枣园。

2. 提高枣树本身的抗逆性　应从育种和选种入手，培养品质好抗病虫的枣新品种。引起枣树发病的多数病原菌都属于弱寄生菌，树势越弱越容易感染病害，应通过科学的肥水管理、修剪、合理负载、保持健壮树势，提高自身的抗病虫能力。

3. 保持枣园生物的多样性　果园是一个生态系统，生态系统内的生物链越长，生态系统越稳定，生物的多样性是实现果园生态平衡的基础条件。人为地造成某物种的消失就会影响其他物种的存在，打破生态平衡。为此，我们在防治病虫害时要有经济阈值的观念。即某种害虫其数量在不喷药防治的条件下，其为害所造成的经济损失与喷药防治所需用的成本相当就可以不喷药防治，依靠天敌来控制此害虫的蔓延并以此来饲养、繁衍和保护天敌。只有当某种害虫其数量所造成的经济损失，远远超过不喷药所造成的经济损失时应采取喷药防治。为此，果园管理者要通过调查分析，正确把握果园病虫发生趋势、天气趋势和主要害虫与次要害虫的分布状况，作为用药的依据（主要害虫是指不采用农药防治会给果园造成经济损失的害虫，次要害虫是在经济阈值范围内的害虫）。尽量减少农药使用，以保证果园的生物多样性。中国农业科学院在云南、贵州进行的生物防治实验研究，就是通过农作物的间作、套种、轮作等形式，充分利用生物多样性及其相互抑制来实现的。枣粮间作的种植模式是古人智慧的结晶，经历了历代的自然灾害而流传至今，有其科学性，它较好地解决了大气、光与植物、植物之间、植物与土壤和间作地内生物之间的关系，实现了生物多样性，对生产无公害枣、绿色食品枣、有机食品枣也不失为良好的种植模式。

4. 保护和利用天敌　生物的多样性是实现生态平衡的基础，天敌（有益生物）是维持生态平衡的重要因素，为此，要千方百计地保护和利用，这不仅能降低生产成本，生产无公害枣、绿色食品枣、有机食品枣获得更高的经济效益，而且有利于病虫防治。

（1）引进和饲养天敌　有条件的果园可以引进和饲养天敌，释放于枣园，达到控制害虫的目的，目前在生产上已应用的有赤眼蜂、澳洲瓢虫。河北、山东的科研单位还在做这方面的工作，饲养和放飞天敌的种类和数量将会越来越多。

（2）保护和利用天敌　要多采用有利于天敌存在而不利于害虫存在的防治措施。因此，首先要选择对天敌无害的农艺措施。比如春天枣树发芽前，在树干的中下部缠塑料膜裙或黏虫胶带，阻止在根际周围越冬的山楂红蜘蛛和枣步曲等越冬害虫上树产卵繁殖，是行之有效的防治方法，且对天敌无害。要改进过去推广的不利于保护天敌的除虫方法，如8月份树干缠草圈，冬天刮树皮等，应该肯定这些都是有效防治病虫的方法。但是，过去推广的技术是在入冬前解下草圈、刮下树皮运出果园烧毁，这无疑把藏在草圈、树皮内的天敌昆虫也一同烧毁。现在的方法是在春季

155

适当晚解草圈和刮树皮，然后把解下的草圈和刮下的树皮，堆放在温暖的地方，给予一定湿度，上面覆盖湿草，再用细丝网罩起来，等天敌出蛰放飞于枣园后，将剩下的害虫烧毁，这样既保护了天敌，也消灭了害虫及菌类。选用对天敌无害的性诱剂防治害虫，并可用来预报害虫发生期，指导适时喷药，提高防治效果。目前已有桃小、黏虫性诱剂用于生产。也可选用物理方法防治害虫，如选用对天敌伤害轻微的高压杀虫灯等。

5. 使用对人、畜无毒，对天敌无害的农药 在必须使用农药防治病虫时，首先要选用对人、畜无毒，对天敌无害或影响轻微的植物源农药如烟碱、若参碱等，矿物性农药如波尔多液、石硫合剂等，生物农药如苏云金杆菌制剂、浏阳霉素、白僵菌等，抗生素类农药如阿维菌素（有机食品枣、绿色食品枣不能使用），昆虫抑制剂如氟苯脲、灭幼脲系列等，必要时也可选用我国无公害食品管理中心允许限量使用的高效低毒的农药如乐果、菊酯类农药等（生产有机食品枣不能使用，生产 A 级绿色食品枣部分不能使用，以下同），并尽量改进用药方法，以减少对天敌的伤害。如防治桃小食心虫，可在 5 月的中、下旬桃小食心虫出土前在地面撒药防治。树上喷药可选用挑治的方法，如防治已上树的山楂红蜘蛛，前期为害的主要部位是树冠内的中下部或部分植株，因此，喷药重点是树冠内膛的中下部和园内有山楂红蜘蛛的单株，对无山楂红蜘蛛的树可以不喷，这样可以减少对天敌的伤害又节约了用药成本，实践了低碳经济。总之，只有保护和利用好天敌，维持枣园的生态平衡，才能减少有毒农药的使用，控制病虫为害，生产出符合国家标准的无公害、绿色食品、有机食品枣。

第二节　科学使用农药　提高防治效果

1. 科学使用农药 科学使用农药是提高农药防治病虫效果

的关键。农药品种很多，剂型、功能、用途不同，有的农药只具备一种功能，如杀虫剂，只能用来防治害虫而不能防治病害。近年来为方便使用和提高防治效果，复配农药品种增多，如有机磷与菊酯类农药复配，扩大了杀虫范围，提高了防治效果，延迟了害虫抗药性的产生。只有了解农药的性能、特点，才能做到农药使用正确、适时、适量。

为有效地控制病虫为害，除了保护天敌，实行生物防治病虫外，必要时采取农药防治病虫仍是目前生产无公害枣、绿色食品枣、有机食品枣可行的应急措施。因此，根据农药的特性和病虫为害特点选择相应允许使用的药剂非常重要。如防治红蜘蛛、绿盲蝽等刺吸式口器的害虫，就必须选用有内吸和触杀作用的药剂才能奏效，用有胃毒作用的农药效果不好。相反，防治桃小食心虫、棉铃虫、刺蛾等咀嚼式口器的害虫，就要选用有胃毒作用的药剂来除治。再如，有的农药只杀成虫、若虫，不杀卵，因此，当某种害虫成虫和卵同时存在时，就要选择既杀成虫又杀卵的药剂，才能收到良好防治效果。再如有的农药对温度敏感，如双甲脒防治红蜘蛛，在20℃以上效果好，但超过32℃易产生药害，使用双甲脒时应避免早春使用，夏天使用时应在傍晚时喷药。

2. 适时用药　适时用药是提高防治病虫害的关键。要实行"防重于治，要治早、治小、治了"的病虫防治方针。如防治病害要在病菌侵染初期用药，后期可根据天气情况适时喷药保持其防治效果，如发现症状再防治，只能控制不蔓延，已丧失根治的用药期。防治虫害如棉铃虫，抓其幼虫1～2龄用药效果最好，到5龄再防治不仅增加用药量，提高了防治成本，加重了环境污染，而且增加了防治难度。此外，还要根据药性决定施药时间。如采用灭幼脲3号防治1～2龄棉铃虫，因其药效慢，必须提前3～4天使用。适时用药还含有选择喷药时间的问题，如防治绿盲椿象，最好在傍晚喷药，因为绿盲椿象喜欢傍晚、夜间活动，白天在黑暗处匿藏，傍晚喷药可直接喷到害虫身上，再是夜间蒸

157

发量少，药液保湿时间长，害虫出来活动，黏上药液即可死亡，从而提高了防治效果。

3. 交替使用农药　交替使用农药，延缓病虫耐药力的产生是提高病虫防治效果的重要原则。如已禁用的一六〇五防治红蜘蛛，在 20 世纪 60 年代用 2 000 倍防治效果很好，到 80 年代用 800 倍防治基本无效。果农也有同样感觉，多菌灵也不如刚开始引进使用的效果好，其原因是多年连续使用造成害虫、病原菌耐药性提高的结果。为减少病虫耐药性的产生，每种农药不能连续使用，化学合成类农药最好每年只用一次，不能超过两次。要与其他类型农药交替使用，同类型的农药交替使用无效。如多菌灵不能与甲基托布津交替使用，因二者属于同类型药物，与波尔多液、代森锰锌交替使用，可以减少其耐药性的产生。

4. 合理复配农药　正确地混合使用农药是提高病虫防治效果又一技术。杀菌剂与杀虫剂混合使用既能杀菌又能灭虫，减少喷药次数和用药成本，治虫防病效果不减。杀成虫效果好与杀卵效果好的农药混合使用，可以起到药效互补的作用。如红蜘蛛发生期一般是成螨、若螨、卵同时存在，单用阿维菌素防治就不如和四螨嗪一起混用的效果好，因为阿维菌素防治成螨和若螨效果好，但不杀卵；而四螨嗪杀卵和若螨的效果好，二者混用药效互补，提高了防治效果。

5. 掌握病虫特点和发生规律正确使用农药　目前，农药大部分是触杀和有渗透作用，内吸农药较少，只有将农药喷到病斑或虫体上防治效果才好，因此要了解病虫为害部位，如防治山楂红蜘蛛，该虫主要是为害叶背面，因此喷药重点是叶背面。再如防治会飞的害虫，采用挤压式喷药，对一株树要从树冠的最上面依次向下喷药，直至地面连铺的作物一起周密喷洒；对一片果园最好从园边缘同时向园内喷，防止害虫的逃逸，保证防治效果。目前生产上也存在用药的误区。有的农民朋友认为农药混合得越多越好，将 5～6 种农药混在一起使用，增加了用药成本，加重了环境污染，防治效果并不好。如把辛硫磷与马拉硫磷一起混用其意义不大，因为同属有机磷农药且作用相同，如马拉硫磷与乙酰甲胺磷混用，虽然同是有机磷农药，但一个是胃毒型，一个是内吸型，二者混用能起到药效叠加的作用，扩大了防治范围。还有的果农认为，用药浓度越浓疗效越高，其实不然，农药浓度高引起人、畜中毒，造成植物药害事例屡见不鲜。在该种农药的要求浓度范围内，只要喷药适时均匀周到，完全能达到防治要求。过高的浓度只能加快病虫耐药性的产生和农药更替速度，增加了病虫防治难度。总之，人们在实践中应不断总结经验，科学地使用农药，采用综合防治技术，既要控制病虫为害，又不给环境和果品造成污染，生产出符合国家标准的枣果。

6. 农药的剂型与特点

农药的种类很多，防治对象和作用特点不同，要正确科学地使用农药，了解农药的剂型与特点很有必要。

（1）按农药的原料分类

无机农药：如石硫合剂、波尔多液、硫酸亚铁等，是由无机矿物质制成的农药，一般不易产生抗性，生产有机食品允许限量使用（生产绿色食品、无公害食品同样可以用，以下同）。

有机农药：如敌百虫、辛硫磷、百菌清、多菌灵等高效低毒农药，是由人工合成的有机农药。发挥药效快，连续使用易产生抗性。（生产有机食品不允许使用，生产 A 级绿色食品、无公害食品允许部分限量使用，以下同）。

生物性农药：如苦参碱、烟碱、苏云金杆菌、浏阳霉素农用链霉素等，由植物、抗菌素、微生物等生物制成的农药，对人畜、天敌毒性低，生产有机食品部分允许限量使用，是生产 A 级绿色食品、无公害食品首选农药。

（2）按农药的防治对象分类

杀虫剂：如敌百虫、辛硫磷、乐果、甲氰菊酯、苦参碱等。

杀螨剂：如双甲脒、四螨嗪、氟螨脲等。

杀线虫剂：如棉隆、淡紫拟青霉菌等。

杀菌剂：如波尔多液、甲基硫菌灵、代森锰锌等。

除草剂：如丁草胺、草甘膦、百草枯等。

植物生长调节剂：如赤霉素、乙烯利等。

（3）按杀菌作用分类

保护剂：如波尔多液、代森锰锌等，以保护为主，应在枣树发病前应用效果好。

治疗剂：如百菌清、多菌灵等能杀死病原菌，防止继续蔓延。由于其性质不同又分为表面治疗剂和内部治疗剂。表面治疗剂如粉锈宁防治枣锈病，能杀死植物表面的病原菌；内部治疗剂如多菌灵有内吸作用，药物进入植物组织内，可杀死或抑制病原菌。有的农药如农用链霉素只对细菌病原菌有效，对真菌病原菌无效，因此，防治真菌病害必须选用杀真菌的药剂。

（4）按杀虫作用分类

触杀剂：经害虫的体表渗入体内发挥杀虫作用，一般对咀嚼式口器和刺吸式口器害虫均有效。

胃毒剂：经过害虫的口器进入体内，肠胃吸收后中毒死亡。对咀嚼式口器害虫防治效果好。

内吸剂：植物吸收后在体内传导、存留或产生代谢物，使取食植物汁液或组织的害虫中毒死亡，对刺吸式口器害虫防治效果好。

熏蒸剂：以气体状态通过呼吸道进入虫体发挥药效杀死害虫，如乙酰甲胺磷、敌敌畏等均有一定的熏蒸作用。

（5）按除草作用分类　有触杀、内吸、选择、灭生性除草剂，不同的作用类型，杀灭不同生长特点的害草。

（6）按剂型分类　有乳油、水剂、可湿性粉剂、颗粒剂、胶囊、悬浮剂等。作用于不同的杀虫目的，应选用适宜的剂型。如防治桃小食心虫，在5月中、下旬桃小食心虫出土前，此时可用辛硫磷胶囊或颗粒剂喷撒地面来防治，在8月中旬就需要选用乳、水剂及可湿性粉剂用于树上喷药辛防治。

（7）按酸、碱属性分类 属于酸性的农药可以与酸性、中性农药混用，而不能与碱性农药混用，否则会降低药效或产生严重药害。如波尔多液属碱性农药，不能与大部分农药混用。在配制药液时也应该注意水的酸、碱性，碱性水不宜配制酸性农药，如采用偏碱性水配制药液，加上适量的醋可以提高药效。另外，有的药剂虽然同属碱性农药，不仅不能混合使用，还必须有一定的间隔时间才能相互使用保证安全。如波尔多液与石硫合剂同属碱性农药，但不能混用，而且二者使用间隔期必须在20天才行。因此，在使用农药前一定要看清农药使用说明，弄清农药的特性再正确配制和使用，否则会给生产带来严重的损失。

7. 喷施农药与根外追肥结合进行效果好 为减轻劳动强度，在喷施农药时除有特殊说明外，一般农药都可以结合根外追肥一起进行，不影响药效，还有增强防治病虫效果。因为根外追肥有利于强化树势，提高了树体本身的抗性，与农药一起使用有协同作用。一般枣树开花坐果以前主要喷施氮肥和微肥，坐果以后主要喷施磷钾肥和微肥。

8. 咀嚼式口器与刺吸式口器 世界上已知的昆虫已达100多万种，为便于了解和研究昆虫就要根据昆虫各自的特征进行分类。根据昆虫的口器分类，有助于选择农药防治害虫。按照昆虫的口器分类可分为咀嚼式口器、刺吸式口器、虹吸式口器、舐吸式口器。枣园的害虫多为咀嚼式和刺吸式口器。

咀嚼式口器昆虫取食固体食物，送入消化道。植物被害后，造成组织或器官残缺不全，呈现缺刻、孔洞、隧道等为害症状，具有此类口器的害虫很多如直翅目、鞘翅目及鳞翅目的幼虫等，具有胃毒、触杀作用的农药防治咀嚼式口器的害虫效果较好。

刺吸式口器昆虫能刺入寄主组织内吸取汁液，使被害部位褪色、变黄、卷叶或形成虫瘿、肿瘤、枝叶萎蔫死亡，具有刺吸式口器的害虫有半翅目及螨类、瘿螨类，具有内吸、触杀、熏蒸作用的农药防治刺吸式口器害虫效果较好。

9. 真菌病害与细菌病害　由真菌引起的病害称为真菌病害。真菌是具有真正细胞核、无叶绿素，一般能进行有性和无性繁殖产生孢子，营养体丝状有分支结构，具有细胞壁，吸收其他生物的营养物质维持生活，属异养生物。在植物病害中有 80％以上的病害是属于真菌病害。多数杀菌剂是防治真菌的，如多菌灵、百菌清等。

由细菌引起的病害称为细菌病害，细菌是单细胞、有细胞壁，无真正的细胞核。细菌的开头有球菌、杆菌和螺旋菌。细菌以裂殖方式进行繁殖，由 1 个细胞分裂 2 个细胞，2 个细胞分裂 4 个细胞，繁殖速度很快。防治细菌病害的杀菌剂不多，主要有农用链霉素、氢氧化铜等含铜制剂对细菌有效。

另外还有比细菌更小的病毒、类病毒、类菌质体等病原物，只能通过电子显微镜才能看到，目前尚无特效药剂防治，只有通过检疫、严禁到疫区调运苗木、采接穗，发现病株及时刨除烧毁，防止通过修剪、嫁接及刺吸式口器害虫等传播渠道来控制蔓延，如枣树上的枣疯病。

第三节　果园常见的害虫天敌

枣园常见的害虫天敌是一个生物类群，主要有：

一、捕食性昆虫类

1. 草蛉科　以捕食蚜虫为主，也捕食害螨、枣叶壁虱、叶蝉、介壳虫类及鳞翅目害虫的卵与幼虫，是枣园常见的天敌。主要有大草蛉、中华草蛉、丽草蛉、晋草蛉、多斑草蛉等。

2. 瓢虫科 除植食性瓢虫业科的瓢虫外，大部分瓢虫为肉食性的益虫，捕食蚜虫类、害螨类、介壳虫类的各种虫态。主要有深点食螨瓢虫、七星瓢虫、黑缘红瓢虫、红点唇瓢虫、红环瓢虫、大红瓢虫、中华显盾瓢虫，是果园常见重要天敌。

3. 螳螂科 俗称刀螂，可捕食蚜虫、蛾蝶类、金龟子类、椿象类、叶蝉等多种害虫。对枣树害虫枣步曲、刺蛾类、棉铃虫、桃小食心虫、金龟子类等害虫均有较强的捕杀作用。我国螳螂有 50 多种，常见的有广腹螳螂、中华大刀螳。

4. 蜻蜓类 是最常见的一类益虫，全世界有 5 000 余种，全部为捕食性益虫，对枣树鳞翅目害虫如枣步曲、桃小食心虫、枣黏虫、枣花心虫等均可捕食，应教育儿童予以保护。

5. 食虫虻类 多数种类为益虫，捕食金龟子、椿象类及鳞翅目害虫的成虫。主要有中华食虫虻、大食虫虻。

二、蜘蛛类

是常见物种，全世界已知有 35 000 多种，我国有 3 000 多种，已定名 1 500 多种，为捕食性有益生物，其 80% 分布于农田与林木中，20% 分布于人类居住的房舍。适应性广，寿命长，从数月至数年不等，结网性蜘蛛可捕杀鳞翅目、直翅目、半翅目、同翅目、双翅目、鞘翅目、膜翅目等害虫的飞行虫，非结网性爬行类蜘蛛，可捕食上述害虫的卵、若虫或幼虫、地下害虫，应注意保护利用。

三、野生鸟、兽类和两栖动物类

我国已知有 600 多种鸟类以各种昆虫为食料。捕食叶蝉类、天牛类、金龟子类、介壳虫类、象甲类等硬壳及鳞翅目害虫的成虫与幼虫。常见的有喜鹊、麻雀、雨燕、啄木鸟等。食虫兽类以蝙蝠为主，另外还有黄鼠狼，及两栖类食虫动物如青蛙、蟾蜍等，应教育广大群众爱护鸟类、青蛙、黄鼠狼等不捕、不吃。保护野生动物也是保护人类自己的生态家园。

四、寄生性天敌昆虫

有寄生蜂和寄生蝇，它们主要寄生于害虫幼虫、卵、蛹期，是鳞翅目、鞘翅目、膜翅目、双翅目、同翅目等害虫的天敌。其杀虫机制多以雌成虫产卵于寄主体内或体外，卵孵化为幼虫，吸食寄主体内的体液作食物，直至吸干害虫体液使害虫死亡。常见的有：

1. 姬蜂科 枣尺蠖肿跗姬蜂主要寄生于枣尺蠖的卵和蛹。

刺蛾紫姬蜂主要寄生于刺蛾类幼虫。

齿腿姬蜂寄生于桃小幼虫。

紫瘦姬蜂寄生于桃天蛾幼虫和蛹。

2. 赤眼蜂科 松毛虫赤眼蜂寄生枣尺蠖、桃小食心虫、刺蛾类、松毛虫的卵，是目前生产上应用较多的天敌昆虫。

叶蝉赤眼蜂寄生于大青叶蝉的卵。

舟蛾赤眼蜂寄生于黄刺蛾、棉铃虫、桃天蛾等的卵。

3. 茧蜂科 桃小甲腹茧蜂专一寄生于桃小食心虫的幼虫。

网皱草腹茧蜂寄生于桃小食心虫和苹小食心虫的幼虫。

天牛茧蜂寄生于天牛幼虫和卵。

4. 金小蜂科 长盾金小蜂寄生于龟甲蜡介壳虫中。

5. 青蜂科 上海青蜂寄生于刺蛾类幼虫。

6. 旋小蜂科 麻皮蝽平腹小蜂寄生于麻皮蝽象的卵。

7. 黑卵蜂科 椿象黑卵蜂寄生于茶翅椿象、黄斑椿象、斑须椿象的卵。

8. 土蜂科 金毛长腹土蜂、白毛长腹土蜂、斑土蜂均寄生于金龟子类或象甲类害虫的幼虫。

9. 寄蝇科 本科昆虫与普通苍蝇相似，有些个体体型稍大，体毛较硬，主要有枣尺蠖寄蝇、家蚕追寄蝇，可寄生于枣尺蠖幼虫。

伞裙追寄蝇寄生于棉铃虫、大袋蛾幼虫及小地老虎。

五、对害虫致病致死的微生物类及代谢产物

许多真菌、细菌、病毒及类立克次体、单细胞原生动物类，可导致害虫染病；有些微生物的代谢产物，如抗生素类，也可杀死害虫及病害的病源微生物。

第四节　在果树上严格禁止使用的农药

一、有机磷类农药有

对硫磷（一六零五、乙基一六零五、一扫光）、甲基对硫磷（甲基一六零五）、久效磷（纽瓦克、纽化磷）、甲胺磷（多灭磷、克螨隆）、氧化乐果、甲基异柳磷、甲拌磷（三九一一）、乙拌磷、杀螟硫磷（杀螟松、杀螟磷、速灭虫）。

二、氨基甲酸酯类

灭多威（灭索威、灭多虫、万灵）、呋喃丹（克百威、虫螨威、卡巴呋喃）等。

三、有机氯类

六六六、滴滴涕、三氯杀螨醇（开乐散、其中含滴滴涕）。

四、有机砷类

福美砷（阿苏妙）及无机砷制剂如砷酸铅等。

五、二甲基甲脒类

杀虫脒（杀螨脒、克死螨、二甲基单甲脒）。

六、氟制剂类

氟乙酰胺、氟化钙等。

七、生产 A 级绿色食品禁止使用的农药

参见表 9-1。

表 9-1　A 级绿色食品生产中禁止使用农药种类

种 类	农药名称	禁用作物	禁用原因
有机氯杀虫剂	滴滴涕、六六六、林丹、甲氧、高残毒 DDT、硫丹	所有作物	高残毒
有机氯杀螨剂	三氯杀螨醇	蔬菜、果树、茶叶	工业品中含有一定数量的滴滴涕
氨基甲酸酯杀虫剂	涕灭威、克百威、灭多威、丁硫克百威、丙硫克百威	所有作物	高毒、剧毒或代谢物高毒
二甲基甲脒类杀虫螨剂	杀虫脒	所有作物	慢性毒性致癌
拟除虫菊酯类杀虫剂	所有拟除虫菊酯类杀虫剂	水稻及其他水生作物	对水生生物毒性大
卤代烷类熏蒸杀虫剂	二溴乙烷、环氧乙烷、二溴氯丙烷、溴甲烷	所有作物	致癌、致畸、高毒
阿维菌素	阿维菌素	蔬菜、果树	高毒
克螨特	克螨特	蔬菜、果树	慢性毒性
有机砷杀菌剂	甲基胂酸锌（稻脚青）、甲基胂酸钙胂（稻宁）、甲基胂酸铵（田安）、福美甲胂、福美胂	所有作物	高残毒
有机锡杀菌剂	三苯基醋锡（薯瘟锡）、三苯基氯化锡、三苯基羟基羟基锡（毒菌锡）	所有作物	高残留、慢性毒性
有机汞杀菌剂	氯化乙基汞（西力生）、醋酸苯汞（赛力散）	所有作物	剧毒、高残毒

（续）

种　类	农药名称	禁用作物	禁用原因
有机磷杀菌剂	稻瘟净、异稻瘟净	水稻	异臭
取代苯类杀菌剂	五氯硝基苯、稻瘟醇（五氯苯甲醇）	所有作物	致癌、高残留
2，4-D类化合物	除草剂或植物生长调节剂	所有作物	杂质致癌
二苯醚类除草剂	除草醚、草枯醚	所有作物	
植物生长调节剂	有机合成的植物生长调节剂	蔬菜生长期	
除草剂	各类除草剂	蔬菜生长期	
有机磷杀虫剂	甲拌磷、乙拌磷、久效磷、对硫磷、甲基对硫磷、甲胺磷、甲基异柳磷、治暝磷、氧化乐果、磷胺、地虫硫磷、灭克磷（益收宝）、水胺硫磷、氯唑磷、硫线磷、杀扑磷、特丁硫磷、克线丹、苯线磷、甲基硫环磷	所有作物	剧毒高毒

八、生产 AA 级绿色食品禁止使用的农药

生产 AA 级绿色食品禁止使用有机合成的化学杀虫剂、杀螨剂、杀菌剂、杀线虫剂、除草剂和植物生长调节剂，及生物源、矿物源农药中混配有机合成农药的各种制剂。严禁使用基因工程品种（产品）及制剂。

第五节 生产无公害枣、绿色食品枣、有机食品枣允许使用的农药

一、生产有机食品枣允许使用的农药

在生产有机食品，允许使用以下农药及方法：中等毒性以下植物源杀虫剂、杀菌剂、拒避剂和增效剂，如除虫菊素、鱼藤根、烟草水、大蒜素、苦楝、川楝、印楝、芝麻素等。可以释放寄生性捕食性天敌动物，如昆虫、捕食螨、蜘蛛及昆虫病原线虫等。在害虫捕捉器中可使用昆虫信息素及植物源引诱剂，可以使用矿物油、植物油制剂、矿物源农药中的硫制剂、铜制剂。经专门机构核准，允许有限度地使用活体微生物农药，如真菌制剂、细菌制剂、病毒制剂、放线菌、抗菌剂、昆虫病原线虫、原虫等、农用抗生素，如春雷霉素、多抗霉素（多氧霉素）、井岗霉素、农抗120、中生菌素、浏阳霉素等。

二、A级绿色食品枣允许限制使用的农药

A级绿色食品枣允许限制使用的杀虫剂、杀菌剂、除草剂、植物生长调节剂在本书推荐的生产无公害果品允许使用的常用农药中只有阿维菌素、克螨特不能在生产A级绿色食品中使用。

三、生产无公害果品允许使用的农药

根据国家标准规定生产无公害果品允许使用的农药除上述严禁使用的高毒、高残留、高污染、有致癌致突变的农药外，允使用低毒、低残留、低污染、无致癌致突变，属于高效低毒，对人畜安全，对天敌低毒的合成农药，摘果前20天停止使用，限制使用部分属于中等毒性的合成农药如马拉硫磷等每个生长季允许

使用一次，摘果前 30 天停止使用。

四、农药的选择

严格按国家标准选择使用农药，决不允许违规使用，否则将受到法律的严惩。允许使用生产有机枣的农药是生产绿色食品枣、无公害枣的首选用药，允许生产 A 级绿色食品枣使用的农药是生产无公害枣的首选用药，但不能倒置。

第六节　生产无公害果品允许
使用的常用农药

编者提示：根据国家标准规定在本书推荐的生产无公害枣允许使用的常用农药中，只有阿维菌素、克螨特不能在生产 A 级绿色食品中使用，请读者在选择农药时注意。

一、杀虫剂

（一）苦参碱（绿宝清、苦参素、维绿特、绿宇）

1. 作用特性　苦参碱是由中草药苦参的全草采用现代技术提取的多种生物碱混合组成的农药。主要作用是害虫触药后麻痹神经中枢，使虫体蛋白质凝固堵死虫体气孔窒息而死。该药具有触杀和胃毒作用，杀虫范围广，杀虫兼杀螨类，是生产有机食品的首选杀虫剂，对人、畜安全。剂型有 0.2%、0.3% 苦参碱水剂，1% 苦参碱溶液，1.1% 苦参碱粉剂。

2. 防治对象　桃小食心虫、刺蛾、尺蠖类等食果、食叶害虫及红蜘蛛类。

3. 使用方法　桃小食心虫、刺蛾的、枣尺蠖幼虫 3 龄期前，用 1% 苦参碱醇溶液 500~700 倍稀释液喷雾。防治山楂叶螨在卵孵化期，用 0.3% 苦参碱水剂 150~400 倍稀释液喷雾，全株均匀着药。

4. 注意事项　本药以触杀、胃毒为主，无内吸作用，因此喷药要均匀，尽量让虫体着药。要做好虫情测报，在害虫的低龄期施药防治效果好。本药不能与碱性农药混用。采果前20天停止用药。

（二）烟碱（硫酸烟碱、蚜克、果圣）

1. 作用特性　烟碱采用烟草提出的植物源杀虫剂，药液进入害虫体内使害虫神经麻痹中毒死亡。以触杀为主，兼有胃毒和熏蒸，无内吸作用。对孵化卵有较强的毒杀力。该药剂杀虫范围广，对植物、人畜安全，残效期7天，是生产有机食品的首选药物。剂型有40％硫酸烟碱水剂，98％烟碱原药，5％烟碱水乳剂、10％高渗水剂、10％乳油等。

2. 防治对象　叶螨、叶蝉、食心虫、潜叶蛾等。

3. 使用方法　防治桃小食心虫等食果、叶害虫、在桃小食心虫的幼虫1～2龄期用40％硫酸烟碱800～1 000倍液喷雾。防治叶螨类（红蜘蛛），在其卵孵化期用40％硫酸烟碱800～1 000倍液均匀喷雾，在药液中加入0.2％～0.3％的中性皂可提高杀虫效果，如生产无公害果品也可与其他允许使用的杀虫、杀螨剂混合使用防治效果更好。

4. 注意事项　加入石灰、肥皂的烟草石灰水不能与其他农药及波尔多液混用，对蜜蜂、鱼类有毒害应注意安全用药，用药安全间隔期为7～10天。误服该药解毒措施是以活性炭1份、氧化镁1份，鞣酸1份调和后温水冲服，并送医院救治。采果前20天停止用药。

（三）印楝素（绿晶、全敌）

1. 作用特性　印楝素是从印楝树中提出的植物性杀虫剂，化学结构与昆虫内源蜕皮激素相似，作用于昆虫的内分泌系统，阻碍蜕皮激素释放、干扰生命周期，影响昆虫正常蜕皮、变态完成，还能直接破坏昆虫表皮及几丁质的形成，干扰呼吸代谢及生殖系统发育等杀虫谱广，属于低毒植物性杀虫剂，具有拒食、忌避、抑制生长发育和呼吸作用，对环境、人畜、天敌、鱼类、蜜蜂、鸟类安全，且害虫不易产生抗药性，是生产有机食品的首选杀虫剂，广泛用于蔬菜、果树、花卉及农作物治虫。剂型有0.3%乳油剂。

2. 防治对象　桃小食心虫、棉铃虫等鳞翅目；蝗虫等膜翅目及红蜘蛛类、锈蜘蛛类、潜叶蛾、斑潜蝇、粉虱类等多种害虫。

3. 使用方法　防治叶螨类可在卵孵化期，成螨、若螨发生期用0.3%印楝素乳油1 000～1 200倍液；防治桃小食心虫、棉铃虫、刺蛾、枣尺蠖等鳞翅目害虫的幼虫1～2龄期可用0.3乳油500～800倍液喷雾防治。

4. 注意事项　要避光保存。下午四点后喷药效果好。不能与碱性农药混合使用，药效慢，持效期较长，不要随意加大用药量。一个生长季用药不宜超过两次。采果前20天停止用药。

（四）苦蒿素（宏宇）

1. 作用特性　苦蒿素是由草本植物苦蒿提出的植物性杀虫剂，具有触杀、胃毒，兼有杀卵活性，杀虫谱广，对咀嚼型、刺吸式口器均有杀灭作用，在常温下稳定，属低毒杀虫剂，对环境、人畜、天敌、鱼类、蜜蜂均安全，可作为生产有机枣的用药。剂型有0.65%、0.88%的水制剂。

2. 防治对象　对菜青虫、蚜虫、尺蠖类、食心虫类等多种虫害均可防治。

3. 使用方法　防治枣尺蠖、桃小食心虫、枣黏虫、刺蛾类在幼虫1～2龄期可用苦蒿素0.65水剂400～500倍液。防治红蜘蛛用苦蒿素0.65%水剂800～1 000倍液。

4. 注意事项　不能与酸性及碱性农药混用，应随配随用，使用前摇匀药液后兑水。要避光保存。摘果前20天停止用药。

（五）川楝素（蔬果净）

1. 作用特性　川楝素是从川楝树中提出的植物性杀虫剂，

具有胃毒、触杀和拒食作用，可破坏昆虫中肠组织、阻断神经中枢传导、干扰呼吸代谢、破坏各种解毒酶影响消化吸收，可使害虫丧失对食物的味觉表现为拒食活性，影响昆虫发育而逐渐死亡，少数存活个体形成畸形体，影响后代繁育。在常温下稳定，属低毒杀虫剂，对环境、人畜、天敌、鱼类、蜜蜂均安全，可作为生产有机枣的用药。剂型有0.5%乳油。

2. 防治对象 山楂叶螨、蚧壳虫、桃小食心虫、棉铃虫等鳞翅目多种害虫。

3. 使用方法 防治叶螨类可在卵孵化期，成螨、若螨发生期用0.5%川楝素乳油500～800倍液；防治桃小食心虫、棉铃虫、刺蛾、枣尺蠖等鳞翅目害虫在幼虫1～2龄期可用0.3乳油800～1 000倍液喷雾防治。

4. 注意事项 要避光保存。药效慢，速效性差，不要随意加大用药量。不能与碱性农药混用，一个生长季用药不宜超过两次。采果前20天停止用药。

（六）机油乳剂

1. 作用特性 机油乳剂是由95%的机油与5%的乳化剂混合配制而成。与乳化剂混合的机油，可全部均匀地分散在乳化剂中，可以直接加水使用。主要作用是机油乳剂喷到虫体表面上形成一层油膜封闭害虫气孔，使害虫窒息死亡。机油中含有不饱和烃类化合物，能在害虫体内生成有毒物质，使害虫中毒死亡。本药剂以触杀为主，也有胃毒作用，该药性能稳定，杀成虫、杀若虫、杀卵均有良好药效，对人畜安全，对害虫不会产生抗药性。可用于生产有机枣的用药。剂型有95%机油乳剂，95%蚧螨灵乳油。

2. 防治对象 山楂叶螨、蚧壳虫等。

3. 使用方法 防治叶螨类可在卵孵化期，成螨、若螨发生期喷药。若在萌芽前使用，可用95%的机油乳剂加水50倍喷雾，若在生长期使用，浓度不能低于400倍液。防治枣叶壁虱、日本龟蜡蚧可在萌芽前用 95％的机油乳剂加水 50 倍全树均匀喷雾，在其若虫期可用 95％的机油乳剂加水 400 倍全树喷雾，防治枣尺蠖，于枣尺蠖幼虫的 1～2 龄期用 95％的机油乳剂加水 400 倍全树喷雾。生产无公害枣、A 级绿色食品枣可与乙酰甲胺磷混用能增加药效，减少害虫抗药性产生的几率。

4. 注意事项　枣树生长季节使用机油乳剂由于不同厂家、产地的机油所含成分不尽相同，生长季节不同，果树的药害发生几率也不同，使用制剂、喷药倍数等均应注意，应先做小量实验，无药害时再大面积使用。喷药要周到均匀，保证叶片，枝条、果实均匀着药。应避开花期、35℃以上高温、大风天气、土壤干旱及树木叶片有露水时用药。不能与百菌清、石硫合剂、波尔多液及其他碱性农药混用，混合用药应先做好实验。采果前 20 天停止用药。

（七）加德士敌死虫

该药剂是高烷类及低芳香族油类加工成的矿物油制剂，对作物使用安全。

1. 作用特性　药剂喷洒在虫体表面可形成一层油膜封闭气孔使害虫窒息而亡，并可在植物体面形成油膜减少害虫产卵和为害。对红蜘蛛类、介壳虫类、粉虱类的若虫有很好的杀灭作用，对天敌危害轻微。更突出的是对植物病害的致病菌有窒息作用，能有效地抑制病菌孢子萌发，可兼治病害。属低毒杀虫剂，对环境、人畜、天敌、鱼类、蜜蜂均安全，可作为生产有机枣的用药。剂型有 99.1％机油乳剂。

2. 防治对象　叶螨、介壳虫等。

3. 使用方法　防治叶螨类可在卵孵化期，成螨、若螨发生期喷药。若在萌芽前使用，可用 99.1％的机油乳剂加水 100～200 倍喷雾，若在生长期使用，浓度不能低于 400 倍液。防治枣叶壁虱、日本龟蜡蚧可在萌芽前用 99.1％的机油乳剂加水 100 倍全树均匀喷雾，在其若虫期可用 99.1％的机油乳剂加水 400

173

倍全树喷雾，防治枣尺蠖，于枣尺蠖幼虫的 1～2 龄期用 99.1％ 的机油乳剂加水 400 倍全树喷雾。生产无公害枣、A 级绿色食品枣可与乙酰甲胺磷混用能增加药效，减少害虫抗药性产生的几率。

4. 注意事项 喷药要周到均匀，保证叶片、枝条、果实均匀着药。应避开花期、35℃以上高温、大风天气、土壤干旱及树木叶片有露水时用药。不能与百菌清、石硫合剂、波尔多液及其他碱性农药混用，混合用药应先做好实验。若用过上述药剂应间隔 14 天以上才可用加德士敌死虫。配药时应先在容器里加入水再加入用量的敌死虫搅匀，再加足量水，配成所需浓度使用。若与可混农药一起使用，应先用水将混合农药稀释混匀后再加入敌死虫，不能颠倒。喷药时应不断搅动药液防止出现药水分离影响药效。采果前 20 天停止用药。

（八）苏云金杆菌（BT 剂杀虫剂）

1. 作用特性 苏云金杆菌的有效成分是细菌产生的三种毒素，被害虫食后，能破坏害虫肠道，引起瘫痪、停止进食中毒死亡，同时药中的芽孢侵入害虫体内并大量繁殖，引起害虫败血症，加速害虫死亡。对害虫主要作用是胃毒。对人畜低毒可用于生产有机级食品枣。剂型有 BT 乳剂（含活芽孢 100 亿个/毫升），苏云金杆菌可湿性粉剂（含活芽孢 100 亿个/克），BT 乳油。

2. 防治对象 鳞翅目如桃小食心虫、棉铃虫、刺蛾等多种害虫有良好防治效果，也可防治其他具有咀嚼式口器的害虫，对刺吸式口器害虫无效。

3. 使用方法 防治鳞翅目害虫要在其幼虫 2 龄期以前用 100 亿活芽孢/克苏云金杆菌乳剂，加水 500～1 000 倍稀释液喷雾。用于防治其他害虫也应在幼虫的低龄期以前用药。

4. 注意事项 苏云金杆菌对家蚕毒性大，应用时应注意。由于是细菌制剂，故杀死的害虫可收集其虫尸搓后加水重复使用，每 50 克虫尸加水 50～100 千克，折合 1 000～2 000 倍液。苏云金杆菌不能与杀菌剂和内吸性杀虫剂混用，以防降低药效。气温高于 30℃湿度较大时用药效更好。采果前 20 天停止用药。

(九) 白僵菌

1. 作用特性　白僵菌是真菌性制剂，以孢子接触害虫后产生芽管，侵入害虫体内长成菌丝，并不断繁殖，使害虫新陈代谢紊乱死亡。白僵菌的适宜温度是 24～28℃，相对湿度 90％左右，土壤含水量 5％以上时使用效果才好。该药剂对人、畜安全，对蚕有害。剂型有白僵菌粉剂，（普通粉含 100 亿个孢子/克），高孢粉剂（含 1 000 亿个孢子/克）。

2. 防治对象　桃小食心虫、刺蛾类、卷叶蛾类等鳞翅目害虫。

3. 使用方法　防治桃小食心虫可在越冬代幼虫出土时期用普通粉剂加 600 倍水配成药液喷树干周围 1 米范围地面然后浅耕，将药混入土内防治。秋季幼虫脱果入土前也可应用此法防治入土越冬幼虫，其他世代幼虫盛期可用普通粉剂加 600 倍水配成药液树上喷雾防治。由于白僵菌是真菌制剂，因此可以将发病死亡的虫体收集重复利用。应用白僵菌地面防治桃小食心虫，可用于有机枣生产。生产无公害枣、A 级绿色食品枣可加辛硫磷胶囊，树上喷雾防治加乐斯本等药剂效果更佳。

4. 注意事项　药液要现使现配，配好的菌液要在 2 小时内喷完，在高温高湿的条件下使用药效更好，不能与杀菌剂混用，药剂应放在阴凉干燥处，以免受潮失效。人的皮肤对白僵菌有过敏反应，有时会出现干咳、嗓子干痛，皮肤刺痒等人体不适现象，喷药时应注意防护。采果前 20 天停止用药。

(十) 阿维菌素（齐螨素、爱福丁、阿巴丁、虫螨克星、海正灭虫灵等 10 余个别名）

1. 作用特性　阿维菌素是属中等毒性新一代农用抗生素类

杀虫、杀螨剂。能干扰害虫神经活动，中毒害虫麻痹死亡。对鱼类、蜜蜂、家蚕有毒，对天敌有害，因叶面残留少，故对天敌伤害较轻。对人、畜、作物较安全，具有胃毒和触杀作用，有较强的渗透性，并能在植物体内横向传导，有较高的杀虫杀螨活性。剂型有1.8%阿维菌素乳油，0.6%阿维菌素乳油，制型浓度很低，属低毒杀虫剂（生产A级绿色食品枣不允许使用）。

2. 防治对象　桃小食心虫、棉铃虫等鳞翅目害虫及潜叶蛾类害虫。山楂叶螨、二斑叶螨等螨类。防治双翅目、同翅目、鞘翅目等害虫也有效。

3. 使用方法　防治桃小食心虫等鳞翅目幼虫低龄期用1.8%的爱福丁2 000～4 000倍药液全树喷雾，防治叶螨类用1.8%的爱福丁4 000～6 000倍药液全树喷雾，如是初次使用，可用6 000～8 000倍药液。

4. 注意事项　不能与碱性农药混合使用，应低温阴凉处存放。中毒者急送医院抢救，用麻黄素或吐根糖浆解毒，切勿催吐，不可服用巴比妥、丙戊酸等药物。为延缓害虫产生抗性，不要连续使用。采收前30天停止使用。注意鱼塘、河流、蜂场及蚕场的用药安全。

（十一）灭幼脲（常用的灭幼脲类为灭幼3号）

1. 作用特性　灭幼脲为苯甲酰基脲类新型杀虫剂，能抑制昆虫几丁质合成，使幼虫蜕皮困难不能形成新表皮，虫体畸形死亡。具有胃毒和触杀作用，对鱼虾、蜜蜂及害虫天敌不良影响小，对人、畜安全。药效作用缓慢，应提前2～3天用药，才能做到适时用药。剂型有25%灭幼脲胶悬剂，50%灭幼脲胶悬剂。

2. 防治对象　防治桃小食心虫、棉铃虫、刺蛾类等鳞翅目害虫，潜叶蛾类害虫特效，对直翅目、鞘翅目、双翅目等害虫防治也有效，特别是对有机磷、氨基甲酸酯、拟除虫菊酯类等农药已产生抗性的害虫有良好的防治效果，对刺吸式口器害虫防效不高。

3. 使用方法 防治桃小食心虫、棉铃虫、刺蛾类等鳞翅目害虫应在幼虫 1～2 龄期用 25% 灭幼脲 3 号悬浮剂 2 000 倍药液均匀喷雾，防治其他害虫也应掌握在低龄期用药。

4. 注意事项 灭幼脲悬浮剂有沉淀现象，使用时应充分摇匀，喷药时要细致均匀，不能漏喷，使全树均匀着药液，才能取得良好防治效果。灭幼脲药效缓慢，用药后 3～5 天见效，应在适时防治期前用药。不能与碱性药物混合使用。该药应存放在阴凉处。采果前 20 天停止用药。

（十二）除虫脲（敌灭灵）

1. 作用特性 除虫脲也是苯甲酰基脲类新型杀虫剂，其杀虫机理同灭幼脲。主要有胃毒和触杀作用，对鱼虾、蜜蜂及害虫天敌无明显不良影响，对人、畜安全。药效作用较慢，要提前 2～3 天喷药防治，效果明显。

2. 防治对象 桃小食心虫、刺蛾类鳞翅目害虫特效，也可防治鞘翅目、双翅目多种害虫。剂型有 20% 除虫脲悬乳剂，25% 敌灭灵可湿性粉剂。

3. 使用方法 防治桃小食心虫、棉铃虫、刺蛾类等鳞翅目害虫应在其幼虫 1～2 龄期用 20% 除虫脲悬浮液 1 000 倍药液树上均匀喷雾，其他害虫也应在害虫的低龄期用药。

注意事项：不能与碱性农药混合使用，应贮存在阴凉干燥处，保持药效。除虫脲药效慢，喷药防治应在适时防治期前 3～5 天进行，喷药要求细致均匀，不漏喷，保证防治效果。喷药时应注意保护眼睛、皮肤，若不慎中毒，立即送医院对症治疗。采果前 20 天停止用药。

（十三）定虫隆（抑太保、氟啶脲）

1. 作用特性 定虫隆是苯甲酰基脲类新型杀虫剂，其主要作用机理是抑制害虫体表几丁质合成，阻碍昆虫正常蜕皮，致使卵孵化、幼虫蜕皮、蛹发育出现畸形，成虫羽化受到阻碍发挥杀虫作用。

该药剂以胃毒为主，兼有触杀，无内吸作用。对人、畜安全、对家蚕有毒。

2. 防治对象 鳞翅目幼虫特效，直翅目、鞘翅目、双翅目等害虫也有效。对有机磷、拟除虫菊酯类农药产生抗性的害虫具有良好的防治效果。剂型有 5％抑太保乳油。

3. 使用方法 防治桃小食心虫、棉铃虫等鳞翅目害虫的幼虫，在 1～2 龄期用 5％抑太保乳油 1 500～2 000 倍稀释液喷雾。

4. 注意事项 抑太保无内吸性，喷药要求细致均匀全树着药，不能漏喷。由于该药效缓慢，喷药时期应比防治适宜期提前 2～3 天。防治食叶类害虫应在幼虫低龄期用药，防治蛀干性害虫，应在成虫产卵时或卵孵化期用药。如误服中毒，立即饮水 1～2 杯，不要催吐，尽早送医院洗胃救治。采果前 20 天停止用药。

（十四）农梦特（氟铃脲）

1. 作用特性 农梦特为苯甲酰基脲类新型农药，作用同抑太保。药效缓慢，以胃毒和触杀为主，无内吸作用，对刺吸式口器的害虫无效。对人、畜安全，对家蚕有毒。剂型有 5％农梦特乳油。

2. 防治对象 鳞翅目害虫的幼虫、其他害虫的卵期。尤以对有机磷、拟除虫菊酯类农药产生抗药性的害虫防治效果良好。

3. 使用方法 防治桃小食心虫、刺蛾等鳞翅目害虫的幼虫 1～2 龄期用 5％农梦特乳油 1 000～2 000 倍全树均匀喷雾。

4. 注意事项 同抑太保、灭幼脲等。

（十五）吡虫啉（蚜虱净、康福多、大功臣等）

1. 作用特性 吡虫啉是吡啶环杂环类新型杀虫剂，作用特点是在昆虫体内干扰害虫运动神经系统，使化学信息传递失灵而致害虫死亡。具有胃毒、触杀和内吸作用，药效迅速持久，高效低毒、安全，杀虫范围广，可用于叶面喷药和土壤处理。有

2.5％、10％可湿性粉剂，5％乳油，20％可溶性粉剂等剂型。属低毒杀虫剂，对人畜较安全，对害虫天敌毒性低。

2. 防治对象　防治蚜虫、蓟马、白粉虱、叶蝉等刺吸式口器害虫特效，对鞘翅目、双翅目的害虫也有较好防治效果。

3. 使用方法　防治大青叶蝉用 10％吡虫啉可湿性粉剂 3 000～5 000 倍稀释液全树喷雾。防治绿盲蝽用 10％吡虫啉可湿性粉剂 3 000～5 000 倍液喷雾，加入有机磷或菊酯类杀虫剂效果更好。

4. 注意事项　吡虫啉对家蚕有毒，应小心用药。该药是新制剂应与其他高效低毒农药交替使用，防止害虫产生抗药性。果实收获前 20 天停止使用。不慎中毒应及时送医院救治。

（十六）抑食肼（虫死净）

1. 作用特性　抑食肼是一种新型激素类杀虫剂，对害虫幼虫有抑制进食、加速蜕皮和减少产卵的作用。该药以胃毒为主，施药后 2～3 天见效，持效期长，无残留。对刺吸式口器害虫无效。剂型有 20％抑食肼悬浮剂，20％可湿性粉剂。

2. 防治对象　防治桃小食心虫、刺蛾类、棉铃虫等鳞翅目的幼虫，对鞘翅目、双翅目等害虫也有效。

3. 使用方法　防治鳞翅目的幼虫，在其幼虫 1～2 龄期用 20％抑食肼悬浮剂 500～600 倍稀释液全树喷雾。

4. 注意事项　抑食肼杀虫速效性差，应在害虫发生期提前用药，不能与碱性农药混合使用，果实收获前 20 天停止用药。误食后送医院救治，本药应放在干燥阴凉处贮存。

（十七）氟虫清（锐劲特）

1. 作用特性　锐劲特是一种氨基吡唑类杀虫剂，抑制昆虫氨基丁酸为递质的神经传导系统而发挥杀虫作用，具有胃毒、触杀和内吸作用。属低毒杀虫剂，对鸟类、鱼类、人、畜和作物较安全。剂型有 5％锐劲特浓悬浮剂。

2. 防治对象　桃小食心虫、棉铃虫等多种鳞翅目害虫，鞘翅目及叶蝉、飞虱类害虫均有很好的防治效果。

3. 使用方法　防治桃小食心虫、棉铃虫等鳞翅目害虫，在其幼虫 1～2 龄期用 5％锐劲特悬浮剂 1 500～2 500 倍稀释药液、防治枣瘿蚊可用 2 000～2 500 倍液对全树均匀喷雾。

4. 注意事项　对家蚕、蜜蜂及天敌有害，使用时应注意。果实采收前 20 天停止用药，用药要保护好眼睛和皮肤，对误食中毒者，立即送医院救治。

（十八）氟虫脲（卡死克）

1. 作用特性　氟虫脲是苯甲酰基脲类杀虫杀螨剂，以胃毒和触杀为主，其杀虫机制是抑制害虫和螨类表皮几丁质合成，使害虫不能正常蜕皮，变态死亡。该药不杀卵，对成螨不能直接杀伤，但可缩短其寿命，产卵量减少或卵不孵化，孵化出的幼螨会很快死亡。施药 2～3 小时害虫、害螨停止取食，3～5 天达到高峰，对人、畜低毒，对叶螨天敌安全。属于低毒杀虫剂，剂型有5％乳油。

2. 防治对象　桃小食心虫、枣叶壁虱、山楂叶螨、截形叶螨等。

3. 使用方法　防治山楂叶螨等螨类，在幼、若螨集中发生期，用 5％卡死克乳油 1 000～2 000 倍液喷雾，药效期可长达 25天。防治桃小食心虫等食叶害虫可在其幼虫 1～2 龄期用 5％卡死克乳油 1 000～2 000 倍液喷雾。

4. 注意事项　不能与碱性农药混合使用，与波尔多液的间隔使用时间为 10 天以上，用过波尔多液后，再用卡死克，要间隔 20 天以上。防治螨类应在幼、若螨发生盛期使用，由于药效较慢要比适宜期用药提前 2～3 天。对脊椎水生物毒性高，不可污染水域。在采果前 30 天停止用药。如误食立即送医院洗胃治疗。

（十九）噻嗪酮（扑虱灵、优乐得、环烷脲）

1. 作用特性　噻嗪酮是选择性昆虫生长调节制，以胃毒和触杀为主，作用机制为抑制昆虫几丁质合成，干扰害虫新陈代谢，使幼虫、若虫不能生成新表皮死亡。药效慢，持效期长，一般用约后 3 天才能见效，30～40 天仍有药效。属高效低毒农药，对人、畜和天敌安全。剂型有 10％、25％、5％可湿性粉剂，1％、1.5％粉剂，10％乳剂，40％胶悬剂。

2. 防治对象 蚧壳虫、粉虱、叶蝉等有特效。

3. 使用方法 防治枣龟腊蚧在其幼、若虫发生盛期，喷 25％扑虱灵可湿性粉剂 1 500～2 000 倍液，防治蛴螬，每 667 米² 用 25％扑虱灵可湿性粉剂 100 克，先用少量水稀释药液后喷拌 40 千克湿细土中，然后均匀撒入园中，再浅耕翻入土内，防效良好。

4. 注意事项 药效缓慢应提前使用，本药有内吸性，可在枣树上采用涂枝干的方式给药。药液随配随用，避免污染水原，桑园禁用。采果前 40 天停止用药。

（二十）杀虫双（螟必杀、抗虫畏、杀虫丹）

1. 作用特性 杀虫双属中等毒性，是人工合成的沙蚕毒素类仿生有机氮杀虫剂。害虫中毒后行动迟钝失去为害作物能力，虫体停止发育，瘫痪软化死亡，残效期 7～10 天。本制剂以胃毒和触杀为主，但能通过根和叶片吸收传导到植物各部位，根吸收比叶片吸收要好。杀虫双属高效、低毒、低残留，无致突变、致癌、致畸作用，对人、畜毒性较低，对水生生物毒性小，对家蚕剧毒。剂型有 25％、18％杀虫双水剂，3.6％、5％杀虫双颗粒剂。

2. 防治对象 桃小食心虫等鳞翅目、同翅目害虫。

3. 使用方法 防治桃小食心虫，当桃小食心虫卵果率达到 1％时，用 25％杀虫双水剂 600 倍全树喷雾，杀卵、杀幼虫效果均好。防治山楂叶螨，在幼、若螨和成螨盛发期，喷布 25％的杀虫双水剂 800 倍液。

4. 注意事项 使用杀虫双时，可加入 0.1％洗衣粉增加药效。杀虫双蒸气对桑叶有污染，家蚕易中毒，故蚕区不宜使用。棉花、豆类、马铃薯对杀虫双敏感，枣园有此类间作物不宜使用。喷药应做好防护，不慎中毒立即送医院救治。果实采收前30天停止用药。

（二十一）甲氰菊酯（灭扫利）

1. 作用特性　甲氰菊酯是拟除虫菊酯类农药，常温下在酸性介质中稳定，碱性介质中不稳定，属中等毒性杀虫杀螨剂。对人、畜毒性中等，对皮肤、眼睛有刺激性，对鸟类低毒，对鱼类和家蚕高毒。以胃毒和触杀为主，使害虫神经中毒死亡，对害螨有驱避及拒食作用，可减少害螨产卵量，当虫、螨并发时，用该药可二者兼治，剂型有20％灭扫利乳油。

2. 防治对象　对鳞翅目、双翅目、半翅目害虫特效，鞘翅目虫害及螨类也有较好杀灭效果。

3. 使用方法　防治桃小食心虫等鳞翅目害虫，可在幼虫1～2龄用20％灭扫利乳油2 000～3 000倍稀释液全树喷雾。防治食芽象甲、绿盲椿象，可在萌芽期喷20％灭扫利乳油2 000～3 000倍稀释液。

4. 注意事项　低温时喷药防效亦好，故可在果园早春使用。不能作为杀灭害螨专用药剂，兼治尚可，不可长期单一使用以免害虫产生抗药性。不慎皮肤或眼睛溅到药液，立即用清水冲洗。若误食中毒不可催吐应送医院救治。采果前30天停止用药。

（二十二）氰戊菊酯（速灭杀丁、中西杀灭菊酯、敌虫菊酯、速灭菊酯）

1. 作用特性　氰戊菊酯是拟除虫菊酯类农药，以触杀和胃毒为主，无熏蒸和内吸作用，对人、畜毒性较低，对鸟类、蜜蜂、鱼和水生动物毒性较大。该药击倒能力和速效性较好，残效期较长，对多种害虫均有防治效果，对害螨类无效。剂型有20％杀灭菊酯乳油。

2. 防治对象　对鳞翅目害虫防治效果好，也可用于同翅目、半翅目等害虫的防治。

3. 防治方法　防治桃小食心虫、刺蛾等食果、食叶害虫，可在其幼虫 1～2 龄期用 20％速灭杀丁乳油 2 000～4 000 倍稀释液，均匀全树喷雾。防治绿盲椿象可在若虫、成虫期用 20％的速灭杀丁乳油 2 000～3 000 倍稀释药液均匀喷雾。

4. 注意事项　速灭杀丁不可长期单一使用以免害虫产生抗药性，尽可能与有机磷或其他非菊酯类农药交替使用。不能与碱性农药混合使用。果实采收前 30 天停止用药。若不慎将药液溅到皮肤或眼中立即用清水冲洗，对不慎中毒者，应及时喝大量盐水使之呕吐，并送医院用二苯基甘醇酰脲或苯乙基巴比特酸对症治疗。

（二十三）氟氯氰菊酯（百树得、高乐福）

1. 作用特性　氟氯氰菊酯是含氟拟除虫菊酯类农药，以触杀和胃毒为主，无熏蒸和内吸作用，作用于害虫神经系统，快速击倒害虫，对作物安全，对人、畜毒性较低，对鸟类、蜜蜂、鱼和水生动物毒性较大。该药击倒能力和速效性较好，残效期较长，对多种害虫均有防治效果，对害螨类无效。属于低毒杀虫剂，剂型有 5％乳油、5％浓可溶剂。

2. 防治对象　对鳞翅目害虫防治效果好，也可用于同翅目、半翅目等害虫的防治。

3. 防治方法　防治桃小食心虫、棉铃虫、刺蛾等食果、食叶害虫，可在其幼虫 1～2 龄期用 5％乳油 1500～2 500 倍稀释液，均匀全树喷雾。防治绿盲椿象可在若虫、成虫期用 5％乳油 2 000～3 000 倍稀释药液均匀喷雾。

4. 注意事项　氟氯氰菊酯不可长期单一使用以免害虫产生抗药性，尽可能与有机磷或其他非菊酯类农药交替使用。不能与碱性农药混合使用。果实采收前 30 天停止用药。若不慎将药液溅到皮肤或眼中立即用清水冲洗，对不慎中毒者，应及时喝大量盐水使之呕吐，并送医院用二苯基甘醇酰脲或苯乙基巴比特酸对症治疗。

（二十四）贝塔氯氰菊酯（歼灭）

1. 作用特性 贝塔氯氰菊酯是拟除虫菊酯类农药，具有胃毒和触杀作用，无内吸性，能杀死幼虫、成虫和卵，对害虫击倒力强，药效迅速，持效期长。对人、畜毒性中等，对植物安全，残留低。剂型有2.5％、5％、10％歼灭乳油。

2. 防治对象 鳞翅目、半翅目、同翅目的害虫。

3. 防治方法 防治桃小食心虫等鳞翅目害虫，在其幼虫1～2龄期用10％歼灭乳油3 000～4 000倍稀释液，全树均匀喷雾。防治绿盲椿象用10％歼灭乳油3 000～4 000倍稀释液。

4. 注意事项 歼灭与有机磷类、氨基甲酸酯类、阿维菌素等农药混合使用有增效和减缓害虫产生抗药性。不能与碱性农药混用。对鱼、蜜蜂和蚕有毒，不应在鱼塘、蜂场和桑园等处及周围地区使用。果实采收前30天停止用药。其他注意事项参考速灭杀丁。

（二十五）顺式氯氰菊酯（高效安绿宝、高效灭百可、奋斗呐）

1. 作用特性 顺式氯氰菊酯是拟除虫菊酯类农药，是氯氰菊酯的导构体，杀虫活性是氯氰菊酯的1～3倍，药效高，具有胃毒和触杀作用，无内吸作用。杀虫广谱，药效迅速，持效期长，对光照稳定。对某些害虫有杀卵作用，对螨类和盲蝽类防效不佳。对人、畜中等毒性，对蜜蜂、蚕和蚯蚓剧毒。剂型有5％、10％顺式氯氰菊酯乳油、5％奋斗呐可湿性粉剂。

2. 防治对象 鳞翅目、同翅目害虫。

3. 防治方法 防治桃小食心虫等鳞翅目害虫，在幼虫的1～2龄期用10％高效安绿宝乳油3 000～6 000倍稀释液全树均匀喷雾。

4. 注意事项 该药不能与碱性农药混合使用，提倡与其他非菊酯类农药混合使用以提高药效和减缓害虫抗药性的产生。果实采收前 30 天禁止用药。如误服中毒应立即送医院对症治疗，无特效解毒药剂。

（二十六）敌百虫

1. 作用特性 敌百虫是高效低毒的有机磷农药，以胃毒为主兼有触杀作用，无内吸作用，对植物有渗透作用，常温下稳定，高温下遇水易分解。在碱性溶液中迅速转化为敌敌畏，但不稳定迅速分解失效。敌百虫对人、畜低毒，对瓢虫低毒，对寄生蜂和捕食螨毒性大。对蚜虫和叶螨类防效低，对椿象类若虫有特效。属于低毒杀虫剂，主要剂型有 90％晶体敌百虫、96％精制敌百虫、80％敌百虫可溶性粉剂、50％敌百虫乳油、20％敌百虫烟剂、2.5％敌百虫粉（喷粉用）。

2. 防治对象 鳞翅目害虫，椿象类的若虫。

3. 使用方法 防治桃小食心虫等鳞翅目害虫的幼虫，在其 1～2 龄期用 90％的固体敌百虫稀释液 500～800 倍喷雾。防治椿象若虫用 90％固体敌百虫稀释液 500～600 倍喷雾。

4. 注意事项 枣园间作及周围农田中的豆类、瓜类、高粱、玉米幼苗易产生药害应慎用。该药要现配现用不能久放。果实采收前 20 天停止用药。误食中毒切勿用碱水洗胃，可服用阿托品缓解并送医院救治。

（二十七）乙酰甲胺磷（高灭磷、杀虫灵）

1. 作用特性 乙酰甲胺磷是有机磷农药，有胃毒、触杀、内吸及一定的熏蒸作用，主要用于咀嚼式口器和刺吸式口器害虫，是一个较好的杀虫杀螨剂。乙酰甲胺磷药效作用缓慢，施药后 2～3 天效果显著，后效作用强。对人、畜毒性低，对蜜蜂家蚕有毒，对鱼类和鸟类低毒。属于低毒杀虫剂，剂型 30％、40％乙酰甲胺磷乳油，25％乙酰甲胺磷可湿性粉剂。

2. 防治对象 鳞翅目、半翅目害虫。

3. 使用方法 防治桃小食心虫等咀嚼式口器害虫，在其幼虫 1～2 龄期用 30％乙酰甲胺磷乳油 600～800 倍药液喷雾，防治叶螨类用30％乙酰甲胺磷乳油800～1 000倍药液喷雾。防治绿盲椿象用30％乙酰甲胺磷乳油600～800倍药液或用30％乙酰甲胺磷乳油600～800倍药液加10％吡虫啉可湿性粉剂3 000～5 000倍喷雾效果倍增。用于杀卵可适当提高药液浓度。

4. 注意事项 本药不可与碱性农药混用，本品易燃，在运输、贮存过程中注意防火。果实采收前20天停止用药。枣园间作菜豆、向日葵等作物不宜使用此药。不慎中毒，可用阿托品或解磷定解毒，并送医院请医生救治。

（二十八）敌敌畏（DDVP）

1. 作用特性 敌敌畏是有机磷农药，具有熏蒸、胃毒和触杀作用，对咀嚼式口器和刺吸式口器害虫有良好的防治效果。敌敌畏蒸汽压较高，对鳞翅目和同翅目等害虫有极强的击倒力，药效迅速，残效期短，无残留。敌敌畏对人、畜中等毒性，对瓢虫、草青蛉等天敌和蜜蜂有较强的杀伤力。剂型有80％敌敌畏乳油、50％敌敌畏油剂。

2. 防治对象 鳞翅目、同翅目害虫。

3. 使用方法 防治鳞翅目幼虫，在其1～2龄期用80％敌敌畏乳油800～1 000倍药液喷雾。防治同翅目害虫最适宜在若虫期用80％敌敌畏800～1 000倍药液喷雾。

4. 注意事项 敌敌畏对害虫天敌杀伤较大，应尽量避开天敌大量发生时使用。瓜类幼苗对敌敌畏敏感，喷雾不能低于800倍药液。若不慎误食中毒应立即送医院抢救。不能与碱性农药混合使用。果实采收前20天停止用药。

（二十九）马拉硫磷（马拉松、防虫磷、马拉赛昂）

1. 作用特性 马拉硫磷是有机磷农药，具有畏毒和触杀作用，也有一定的熏蒸和渗透作用，对害虫击倒力强。对人、畜低毒，对作物安全，对天敌、蜜蜂和家蚕高毒，对鱼类中等毒性，遇酸性或碱性物质易分解失效，对铁有腐蚀性。马拉硫磷药效受温度影响较大，高温时药效好。剂型有 50％马拉硫磷乳油，70％优质马拉硫磷乳油。

2. 防治对象　鳞翅目害虫、叶螨、叶蝉、介壳虫等。

3. 使用方法　防治桃小食心虫等鳞翅目害虫幼虫，在其 1～2 龄期用 50％马拉硫磷 1 000～1 200 倍药液喷雾。防治枣龟蜡蚧在其卵孵化期、若虫期 50％马拉硫磷 1 000～1 200 倍药液喷雾。

4. 注意事项　对天敌、蜜蜂、蚕有毒应避开使用。对瓜类、番茄幼苗敏感，枣园内间作有此类作物应慎用，对梨、葡萄、樱桃等品种易发生药害，使用时应慎重。本品易燃，使用运输和贮存过程严禁烟火。不能与碱性农药混合使用，不能用金属容器装药。采果前 30 天停止用药。不慎误食中毒立即送医院救治。

（三十）辛硫磷（倍腈松、肟硫磷）

1. 作用特性　辛硫磷是有机磷农药，以胃毒和触杀为主，有一定熏蒸和渗透作用，无内吸性。杀虫谱广，速效性好，残效期短，遇光易分解。对鳞翅目幼虫和土壤害虫杀灭效果好，并能杀死虫卵和叶螨。对人、畜毒性低，对鱼类、蜜蜂、家蚕和天敌高毒。田间使用，对光不稳定，叶面喷使残效期仅 3～5 天，但在土壤中可长达 1～2 个月，以后被土壤微生物分解，无残留。属于低毒杀虫剂，剂型有 50％辛硫磷乳油，25％辛硫磷微胶囊水悬浮剂等。

2. 防治对象　桃小食心虫等鳞翅目害虫，蛴螬、地老虎等地下害虫。

3. 使用方法　防治桃小食心虫在越冬幼虫出土前，用 50％辛硫磷乳油或 25％辛硫磷微胶囊水悬浮剂 500～600 倍药液，喷洒地面，然后浅耕地面。防治桃小食心虫等鳞翅目害虫，在其幼虫 1～2 龄期用 50％辛硫磷乳油 1 000～1 500 倍液喷雾。防治蛴螬等地下害虫，用 50％辛硫磷乳油 1 000 倍药液开沟浇施，然后覆土。

4. 注意事项　该药遇光易分解，宜在傍晚或阴天喷药效果好。不能与碱性农药混合使用，药液随配随用，不能超过 4 小时。大豆、玉米、高粱、瓜类和十字花科作物对辛硫磷敏感，枣园有此类作物间作应慎用。采果前 20 天停止用药，如发生中毒，送医院按有机磷农药中毒处理。

（三十一）乐斯本（毒死蜱）

1. 作用特性　乐斯本是有机磷杀虫杀螨农药，具有胃毒、触杀和熏蒸作用。叶面喷使药效期短，土壤中的残效期长达 2～3 个月，对地下害虫有较好地防治效果。对人、畜毒性中等，对鱼类等水生生物和蜜蜂、天敌毒性大。剂型有 40.7％乐斯本、14％杀死虫蓝珠颗粒剂、48％乐斯本乳油。

2. 防治对象　桃小食心虫等鳞翅目害虫、枣龟蜡蚧、山楂叶螨等害螨。

3. 使用方法　防治桃小食心虫在越冬幼虫出土前，用 40.7％乐斯本乳油 500 倍药液均匀喷洒地面，然后浅耕；防治桃小食心虫等鳞翅目害虫幼虫，在其 1～2 龄期用 48％乐斯本乳油 1 000～1 500 倍药液喷雾。防治叶螨类，在其幼、若螨盛发期用 40％乐斯本乳油 1 000～1 500 倍药液喷雾。

4. 注意事项　不能与碱性农药混用，对鱼类、蜜蜂高毒，使用时应注意。属中等毒性药剂，一年只能使用一次。使用时应注意安全，不慎中毒应送医院，按有机磷农药中毒处理。采果前 30 天停止用药。

（三十二）三唑磷

1. 作用特性　三唑磷是有机磷杀虫、杀螨剂，具有胃毒、触杀作用，渗透性强，杀卵作用显著。对人、畜毒性中等，对家蚕、蜜蜂、天敌、鱼类等生物毒性较高，对作物安全。剂型 20％三唑磷乳油。

2. 防治对象　鳞翅目害虫、叶螨类、地下害虫。

3. 使用方法　防治桃小食心虫等鳞翅目害虫，在其幼虫的

1~2龄期用20%三唑磷乳油800~1 000倍药液喷雾。防治地下害虫，用20%三唑磷乳油800~1 000倍药液灌根。防治桃小食心虫越冬幼虫，可在出土前用20%三唑磷乳油500倍液喷洒地面，然后浅耕。

4. 注意事项　不能与碱性农药混合使用。该药易燃，应远离火源，贮存应于阴凉通风处。采果前30天停止使药。若不慎中毒立即送医院救治。花期禁止使用。

（三十三）喹硫磷（爱卡士、喹恶磷、福田宝）

1. 作用特性　喹硫磷是有机磷杀虫杀螨农药，对人、畜毒性中等，对鱼、水生动物和蜜蜂毒性高。具有胃毒和触杀作用，渗透性较低，残效期短，速效性较好。剂型有25%喹硫磷乳油。

2. 防治对象　可防治咀嚼、刺吸等口器害虫，对鳞翅目、鞘翅目、半翅目、同翅目的害虫均有较好的防治效果。

3. 使用方法　防治枣树龟蜡蚧等蚧壳虫，在幼蚧发生期用25%喹硫磷乳油1 000~1 500倍液；防治椿象类可用25%喹硫磷乳油1 000~1 500倍液；防治桃小食心虫可在幼虫1~2龄期用25%喹硫磷乳油1 500倍液，兼治红蜘蛛等其他害虫。

4. 注意事项　不能与碱性农药混合使用。对蜜蜂高毒，花期禁用。该药对玉米敏感，间作玉米的枣园应慎用。该药虽属中等毒性农药，也应严格遵循农药安全使用规则。采果前30天停止使用。若不慎中毒立即送医院救治。

（三十四）蔬果磷

1. 作用特性　蔬果磷是有机磷杀虫剂，作用机制是抑制昆虫体内乙酰胆碱酯酶活性，具有触杀、胃毒和熏蒸作用，击倒作用快，速效性好，持效期长。属于中等毒性杀虫剂，剂型有25%乳油、5%颗粒剂。

2. 防治对象　可防治咀嚼、刺吸等口器害。

3. 使用方法　防治桃小食心虫、棉铃虫、等食叶、食果害虫可在其幼虫1~2龄期25%乳油1 000~2 000倍液；防治枣

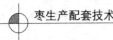

瘿蚊、枣龟蜡蚧可用 25％乳油 1 000～2 000 倍液喷雾防治。

4. 注意事项 不能与碱性农药混合使用。梨树对该药敏感易产生药害。对鱼有毒，残药不能倒入河湖水里。采果前 30 天停止使用。若不慎中毒立即送医院救治。

（三十五）阿克泰（锐胜）

1. 作用特性 阿克泰是新一代硫代烟碱类杀虫剂，对人、畜低毒，作用机理是抑制昆虫的乙酰胆碱受体的活性，干扰昆虫体内神经传导，直至麻痹死亡，与烟碱和吡虫啉等农药相似，但其生物活性为烟碱的 100 多倍。杀虫活性广谱，对虫卵也有一定的杀灭作用，以胃毒和触杀为主，兼有较强的内吸传导作用，因此可做土壤处理及种子处理剂。剂型有 25％阿克泰水分散颗粒剂，70％锐胜可分散性种子处理剂。

2. 防治对象 可用于蔬菜、水稻、小麦、棉花及苹果、梨等果树多种经济作物的蚜虫、飞虱、粉虱、叶蝉等刺吸式口器害虫有特效，对多种鳞翅目的害虫也有防治效果。由于是新型农药，在果树上应用报道不多，近期有报道在梨树上防治梨木虱取得良好效果，可在枣树上试用防治绿盲椿象。

3. 使用方法 防治苹果蚜虫用 25％阿克泰 5 000～10 000 倍液喷雾。防治梨木虱用 25％阿克泰 10 000 倍喷雾。在枣树上防治绿盲椿象可试用 8 000～10 000 倍液喷雾，防治桃小食心虫、棉铃虫，可在幼虫 1～2 龄期用 25％阿克泰 6 000 倍液；防治枣瘿蚊、枣龟蜡蚧可用 25％阿克泰 6 000 倍液喷雾防治。

4. 注意事项 该药对蜜蜂有毒，禁止花期使用。剩余药液严禁乱倒入河流、坑塘。应与其他农药交替使用，每年可使用 1～2 次，以免害虫产生抗药性。遵守农药使用规程喷药，勿使药物入眼或溅染皮肤，如误染后应用清水冲洗，如不慎中毒送医院抢救，对症治疗。存放于阴凉干燥通风处，不应在 −10℃以下低温，和 35℃以上高温处存放。采果前 20 天停止使用。

（三十六）啶虫脒（莫比朗）

1. 作用特性 属中等毒性的新型氯化烟酰类高效、内吸性较强的杀虫剂。作用机理是抑制昆虫乙酰胆碱受体的活性，干扰昆虫体内神经传导而杀灭害虫，可有效防治对有机磷、氨基甲酸酯等农药产生抗性的害虫。啶虫脒还有触杀和胃毒作用，具有速效性和持效性，药效可达 20 天，对天敌、鱼类、蜜蜂毒性低。剂型有 3% 莫比朗，20% 可溶性粉剂。

2. 防治对象 为广谱杀虫剂，可防治蔬菜、果树、粮食、烟草等多种作物上的半翅目、同翅目和鳞翅目等害虫，对叶蝉、粉虱、蓟马、蚜类、小菜蛾、斑潜蝇、食心虫有特效。可用于多种作物防治蚜、白粉虱等半翅目害虫，用颗粒剂做土壤处理，可防治地下害虫。

3. 使用方法 防治枣树上的绿盲椿象用 3% 莫比朗乳油 2 000～2 500 倍液喷雾。防治桃小食心虫、刺蛾等食叶食果害虫可在其幼虫 1～2 龄期用 3% 莫比朗乳油 2 000～2 500 倍液喷雾。防治枣粉蚧，在其孵化时用 3% 莫比朗乳油 1 000～2 000 倍液喷雾。

4. 注意事项 本药剂对桑蚕有毒性，应远离桑园。不能与碱性农药（波尔多液、石硫合剂）混用。对皮肤有轻微刺激，注意保护皮肤，万一溅上药液应用肥皂水洗净。粉末对眼有刺激，注意保护眼睛，如不慎溅入眼内应立即用清水冲洗，并送眼科医治，如不慎中毒应立即送医院治疗。应在阴凉、干燥存放，密封保存。采果前 30 天停止使用。

（三十七）茚虫威（安打、全垒打）

1. 作用特性 茚虫威进入昆虫体内可阻断神经细胞内的钠离子通道，神经细胞丧失功能，昆虫麻痹后 4 小时内停止取食，60 小时内死亡，对各龄期幼虫均有效。具有触杀和胃毒作用。属低毒杀虫剂，剂型有 15% 悬浮剂、30% 水分散颗粒剂。

2. 防治对象 桃小食心虫、棉铃虫类鳞翅目害虫，卷叶蛾类、叶蝉等多种害虫。

3. 使用方法 防治桃小食心虫、棉铃虫类鳞翅目害虫在其1～2龄期用30%的茚虫威兑水3 000～4 000倍液，防治叶蝉类用30%的茚虫威兑水2 000～2 500倍液。

4. 注意事项 在枣树上使用应试验后再使用，以取得良好地防治效果。可与不同作用机理的杀虫剂交替使用，一个生长季内不宜连续使用两次，以减缓害虫产生抗药性。药液配制应先配成母液，再加入水充分搅匀，要随配随用，不宜长时间存放。不慎中毒送医院救治。采果前20天停止用药。

（三十八）甲氨基阿维菌素苯甲酸盐（埃玛菌素、抗蛾斯）

1. 作用特性 甲氨基阿维菌素苯甲酸盐是以阿维菌素为原料合成的杀虫、杀螨剂，作用机制是增强抑制性神经递质和氨基丁酸的作用，使大量氯离子进入神经细胞，使细胞功能丧失，扰乱害虫的运动神经信息传递致害虫麻痹死亡。本药高效、杀虫谱广原药高毒，制剂低毒对天敌、人畜安全，对鱼类、蜜蜂高毒（生产 A 级绿色枣不允许使用）。

2. 防治对象 防治桃小食心虫、棉铃虫等鳞翅目、鞘翅目、同翅目等多种害虫。

3. 使用方法 防治桃小食心虫、棉铃虫、枣尺蠖等鳞翅目害虫在其1～2龄期用0.5%的微乳剂兑水2 000～3 000倍液，防治叶蝉类、绿盲椿象用0.5%的微乳剂兑水2 000～3 000倍液。

4. 注意事项 不能与百菌清、代森锌、铜制剂混用。对蜜蜂有毒，花期不宜使用。避免高温和大风天使用，以减少雾滴蒸发和飘逸。制剂有分层现象，使用时应摇匀，与其他农药混用时先将本剂摇匀后再加入其他药剂。一个生长季内不宜连续使用两次，以减缓害虫产生抗药性。摘果前20天停止用药。

（三十九）桃小食心虫性诱剂

1. 作用特性　商品桃小性诱剂有 A、B 两种组分，对桃小雄蛾都有引诱特性，组分配比以 A：B＝90～80：10～20 诱蛾活性较高，着药部分称为诱芯，通常以橡胶塞或塑料管做载体，含性诱剂 500 微克。商品诱蛾范围为垂直高度 1.3 米、水平方向 200 米。

2. 防治对象　桃小食心虫。

3. 使用方法　先用普通水碗一个，在其中放入适量的 800～1 000 倍洗衣粉水。离水面 1 厘米处安放诱芯，被诱雄蛾进入洗衣粉水中不会逃逸，这种装置称为诱捕器。用于测报时每 667 米² 挂一个，共挂 3～4 个诱捕器，悬挂的高度一般距地面 1.5 米，挂于树的背阴处枝干上。当第一头雄蛾出现时，立即地面用药；诱捕的雄成虫高峰期后 6～7 天为树上第一次用药时期。用于诱捕雄蛾，防止交配产卵，每 667 米² 悬挂诱捕器 3～4 个，可减少用药次数 1～2 次，因为诱芯的田间有效寿命可长达 2 个月，只要注意及时取走雄蛾并向碗中补充清水即可，一般在第一次树上用药后采用此法。生产有机枣每 667 米² 悬挂诱捕器 3～4 个用于诱捕雄蛾，防止交配产卵，控制桃小危害。

（四十）枣黏虫性诱剂

枣黏虫，又名枣镰翅小卷蛾，是枣区主要害虫之一。其性诱剂特性为：诱芯含性诱剂 150 微克，田间持效期 30 天以上，有效诱捕距离为 15 米。在使用上，用于测报时，诱捕器距地面高度 1.5 米。每 15 米间距挂一个诱捕器，每碗内的洗衣粉水浓度为 0.1％，距水面 1 厘米处安放诱芯 1 个，共设诱捕器 10 个。每天记录下诱蛾量，直到该代成虫发生结束，可准确地计算出成虫发生盛期，一般雄蛾发生高峰期过 13～15 天为卵孵化盛期，是用药防治适期。

用于迷向防治时（生产有机枣），一般在较为孤立的枣园应用，每树上方悬挂 1～3 个性诱捕器，性诱剂的用量每株 1.3～

1.5 毫克，间隔 30 天换一次诱芯，可有效地干扰雌雄蛾交配产卵。

二、杀螨剂

（一）浏阳霉素（多活菌素）

1. 作用特性　浏阳霉素是具有大四环内酯类结构的农用抗生素杀螨剂。具有触杀作用，对人、畜安全，对多种昆虫天敌、蜜蜂、家蚕等均安全，对鱼类有毒。无内吸性，药液喷到螨体上杀灭效果好，对成、若、幼螨高效，虽不直接杀卵，对螨卵孵化也有一定抑制作用。生产有机枣可以使用。剂型有 10% 浏阳霉素。

2. 防治对象　为广谱杀螨剂，对叶螨、瘿螨都有效。

3. 使用方法　防治截形叶螨、山楂叶螨在其若螨、幼螨、成螨发生期用 10% 的浏阳霉素乳油 1 000 倍药液喷雾。防治枣叶壁虱、枣瘿蚊可用 10% 的浏阳霉素乳油 1 000 倍药液在其孵化初期喷雾。

4. 注意事项　用该药剂防治，喷药必须周到、均匀、细致，使药液喷到螨体上效果才好。不能与碱性农药混用，药液要现用现配。药效迟缓，残效期长应提前用药。药剂应避光、干燥、室温下保存。对眼睛、皮肤微有刺激，溅上药液后用清水冲洗。摘果前 20 天停止用药。

（二）华光霉素（日光霉素、尼柯霉素）

1. 作用特性　华光霉素是农用抗生素类杀螨兼有杀真菌的农药。属高效、低毒、低残留农药，具触杀作用，无内吸性，药效较慢。对人、畜安全，对植物无药害，对天敌安全。生产有机枣可以使用。剂型有 2.5% 可湿性粉剂。

2. 防治对象　山楂叶螨、截形叶螨。

3. 使用方法　防治山楂叶螨、截形叶螨可用 2.5% 华光霉素可湿性粉剂 400～600 倍药液喷雾。

4. 注意事项　不能与碱性农药混合使用。该药杀螨作用较慢，应在叶螨发生初期用药效果较好，如果螨的密度过高效果不理想。药液现配现用。该药以触杀为主，所以喷药时要均匀、细致、周到，直接将药液喷到螨体上。摘果前 20 天停止用药。

（三）阿维菌素见前面部分

（四）螨死净（阿波罗、四螨嗪、螨灭净）

1. 作用特性　螨死净是有机氮杂环类专用杀螨农药。渗透力强，对害螨的卵、若螨和幼螨均有较高的杀灭能力，不杀成螨，但可显著降低雌成螨的产卵量，产下的卵大部分不能孵化，孵化的幼螨成活率低。药效缓慢，用药后 7 天显效，2～3 周达到最大杀灭活性，持效期达 50 多天。对温度不敏感，四季都能使用。对人、畜低毒，对蜜蜂、鸟类、鱼类和昆虫天敌安全，对作物不易产生药害，是较好的杀螨剂。剂型有 20％螨嗪可湿性粉剂，10％四螨嗪可湿性粉剂。

2. 防治对象　山楂叶螨、截形叶螨等叶螨类。

3. 使用方法　防治山楂叶螨、截形叶螨在其卵孵化期、若螨期、幼螨期用 20％的螨死净 2 000～3 000 倍液，或 50％阿波罗悬浮剂 5 000～6 000 倍液，如成螨数量大，可在螨死净中加入杀成螨的药剂如克螨特或双甲脒效果更好。

4. 注意事项　不能与碱性农药混合使用，要在防治适时期前 3～5 天用药，悬浮剂有沉淀现象，用前要摇匀，喷雾时要细致均匀。存放应在阴凉、干燥条件下，防止冻结和阳光直射。采果前 20 天停止用药。

（五）克螨特（丙炔螨特）

1. 作用特性　克螨特是有机硫广谱杀螨剂，具有胃毒和触杀作用，无内吸及渗透作用。对成、若螨有特效，且持效期长，杀卵效果差。在气温高于 20℃时使用药效高。对人、畜安全，对昆虫天敌较安全。对嫩小作物敏感，高浓度易产生药害。剂型有 73％克螨特乳油。

2. 防治对象　山楂叶螨、截形叶螨等害螨类。

3. 使用方法　在叶螨发生期用 73% 克螨特乳油 2 500 倍稀释液喷雾，为提高防治效果可加入螨死净混合应用，药效叠加，卵、若虫、成虫一起杀灭。

4. 注意事项　应在气候 20℃ 以上时使用，在高温条件下使用要降低浓度，防止对幼嫩植物的伤害。若不慎药液溅入眼睛或皮肤上，应立即用清水冲洗 15 分钟，若误食中毒立即喝牛奶或清水，并送医院救治。生产 A 级绿色食品枣不能使用。摘果前 20 天停止用药。

（六）双甲脒（螨克）

1. 作用特性　双甲脒是广谱性杀螨剂。有触杀、拒食、驱避作用，也有一定的胃毒、熏蒸和内吸作用。双甲脒对叶螨科各个发育阶段虫态均有良好防治效果；唯对越冬的螨卵药效较差，特别是对用于防治其他杀螨剂有抗性的叶螨有较好的效果。也兼治鳞翅目及同翅目的害虫。剂型有 20% 螨克乳油。

2. 防治对象　叶螨类，鳞翅目、同翅目的害虫。

3. 使用方法　防治山楂叶螨、截形叶螨等叶螨可用 20% 螨克乳油 1 500～2 000 倍液，对有叶螨为害同时又有少量的桃小食心虫等食叶果的害虫存在，使用螨克可以兼治事半功倍。

4. 注意事项　不可与碱性农药混用。气温高于 20℃ 时使用药效好。果实采收前 20 天停止用药。对鱼类、蜜蜂、鸟类有毒，使用时应注意。若误食中毒迅速送医院诊治。

（七）速螨酮（灭螨灵、哒螨酮、哒螨净、牵牛星）

1. 作用特性　速螨酮是广谱速效杀螨剂。有触杀作用，对叶螨特效，对锈螨、瘿螨等其他螨类均有较好的防治效果，对害螨各个生育期均有速杀作用。药效期长达 40～60 天，兼治白粉虱、蚜虫、蓟马等害虫。剂型 20% 速螨酮可湿性粉剂、15% 速螨酮乳油。

2. 防治对象 各种叶螨、枣叶壁虱、枣瘿蚊。

3. 使用方法 防治叶螨类、枣叶壁虱等可用20%速螨酮可湿性粉剂3 000～4 000倍液喷雾。防治枣瘿蚊可用20%速螨酮可湿性粉剂3 000～4 000倍液喷雾。

4. 注意事项 不能与碱性农药混合使用。对鱼类、蜜蜂、家蚕有毒，使用时倍加注意。贮存应放在通风阴凉处。果实采收前30天停止用药。喷药要均匀细致，提高药效。一个生长季内不宜连续使用两次，以减缓害虫产生抗药性。不慎误食中毒送医院救治。

（八）霸螨灵（杀螨王）

1. 作用特性 霸螨灵是新型杀螨剂，具触杀作用，对各种叶螨、瘿螨、锈螨均有良好防治效果。对幼螨、若螨及成螨和对已产生抗性的害螨均有较好的防治效果，且具速效性和持效性。对人、畜中等毒性，对鱼类水生物有毒、对蜜蜂、蜘蛛、植物安全。剂型5%霸螨灵悬浮剂。

2. 防治对象 叶螨、瘿螨。

3. 使用方法 防治山楂叶螨、截形叶螨、枣叶壁虱、枣瘿蚊等用5%的霸螨灵悬浮剂2 000～3 000倍药液喷雾。

4. 注意事项 不能与碱性农药混合使用。该药以触杀为主，喷药要均匀细致，不能漏喷。使用时应先摇匀再用，一年内不能连续使用，以防害螨产生抗药性。对蜜蜂、家蚕、鱼类有毒使用时应注意。果实采收前30天停止用药，要在阴凉处保存。若误食中毒迅速送医院诊治。

三、杀菌剂

（一）石硫合剂

1. 作用特性 石硫合剂是用硫黄和生石灰加水熬制成的杀菌、杀虫、杀螨农药，有效成分为多硫化钙，能渗透和侵蚀病菌细胞壁和害虫体壁直接杀死病菌、害虫、螨类，具有灭菌、杀虫和保护植物的功能。对人、畜毒性中等，对植物安全、无残留，不污染环境，病虫不易产生抗药性。为使用方便，石硫合剂开始工业化生产，产品为晶体石硫合剂。剂型有45％晶体石硫合剂，自制石硫合剂原液。生产有机枣可以使用。

2. 防治对象 山楂叶螨等螨类，枣龟蜡蚧、枣锈病、轮纹病、炭疽病等。

3. 使用方法 春天枣树发芽前在刮完树皮的基础上全树喷5波美度的石硫合剂，可杀死各种害虫卵，越冬山楂叶螨、枣龟蜡蚧、灭除越冬的枣锈病、轮纹病、炭疽病等各种病原菌，为全年的病、虫防治奠定良好基础。生长期防治叶螨和枣锈病等病害可用0.05～0.1波美度的石硫合剂液喷雾。

4. 注意事项 石硫合剂为强碱性农药，不能用金属器皿盛效，不能与大部分农药混用，与波尔多液的使用间隔期为20天。气温高于32℃或低于4℃均不能使用石硫合剂。梨、葡萄、杏等果树对石硫合剂较敏感，生长期不宜使用，必须使用应降低使用浓度。该药有较强的腐蚀性，喷药时应保护眼睛、皮肤。不慎溅到眼睛和皮肤上，马上用清水冲洗。药械用完彻底清洗干净。摘果前20天停止使用。

附：石硫合剂熬制方法。

配比：2千克硫黄粉＋1～1.4千克生石灰块＋水10～15千克，用大火熬制。先将硫黄粉用温水搅成乳状硫黄粉液，倒入锅内加水烧开（用大锅熬制可适当少加水），然后向锅内硫黄沸液中逐一加入生石灰块（不要一次加完，否则药液可沸出锅外），边加生石灰边用木棒搅拌，加完生石灰后计时，一般再大火熬制40分钟左右，一致保持生石灰硫黄液沸腾状并不断搅拌，当液体变为酱油状的深黑褐色停火即成，凉后用波美比重计测量石硫合剂液的度数。一般能熬到28～30度。

稀释石硫合剂加水公式：

石硫合剂原液度数/稀释度数－1＝加水千克数

（二）波尔多液

1. 作用特性　波尔多液是古老的保护性杀菌剂，已有 200 多年的历史，是由硫酸铜液和石灰乳配制而成。有效成分为碱式硫酸铜。该药具有杀菌谱广，对细菌也有较好的防治效果，持效期长，病菌不会产生抗性，对人、畜低毒等优点。生产有机枣可以使用。

2. 防治对象　各种真菌病害及部分细菌病害。

3. 使用方法　对铜敏感的树种，如苹果、梨、枣等果树，应用倍量式或过量式波尔多液，对石灰敏感的树种如葡萄用半量式波尔多液。波尔多液等量式是硫酸铜与生石灰比为 1：1；波尔多液倍量式是硫酸铜与生石灰比为 1：2；波尔多液多量式是硫酸铜与生石灰比为 1：3～4，波尔多液半量式是硫酸铜与生石灰比为 2：1。上述 4 种药剂根据气温、果树的品种和时期不同加水倍数各异，一般生长前期加水 200～240 倍，生长后期加水 160～200 倍。防治枣树病害一般用倍量式。

4. 注意事项　波尔多液为碱性药剂，有腐蚀性，不能用金属器皿配制，使用后的药械要及时冲洗干净，不宜与大多数农药混用，与石硫合剂使用的安全间隔期 20 天，阴天、雾天、早晨露水未干不能喷药，以免发生药害。喷药后 4 小时内遇大雨须补喷。由于该药对果面有污染，应在雨季的中前期使用，后期用其他不污染果面的杀菌剂代替。桃、杏、李等核果类果树对此药敏感，一般不能使用，苹果有的品种如金冠易产生果锈不宜使。对家蚕毒性较大，桑园附近不宜使用。摘果前 20 天停止使用。

附：波尔多液配制方法：选择色白、质量好无杂质的块状生石灰，按加水量的 10%～20% 溶化生石灰，充分搅拌溶化后，用稀布过滤（如同做豆腐用过滤豆浆的布包）待用；选择纯净无杂质天蓝色的硫酸铜细粉用剩下 80%～90% 的水完全溶化成蓝色溶液（可先用少量温水将硫酸铜溶化），然后将石灰乳与硫酸铜液同时倒入另一容器（非金属），边倒边搅拌直至完全溶合为止，形成天蓝色的乳白液；也可用10％～20％的水溶化生石灰、80％～90％的水溶化硫酸铜，然后将硫酸铜水溶液慢慢倒入石灰乳中，边倒边搅拌，其他要求同上。切记不能将石灰乳液倒入硫酸铜液中，以免降低药效。

（三）新星（福星）

1. 作用特性　新星是内吸性杀菌剂，被叶片迅速吸收，抑制病菌、菌丝生长和孢子形成，有内吸治疗和保护作用。对人、畜低毒，对害虫天敌和其他生物基本无害，耐雨水冲刷。剂型40％乳油。

2. 防治对象　真菌类多数病害。

3. 使用方法　防治枣锈病、轮纹病、炭疽病、斑点病等用40％新星乳剂8 000～10 000倍稀释液喷雾，每10天防治1次。

4. 注意事项　要与其他杀菌剂交替使用，一个生长季内使用最多不要超过两次，以减缓病菌耐药性产生，不能与波尔多液和石硫合剂等碱性农药混用。摘果前20天停止使用。

（四）易保

1. 作用特性　易保是由恶唑烷二酮与代森锰锌复配的保护性杀菌剂。具有多作用点杀死病原菌，防病效果较好。药效发挥快，喷后20秒钟内即能杀死病菌，能与叶片表层蜡质结合形成一层保护药膜，耐雨水冲刷是本药剂的特点。对人、畜低毒，对蜜蜂、害虫天敌、鸟类、鱼类等低毒。对植物安全，并有刺激生长的作用。该药杀菌广谱，病菌不易产生抗性，是一种较好的保护性杀菌剂。剂型68.75％水分散颗粒剂。

2. 防治对象　枣锈病、轮纹病、炭疽病、烂果病、铁皮病等多种真菌病害。

3. 使用方法　防治枣锈病、轮纹病、炭疽病、烂果病、铁皮病等多种真菌病害，可用68.75％易保水分散颗粒剂1500倍液喷雾。

4. 注意事项　不能与波尔多液等碱性农药混合使用，本药剂是保护性杀菌剂，在发病前或发病始期用药效果好。不宜连续使用，防止病菌产生抗药性。采果前 20 天停止用药。

（五）银果

1. 作用特性　银果为我国自行研发，拥有自主知识产权的拟银杏提取液的植物源农用杀菌剂。以触杀、熏蒸作用为主，有渗透作用，杀死侵入植物内部的病菌，控制病害，保护健康部位不受侵害。对人、畜和作物安全。剂型有 95％银果原药，10％银果乳油，20％银果可湿性粉剂。

2. 防治对象　大部分由真菌引起的病害。

3. 使用方法　防治枣轮纹病、锈病在发病初期可用 10％银果乳油 600～1 000 倍液喷雾。防治果树腐烂、轮纹病、枣枯枝病等枝干病害，在春季发芽前用 95％银果原药以 100～200 倍液涂抹刮治后的病斑；生长季节在病斑处用利刀竖向划痕深达木质部用 10％银果乳油 50～100 倍液涂抹。

4. 注意事项　花生、大豆等作物对银果敏感，果园间作应慎重用药。银果为新开发药剂，使用资料不多，应在试验的基础上再大面积使用。采果前 20 天停止用药。

（六）代森锰锌（喷克、大生 M‑45、新万生）

1. 作用特性　代森锰锌是代森锰和锌离子的络合物，以抑制病菌体内丙酮酸的氧化而起到杀菌作用，属有机硫类保护性杀菌剂。高效、低毒广谱杀菌，并对果树有补充微量元素锰、锌的作用。剂型 70％、80％代森锰锌可湿性粉剂，80％喷克、大生 M‑45、新万生可湿性粉剂。

2. 防治对象　防治轮纹病、炭疽病、锈病等真菌病害及部分细菌病害。

3. 使用方法　防治轮纹病、炭疽病、锈病等真菌病害及部分细菌病害，用 70％或 80％的代森锰锌 600～800 液喷雾。15 天喷 1 次，可与其他杀菌剂交替使用。

4. 注意事项　不能与碱性和含铜制剂的农药混用，对鱼类有毒，不可污染水源。如误食应喝水催吐，送医院救治，溅到眼内用清水冲洗。应在干燥阴冷处存放，采果前20天停止用药。

（七）甲基托布津（甲基硫菌灵）

1. 作用特性　甲基托布津是有机杂环类内吸性杀菌剂，可向顶部传导。甲基托布津被植物吸收后即转化为多菌灵，主要干扰病菌菌丝形成，影响病菌细胞分裂，使细胞壁中毒，孢子萌发长出的芽管畸形致病菌死亡，有保护和治疗作用。对人、畜、鸟类低毒，对作物和蜜蜂、天敌安全。剂型70％可湿性粉剂。

2. 防治对象　轮纹病、炭疽病、锈病等真菌病害。

3. 使用方法　防治轮纹病、锈病、炭疽病等真菌病害，可在发病初期用70％甲基托津可湿性粉剂800～1 000倍液喷雾。

4. 注意事项　不能与碱性农药和含铜制剂的农药混用。不能与多菌灵、苯菌灵交替使用。在全国各省（自治区、直辖市）应用多年，由于连续使用已普遍产生抗性，因此，应停用一段时间再用甲基托布津，效果会改善。可与抗生素类、无机金属制剂，如石硫合剂、波尔多液、代森锰锌等交替使用以减少抗性产生，采果前20天停止用药。

（八）粉锈宁（三唑酮、百理通）

1. 作用特性　粉锈宁是具有内吸作用的三唑类杀菌剂，被植物吸收后能迅速在体内传导，并有一定的熏蒸和铲除作用。粉锈宁能阻止菌丝生长和孢子形成而杀灭病菌。对人、畜低毒，对蜜蜂、天敌安全，对鱼类低毒。剂型15％、25％可湿性粉剂，20％乳油。

2. 防治对象　枣锈病，及白粉病、黑星病等。

3. 使用方法　防治枣锈病用15％粉锈宁可湿性粉剂1 000～1 500倍药液喷雾。

4. 注意事项　不能与碱性农药混用，应与其他杀菌剂交替使用以减少抗性产生。采果前20天停止用药。喷药时应注意安全保护，中毒后送医院治疗。

（九）多菌灵（苯并咪唑 14）

1. 作用特性　多菌灵是苯并咪唑类杀菌剂，高效低毒具有保护和内吸治疗双重作用，对许多由子囊菌、半知菌所引起的病害都有良好的防治效果，主要作用是干扰致病菌的有丝分裂中纺锤体的形成，影响病原真菌的细胞分裂，抑制病菌生成。剂型有 25％、50％多菌灵可湿性粉剂，40％多菌灵胶悬剂。

2. 防治对象　枣锈病、炭疽病、轮纹病、褐斑病等多种病害。

3. 使用方法　一般用 50％多菌灵可湿性粉剂 600～800 倍液喷雾，在病菌浸染前、发病初期、后期均可使用。

4. 注意事项　多菌灵在全国各省（自治区、直辖市）应用多年，由于连续使用已普遍产生抗性，因此，应停用一段时间再用多菌灵，效果会改善。可与抗生素类、无机金属制剂，如石硫合剂、波尔多液、代森锰锌等交替使用以减少抗性产生。多菌灵不能与甲基托布津、噻菌类、苯来特等杀菌剂交替使用。该药剂不能与含铜制剂及碱性药剂混合使用，采果前 20 天停止使用。

（十）必备

1. 作用特性　必备是铜制剂，作用是释放出的铜离子与病菌体内的多种生物活性集团结合，形成铜的结合物使蛋白质变性，阻碍和抑制代谢，致病菌死亡。必备能杀灭真菌和细菌，具有良好的黏着性，耐雨水冲刷，持效期长，可防治果树多种病害。该药含钙、铜等营养元素，有利于果树生长。必备在欧洲有 AA 级无公害农药认证，是生产有机食品允许使用农药。对人、畜和环境安全。剂型 80％必备可湿性粉剂。

2. 防治对象　枣锈病、褐斑病、炭疽病、轮纹病、烂果病等多种真菌和细菌病害，并能减少枣裂果。

3. 使用方法　防治枣锈病、炭疽病、轮纹病、烂果病等病害、细菌为害的枣缩果病用 80％必备可湿性粉 400～600 倍液喷雾。枣树萌芽前可用 80％必备可湿性粉剂 200 倍仔细喷洒树干、

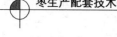

枝条，可铲除越冬病菌。

4. 注意事项 对铜敏感的作物慎用。喷药要均匀细致，枝条、叶正反面都要喷到。不宜与碱性和强酸性农药混用。应遵守一般农药使用规则和安全防护措施。采果前 20 天停止使用。

（十一）碱式硫酸铜

1. 作用特性 碱式硫酸铜是保护性杀菌剂，有效成分是通过植物表面水的酸化，逐步释放铜离子，抑制真菌孢子萌发和菌丝发育。生产有机枣可以使用。剂型 80％碱式硫酸铜可湿性粉剂，30％碱式硫酸铜悬浮剂，35％碱式硫酸铜悬浮剂。

2. 防治对象 枣锈病等真菌病害及部分细菌病害。

3. 使用方法 防治枣锈病、炭疽病、轮纹病、烂果病、缩果病等病害用 80％的碱式硫酸铜可湿性粉剂 600～800 倍液喷雾。

4. 注意事项 不能与石硫合剂及遇铜易分解的农药混用。阴雨天气和有露水时不能喷药，以防药害。该药悬浮剂型贮存时有沉淀现象，使用时需摇匀。采果前 20 天停止用药。

（十二）可杀得

1. 作用特性 可杀得有效成分为氢氧化铜的一种新型杀菌剂。药液稳定，扩散性好，黏附性强耐雨水冲刷，对人、畜较安全。本药剂适于多种真菌及细菌性病害，杀菌广谱，并对植物生长有刺激作用。生产有机枣可以使用。剂型有 77％可杀得可湿性粉剂。

2. 防治对象 多数真菌和细菌病害。

3. 使用方法 防治细菌为害的枣缩果病、枣锈病、炭疽病、轮纹病、烂果病等病害可用 77％可杀得可湿性粉剂 500～800 倍液喷雾。

4. 注意事项 不能与强碱、强酸性农药混用。应在病害发病始期使用效果好，与内吸性杀菌剂交替使用可减缓病菌抗性。采果前 20 天停止用药。

（十三）铜高尚

1. 作用特性　铜高尚是一种超微粒铜制剂的广谱杀菌剂，杀菌力强、耐雨水冲刷，对人、畜低毒，对作物安全，连续使用不易产生抗性。生产有机枣可以使用。剂型有 27.12％悬浮剂。

2. 防治对象　枣锈病、轮纹病、炭疽病、烂果病、缩果病等多种真菌和细菌病害。

3. 使用方法　防治枣锈病、炭疽病、烂果病、缩果病等可用 27.12％铜高尚悬浮剂 500～800 倍液喷雾。

4. 注意事项　不能与碱性农药混用。以保护为主，应在发病前应用效果好。采果前 20 天停止用药。

（十四）多氧霉素（宝丽安、多效霉素、保利霉素、科生霉素、多抗霉素）

1. 作用特性　多氧霉素属农用抗生素杀菌农药，是金色链霉菌的代谢产物，主要组分为多氧霉素 A 和 B，能干扰病菌的细胞壁几丁质合成，抑制病菌产孢子和病斑扩大，菌丝体不能正常生长死亡。有良好的内吸性，杀菌广谱，有保护和治疗作用。低毒、低残留，对环境不污染，对天敌和植物安全。生产有机枣可以使用。剂型有 1.5％、3％和 10％可湿性粉剂。

2. 防治对象　枣锈病等多数真菌病害。

3. 使用方法　防治枣锈病、炭疽病、烂果病等在发病初期用 10％多氧霉素可湿性粉剂 1 000～1 500 倍液喷雾。

4. 注意事项　不能与酸、碱性农药混用，可与中性农药混用。全年用药不能多于 2 次，以减缓病菌产生抗性。采果前 20 天停止用药。

（十五）农抗 120（抗霉菌素）

1. 作用特性　农抗 120 属农用抗生素类杀菌农药。为吸水刺孢链霉菌北京变种的代谢产物，主要组分为核苷，可直接阻碍病原菌蛋白质合成，致病原菌死亡。对人、畜低毒，对天敌、作物安全，无残留，不污染环境，并有刺激植物生长的作用。生产有机枣可以使用。剂型有 1%、2%、4%水剂。

2. 防治对象　枣锈病等多数真菌病害。

3. 使用方法　防治枣锈病、炭疽病、烂果病等可在发病初期用 2%农抗 120 水剂 200 倍液喷雾。

4. 注意事项　不能与碱性农药混合使用。全年用药不能多于 2 次，以减缓病菌产生抗性。采果前 20 天停止用药。

（十六）井冈霉素（有效霉素）

1. 作用特性　井冈霉素是由吸水链霉菌井冈变种产生的水溶性抗生素，由 A、B、C、D、E、F 等 6 个组分组成，主要组分为 A 和 B，可干扰和抑制菌体细胞的正常生长而起到治疗作用，耐雨水冲刷，残效期 15～20 天。对人、畜低毒，对鱼类、蜜蜂安全，不污染环境。生产有机枣可以使用。剂型有 0.33%粉剂，3%、10%水剂，2%、3%、4%、5%、10%等井冈霉素可溶性粉剂。

2. 防治对象　轮纹病、枣锈病等多数真菌病害。

3. 使用方法　防治枣轮纹病、枣锈病、炭疽病、烂果病等可在发病初期用 5%井冈霉素可溶性粉剂 1 000～1 200 倍液喷雾。

4. 注意事项　不能与碱性农药混合使用。全年用药不能多于 2 次，应与其他杀菌剂交替使用，以减少病菌产生抗药性。注意防霉、防腐、防冻、防晒、防潮、防热，密封贮存。采果前 20 天停止用药。

（十七）春雷霉素（春日霉素、克死霉、加收米）

1. 作用特性　春雷霉素是小金色放线菌所产生的代谢物，是农、医两用抗生素。春雷霉素有内吸作用，有预防病害发生和治疗作用。高效、低毒、持效期长。无突变、致畸、致癌作用，对人、畜安全，对鱼、水生物、蜜蜂、鸟类和家蚕低毒。生产有机枣可以使用。剂型有 2%、4%、6%春雷霉素可湿性粉剂，2%加收米液剂，0.4%春雷霉素粉剂。

2. 防治对象 多数真菌和部分细菌病害。

3. 使用方法 防治枣锈病、炭疽病、烂果病、黑斑病、细菌为害的枣缩果病等在发病初期用用 2％春雷霉素可湿性粉剂 400 倍液喷雾。

4. 注意事项 不宜连续单一使用，以防病菌产生抗药性。药液应现配现用，可加入适量的洗衣粉（生产有机枣不能加洗衣粉）增加展着力，提高防治效果。喷药后 5 小时下雨应补喷。如误食中毒可饮大量盐水催吐，送医院救治，药液溅到眼睛皮肤上，用清水冲洗。采果前 20 天停止用药。本药应密封贮存在阴凉干燥处。

（十八）农用链霉素

1. 作用特性 农用链霉素是放线菌产生的代谢产物，具有内吸作用，能渗透到植物体内，传导到其他部位，对细菌性病害防治效果较好。对人、畜低毒，对鱼类及水生物毒性小。生产有机枣可以使用。剂型有 10％可湿性粉剂。

2. 防治对象 细菌病害。

3. 使用方法 防治细菌为害的枣缩果病，可用 10％农用链霉素可湿性粉剂 500～1 000 倍液加上杀真菌的农药喷雾，可兼治真菌病害。生产有机枣不可以加合成杀菌剂一起使用。

4. 注意事项 不能与碱性农药混合使用，药剂贮存阴凉干燥处。采果前 20 天停止用药。

（十九）中生菌素（农抗 751）

1. 作用特性 中生菌素是淡紫灰链霉菌海南变种产生的碱性、水溶性 N-糖苷类农用抗生素杀菌农药，可抑制病菌体蛋白质合成，能使丝状真菌畸形，抑制孢子和杀死孢子。该药对多种细菌和真菌有较好的疗效，具有广谱、高效、低毒，对人、畜低毒，对天敌、作物安全，无残留，不污染环境等特点。生产有机枣可以使用。剂型有 1％中生菌素水剂。

2. 防治对象 细菌及真菌病害。

3. 使用方法 防治细菌为害的枣缩果病、枣轮纹病、炭疽病、枣锈病、黑斑病用 1‰ 中生菌素 200～300 倍液，如混入其他杀菌剂使用效果更佳。

4. 注意事项 不能与碱性农药混合使用。应与波尔多液等其他类型杀菌剂交替使用，以减少病菌产生抗药性。药剂要现配现用，不能久存。贮存应放在阴凉干燥处。采果前 20 天停止用药。

提示：上述铜制剂及抗生素类杀菌剂除注明生产有机枣可使用外，均应征得当地有机食品管理部门认可后方可使用。

（二十）苯醚甲环唑（世高）

1. 作用特性 苯醚甲环唑是通过抑制麦角甾醇的生物合成而干扰病菌的正常生长，对植物病原菌孢子有极强的抑制作用，有内吸作用，具有保护、治疗、铲除作用，耐雨水冲刷、疗效好、持效期长的优点。属低毒杀菌剂，对人、畜、作物、天敌安全，剂型有 10% 水分散颗粒剂。

2. 防治对象 防治多种由子囊菌、担子菌、半知菌等引起的真菌病害。

3. 使用方法 防治枣轮纹病、炭疽病、枣锈病、烂果病等病害用 10% 水分散颗粒剂 2 000～4 000 倍液。

4. 注意事项 不能与碱性农药混合使用。应与波尔多液等其他类型杀菌剂交替使用，全年用药不能多于 2 次，以减少病菌产生抗药性。采果前 20 天停止用药。

（二十一）嘧菌酯（阿米西达）

1. 作用特性 嘧菌酯通过抑制细胞色素间电子转移抑制线粒体的呼吸作用，使细胞中毒致病菌失去生命力，具有保护、治疗、铲除作用，属低毒杀菌剂，对眼睛有刺激，对人畜安全，对蜜蜂安全，对鸟类低毒。剂型有 25% 悬浮剂，50% 水分散颗粒剂。

2. 防治对象 防治多种由卵菌、子囊菌、担子菌、半知菌等引起的真菌病害。特别是对苯甲酰胺类、二羧酰胺类、苯并咪唑类杀菌剂已产生抗性的菌株有很好的防治效果。

3. 使用方法　防治枣轮纹病、炭疽病、枣锈病、烂果病等病害用25％1 000～2 000倍液喷雾。

4. 注意事项　不能与碱性农药混合使用。应与波尔多液等其他类型杀菌剂交替使用，全年用药不能多于2次，以减少病菌产生抗药性。喷药时注意保护眼睛。采果前20天停止用药。

（二十二）咪鲜胺（施保克、扑霉灵）

1. 作用特性　咪鲜胺是一种新型咪唑类高效广谱杀菌剂。对子囊菌和半知菌引起的作物病害有特效，适用于叶面喷雾防治和果实采后防腐保鲜。作用机制：主要是通过抑制甾醇的生物合成而起作用，导致病菌死亡，具有保护作用和铲除作用。无内吸作用，但有一定的传导性能。咪鲜胺属低毒杀菌剂。对人、畜和天敌安全。制型：25％咪鲜胺乳油、45％咪鲜胺水乳剂。

2. 防治对象　对子囊菌和半知菌引起的作物病害有特效，可防治蔬菜、果树上的炭疽病、灰霉病、白粉病、斑点病等病害。

3. 使用方法　防治枣炭疽病、锈病、烂果病等病害于坐果后、幼果期分别喷布1次25％咪鲜胺乳油500～1 000倍液或45％咪鲜胺水乳剂2 000倍液。果实采后防腐保鲜处理：在常温下将当天采下的果实，用25％咪鲜胺乳油500～1 000倍液或45％咪鲜胺水乳剂1 500～2 000倍液浸果1分钟，捞起晾干贮存，可有效控制果实的炭疽病、青霉病、绿霉病、蒂腐病等病害。

4. 注意事项　不能与碱性农药混合使用。应与波尔多液等其他类型杀菌剂交替使用，全年用药不能多于2次，以减少病菌产生抗药性。本药剂对水生动物有毒，施药时应远离鱼塘、河流。喷药时注意保护眼睛。采果前20天停止用药。果实采后防腐保鲜处理，果品出库上市前20天停止用药。

四、除草剂

（一）百草枯（克芜踪、对草快）

1. 作用特性 百草枯是速效触杀型灭生性除草剂，有一定的内吸性。对植物着药部位的绿色组织有强烈的破坏作用。进入土壤后被土壤吸附钝化，对后茬作物无影响。因此，只能进行茎叶处理，杀死地上部分。

2. 使用方法 每 667 米^2 用 20％的百草枯 200 毫升对水 50 千克稀释液均匀喷雾，主要防除幼嫩杂草，对根无效。

3. 注意事项 因百草枯是灭生性除草剂，在苗圃和果园一定要选在无风的天气使用，药液不能溅到树苗和果树上，否则会引起药害。喷药器械最好要专用，与其他农药混用器械要彻底清洗干净以防药害。百草枯虽然对人畜低毒，但也要注意用药安全。

（二）草甘膦（镇草宁）

1. 作用特性 草甘膦是有机磷类内吸传导型灭生性除草剂。被植物吸收后可在植物体内输导到根、茎、叶，致植物整株死亡，对人畜安全。主要防治果园内的一、二年生禾本科、莎草科等杂草，对多年生的茅草、狗牙根、香附子等杂草除草效果也较好。

2. 使用方法 防除一、二年生杂草每 667 米^2 用 10％的草甘膦水剂 1 500 毫升，加水 30 千克定向均匀喷雾。灭除多年生深根性杂草，可用 10％的草甘膦水剂 2 500 毫升加水 30 千克定向均匀喷雾。

3. 注意事项 草甘膦有内吸输导作用，因此不能做土壤处理剂，要选择无风天气使用，避免溅到果树上引起药害。该药有腐蚀性，使用和贮存时不能用金属容器。喷药器械最好要专用，与其他农药混用器械要彻底清洗干净以防药害（以下同）。

（三）氟乐灵（特福力、氟特力、茄科宁）

1. 作用特性　氟乐灵是选择性苗前土壤处理剂。杂草根和幼芽吸收药剂后抑制分生组织细胞分裂，逐渐停止生长发育而达到灭草作用。可杀死马唐、牛筋草、狗尾草、旱稗、千金子等一年生禾本科杂草，防除马齿苋、野苋、小藜等小阔叶杂草的效果也较好，对龙葵、铁苋等阔叶杂草和白茅、狗牙根等多年生杂草的效果较差。对人畜毒性低。

2. 使用方法　氟乐灵作为土壤处理剂，用量每 667 米^2 80～120 毫升 48% 氟乐灵乳油加 50 千克水稀释，地面均匀喷雾，立即混土（4～5 厘米）以防光解。土质不同用量有异，砂质土每 667 米^2 用量 80 毫升左右，黏质土每 667 米^2 100～120 毫升。

3. 注意事项　氟乐灵对瓜类敏感，间作瓜类的果园不宜使用。氟乐灵易发挥和光解，应密闭和避光保存。

（四）盖草能（吡氟乙草灵、高效盖草能）

1. 作用特性　盖草能是一种选择性苗后茎叶处理剂，具有内吸传导性，药剂被杂草吸收能传导到整个植株，抑制茎和根的分生组织生长，起到杀灭杂草作用。对一年生和多年生禾本科杂草有效，对阔叶杂草和莎草无效，对人畜毒性低。

2. 使用方法　杂草在 3～4 叶期，每 667 米^2 用 30 毫升 12.5% 盖草能乳油或高效盖草能 20～30 毫升加水 50 千克稀释均匀喷洒杂草。

3. 注意事项　盖草能施药后 2 小时遇雨须补喷一次，若单、双子叶杂草混生可与杀灭阔叶杂草的除草剂混用。

（五）敌草胺（大惠利、草萘胺）

1. 作用特性　敌草胺为芽前土壤处理剂。杂草的芽鞘和根部吸收后抑制酶的形成，使芽、根不能正常生长而死亡。对马唐、稗草、狗尾草、看麦娘、牛筋草、早熟禾等一年生禾本科杂草和猪殃殃、扁蓄、马齿苋、藜类等双子叶杂草均有较好的除治效果，对多年生杂草无效，对人畜毒性低。

2. 使用方法 每 667 米² 用量 0.1～0.2 千克 50％敌草胺可湿性粉剂,加水 50 千克进行地面喷雾。敌草胺除草效果与土壤湿度有关,如土壤湿度小应浇水后或降雨后使用,可提高除草效果。

(六) 喹杀灵 (禾草克)

1. 作用特性 喹杀灵是一种选择性内吸传导型茎叶处理除草剂,药剂被杂草茎叶吸收后,一年生杂草破坏顶端及居间分生组织使新茎叶变黄,停止生长而死亡;多年生杂草迅速向地下根茎组织传导,使其节间和生长点受破坏,失去再生能力。对一年生和多年生禾本科杂草有较好的灭除效果,对人畜毒性低。

2. 使用方法 杂草在 3～4 叶期每 667 米² 用 10％禾草克乳油 40～50 毫升,对水 50 千克进行均匀喷雾。土壤干燥,杂草生长缓慢,叶面积小而吸收药量少时,应适当增加用药量,以提高除草效果。

(七) 精稳杀得 (精吡氟禾草灵)

1. 作用特性 精稳杀得是一种内吸传导型茎叶除草剂。主要通过茎、叶吸入植物体内,能抑制节部及根茎的生长至枯死,对于一年生和多年生禾本科杂草有良好除草效果,对人畜安全。

2. 使用方法 杂草 3～4 叶时每 667 米² 用 15％精稳杀得乳油 50～75 毫升,对水 40～50 千克进行均匀喷雾。除草效果与土壤湿度有关。应在浇水和降雨后使用,可提高灭除杂草的效果。

(八) 乙草胺

1. 作用特性 乙草胺是选择性芽前土壤处理剂。通过杂草芽鞘吸入植物体内,抑制酶和蛋白质合成,致杂草死亡。用于稗草、马唐、狗尾草、牛筋草等一年生禾本科杂草及部分阔叶杂草的灭除,对人畜安全。

2. 使用方法 每 667 米² 用 50％乙草胺乳油 100 毫升,加水 50 千克稀释进行土壤喷雾。乙草胺对已出土的杂草无效,施药之前应将已出土的杂草除净。

五、植物生长调节剂

自 20 世纪初，植物学家发现植物体内有的物质在其含量极微的条件下却能改变植物的生理活动，这一类物质被称为植物激素。目前植物激素有生长素类、赤霉素类、细胞激动素类，生长抑制剂类及 1970 年发现的芸薹素内酯，其作用有生长素、赤霉素、细胞激动素的某些特点。人工合成的植物激素类称为植物生长调节剂，其用途广泛，常用于植物组织的生根、发芽或促进植物生长，开花、坐果、催熟、增糖、保鲜等或控制发芽、开花、坐果、成熟等。在枣栽培中也应用很广，如育苗中的嫩枝扦插要用萘乙酸、吲哚乙酸和细胞激动素等。

植物生长调节剂大部分品种对人畜毒性很低，在生产无公害、A 级绿色食品中尚可限制使用。

（一）植物生长调节剂的科学使用

①植物生长调节剂不是植物的营养物质，只有在必要的营养物质参与和正确的管理技术运用下才能获得良好结果，如枣花期为提高坐果用赤霉素，必须在良好的肥水管理条件下才行，否则会因树势衰弱坐果不良或枣果实品质下降。

②植物生长调节剂作用于不同器官、不同时期、不同浓度，其作用不同，如 2，4 滴在花期用低浓度有提高坐果的作用，而在幼苗期高浓度的条件下就成为除草剂。

③两种以上的植物生长调节剂混合应用，有增效或相互抵消的作用：如萘乙酸和吲哚乙酸混合应用，可提高插条的生根率，而多效唑与赤霉素混用，却有相互抵消的作用。因此，多效唑使用过量时可以喷赤霉素来补救。

（二）枣栽培中几种常用的植物生长调节剂

1. 赤霉素

（1）作用特性　赤霉素是一个很大的家族，已发现有 70 多种，目前生产上应用较多的是 GA_3，也叫九二〇，对人畜安全，未见突变及致癌变作用。商品有 85％结晶粉、4％乳油、40％水溶性粉剂等。赤霉素是促进植物生长发育的重要激素。在植物体内，赤霉素由萌发的种子、幼芽、生长着的叶、花、果实及根中合成；人工生产的赤霉素主要经由叶、花、种子、果实和嫩枝吸收。其作用是促进植物细胞分裂、伸长，植株叶片增长、单性结实、果实生长、打破种子休眠、促进芽子萌发、改变雌雄花的比例、提高坐果率和减少落花落果等。

（2）使用方法

①枣的花期可用 10～20 毫克/千克的九二〇水溶液，可提高枣的坐果率，促进果实膨大。

②枣的嫩枝扦插育苗可用 20～30 毫克/千克的九二〇水溶液浸条 5～10 小时，促进嫩枝插条生根，提高成活率，也用于组培营养液的配制。

③鲜食枣为延长其保鲜期，可在摘果前喷 10～15 毫克/千克的九二〇水溶液。

④嫁接或桥接枣树，接穗用 10～15 毫克/千克的九二〇水溶液浸接穗，可提高嫁接成活率。

（3）注意事项

①赤霉素结晶粉不能直接溶于水，使用前先用少量酒精或高度的白酒溶解后，再兑水稀释到需用浓度。

②赤霉素遇碱性物质及高湿时易分解，应在低温干燥条件下保存。不能与碱性药物混合使用，其水溶液不能长时间保存，应现配现用。

2. 萘乙酸

（1）作用特性　萘乙酸为白色针状结晶体，易溶于热水，对人畜毒性低，没有发现致癌变作用，是一种广谱性植物生长调节剂。可促进细胞分裂增大、愈合组织生成、诱导不定根生成、增加坐果率、防止落花落果、改变雌雄花比率和提高产量，高浓度有疏花疏果作用。商品剂型 80％萘乙酸粉剂、70％萘乙酸钠盐水剂。

（2）使用方法

①枣的嫩枝扦插和桥接，其插穗或接穗用20毫克/千克的萘乙酸水溶液浸条，可提高成活率。

②酸枣种子育苗，处理好的种子喷15～20毫克/千克的萘乙酸水溶液可提高出苗率。

（3）注意事项

①萘乙酸难溶于冷水，配制药液时先用少量的白酒或温水溶解后再对水至需要的浓度。

②萘乙酸对皮肤有刺激作用，应注意保护眼睛和皮肤。

③严格掌握使用浓度，防止药害。

④为促证食品安全现已停止在结果树上使用。

3. ABT 生根粉

（1）作用特性　ABT 生根粉是复配植物生长调节剂，现在已开发出很多剂型，有的用于生根，有的用于提高坐果率。目前在枣嫩枝扦插育苗上应用的是生根剂。

（2）使用方法　在枣嫩枝扦插前用50毫克/千克的 ABT 水溶液浸5～6小时或用1 000毫克/千克的水溶液速蘸30秒钟，均可提高插条的生根率。

（3）注意事项　使用时应注意，有的剂型不是水溶性的，要先用酒精或高度白酒溶解后，再加水稀释至需要浓度。

4. 乙烯利

（1）作用特性　乙烯利是低毒植物生长调节剂，1965年由美国开发，现已国产化。其作用是由植物的茎、叶、花、果等器官吸收传到植物细胞内，分解生成乙烯，可提高雌雄花比例，促进某些植物开花、矮化，增加茎粗，刺激某些植物种子发芽，加速叶、果实成熟、衰老脱落等，是广谱性植物生长调节剂，在枣生产上主要用于制干枣的催落采收。

（2）使用方法　在枣果完熟期，准备采收前5～7天，全树喷布 200~300 毫克/千克的乙烯利，喷后 2 天开始生效，第 4~5 天进入落果高峰，只要摇动枝干，便可催落全部成熟枣果。喷布浓度超过 400 毫克/千克的乙烯利有落叶现象，不宜采用，以免影响采果后枣树后期的营养积累。

（3）注意事项

①遇碱性物质及高湿时易分解，应在低温干燥条件下保存。不能与碱性药物混合使用，其水溶液不能长时间保存，应现配现用。

②晴天干燥情况下使用效果好。

③树势健壮的枣树使用浓量应适应高点，催落效果好。

5. 芸薹素内酯（诺赛尔）

（1）**作用特性** 芸薹素内酯 1970 年米希尔发现，是一种甾醇类的植物内源生长物质，它在植物生长的各个阶段，可促进营养生长，又有利于受精作用，它的生理作用表现为生长素、赤霉素、细胞激动素的某些特点。此前，从油菜花粉中提出，20 世纪 80 年代日本、美国人工合成出芸薹内酯，是一种属低毒新型植物生长调节剂，应用前景广泛。

（2）**使用方法** 芸薹内酯是一种新型植物生长调节剂，在枣树上应用不多，可先试用 0.01 乳油，2 000~3 000 倍液，在盛花期、第一次生理落果后叶面喷洒，可提高坐果率、果实增重，改善枣果品质。由于芸薹内酯是植物内源激素，毒性低，可试验、总结使用技术，以取代萘乙酸在枣树上防落果的应用。

（3）**注意事项** 使用时加入 0.01 的洗衣粉表面活性剂可提高药效。

6. 多效唑（氯丁唑）

（1）**作用特性** 多效唑是三唑类植物生长延缓剂，根、茎、叶吸收后，通过树木的木质部向顶端输送，并能传至顶点的分生组织，抑制植物的内源赤素合成，提高植物吲哚乙酸氧化酶的活性，降低植物内源吲哚乙酸的水平，减少植物细胞分裂和伸长，可明显减弱顶端优势，使植株矮化，促进侧芽生长，使叶片浓绿，提高光合作用，促进根系生长，提高植株的抗逆性并有防治病害的作用。叶面喷施显效快，一般3～4天即可显效，15天药效达到高峰。属于低毒植物生长调节剂。剂型15％可湿性粉剂、25％悬浮剂、25％乳油。

（2）使用方法　在枣树枣吊生长长度达到丰产节数后，用15％的可湿性粉剂，300倍液喷雾，可抑制枣头、枣吊生长，促进花芽分化，提高坐果率，减轻此期枣头、枣吊摘心的劳动强度。

（3）注意事项　品种、树势强弱、土壤肥力不同，使用浓度有增减，应通过实验确定最佳浓度，不可随意增加浓度，以免造成药害。喷药当天遇雨应补喷。虽然属低毒药剂也应遵循农药安全条例安全使用。

7. 矮壮素（CCC、矮脚虎）

（1）作用特性　矮壮素能阻碍植物体内贝壳杉烯的生成，使内源赤霉素的合成受阻，可控制植株根、茎、叶的生长，使叶色加深叶片增厚叶绿素含量增多，提高光合作用，促进花芽分化和果实生长，使植株节间缩短、矮壮，整株矮化，能增强抗旱、抗寒和耐盐碱的能力，改善果实品质，提高产量。属低毒植物调节剂。剂型80％可溶性粉剂，50％水剂。

（2）使用方法　在枣树花前5～10天，用50％水剂3 000～4 000倍液全树喷雾可提高坐果，促进果实生长，密植园可在萌芽期、幼果期、果实膨大期喷施50％水剂3 000～4 000倍液，促使植株矮化。

（3）注意事项　品种、树势强弱、土壤肥力不同，使用浓度有增减，应通过实验确定最佳浓度，不可随意增加浓度。气温18～25℃使用效果最好，适宜早晨、傍晚和阴天喷施。喷药后4小时遇雨应补喷。喷药后一天内不能浇水以免降低药效。不能与碱性农药或化肥混用。

（周正群、周　彦）

第十章

枣树常见病虫害防治

第一节 枣树病害防治

枣树病害防治流程：调查危害枣树主要病害、次要病害及同时存在的害虫→确定防治主要病害用药及兼治次要病害用药或兼治虫害用药→首选农艺防治措施→药物防治在萌芽前用 5 波美度石硫合剂防治各种病害兼治虫害→病菌初侵染期用合成杀菌剂＋防治虫害药物→进入雨季可用波尔多液（此期害虫应单独防治）→后期用大生 M‑45、高尚铜等一类以保护为主且对人无毒的杀菌剂，全年病害即可控制。

一、枣锈病

枣锈病在我国枣区均有发生，多雨的南方发病多于北方，是枣树上的重要病害。其病源菌为担子菌纲，锈菌目，锈菌科，锈菌属，枣层锈菌，主要为害枣树叶片，发病初期在叶片背面的叶脉两侧、叶尖、基部出现淡绿色小白点，之后凸起呈暗黄褐色小疱为病原菌的夏孢子堆，成熟后表皮破裂散出黄粉即夏孢子，叶片正面对应处有退绿色小斑点，呈花叶状，逐渐变黄色失去光泽，形成病斑，最后干枯脱落。落叶一般从树冠下部内膛向上向外蔓延，受害严重地块仅有枣果挂在树上，很难成熟，果柄受害容易落果。

（一）发生规律

病菌在病芽和落叶中越冬，借风雨传播，北方 6 月中、下旬以后温度、湿度条件适于病菌繁殖并造成多次侵染。沧州地区一般6月底至7月初如有降雨即可侵染，7月中、下旬开始发病，8月下旬、9月上旬发病严重的树开始大量落叶。枣锈病发生与高温高湿有关，南方发生重于北方，雨水多的年份，树冠、枣园郁闭通风透光不良的枣树发病严重。干旱年份发病轻甚至不发病。

（二）防治方法

1. 农艺措施 及时清扫夏秋落叶、落果并烧毁。对郁闭果园和树冠应通过修剪改善通风透光条件。合理施肥、增施有机肥、控制氮肥过量使用。坐果适量增强树势，提高枣树本身的抗病能力，雨季要及时排除果园积水，创造不利于病菌繁衍的条件。发病初期摘除病叶减少病源。冬季常绿的松柏树是锈病菌的中间寄主，枣园应远离松柏树减少感染。

2. 药剂防治

①春天枣芽萌动前喷5波美度石硫合剂，减少越冬病源菌基数。6月中下旬用77%的氢氧化铜（可杀得）可湿性粉剂500～800倍液防治，进入7月份以后正是北方雨季，可连续用2～3次倍量式波尔多液180～220倍液（前期用220倍，后期可适当提高浓度用180倍），进入9月份用10%的多抗霉素1 000倍液或用80%必备可湿性粉400～600倍液喷雾防治。

②雨季来临早的年份或地区于5月底至6月初，树上喷40%氟硅唑（福星）乳油8 000倍液或用25%三唑酮（粉锈宁）可湿性粉剂1 000倍液或80%代森锰锌（大生M-45）可湿性粉剂600～800倍液或用62.25的仙生600～700倍液。如多年没用多菌灵或甲基硫菌灵的枣园还可用50%多菌灵可湿性粉剂600～800倍液或用70%甲基硫菌灵可湿性粉剂800～1 200倍液。进入7月份以后正是北方雨季，可连续用2～3次倍量式波尔多液180～220倍（前期用220倍，后期可适当提高浓度用180倍），雨季后期可用代森锰锌（80%大生M-45）可湿性粉剂600～800倍液或用40%氟硅唑（福星）乳油8000倍液或用77%氢氧

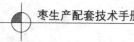
化铜（可杀得）可湿性粉剂 500～800 倍液防治。雨季后期应停用波尔多液，以防污染果面影响销售。

编者提示：病虫防治部分，凡是农艺措施、物理措施等防治技术是生产有机食品枣、级绿色食品枣、无公害枣都应首先采用的技术，药物防治的 A 项是生产有机食品枣、级绿色食品枣、无公害枣都应首先采用的药物防治，B 项是生产 A 级绿色、无公害枣都可采用的技术，C 项只是生产无公害枣可采用的技术（以下同）。

二、枣炭疽病

炭疽病菌属于真菌中的半知菌，除了为害枣以外，还危害苹果、梨、葡萄等多种果树。果实染病先出现水渍状浅黄色、红褐色斑点，病斑渐大，周围出现淡黄色晕环，最后变为黑褐色病斑，发展缓慢，病斑处稍凹陷，里面果肉由绿变褐色，黑褐色或黑色，坏死，呈圆形、椭圆形或菱形多样病斑。树冠、枣园郁闭，通风透光不良的枣树发病严重。

（一）发生规律

枣炭疽病菌在枣头、枣股、枣吊及僵病果中越冬，可随风雨或昆虫带菌传播。刺槐可染病或带菌，以刺槐为防护林的枣园有加重感染炭疽病的趋势。据资料介绍，该病菌孢子在 5 月中旬前后有降雨时即开始侵染传播，8 月上、中旬可见到果实发病，如后期高温多雨，加速侵染。

（二）防治方法

1. 农艺措施　初冬对树上尚未脱落的枣吊、枣果，树下落叶、枣吊、病果等彻底清除出果园烧毁，发病初期摘除病叶、病果减少病源。如枣园防护林是刺槐的，要做好刺槐的防治工作，有条件的可改种其他树种。其他措施见枣锈病相关部分。

2. 药剂防治

①春天枣芽萌动前包括作防护林的刺槐（萌芽前）喷 5 波美

度石硫合剂，减少越冬病源菌基数。6月中下旬用77％的氢氧化铜（可杀得）可湿性粉剂500～800倍液防治，进入7月份以后正是北方雨季，可连续用2～3次倍量式波尔多液180～220倍液（前期用220倍，后期可适当提高浓度用180倍），雨季后期用10％的多抗霉素1 000倍液防治或用80％必备可湿性粉400～600倍液喷雾。

②5月底至6月下旬（花期除外），可用70％甲基硫菌灵（甲基托布津）1 000～1 200倍液或40％氟硅唑（福星）乳油8 000倍液、或噻菌铜20％悬浮剂500～700倍或62.25的仙生600～700倍药液全树喷雾，灭除初染病菌，7月上旬至8月中旬可喷2～3次倍量式波尔多液180～220倍液（前期用220倍）全树喷雾保护幼果，8月底以后用77％氢氧化铜（可杀得）可湿性粉剂400～600倍液或代森锰锌（80％大生M‐45）可湿性粉剂600～800倍液喷雾，一般9月中旬后可停止用药。

三、枣黑斑病

据观察和报道，近几年河北、山东各枣产区均有黑斑病的发生，并有加重趋势。枣黑斑病主要浸染果实和叶片。果实染病后表皮出现大小不等形状各异的黑褐色病斑，稍有凹陷但不侵染果肉，叶片染病后出现黑褐斑，严重时干枯。据李晓军研究，枣黑斑病是由黄单孢杆菌属细菌和假单孢杆菌细菌侵染引起的细菌性病害。病害加重与近几年果农片面追求产量，过量使用氮肥，不适当地使用赤霉素以及有机肥施用不足造成树势弱，抗病能力下降有关。

（一）发生规律

黑斑病菌在6月中旬即可侵染，7、8月份是该病高发期，气候高温多湿是病原菌蔓延的条件，9月上旬以后随着雨量减少和气温的下降，其蔓延势头得到抑制，病原菌可在病果和叶片越冬。

（二）防治方法

1. 农艺措施　加强肥水管理，增施有机肥、合理负载，健壮树势，提高枣树本身的抗病能力。冬后或早春彻底清除果园中的枯枝落叶、病果、落果及杂草，减少病原菌越冬基数。其他措施见枣锈病相关部分。

2. 药剂防治

①在枣树萌芽前喷 5 波美度的石硫合剂，进行全树全果园灭菌。6 月中下旬至 7 月初黑斑病初染期可 10％农用链霉素可湿性粉剂 1 000 倍液或用 77％的氢氧化铜（可杀得）可湿性粉剂 500～800 倍液防治并可兼治其他病害，进入 7 月份以后正是北方雨季，可连续用 2～3 次倍量式波尔多液 180～220 倍液（前期用 220 倍，后期可适当提高浓度用 180 倍液），雨季后期用 10％的多抗霉素 1 000 倍液或用 80％必备可湿性粉 400～600 倍液喷雾防治。

②6 月中下旬至 7 月初黑斑病初染期可 10％农用链霉素可湿性粉剂 1 000 倍液加 40％氟硅唑（福星）乳剂 8 000 倍液可兼治其他病害。7 月上旬至 8 月中旬用倍量式波尔多液 180～220 倍液 2～3 次，8 月下旬以后再用 77％氢氧化铜（可杀得）可湿性粉剂 600～800 倍液或用 10％农用链霉素可湿性粉剂 1 000 倍液加 62.25 的仙生 600～700 倍液。或用 80％代森锰锌（大生 M-45）400～600 倍液防治。

四、枣铁皮病

枣铁皮病为害枣果，发病时病斑黄褐色如铁锈色故称铁皮病。有的枣区称雾焯、干腰子、雾燎头、束腰病，后期枣果失水缩皱，又叫缩果病。河北农业大学研究其病原菌为细交链孢、毁灭茎点霉、壳梭孢，是 3 种菌单独浸染或复合浸染的真菌病害。

（一）发生规律

一般在枣果白熟期出现症状，开始在枣的中部至肩部出现不规则黄褐色水渍状病斑，并不断扩大向果肉发展，果肉变黄褐色味苦，病果易落果。该病遇雨可突发性蔓延。病原菌在枣股、枣枝、树皮、落果、落叶、落吊中越冬，最早在枣花期就可侵染，8月中下旬至9月为发病高峰。

（二）防治方法

1. 农艺措施 加强肥水管理，合理负载，健壮树势，提高枣树本身的抗病能力。冬后或早春刮树皮，彻底清除果园中的枯枝落叶、病果、落果及杂草，减少病原菌越冬基数。其他措施见枣锈病相关部分。

2. 药剂防治

①刮树皮后在枣树萌芽前喷5波美度的石硫合剂，进行全树全果园灭菌。6月中旬喷一次77％的氢氧化铜（可杀得）可湿性粉剂500～800倍液防治，7月至8月中旬喷倍量式180～220倍波尔多液2～3次，然后再根据发病情况喷用10％的多抗霉素1 000倍液或80％必备可湿性粉400～600倍液喷雾防治。

②从6月中旬喷一次枣铁皮净（河北农大研制）800～1 000倍药液，或62.25的仙生600～700倍液，7月至8月中旬喷倍量式180～220倍波尔多液2～3次，然后再根据发病情况喷铁皮净800～1 000倍药液1～2次或62.25的仙生600～700倍液或77％氢氧化铜（可杀得）可湿性粉剂600～800倍液。

五、枣疯病

枣疯病俗称扫帚病、公树病、丛枝病等，丘陵山地枣区发生较重，为毁灭性病害，有的造成全园毁灭，唯河北沧州、山东滨州等地少见枣疯病。20世纪70年代认为病毒为害，80年代又从病树中发现类菌质体，认为是病毒与类菌质体混合感染。据近些年的研究可基本确定为类菌质体病害。

（一）发生规律

①通过带病苗木、接穗，嫁接或叶蝉类刺吸式口器昆虫

传播。

②枣疯病菌在病树的韧皮部，通过筛管体内传布，病原菌在树内分布不均匀，健康枝条中可基本没有病原菌。

③山区管理粗放、病虫防治不力的枣园、树势衰弱、植被丰富的枣园发病严重，而沙地和盐碱地枣区发病轻，可能与植被少、传病昆虫少、盐碱对类菌质体有一定的抑制作用有关。

④不同品种抗枣疯病的能力不同、不同的间作物与周围树木组成不同，均影响枣疯病的发生与蔓延。

（二）防治方法

①严禁从疫区引进苗木、接穗，对引进苗木、接穗，要严格检疫，杜绝传染源。

②新建枣园应选择抗枣疯病品种，采用无毒苗木，改接枣树要采集无毒苗木接穗进行嫁接。

③发现病株包括根系要彻底刨除销毁，消灭传染源。

④及时做好叶蝉类刺吸式口器昆虫的防治，减少昆虫传播机会。特别是要做好拟菱纹叶蝉、凹缘菱纹叶蝉的有效防治。据调查病区主要拟菱纹叶蝉、凹缘菱纹叶蝉防治不力传播枣疯病类菌质体致使枣树感病的。据研究凹缘菱纹叶蝉接触病树后将终生携带枣疯病类菌质体传播枣疯病，故以防治拟菱纹叶蝉、凹缘菱纹叶蝉为主的叶蝉类昆虫是防治枣疯病的关键。

⑤在病树上作业的工具要彻底消毒，减少作业工具的传病。

⑥有资料介绍发病较轻的树可采用彻底锯除病枝，主干环锯，断根及打孔注射药物等手术治疗，治愈率可达 50% 以上。笔者仍建议发现病株要彻底刨除为好，因为尽管 50% 以上的治愈率已有很大的进步，但是 50% 的传染源存在仍有继续蔓延的可能。

⑦要加强枣园的综合管理，增施有机肥，增强树势，提高枣树自身抵抗各种病害能力。

⑧选用酸枣和具有种仁的大枣品种作砧木有一定抗枣疯病的

能力。

⑨病区嫁接枣树，接穗要用 1 000 毫克/千克的盐酸四环素液浸泡半小时后灭病后再嫁接。

⑩药物防治

A. 采用树干打孔注药方法效果较好。先将病树的病枝从基部去掉，然后在树干用钻打孔 3 个，孔间平面夹角 120°（3 孔均匀分布一圆周）用带输液针头的塑料袋向树干孔内注药，用土霉素、四环素浓度为 1%，病轻的树每株滴药液 500 克、中等病树注 1 000 克、重病树注 1 500～2 000 克，枣树旺长期为防治最佳时期，北方枣区在 4 月下旬开始最好。中、重度病树应连续治疗 2～3 年。也可用薄荷粉 50 克加龙骨粉 100 克加铜绿（碱式碳酸铜）粉 50 克混合用纸筒灌入上述钻孔中，然后用木楔钉入孔内塞紧钻孔，再用泥将孔封闭可根治。

B. 先将病树的病枝从基部去掉，然后在树干用钻打孔 3 个，孔间平面夹角 120°（3 孔均匀分布一圆周）用带输液针头的塑料袋向树干孔内注药，用河北农业大学研制的抗疯 4 号、抗疯 8 号浓度为 1%，病轻的树每株滴药液 500 克、中等病树注 1 000 克、重病树注 1 500～2 000 克，枣树旺长期为防治最佳时期，北方枣区在 4 月下旬开始最好。中、重度病树应连续治疗 2～3 年。

六、枣树黄叶病

枣树黄叶可由多种原因造成，如果是坐果后叶片由绿变黄可能是由于甲口过宽没有及时愈合，树体养分不足造成；缺铁、缺氮、缺硫、缺锰和缺镁均可使叶片变黄，生产上常见的黄叶病主要是缺铁造成的，特别是盐碱地，土壤中的铁难以被根系吸收而造成缺铁性生理病害。

（一）发生规律

枣树缺铁是从枣头的幼嫩叶片开始发黄，特别是雨季，嫩梢生长过快，叶片黄化表现更为明显，雨季过后，症状可减轻。发病初期叶肉由绿变黄，叶脉仍为绿色，形成黄绿相间的"花叶"，严重时叶脉也可变黄、整个叶片变成黄白色，严重影响光合作用，造成果实品质下降和严重减产。

（二）防治方法

A. 合理施肥，通过增施有机肥改变土壤的理化性能，增加土壤中有机质、腐殖质，使土壤中的铁变为可溶性铁，提高根系吸收土壤中铁元素的能力。提倡以施用有机肥为主，不能偏重某种肥料的施用。偏施磷肥或土壤中钙过多可影响铁、锰、镁等元素的吸收。有沼气池的农户，也可将硫酸亚铁放入沼液中发酵3～5天，然后用此混合液加水2～3倍在树冠投影处挖沟或打孔浇树（每株树产鲜枣50千克，用0.5千克硫酸亚铁）效果也很好。

B. 在秋季施基肥时，每株树用0.5千克左右的硫酸亚铁与有机肥拌匀一起使用，这样有利于根系的吸收，减少铁在土壤中被固定的机会。生长季节可用尿素铁（0.2％～0.3％的硫酸亚铁加上0.2％～0.3％尿素再加0.2％的柠檬酸配成溶液），10天喷施一次，共喷2～3次可明显改善症状。

编者建议：在缺少化验条件的地方要确定植物缺少哪种元素，除观察特有表现症状外，可用实验法确定，如要确定黄叶病是缺哪种元素引起的。可先用300倍的尿素铁，进行叶面施肥，如果症状缓解，叶片变绿，说明此植物黄叶是因缺铁引起的。如症状没缓解说明不是缺铁，再改用其他能引起黄叶的元素进行实验确定。

七、枣裂果病

枣裂果病是生理病害，主要表现是果实生长后期出现裂果，特点是久旱突然降雨，果实出现大面积裂果。

（一）发病规律

枣裂果，品种间差异很大，果皮厚的枣一般裂果较轻。造成枣裂果主要有以下因素：一是枣果本身遗传基因造成的，品种间差异就是例证，同一品种不同品系间也有类似情况，如同是金丝小枣不同品系间就不同，有一种圆形小果型的金丝小枣就特别容易产生裂果，相反新选育的金丝新4号、献王枣裂果就轻。二是气候原因，果实生长前期干旱，不能适时适量浇水，后期突然降雨，致使果皮和果肉细胞生长不均衡造成裂果。三是栽培原因，有机肥施用不足，土壤板结，根系生长不良；有的果农长期采用地面撒施的施肥方法，造成根系上浮，抗旱耐涝能力下降等因管理方式不当造成果实裂果。四是缺钙，钙是组成果胶钙和细胞壁的重要元素，果树缺钙，果实裂果的几率就大。

（二）防治方法

1. 农艺措施　开展品种选优，淘汰那些易裂果的品系，从根本上解决裂果问题。根据天气情况做好果实生长期的浇水，雨季要及时排除果园积水。提倡滴灌和果园覆草，使土壤湿度保持在合理和稳定状态，保证果实均衡生长。增加有机肥的使用，改进施肥方法，通过深翻改土，改善土壤保水保肥能力，促进根系生长，引根向下，提高枣树的抗旱能力。

2. 药物防治

①果实生长中、后期适当补充钙肥。可用0.1%～0.2%葡萄糖酸钙或氧化钙喷雾。

②可用0.2%的氯化钙或氨基酸钙喷施。在补钙中加入200～300倍食品级的羧甲基纤维素（羧甲基纤维素应提前12小时用水浸泡便于溶化）再加入杀菌剂如用40%氟硅唑（福星）乳油8 000倍，可减少果实浆烂，效果更好。

八、枣浆烂病

枣浆烂病严重影响产量和果实品质，各枣区均有发生。近几年在金丝小枣上为害严重，冬枣也有发生，成为枣树重要病害之一。该病主要为害果实，为害症状表现为果实烂把、烂果及果面

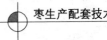

出现黑斑（黑疗），危及果肉，果肉为黑色硬块，有苦味。

（一）发病规律

据沧州农林科学院的王庆雷、刘春芹等人对金丝小枣浆烂果病的研究，造成果实浆烂的病原菌主要是壳梭孢菌、毁灭性茎点霉菌、细链格孢菌。以壳梭孢菌为主，该菌引起果实浆烂（俗称黄浆），毁灭性茎点霉菌引起果柄处腐烂（烂把），细链格孢菌致使果皮出现黑斑（黑疗），3种病原菌可混合侵染，也可单独致病，不同品种、地域环境其组成可能有差异。病原菌在枣树枝干外皮层、落叶和病果中越冬，可在枣树生长季节侵染，侵染高峰在7月上旬至9月中旬，与温度和湿度关系密切，雨后高温可大发生。病原菌有侵染潜伏现象，侵染果实后当时可不发病，当环境条件适宜时可以发病造成果实浆烂。该病原菌寄主广泛，杨、柳、榆、刺槐、苹果、梨等树种均为病原菌寄主。

枣浆烂病发生除与空气湿度和气温有关外，与枣园的管理水平密切相关。凡是施肥以有机肥为主、土壤有机质含量高、修剪到位、枣树的树体结构和群体结构合理、通风透光好的果园、坐果适量，树势健壮的枣树浆烂病发生明显轻。在运用同样的防治措施，每年以氮肥为主，坐果过量，通风透光不良的果园，枣浆烂病发生可达20%以上，而管理水平好的果园枣浆烂病很轻，一般在3%～5%。

（二）防治方法

1. 农艺措施 在枣树落叶后或早春，彻底清除枣园的枯枝落叶、病果落果、杂草及周围防护林的枯枝落叶、杂草销毁，春天树液流动前刮树皮（刮去老皮不能露出白色韧皮部），减少病原菌越冬基数。

加强肥水管理，增加有机肥的使用量，土壤缺钾，应增加钾肥的使用。枣树生长前期一般降雨偏少应该适时浇水，雨季注意排水，后期注意果实补钙，天旱时注意适时适量浇水，防治果实裂果，减少病原菌侵入的机会。合理负载，做到结果适量，平衡协调生殖生长与营养生长，以增强树势，提高枣树本身的抗病能力。

2. 药物防治

①刮树皮后在枣树萌芽前喷 5 波美度的石硫合剂，进行全树全果园灭菌。6 月中旬喷一次 77％的氢氧化铜（可杀得）可湿性粉剂 500～800 倍液防治，7 月至 8 月中旬喷倍量式 180～220 倍波尔多液 2～3 次，然后再根据发病情况喷 10％的多抗霉素 1 000 倍液或用 80％必备可湿性粉 400～600 倍液喷雾防治。

②在 6 月中下旬可用 40％氟硅唑（福星）乳油 8 000 溶液，或噻菌铜 20％悬浮剂 500～700 倍药液或 62.25％的仙生可湿性粉剂 600～700 倍液全树喷雾；自 7 月上旬至 8 月中旬可用倍量式波尔多液 180～220 倍液喷 2～3 遍，8 月下旬以后可用 77％氢氧化铜（可杀得）可湿性粉剂 600 倍液或 27.12％的碱式硫酸铜（铜高尚）悬浮剂 500～600 倍液防治，如果没有连续使用多菌灵的果园可以用 50％的多菌灵可湿性粉剂 400～500 倍液，或 80％代森锰锌（大生 M - 45）600～800 倍液防治。

九、枣树枯枝病

近几年枣树枯枝病有上升趋势，各枣园均有发生，笔者调查与有机肥施用不足、过量施用氮肥、坐果过多、树势衰弱有密切关系，也与地势、土质及病虫为害引起感染有关。

（一）发生规律

该病菌主要侵染树皮损伤的枝条，多发生在枣头基部与二次枝交接处的周围，病斑开始水渍状，形状不规则，病原菌由外向里逐渐侵入，树皮坏死干裂变成红褐色斑，影响养分的输导，病斑扩展一周后造成枝条死亡。一年有两次发病高峰，第一次在萌芽后，第二次在 8 月中下旬，病原菌以半知菌亚门的壳梭孢菌为主，以菌丝和分生孢子在病斑内越冬。

（二）防治方法

1. 农艺措施 该病菌为弱寄生，增强树势是根本，因此应增施有机肥，提高土壤肥力，合理整形修剪及使用促进坐果剂，使枣树结果适量树势健壮，提高抗病能力。

2. 药物防治

①春天刮病斑，在枣树萌芽前喷 5 波美度的石硫合剂，生长季节经常检查树体，发现病斑及时刮去坏死病斑，用石硫合剂原液（20 波美度）涂抹病斑。

②生长季节经常检查树体，发现病斑及时刮去坏死病斑，用石硫合剂原液（20 波美度）或用 843 康复剂或 9281 杀菌剂 5 倍液涂抹病斑。

第二节　枣树虫害防治

枣树虫害防治流程：调查危害枣树主要虫害、次要虫害、天敌分布数量及同时存在的病害→确定防治主要害虫用药及兼治病害用药（不能用碱性农药）确定防治策略→首选农艺防治措施→药物防治在萌芽前用 5 波美度石硫合剂防治各种虫害兼治病害→害虫幼龄期选用适宜防治虫害药物进行喷药防治→一般连治两遍（最好使用不同品种的农药）全年虫害即可控制。

一、绿盲椿象

绿盲椿象属半翅目，盲蝽科。江南和华北各地均有分布，是近年来为害枣生产的重要害虫。除为害枣树外，还为害苹果、梨、木槿等多种果树及棉花、甜菜、茶叶、烟草、蚕豆、苜蓿及各种草类等，寄主极为广泛。以若虫、成虫刺吸植物的幼芽、叶片、花、果、嫩枝的汁液，受害幼芽、叶片先出现枯死小斑点，随着叶片长大，枯死斑点扩大，叶片出现不规则的孔洞，使叶片残缺不全，俗称"叶疯"病；枣吊受害后枣吊弯曲如烫发状；花蕾受害后干枯脱落；幼果受害果面出现凸突、褐点，重则脱落或染病，许多病害由此而传播。

（一）形态特征

1. 成虫　长卵圆或椭圆形，体长 5 毫米左右，黄绿色；触角 4 节深绿至褐色，前胸背板密布黑点，深绿色，小盾片上有茧斑 1 对，前翅革质绿色，膜质部灰白色半透明。

2. 卵　长 1 毫米左右，弧状形，黄绿色。

3. 若虫　体淡绿色，着黑色节毛；触角及足深绿色或褐色，翅芽端部深绿色，较成虫小（图 10 - 1）。

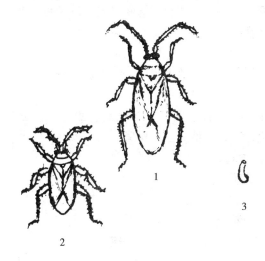

图 10 - 1　绿盲椿象
1. 成虫　2. 若虫　3. 卵

（二）生活简史

该虫在北方 1 年发生 4～5 代，以卵在果园及周围的作物、豆类、杂草叶鞘缝处、枣股、枝皮缝隙内越冬。春天气温平均达到 10℃以上时卵开始孵化为若虫、春季雨后湿润条件促进卵孵化。前期在已萌芽的其他作物或杂草上为害，枣树发芽时转移为害枣树。5 月上、中旬是为害盛期，为害后的嫩吊生长受阻，花芽分化不良，如防治不及时将造成落蕾、落花、落果而减产。进入 6 月份，高温干旱不利于该虫活动，虫口密度减少。进入雨季，在高温多湿的条件下，易造成成虫大发生。第一代成虫后，世代重叠，成虫飞翔能力强为防治带来不便，在 6 月上中旬、7月中旬、8 月中下旬有相对集中发生期，可抓住有利时期进行防治。该虫有夜间活动习性，喷药防治应选择傍晚或凌晨太阳出来前进行，防治效果较好。

（三）防治方法

1. 农艺措施　早春对树下以及果园周围的杂草、枯枝落叶、间作物秸秆、枣根蘖小苗及时清除烧毁，减少越冬卵基数，为全年防治奠定基础。在 3 月中旬刮除树皮及枝干翘皮，然后在树干上缠胶带，胶带上面涂黏虫胶。据笔者 6 月中旬调查，树干涂黏虫胶带防治绿盲椿象的效果很好，缠上黏虫胶带仅一天，黏绿盲椿象若虫 253 头，成虫 2 头。

2. 生物防治　保护利用天敌控制害虫，提倡枣园养鸡啄食虫卵、幼虫、草籽，消灭虫、草害。

3. 药物防治

①枣树芽萌动前用 5 波美度的石硫合剂液全树均匀喷雾杀灭越冬卵；并要做好枣园内及周围农作物、草类的第一代若虫防治；在枣树萌芽期和幼芽期，特别是降雨后的 3～4 天若虫大量出蛰期用 1％苦参碱醇 500～700 倍液防治。

②在枣树萌芽期和幼芽期，特别是降水后的 3～4 天若虫大量出蛰期用 30％乙酰甲胺磷 300～350 倍＋5％氟氯氰菊酯（百树得）乳油 2 000～3 000 倍液或 48％毒死蜱（乐斯本）乳油 1 000～1 500倍液＋10％吡虫啉可湿性粉剂 2 500～3 000 倍液防治。

③用 1.8％的阿维菌素 4 000～5 000 倍液＋5％氟氯氰菊酯（百树得）乳油 2 000～3 000 倍液或 48％毒死蜱（乐斯本）乳油1 000～1 500 倍液，或甲氨基阿维菌素苯甲酸盐 0.5％微乳剂3 000倍液树上均匀喷雾，以保证花蕾的正常分化。以后要抓住各代的若虫期采用上述农药交替或混合使用，把绿盲椿象消灭在卵和若虫期。绿盲椿象有夜间活动白天静伏的特性，为提高防治

效果最好在傍晚喷药。绿盲椿象成虫飞翔力很强，给防治带来困难，一家一户的分散喷药也影响防治效果，为提高防治效果一定要抓好第一代若虫期前的防治，并要求全村大面积统一时间用药防治，防止为成虫留下匿藏的死角。

二、食芽象甲

食芽象甲属鞘翅目，象甲科，又名枣飞象，俗名象鼻虫、土猴、顶门吃等。各地枣区都有发生，除为害枣以外，还为害苹果、梨、桃、杏、杨、泡桐等树木及棉花、豆类、玉米等农作物。枣萌芽时，啃食枣芽，严重时将枣芽啃光造成二次萌芽并大幅度减产。

（一）形态特征

1. 成虫　体长4～6毫米，土黄或灰白色。鞘翅弧形，后翅膜质半透明，善飞翔，腹面灰白色，足3对，灰褐色。

2. 卵　长椭圆形，初产时乳白色，后变棕色。

3. 幼虫　乳白色，体长约5毫米。

4. 蛹　灰白色，纺锤形，长约4毫米（图10-2）。

（二）生活简史

该虫1年1代，以幼虫在土中越冬，翌年3月下旬至4月上旬化蛹，4月中、下旬即羽化成虫，在枣树萌芽时集中枣树嫩芽啃食为害。5月上旬成虫交尾产卵，5月下旬至6月中旬幼虫孵化沿树爬入土内取食枣树细根，9月以后随气温下降潜入深土层越冬，来年春天，气温转暖时再迁升至表土层化蛹。该虫在4月份中午气温高时上树为害最重，5月份以后气温升高后，以早晚上树为害最重。该虫有假死性，可利用此特性除虫。雌成虫产卵于嫩芽、叶片、枣股轮痕处和枣吊裂痕隙内。

（三）防治方法

1. 农艺措施　清除杂草等参照绿盲椿象有关内容。7月份在幼虫下树前在树干光滑处缠黏虫胶带阻止幼虫下树入土越冬。利

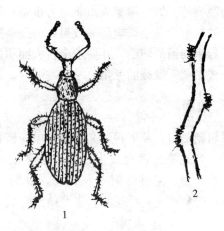

图 10-2 食芽象甲

1. 成虫 2. 危害枣芽状

用该虫的假死性，在集中上树为害时段，振枝并结合放鸡吃虫。春季幼虫化蛹前在树冠下铺地膜能阻止成虫羽化出土。

2. 生物防治 保护利用天敌控制害虫，提倡枣园养鸡啄食虫卵、幼虫、草籽，消灭虫、草害。

3. 药物防治

①在枣树萌芽期、食芽象甲若虫期用1％苦参碱醇500～700倍液防治。

②春季幼虫化蛹前用25％辛硫磷微胶囊水悬浮剂200～300倍或用25％乙酰甲胺磷粉剂200～300倍液喷洒地面然后浅锄，如能在树冠下铺地膜既能提高地温防止水分蒸发利于根系生长又能阻止成虫羽化，事半功倍；在枣树萌芽期用50％辛硫磷乳油1 000～1 200倍液，加入5％氟氯氰菊酯（百树得）乳油2 000～3 000倍液喷雾防治。

③在枣树萌芽期用50％辛硫磷乳油1 000～1 200倍液或5％氟氯氰菊酯（百树得）乳油2 000～3 000倍液＋1.8％阿维菌素4 000～5 000倍液其防治效果更好并兼治红蜘蛛。以后根据其为

害情况应用上述药剂交替使用做好防治。

三、枣瘿蚊

枣瘿蚊属双翅目，瘿蚊科，俗名卷叶蛆、枣芽蛆等。各枣区均有分布，以幼虫为害嫩芽、幼叶。被害叶片呈紫红色肿皱卷筒状，叶缘向上向内卷曲不能展开，叶质厚脆，幼虫在卷曲叶内取食，最终叶片变黑干枯脱落。轻则叶片不能进行正常的光合作用，影响枣果质量和产量，重则叶片脱落。

（一）形态特征

1. 成虫 蚊子形状，体长 1.5 毫米左右，虫体橙褐色或灰褐色。

2. 卵 长椭圆形，长约 0.3 毫米，初产时白色半透明，后变淡红色有光泽。

3. 幼虫 蛆状，老熟幼虫长 1.5～2.9 毫米，乳白色，头尖小，褐色，体节明显，无足。

4. 蛹 裸蛹，纺锤形，长 1.1～1.9 毫米，初为乳白色，后为黄褐色（图 10-3）。

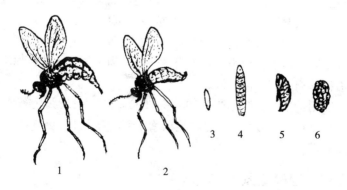

图 10-3 枣瘿蚊

1. 雌成虫 2. 雄成虫 3. 卵 4. 幼虫 5. 蛹 6. 茧

（二）生活简史

该虫在华北地区1年发生5～7代，以老熟幼虫结茧在树下周围浅土层内越冬，翌年4月中旬开始羽化，在刚萌发的枣芽上产卵，5月上旬为害盛期，叶内可有数条幼虫为害，老熟幼虫堕落入土化蛹，当年的幼虫期和蛹期一般8～10天，6月上旬再次羽化成虫，成虫寿命2天左右，之后各代羽化不整齐，世代重叠，8月底末代老熟幼虫陆续入土做茧越冬。

（三）防治方法

1. 农艺措施　春天清除枣园内无用的根蘖苗等参照绿盲椿象相关内容。春季幼虫化蛹在树冠下铺地膜能阻止成虫羽化出土。

2. 生物防治　保护利用天敌控制害虫。

3. 药物防治

①在枣树萌芽期、枣瘿蚊的幼虫期用1％苦参碱醇500～700倍液或40％硫酸烟碱800～1 000倍液防治。

②枣萌芽前，越冬代成虫羽化之前，树下地面用25％辛硫磷微胶囊剂200～300倍液或用25％乙酰甲胺磷粉剂200～300倍喷洒地面然后浅锄将药覆盖，防治羽化成虫，树下覆地膜效果更好。幼虫发生期用30％乙酰甲胺磷1 500倍液或用50％马拉硫磷1 000～1 200倍液＋20％甲氰菊酯乳油2 000倍液。喷药时要首先防治树下根蘖小苗，因为枣瘿蚊先为害树下小苗，如小苗漏治将影响全园防治效果。

③用50％马拉硫磷1 000～1 200倍液＋1.8％阿维菌素4 000～5 000倍液或甲氨基阿维菌素苯甲酸盐0.5％微乳剂3 000倍液喷雾。

四、枣叶壁虱

枣叶壁虱属蜱螨目，瘿螨科，又名枣壁虱、枣瘿螨，俗名灰叶病。北方枣区均有分布，以成螨和若螨刺吸叶、花和幼果的汁液。受害叶片变硬脆，向内卷曲呈灰白色无光泽，进一步发展叶缘焦枯脱落；花蕾、花受害易脱落；果实受害果面出现萎黄锈斑，严重时落果。该虫为害枣、酸枣、杏、李等树种。

（一）形态特征

1. 成螨　胡萝卜形状，长 0.1～0.15 毫米，初产为白色，后呈淡褐色，半透明。

2. 卵　圆球形，乳白色光亮。

3. 若螨　胡萝卜形，乳白色，有附节（肢）两对，小于成螨（图 10 - 4）。

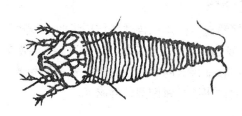

图 10 - 4　枣叶壁虱

（二）生活简史

枣叶壁虱 1 年多代繁殖，生活史尚不清楚。以成螨或若螨在枣股、枝条、树干皮缝中越冬，春季枣芽萌发时开始活动，展叶后多聚集在叶柄及叶脉两侧刺吸叶汁为害，可借风力迁移，为害盛期在 5 月下旬至 6 月下旬，7～8 月开始转入芽鳞缝隙度夏越冬。

（三）防治方法

1. 农艺措施　春季刮树皮，减少越冬基数，参照绿盲椿象部分。

2. 生物防治　保护利用天敌控制害虫。

3. 药物防治

①枣树萌芽前用 5 波美度的石硫合剂喷雾，重点枣股及芽鳞缝隙处。若螨、成螨期用 1％苦参碱醇 500～700 倍或 40％硫酸

烟碱 800～1 000 倍液防治。

②展叶后用 40％乙酰甲胺磷 1 000～1 500 倍液或 20％哒螨灵可湿性粉剂 3 000～4 000 倍液或用 20％双甲脒乳油1 000～2 000倍液全树喷雾。

③展叶后用 40％乙酰甲胺磷 1 000～1 500 倍液＋阿维菌素 1.8％（爱福丁）乳油 4 000～6 000 倍液或 20％哒螨灵可湿性粉剂 3 000～4 000 倍液或用 20％双甲脒乳油 1 000～2 000 倍液全树喷雾并兼治红蜘蛛。

五、枣尺蠖

枣尺蠖属鳞翅目的尺蛾科，俗称枣步曲，弓腰虫，各大枣区均有分布，管理粗放的枣园多见。幼虫为害枣的嫩芽、嫩叶及花蕾，有时也啃食幼果。除此外还为害苹果、梨等果树。虫口密度大防治不及时的枣园可将嫩芽幼叶吃光。

(一) 形态特征

1. 成虫 雌雄蛾均为灰褐色，雌蛾较雄蛾体形大，体长 12～17 毫米，翅已退化，触角丝状，褐色；雄蛾体长 10～15 毫米，翅展 26～35 毫米。

2. 卵 椭圆形，初产时浅绿色，后渐渐变为褐色，有光泽，近孵化时变为黑紫色。

3. 幼虫 幼虫共 5 龄，初孵时紫黑色，后逐渐变为淡褐色、青灰色，老熟幼虫时体长约 40 毫米。1 龄幼虫前胸前缘及腹背第一至第五节各有 1 条白色环带，2 龄时体表有 7 条白色纵条纹，3 龄时增至 13 条白色纵条纹，4 龄时纵条纹颜色变为黄色或灰白相间色，5 龄时有 25 条断续灰白色纵条纹。

4. 蛹 纺锤形，枣红至暗褐色，长 13～15 毫米，雌蛹稍大（图 10 - 5）。

(二) 生活简史

枣尺蠖在多数枣区 1 年发生 1 代，个别 1 年发生 2 代。以蛹

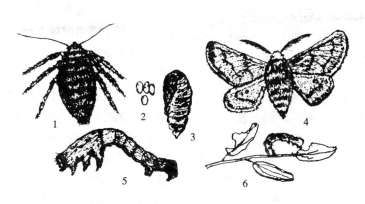

图 10 - 5　枣尺蠖

1. 雌成虫　2. 卵　3. 蛹
4. 雄成虫　5. 幼虫　6. 危害状

在树冠下 10～20 厘米深处土中越冬，近树干基部 1 米范围内蛹较为集中。3 月中、下旬开始羽化，4 月上、中旬为羽化盛期，羽化期长达 50 余天。雄蛾多在下午羽化，飞到树干背面或大枝背面潜伏；雌蛾羽化后先潜伏于土表下、杂草内等阴暗处，待日落时向树上爬行，到树上寻找雄蛾交尾次日开始产卵，2～3 日后进入产卵高峰。卵产于树干及枝杈的粗皮裂缝处。卵孵化须 10～25 日，多数 20 多天。卵孵化与温度和湿度有关，天气干旱且气温低时，卵孵化期较长，一般年份在 4 月中、下旬开始孵化。初孵幼虫群集在枣股处啃食新发嫩芽，以后分开散居为害。幼虫有假死现象，在爬行中受惊后即吐丝下垂故又称"吊死鬼"。1～2 龄幼虫爬过之处留下虫丝，缠绕嫩芽难以生长，3 龄以后幼虫食量大增，为害幼嫩叶片严重，4～5 龄不仅啃食幼叶，还啃食花蕾、幼果，老熟幼虫食量渐减，活动于背阴处静伏，可在此期人工捕捉，5 月下旬至 6 月下旬老熟幼虫入土化蛹越冬。

（三）防治方法

1. 农艺措施　在早春成虫羽化前，在树干周围 1 米范围内，将 10～20 厘米的土翻出筛蛹，然后将蛹集中于盆内用湿土盖好，盆用纱网罩好，待天敌出蛰后放飞枣园，剩下的蛹或羽化成虫喂鸡或烧毁。树冠下覆地膜阻止成虫出土。利用成虫向树上爬行产卵的特性，在成虫羽化前在树干光滑部位缠黏虫胶带阻止成虫上树产卵，如买不到黏虫胶也可在树干光滑处绑喇叭口向下的塑料膜裙，阻止雌蛾上树并在早晨捕捉雌蛾，也可在树干中部缠缚草圈草绳，利用雌蛾的性信息诱引雄蛾来交配并产卵，待产卵期过后将草圈草绳解下集中烧毁。应注意缠的草圈不能让雌蛾越过上树交配产卵，否则无效。幼虫发生期利用幼虫的假死性，用木梆颤动树枝，同时放鸡吃虫或集中起来喂鸡，消灭幼虫。

2. 生物防治　幼虫期的天敌有麻雀、喜鹊等各种鸟类；寄生性昆虫有枣尺蠖肿跗寄蜂、家蚕追寄蝇和枣尺蠖追寄蝇等。有条件的枣园可人工释放赤眼蜂，寄生率可达 96.1%，基本可控制其为害。

3. 药剂防治

①在幼虫的 1～2 龄期用苏云金杆菌乳剂（100 亿活芽孢/毫升）500～1 000 倍液或 1% 苦参碱醇 500～700 倍全树喷雾防治。

②枣萌芽前，越冬代成虫羽化之前，树下地面用 25% 辛硫磷微胶囊剂 200～300 倍液或用 25% 乙酰甲胺磷粉剂 200～300 倍喷洒地面然后浅锄将药覆盖，防治羽化成虫，树下覆地膜效果更好。或用 25% 灭幼脲悬浮剂 1 500～2 000 倍液在幼虫的 1～2 龄期全树喷雾防治。也可在幼虫发生盛期用上述药剂再混加入拟除虫菊酯类药剂或 30% 乙酰甲胺磷 800～1 000 倍液，50% 辛硫磷 1 000～1 500 倍液，50% 马拉硫磷 1 000～1 500 倍液防治效果更佳。

六、木橑尺蠖

木橑尺蠖又叫木橑尺蛾，也是步曲的一种，俗称吊死鬼，属鳞翅目尺蛾总科尺蛾科，食性很杂，为害 30 多科 170 余种的植物。

（一）形态特征

1. 成虫　雌雄蛾均为棕黄色，雌蛾触角丝状、雄蛾触角羽状。体长 18～22 毫米，翅展 72 毫米。前翅基部有一个橙色大圆斑，前翅和后翅的外横线上各有一串橙色或深褐色圆斑，颜色的隐显变异很大。

2. 卵　扁圆形，长 0.9 毫米，绿色，近孵化时变为黑色。

3. 幼虫　体长 70 毫米左右，初孵时幼虫头略褐色，背线及气门上线浅草绿色，后渐变为绿色、浅褐色或棕黑色，常与寄主颜色相近，散生灰白色斑点。前胸背板前端两侧各有一突起。气门椭圆形，两侧各有一个白色斑点，腹节 1～5 节较长，其余各节长短相近。

4. 蛹　雌蛹较大，长 30 毫米左右，宽 8～9 毫米，初化蛹翠绿色后变为黑褐色。幼虫共 6 龄（图 10-6）。

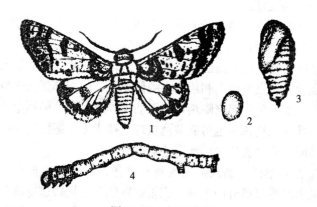

图 10-6　木橑尺蠖

1. 成虫　2. 卵　3. 蛹　4. 幼虫

（二）生活简史

在河北、河南、山西太行山一带一年发生一代，以蛹在土中越冬，越冬蛹从 5 月上旬开始羽化为成虫，到 7 月中下旬为羽化盛期，8 月上旬羽化末期。成虫 6 月下旬产卵，7 月中下旬产卵盛期，8月中下旬为末期。幼虫7月上旬孵化，7月下旬至8月上旬孵化盛期，8月下旬为孵化末期。老熟幼虫8月中旬开始化蛹，9月化蛹盛期，10月下旬结束。卵期9～10天，温度26.7℃，相对湿度50％～70％孵化率达90％以上。幼虫孵化后迅速分散爬行很快，受惊动吐丝下垂，可借风力转移为害。幼虫期40天左右，老熟幼虫坠地化蛹，也有吐丝下垂或顺树干下爬入地，选择土壤松软、阴暗湿润的地方化蛹。越冬蛹以土壤含水量10％为宜，低于10％不利于越冬，冬季少雪，土壤干旱年份蛹自然死亡率较高。5月份降雨多，成虫羽率高，幼虫发生量大。成虫羽化温度24.5～25℃，以晚8～11时羽化最多，并在夜间活动，羽化后即交配产卵，卵多产于树皮缝、地下石块上，白天静伏在树干、树叶、杂草、作物、梯田壁等处，早晨翅受潮不易飞翔易捕捉。成虫趋光性强。

（三）防治方法

1. 农艺措施　在早春成虫羽化前，在树干周围1米范围内，将10～20厘米的土翻出筛蛹，然后将蛹集中于盆内用湿土盖好，盆用纱网罩好，待天敌出蜇后放飞枣园，剩下的蛹或羽化成虫喂鸡或烧毁。幼虫发生期利用幼虫的假死性，用木梆颤动树枝，同时放鸡吃虫或集中起来喂鸡，消灭幼虫。成虫期早晨利用其不易飞翔特性人工捕杀。也可安装诱虫灯诱捕成虫。枣树萌芽前彻底清洁果园，具体做法参照绿盲椿象部分。

2. 生物防治　幼虫期的天敌有麻雀、喜鹊等各种鸟类；寄生性昆虫有枣尺蠖肿跗寄蜂、家蚕追寄蝇和枣尺蠖追寄蝇等。有条件的枣园可人工释放赤眼蜂，寄生率可达96.1％，基本可控制其为害。

3. 药剂防治

①在幼虫的1～2龄期用苏云金杆菌乳剂（100亿活芽孢/毫升）500～1000倍液或1％苦参碱醇500～700倍全树喷雾防治。

②萌芽前越冬代成虫羽化之前，树下地面用25％辛硫磷微

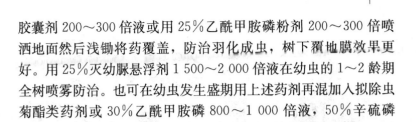

胶囊剂 200～300 倍液或用 25％乙酰甲胺磷粉剂 200～300 倍喷洒地面然后浅锄将药覆盖，防治羽化成虫，树下覆地膜效果更好。用 25％灭幼脲悬浮剂 1 500～2 000 倍液在幼虫的 1～2 龄期全树喷雾防治。也可在幼虫发生盛期用上述药剂再混加入拟除虫菊酯类药剂或 30％乙酰甲胺磷 800～1 000 倍液，50％辛硫磷 1 000～1 500 倍液，50％马拉硫磷 1 000～1 500 倍液防治效果更佳。

为害枣树的还有枣银灰尺蠖、刺槐尺蠖等。枣银灰尺蠖雌蛾为有翅型，农艺防治措施中应侧重采用挖蛹破坏越冬场所，其他防治方法参考木橑尺蠖进行。

七、桃小食心虫

桃小食心虫也叫桃蛀果蛾，属鳞翅目蛀果蛾科，俗称枣蛆、钻心虫等。全国大部分省、直辖市、自治区都有分布，是枣树的重要害虫，此外还为害苹果、梨、桃、杏、李、山楂等多种果树。以幼虫蛀入果内为害，虫粪留在果内，严重影响果实质量和商品果产量。

(一) 形态特征

1. 成虫　灰褐色，体长 5～8 毫米，翅展 13～18 毫米，前翅灰白色或浅灰色，中央近前缘有一蓝黑色近倒三角形的大斑。雌蛾较雄蛾体型稍大。

2. 卵　椭圆形，长约 0.5 毫米，橙红至深红色，表面有不规则环状刻纹。

3. 幼虫　体长 13～16 毫米，幼虫小时为淡黄白色，老熟时桃红色，头、前胸背板及臀板为褐色或黄褐色。

4. 蛹　长 6.5～8.6 毫米，黄白色，近羽化时灰褐色。

5. 茧　越冬茧扁圆形，长 5 毫米左右，由幼虫吐丝缀合土粒而成，质地紧密，夏茧纺锤形，长 13 毫米左右，质地疏松，一端有羽化孔，此种茧称为"蛹化茧"（图 10-7）。

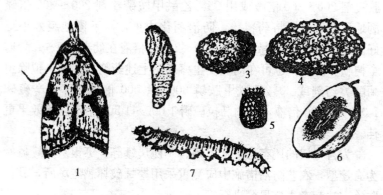

图 10-7　桃小食心虫
1. 成虫　2. 蛹　3. 冬茧　4. 夏茧
5. 卵　6. 为害状　7. 幼虫

（二）生活简史

河北大部分地区、山东西北地区 1 年 2 代，其他各地区多数 1 年 1～2 代，南部地区最多可达 3 代。以老熟幼虫在树冠下或堆放残次果下的土中做"越冬茧"越冬，虫茧多集中分布在树干周围 1 米范围内 10～15 厘米土层，以树干北侧最多。越冬幼虫开始出土的日期与温度有关，出土是否整齐与当时的降雨状况或土壤湿度有关。一般在出土前一旬的平均气温稳定在 16.9℃、地温 19.7℃时开始出土。5 月中、下旬，有适当降雨或田间浇水即可连续出土，集中出土期在 6 月上、中旬，此间每次降雨都可形成出土高峰。如长期干旱无雨则推退幼虫大量出土时间。越冬幼虫出土后在背阴处靠近树干的土块下做"蛹化茧"化蛹，蛹期 10 天左右。6 月下旬至 7 月上旬开始羽化，第一代卵盛期在 7 月下旬至 8 月初，第二代卵盛期在 8 月中、下旬，卵期 7～8 天。第一代幼虫蛀果盛期在 7 月底至 8 月上旬，第二代在 8 月中、下旬至 9 月上旬。幼虫不转果在果内蛀食 20 天左右老熟，脱果入土结茧。

（三）防治方法

1. 农艺措施 春季桃小食心虫越冬幼虫出土前，在树干下周围 1 米范围挖虫茧，防治羽化成虫，树下覆地膜效果更好，可有效阻止幼虫出土；8～9 月份捡拾虫果放于养虫箱中，待桃小甲腹茧蜂羽化成蜂后放飞于枣园，未寄生的蛹茧再烧毁。果实生长期随时摘除虫果。

2. 生物防治 保护和利用桃小甲腹茧蜂寄生幼虫防治。利用性诱剂诱杀雄成虫。

3. 药物防治

①在幼虫的 1～2 龄期用苏云金杆菌乳剂（100 亿活芽孢/毫升）500～1 000 倍液或 1％苦参碱醇 500～700 或用 0.3 的印楝乳油 500～800 倍液喷雾防治。

②在越冬代幼虫出土前和第一代幼虫脱果盛期前，用白僵菌普通粉剂 2 千克加入 48％毒死蜱（乐斯本）乳油 0.15 千克或用 25％辛硫磷微胶囊剂 0.5 千克加水 150 千克喷树盘然后覆草，防效可达 90％以上。根据桃小性诱剂测报结果和田间查卵进行防治，当雄蛾高峰出现 1 周左右，田间卵果率达到 0.5％～1％时为防治指标，用 5％氟苯脲（农梦特）乳油 1 000～2 000 倍液，25％灭幼脲胶悬剂 1 000 倍液＋20％甲氰菊酯（灭扫利）乳油 2 500～3 000 倍液等均可防治。

③根据桃小性诱剂测报结果和田间查卵进行防治，当雄蛾高峰出现 1 周左右，田间卵果率达到 0.5％～1％时为防治指标，用 1.8％阿维菌素（爱福丁、海正灭虫灵）乳油 3 000～4 000 倍液或甲氨基阿维菌素苯甲酸盐 0.5％微乳剂 3 000 倍液＋5％氟苯脲（农梦特）乳油 1 000～2 000 倍液或 25％灭幼脲胶悬剂 1 000 倍液或 20％甲氰菊酯（灭扫利）乳油 2 500～3 000 倍液等均可防治，用药间隔 15 天左右，连续防治 2～3 次，并与上述农艺措施和生物措施结合起来防治即可控制桃小食心虫的为害。单纯药剂防治效果不佳。

八、枣黏虫

枣黏虫属鳞翅目,小卷叶蛾科,又称枣镰翅小卷蛾、枣小蛾、枣实菜蛾,俗名黏叶虫、贴叶虫、卷叶蛾等。是枣树上重要害虫,各地枣区都有分布。以幼虫为害枣芽、叶、花蕾、花,并啃食幼果,第三代幼虫开始为害果实,将枣叶与枣果用薄丝相互黏在一起,在其中啃食果柄处的枣皮、枣肉,易造成落果。

(一)形态特征

1. 成虫 长5~7毫米,翅展14毫米左右,黄褐色,触角丝状,复眼暗绿色,雄成虫腹尖尾处有毛束。

2. 卵 扁圆或椭圆形,长0.5毫米左右,初产时乳白色,后变黄色、红黄色、橘红色或紫红色,近孵化时变为黑红色。

3. 幼虫 初孵时头部黑褐色,体长约0.8毫米,腹部浅黄色,取食后变绿色,至羽化时头淡黄褐色,胴部黄白色,前胸背板和臀板均为褐色,体疏生黄白色短毛。

4. 蛹 纺锤形,长7毫米左右,初化蛹时绿色,后渐变为黄褐色,近羽化时变为黑褐色。每腹节背面有2列刺突,尾端有5个较大刺突和12根弯钩状长毛(图10-8)。

(二)生活简史

枣黏虫在华北地区1年发生3代,华中、华东地区一般4~5代。以蛹在粗皮裂缝处越冬,越冬蛹一般在3月中、下旬开始羽化产卵,4月上旬越冬代成虫产卵盛期。第一代幼虫出现在4月上、中旬,5月中旬开始化蛹,5月底至6月上、中旬羽化、产卵,可延续到7月上旬。第一代成虫集中出现期为6月上、中旬,第二代成虫集中发生在7月下旬。第一代(越冬代蛹羽化后所产卵的孵化代)、第二代、第三代幼虫盛期分别出现在5月上旬、6月上、中旬(花期前后)、8月底至9月初。9月上旬老熟幼虫陆续转移至枣树粗皮缝隙处结茧,化蛹越冬。各代成虫寿命

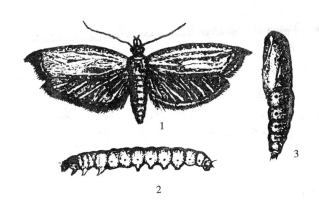

图 10 - 8 枣黏虫
1. 成虫 2. 幼虫 3. 蛹

7 天左右，第 1 代幼虫发生在萌芽期，为害嫩芽和叶；第二代幼虫发生在花期前后，为害叶、花蕾、花和幼果；第三代幼虫正值枣果实膨大期和果实白熟期，为害叶片和果实，造成果实脱落。各代幼虫都吐丝连缀花和叶、叶和枣吊、叶和果，藏在其中为害。成虫有趋光和趋性信息素的特征，可用于灭除成虫和指导防治。枣黏虫的发生与气候关系密切，5～7 月份炎热多雨的条件下，容易大发生。

（三）防治方法

1. 农艺措施 早春人工刮除树干、枝杈处的粗皮，并在树下铺塑料布收集刮下树皮及虫茧，带回放在温暖和适当湿度的地方用纱网罩好，待天敌出蛰放飞果园后将害虫茧和树皮一起销毁。也可用黑光灯诱杀成虫，同时注意趋光性天敌的保护。8 月下旬在树干上绑草把诱虫化蛹，翌年春天取下放飞天敌后烧毁。

2. 生物防治 用性诱剂迷向防治成虫。保护利用天敌，有条件果园可在第二代成虫产卵期（7 月中、下旬）释放松毛虫赤眼蜂，于产卵初期至产卵盛期每 4 天释放 1 次，共放 3 次，卵寄生率可达 85% 以上。

3. 药物防治　重点抓好第 1 代幼虫防治，与防治枣尺蠖同步进行，所用药剂也相同。第二代幼虫的防治期正在枣的花期，为减少对有益生物的伤害尽量不喷药，通过天敌控制，在确需用药剂防治时应选择对天敌、蜜蜂伤害轻微的药剂，可用 25% 的杀铃脲悬浮剂 1 000～2 000 倍液在枣黏虫 1～2 龄期喷药。也可选用 5% 氟虫脲乳油 1 000～1 500 倍液，并兼治害螨类。第三代防治参照桃小食心虫防治用药，二者同时兼治。

九、枣粉蚧

枣粉蚧属同翅目，粉蚧科，俗名树虱子。河北、山东、河南等枣区常见。以成虫和若虫刺吸枣枝和枣叶中的汁液，致使枝条干枯、叶片黄枯，同时分泌黏稠状物质常招致霉菌发生，使枝叶、果实变黑，称其"煤污病"，可使叶片光合作用下降，树势衰弱严重影响枣的产量和质量。

（一）形态特征

1. 成虫　扁椭圆形，长 3 毫米左右，背稍隆起，密布白色蜡粉，体缘具有针状蜡质物，尾部有 1 对特别长的蜡质尾毛，雄虫体深黄色，翅半透明，尾部有蜡质刺毛 4 根。

2. 若虫　体偏椭圆形，足发达。

3. 卵　椭圆形长 0.37 毫米左右，卵囊被白色棉絮状蜡质，每卵囊有卵数百粒。

（二）生活简史

北方枣粉蚧 1 年发生 3 代，以若虫在树枝干粗皮缝中越冬，翌年 4 月下旬出蛰。5 月初变为成虫，5 月上旬开始产卵。卵期 10 天左右，第一代发生期在 5 月下旬至 6 月下旬，若虫孵化盛期在 6 月上旬。第二代发生期在 7 月上旬至 8 月上中旬，若虫孵化盛期在 7 月中下旬。第三代在 8 月下旬发生，若虫孵化盛期在 9 月上旬，若虫孵化后为害不久就进入枝干皮缝内越冬，直至 10 月上旬全部休眠越冬。第一代若虫期约 28 天，雌成虫约 22 天，雄成虫约 10 天；第二代若虫期约 27 天，雌成虫约 12 天，雄成虫约 3 天，第一、二代枣粉蚧是为害枣树严重世代，应注意防治。

（三）防治方法

1. 农艺措施 在早春若虫出蛰之前刮除树干、枝杈处的老粗裂皮，刮下树皮处理方法参照枣黏虫部分。在树干及各大骨干缠黏虫胶带，以阻止上树或转移为害，并黏住部分害虫。在 8 月中旬在树干捆草圈，诱使若虫在此越冬，上冻后解草圈放飞天敌后烧毁。

2. 药物防治

①在枣树萌芽前喷 5 波美度的石硫合剂，或用熬制石硫合剂的渣子或原液涂抹树干。药物防治应选在初孵若虫发生盛期，在 6 月初、7 月上中旬、9 月上旬，1％苦参碱醇 500～700 倍全树喷雾防治或苦楝原油乳剂 200 倍液或 40％硫酸烟碱 800～1 000 倍液防治。

②为提高防治效果，喷药时间应选在初孵若虫发生盛期，一般在 6 月初、7 月上中旬、9 月上旬，用 25％噻嗪酮（扑虱灵）可湿性粉剂 1 500～2 000 倍液，30％乙酰甲胺磷乳油 1 000 倍，25％喹硫磷乳油 1 000～1 500 倍药液，如混加 20％甲氰菊酯（灭扫利）乳油 2 000～4 000 倍液或 10％联苯菊酯（天王星）乳油 3 000～4 000 倍液等拟除虫菊酯药效果更好。

③如树上同时有红蜘蛛可采用上述药剂加入 1.8％的阿维菌素（爱福丁）4 000～5 000 倍液喷雾防治效果更好。

十、红蜘蛛

红蜘蛛也叫叶螨，是各种螨类的统称，俗称红砂腻、火龙虫、火珠子等。是为害枣叶的重要害螨类，为害严重可使枣树叶干枯脱落。据观察和资料介绍，为害枣树的害螨是复合群体，因地域、气候、时间及间作物不同，害螨的组成不同，优势种群也不同。属蜱螨目叶螨属的红蜘蛛有4种：朱砂叶螨、二斑叶螨（普通叶螨）、截形叶螨、山楂叶螨；苔螨属的苜蓿苔螨，又称勒迪化苔螨。其中朱砂叶螨、二斑叶螨、截形叶螨在棉花上常见，故也俗称棉花红蜘蛛，是枣园常见的红蜘蛛（图10-9）。

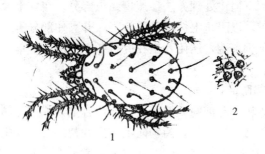

图10-9　山楂叶螨

1. 成螨　2. 卵

（一）形态特征

红蜘蛛类个体较小，1年繁殖世代多，从北到南世代增加，有的多达20余代，枣园红蜘蛛是多种红蜘蛛组成的混合种群，不同的年份、不同地域、不同的管理措施会有不同的优势种群，为便于防治，了解红蜘蛛为害部位、越冬场所，以便在关键时期用药，提高防治效果。将枣树上常见的红蜘蛛主要种群列于表10-1。

（二）防治方法

1. **农艺措施**　早春刮树皮，修剪时剪除枯死及病虫为害的枝条，清除枣园内的杂草、落叶、根蘖苗等，破坏红蜘蛛的越冬场所，减少越冬成虫或卵的虫源基数。于3月中旬及6月中旬在树干的光滑部位缠胶带并在胶带上涂抹黏虫胶，可粘黏上树迁移的红蜘蛛并兼治绿盲椿象、枣步曲等其他害虫。

表10-1　枣园常见红蜘蛛一览表

类别	成虫	若虫	卵	为害症状	越冬生态及场所
山楂叶螨 1年3～13代	虫体卵圆形，体背前部稍宽隆起，长0.5毫米左右，鲜红色（越冬型）暗红色（非越冬型）体背有刚毛24根。	前期有4对足，初为淡黄白色，取食后黄绿色，足4对。	球形，初产时黄白色或浅橙黄色，孵化前橙红色。	主要在叶背成群为害，很少在叶正面活动，有吐丝结网习性，叶片受害脱水干枯，造成早期落叶。	10月份以受精雌成螨在树干缝隙、树皮内、枯枝落叶中及树干附近表土内越冬，平均气温达到9～11℃出蛰。
二斑叶螨 1年10～20代	虫体椭圆形，长0.5毫米左右，黄绿色，背面有暗斑或橙红色，雄成螨体形尖且小，越冬型雌成螨橘红色。	体椭圆形黄绿色，足4对。	圆形，初产时透明，初产黄色，后变浅黄，随发育黄色加深。	主要为害叶面，卵产于叶背，叶背主脉两侧或蛛丝网下面，严重时也产于叶表面，叶柄、果柄处。	9月受精雌成螨在树干缝隙、枝干裂缝老皮下、树下根基部、杂草或树皮中越冬，4月上、中旬开始出蛰活动。
截形叶螨	虫体椭圆形雌螨长0.5毫米左右，深红色，足和鼹体白色，体侧有黑斑，雄螨体长0.36毫米，体型略小。	与成虫相似，体型小，体色较成虫浅。	椭圆形卵初产无色，孵化前期呈红橙色长0.13毫米。	以卵在叶面为主，片期则呈白色斑点于叶片片干枯脱落。	以卵在枣树的皮缝、杂草根、枣树根周围土缝中越冬，3月上中旬孵化，先在杂草上为害，4月下旬发芽后迁移到枣树为害。
朱砂叶螨 12～20代	虫体椭圆形，红色或深红色，雌成虫长0.5毫米左右，背毛24根。	体椭圆形有若螨和后若螨两个虫期，4对幼螨体淡黄色或黄绿色。	圆形透明，初产卵色白，后变浅黄色随发育黄色加深。	多数在叶正面为害并产卵于叶下面，主脉侧或蛛丝网下，结网习性，叶片受害干枯提前落叶。	10月下旬雌成螨在树皮缝隙、杂草根际、土块下、落叶下、沟边、石块下等越冬。
苜蓿苜螨	体椭圆形，背扁平，腹面隆起，长0.6毫米左右，褐绿略带微红色，后若螨椭圆形足4对。	体椭圆形，幼、若螨体形背面扁平，腹面隆起，圆形，后若螨椭圆形足4对。	圆形扁圆，初产卵鲜红色，红色，有光泽后变暗红色。	多数在叶正面活动，群集生活，无结网习性，受害叶片失绿变白，很少受害叶早期落叶。	7月以后就有陆续产卵越冬，卵多产在2年生以上枝条上，分叉处、枣股、剪口等处，平均温在7℃以上越冬时越冬开始解化。

2. 生物防治　红蜘蛛的天敌很多，据报道果园常见的捕食螨有 10 多种，此外还有草青蛉、螳螂、蜘蛛等多种天敌，应注意保护和利用，有条件的地方可人工饲养释放于枣园控制红蜘蛛的为害。

3. 药物防治

①枣树萌芽前全树喷 5 波美度的石硫合剂，杀灭越冬的成虫和卵。6 月上中旬用 1％苦参碱醇 500～700 倍全树喷雾防治或 5％川楝乳油 500～800 倍液或 40％硫酸烟碱 800～1 000 倍液，防治叶螨类可在卵孵化期，成螨、若螨发生期用 0.3％印楝素乳油 1 000～1 200 倍液；在达到防治指标，但密度尚不大时可用浏阳霉素 10％乳油 1 000 倍液或用 0.05～0.1 波美度的石硫合剂喷雾（注意应避开高温时段使用）。

②6 月上中旬，如红蜘蛛密度较大时可用 20％四螨嗪悬浮剂 2 000～3 000 倍液加 20％双甲脒乳油 1 000 倍液或 5％唑螨酯（霸螨灵）悬浮剂 2 000～3 000 倍液或 15％哒螨灵乳油 3 000～4 000 倍液，均有较好地防治效果。

③红蜘蛛密度较大时也可用 20％四螨嗪悬浮剂 2 000～3 000 倍液加阿维菌素（爱福丁）乳油 4 000～6 000 倍液防治，并兼治其他害虫。

十一、枣龟蜡蚧

枣龟腊蚧属同翅目，蜡蚧科，又名日本龟蜡蚧，俗名树虱子、枣虱子等。各地枣区均有分布，除为害枣外还为害苹果、梨、柿子、石榴等 30 多科 50 多种植物。以若虫、雌成虫刺吸枝、叶、果的汁液造成树势衰弱，严重者被害枝条死亡。其分泌物能致霉菌发生，枝叶染黑，称其"煤污病"影响光合作用和降低枣果质量。

（一）形态特征

1. 成虫　雌成虫体椭圆形，紫红色，背隆起覆白色蜡质介壳，表面有龟纹，触角鞭状，头、胸、腹不明显，足3对。受精雌成虫体长2～3毫米，产卵呈半球状。雄成虫体长1.3毫米，棕褐色，翅展2.2毫米，翅透明，触角丝状。

2. 卵 椭圆形，长0.3毫米，初产时橙黄色，近孵化时呈紫红色。

3. 若虫 初孵时为扁平椭圆形，红褐色，在叶片固定1～2天后，体背出现两列白色蜡点，7～10天后体背全部覆蜡，蜡壳周围有12个三角形蜡尖，背微隆起，周围有7个圆突，呈龟甲状，雄虫呈星芒状。

仅雄虫在介壳下化蛹，梭形，棕褐色（图10-10）。

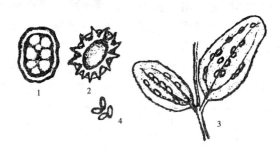

图10-10 枣龟蜡蚧
1. 雌成虫 2. 雄成虫 3. 危害状 4. 卵

（二）生活简史

华北地区枣龟蜡蚧1年发生1代，以受精雌成虫在枝条上越冬，多密集于1至2年生枝条上。第二年3月底开始在枝条上为害和发育，4月中、下旬迅速增大，5月底至6月初开始腹下产卵，6月上、中旬为产卵盛期。卵期20～30天，6月中、下旬至7月初为孵化期，7月上、中旬为孵化盛期。7月底雌雄性别分化，8月上、中旬出现雄蛹。9月上旬雄成虫羽化盛期当天交尾，寿命2～3天。雌虫为害期可延续到8月底，后固定在枝条上越冬。

（三）防治方法

1. 农艺措施　在冬季，用细铜丝刷刮刷树枝上的越冬虫体收集杀死。可在严冬季节树上喷水结冰或利用雪、雾水汽结凌的机会用木梆敲颤冰凌，可将虫体连冰一起震落收集销毁。

2. 生物防治　该虫天敌有捕食性红点唇瓢虫可捕食成虫，长盾金小蜂幼虫可寄生该虫腹下，取食蚧卵。应充分保护和利用，避开天敌发生盛期用药，防治时应选择对天敌无害或毒害轻微的农药。

3. 药物防治

①春季枣树萌芽前用 5 波美度石硫合剂或 98％的机油乳剂全树喷雾，生长季节可用 98％的机油乳剂或加德士敌虫死或蜡蚧灵 200 倍全树喷雾防治。

②幼若虫孵化期，在尚未被蜡之前，用 25％塞嗪酮（扑虱灵）可湿性粉剂 1 500～2 000 倍液＋30％乙酰甲胺磷乳油 1 000～1 500 倍或 25％喹硫磷乳油 1 000～1 500 倍液，均能防治，连续用药两次基本可根除。

十二、大灰象甲

大灰象甲属鞘翅目，象甲科，又名大灰象鼻虫。全国大部分省市均有分布，除为害枣树外，还为害梨、苹果、杏、核桃、板栗等果树及多种用材林和农作物。

（一）形态特征

1. 成虫　体长 10 毫米左右，灰黑色，虫体密被灰白色鳞毛。

2. 卵　长椭圆形，长约 1 毫米，初产时乳白色，两端半透明，经 2～3 日变暗，孵化时乳黄色。

3. 幼虫　初孵化幼虫体长 1.5 毫米，老熟幼虫体长 14 毫米。

4. 蛹 长椭圆形，体长 9～10 毫米，乳黄色，复眼褐色。

（二）生活简史

辽宁地区两年 1 代，南部省份 1 年 1 代。以成虫和幼虫在土中越冬，第二年 4 月开始出土活动，先取食杂草，枣树发芽后，转移至苗木和枣树上啃食新芽嫩叶，成虫不能飞翔，爬行转移，行动迟缓，有假死性，傍晚和夜间活动，白天栖息叶背面或土缝中，5 月下旬至 6 月中旬在叶片上产卵，6 月中下旬开始孵化为幼虫，幼虫先取食叶片，后入土取食植物根部，并在土中化蛹，羽化成虫后越冬。

（三）防治方法

1. 农艺措施 春天幼、成虫出土前，树冠下覆地膜阻止其出土；利用成虫的假死性通过震枝树下捕捉；在树干光滑部位缠黏虫胶带阻止成虫上树为害。

2. 生物防治 保护利用天敌。

3. 药物防治

①在成虫发生期可用 1％苦参碱醇 500～700 倍全树喷雾防治或苦楝原油乳剂 200 倍液或 40％硫酸烟碱 800～1 000 倍液防治。

②在 3 月中下旬成虫出土前，在树干周围用 40％毒死蜱（乐斯本）乳油 200 倍液喷洒地面，或用 25％辛硫磷微胶囊 200 倍或 5％辛硫磷颗粒剂 100 倍撒地面，然后浅翻，杀死越冬成虫或幼虫，药效可维持 1～2 月，并兼治其他在土内越冬害虫，然后覆地膜效果更好。在成虫发生期可用 40％乙酰甲胺磷 1 000～1 500 倍液，48％毒死蜱（乐斯本）乳油 1 000～2 000 倍液，25％喹硫磷乳油 1 000～1 500 倍液均可防治。

十三、黄刺蛾

黄刺蛾属鳞翅目刺蛾科。俗名八角子、洋辣子。全国各地均有分布。除为害枣外还为害苹果、梨、山楂、杏、柿、桃等多种果树、树木及其他作物，发生严重时可吃光全树叶片，仅剩叶柄和主脉。

（一）形态特征

①成虫体长 13～16 毫米，翅展 32 毫米左右，头胸部为黄色，腹部黄褐色，触角丝状，前翅的黄色区和褐色区各有一个黄色圆斑，后翅浅褐色。

②卵偏平椭圆形，浅黄色。

③幼虫体长 25 毫米左右，幼虫黄色，老熟时深黄或黄绿色。头小，浅褐色，背部有哑铃状棕褐色或紫色斑一块，各节有 4 个刺丛，胸部为 6 个，尾部 2 个较大。

④蛹茧被蛹，长 12 毫米左右，外壳坚硬，椭圆或卵圆形，灰白色，表面有灰褐色纵条纹（图 10-11）。

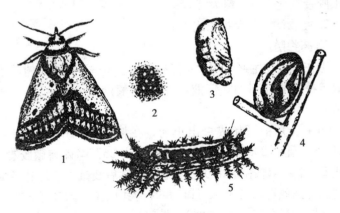

图 10-11　黄刺蛾
1. 成虫　2. 卵　3. 蛹　4. 茧　5. 幼虫

（二）生活简史

黄刺蛾在冀北寒冷地区 1 年发生 1 代，中南部地区 1 年发生 2 代。以老熟幼虫在树枝或枝杈间做茧越冬。第一代成虫羽化期在 6 月中旬，幼虫为害期在 7 月中旬至 8 月下旬。每年 2 代地区的成虫于 5 月底至 6 月初羽化，第一代幼虫为害盛期在 7 月上旬，第二代幼虫 7 月底开始为害，8 月上、中旬为害最重，在 8 月下旬幼虫老熟在枣树枝上做茧越冬。幼虫期一般 30 天左右，卵期 7～10 天，成虫有趋光性，喜夜间活动。

（三）防治方法

1. 农艺措施　冬季修剪，剪除虫茧集中放飞天敌后喂鸡或销毁。利用高压杀虫灯诱杀。

2. 生物防治　上海青蜂是黄刺蛾的天敌，能产卵于黄刺蛾幼虫体上随茧越冬，被寄生的虫茧顶部有褐色凹陷斑点，应注意保护，还有刺蛾广肩小蜂、螳螂等天敌应保护利用。

3. 药物防治

①在幼虫 1～2 龄发生期可用 1％苦参碱醇 500～700 倍全树喷雾防治或苦楝原油乳剂 200 倍液或 40％硫酸烟碱 800～1 000 倍液防治。

②在幼虫 1～2 龄期用 25％灭幼脲悬浮剂 1 500 倍液或 5％氟苯脲（农梦特）乳油 1 000 倍液。

③甲氨基阿维菌素苯甲酸盐 0.5％微乳剂 3 000 倍液，可兼治红蜘蛛。如在非花期可加入拟除虫菊酯类药剂防治效果更好。

十四、扁刺蛾

扁刺蛾属鳞翅目刺蛾科，又称扁棘刺蛾、黑点刺蛾，俗名洋辣子。各地均有分布，是为害枣树叶子的重要害虫，也为害其他树种和作物。

（一）形态特征

1. 成虫　体长 14～18 毫米，翅展 25～28 毫米，灰褐色，触角前部丝状，后部栉齿状，前翅灰褐色，自前缘中部向后缘有一深灰色线条，线内色淡，雄蛾翅中前部黑斑点较雌蛾明显，后翅暗灰色。

2. 卵　长 1.2 毫米，黄绿至灰褐色，扁平椭圆形。

3. 幼虫　初孵化时体长 1.2 毫米，老熟幼虫 25 毫米左右，

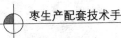

扁长椭圆形，背部隆起，各节具刺突 4 个，体肢刺和刺毛发达，第四节至尾部各节两侧均有一个红点，虫体绿色。

4. 茧 短椭圆形，暗褐色长 10 毫米左右。

5. 蛹 近纺锤形，黄褐色长 13 毫米左右。

（二）生活简史

扁刺蛾在河北及邻近省份 1 年发生 1 代，以老熟幼虫在树下浅土层结茧越冬。来年 5 月上中旬化蛹，5 月底至 6 月初成虫羽化并交尾产卵，卵期 7 天左右，幼虫在 6 月中旬出现，卵孵化期不整齐，至 8 月初仍有初孵幼虫出现，大量爆食期在 5 龄以后，一般在 8 月上中旬为害盛期，8 月下旬幼虫老熟开始入土做茧越冬。江、浙一带扁刺蛾可发生 2～3 代。

（三）防治方法

1. 农艺措施 土壤解冻后结合枣尺蠖、桃小食心虫的防治，人工对树冠下 1 米范围内的土壤翻土 10～20 厘米，捡虫茧饲养放飞天敌后并杀死、喂鸡均可，可有效控制此虫为害。

2. 生物防治 上海青蜂是刺蛾的天敌，能产卵于刺蛾幼虫体上随茧越冬，被寄生的虫茧顶部有褐色凹陷斑点，应注意保护，还有刺蛾广肩小蜂、螳螂等天敌应保护利用。

3. 药剂防治 3 月中下旬成虫出土前防治参阅桃小食心虫地下防治部分，幼虫防治参阅黄刺蛾部分。

十五、褐边绿刺蛾

褐边绿刺蛾属鳞翅目刺蛾科，又名褐缘绿刺蛾、青刺蛾、绿刺蛾、四点刺蛾，全国各地均有分布。

（一）形态特征

1. 成虫 体长 16 毫米左右，翅展 36～40 毫米，头、胸部绿色，触角褐色，前翅基部褐色，中部绿色，外缘黄褐色，在边缘有褐色条纹，缘毛褐色，后翅及腹部浅褐色。

2. 卵 扁椭圆形，长 1.3 毫米左右，浅黄色。

3. 幼虫　长 25 毫米左右，初孵时黄色，6 龄时变绿色，背线黄绿色、亚背浅红棕色，刺毛黄棕色夹有黑毛，腹端有黑色球毛丛 4 个。

4. 茧　椭圆形，棕褐色长 17 毫米左右。

5. 蛹　椭圆形，黄褐色，包于茧中（图 10 - 12）。

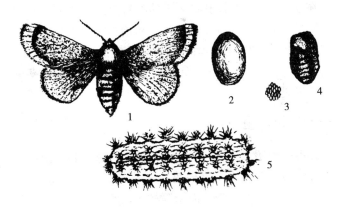

图 10 - 12　褐边绿刺蛾
1. 成虫　2. 茧　3. 卵　4. 蛹　5. 幼虫

（二）生活简史

褐边绿刺蛾的生活史与黄刺蛾相近，北方大部 1 年发生 1 代，长江以南 1 年发生 2～3 代。发生 2～3 代地区，5 月下旬至 6 月上旬成虫羽化并产卵，7～8 月是幼虫发生期；一年发生一代，6 月上中旬化蛹，成虫羽化产卵在 6 月下旬至 7 月上旬，7～8 月是幼虫发生盛期，8 月下旬至 9 月下旬老熟幼虫于树干基部、枝干伤疤、粗皮裂缝及枝杈处结茧越冬。

（三）防治方法

1. 农艺措施　冬季修剪，结合刮树皮清除越冬茧饲养放飞天敌后销毁。利用高压杀虫灯诱杀。

2. 生物防治　上海青蜂是刺蛾的天敌，能产卵于刺蛾幼虫体上随茧越冬，被寄生的虫茧顶部有褐色凹陷斑点，应注意保护，还有刺蛾广肩小蜂、螳螂等天敌应保护利用。

3. 药物防治

①在幼虫 1～2 龄发生期可用 1％苦参碱醇 500～700 倍液或苦楝原油乳剂 200 倍液或 40％硫酸烟碱 800～1 000 倍液喷雾防治。

②在幼虫 1～2 龄期用 25％灭幼脲悬浮剂 1 500 倍液，5％氟苯脲（农梦特）乳油 1 000 倍液喷雾防治。

③在幼虫 1～2 龄期用阿维菌素苯甲酸盐 1.8％乳剂 3 000～4 000 倍液，可兼治红蜘蛛。如在非花期可加入拟除虫菊酯类药剂防治效果更好。

十六、棉铃虫

棉铃虫属鳞翅目夜蛾科，又名棉铃实夜蛾，钻心虫等。全国各地均有分布，主要寄主是棉花、玉米、烟草等作物，食性杂，也为害枣、苹果、桃、杏、泡桐等林木。幼虫吃嫩梢和叶片，致使叶片缺刻和孔洞，果实被害后形成大的蛀孔，外面常有虫粪，引起果实脱落。

（一）形态特征

1. 成虫　体长 14～18 毫米，翅展 30～38 毫米，头、胸和腹部淡灰褐色，前翅灰褐色，后翅褐至黄白色，外缘有一褐色宽条带，宽带中部有 2 个淡色斑。

2. 卵　长球形，初产时乳白色或淡绿色，有光泽，孵化前深紫色。

3. 幼虫　长 30～42 毫米，体色因食物及环境影响较大，以绿色和红褐色较常见，腹部各节背面有许多毛瘤上生刺毛。

4. 蛹　长 17～21 毫米，黄褐色，体末有 1 对黑褐色刺，尖端微弯。

（二）生活简史

棉铃虫发生代数因地而异，新疆、内蒙古、青海 1 年发生 3

代，华北1年4代，长江流域以南地区1年发生5～7代，以蛹在土中越冬。华北地区，来年4月中下旬开始羽化，5月上中旬为盛期。第一代幼虫主要为害麦类等早春农作物，第二、三代为害棉花，第二、三、四代均可为害枣树。成虫白天潜伏夜间活动，对黑光灯、萎蔫杨柳枝把有强烈趋向性。雌蛾产卵期7～13天，卵一般散产于嫩叶和果实上。幼虫3龄后开始蛀果，在入果之前应及时防治。幼虫期15～22天共6龄，老熟幼虫入土化蛹。

（三）防治方法

1. 农艺措施 枣园附近及园内不种棉花等棉铃虫喜欢产卵的作物。在春天土壤化冻后翻土拾蛹，消灭越冬蛹。地面覆地膜阻止出土。在成虫发生期在枣园内插杨树把诱蛾或利用黑光灯诱蛾杀灭成虫。捡拾虫果放于养虫箱中，待桃小甲腹茧蜂羽化成蜂后放飞于枣园，未寄生的蛹茧再烧毁。果实生长期随时摘除虫果。

2. 生物防治 棉铃虫的天敌有姬蜂、跳小蜂、胡蜂及多种鸟类应注意保护利用。

3. 药剂防治

①在幼虫1～2龄发生期可用1％苦参碱醇500～700倍全树喷雾防治或苦楝原油乳剂200倍液或40％硫酸烟碱800～1 000倍液或苏云金杆菌乳剂（含活芽孢100亿个/毫升）200倍液防治。

②土壤化冻后地面撒药防治参照食芽象甲相关部分；在棉铃虫幼虫的2龄前可用25％灭幼脲1 000～2 000倍液、25％杀铃脲悬浮剂1 000～2 000倍液，药效可达20天以上，也可用20％甲氰菊酯（灭扫利）乳油2 000～2 500倍液或10％联苯菊酯（天王星）乳油3 000～3 500倍液等拟除虫菊酯类药剂防治。与灭幼脲混用防治效果更好。

十七、枣豹蠹蛾

枣豹蠹蛾属鳞翅目豹蠹蛾科。尚未定名。俗称截干虫，河北省枣区及以南多数省市均有分布。除枣树外还为害苹果、梨、核桃、石榴、柑橘、刺槐和棉花、玉米等多种植物。幼虫蛀食枣吊、枣头及二年生枝部分组织。造成落吊、截干，影响树体正常发育。

（一）形态特征

1. 成虫　雌蛾体长 18～25 毫米，翅展 32～50 毫米，体瘦被灰白色鳞毛，触角丝状灰白色，胸背两侧各有 3 个圆形蓝黑色斑点成两排，前翅密布深蓝色斑点，后翅缘斑色深，腹每节背面具黑斑 3 个，成 3 行排列。雄蛾体长 18～23 毫米，翅展 29～36 毫米，触角基部羽状，前半部丝状，黑色被白色绒毛，其余部分同雌蛾。

2. 卵　椭圆形，长 1 毫米左右，淡黄至橙红色，孵化前变紫色。

3. 幼虫　初孵时浅褐色，后渐变为浅紫红色，老熟幼虫长 30 毫米左右，腹部各节有刺毛 6 根。

4. 蛹　红褐色，纺锤形，长 20 毫米左右，腹部末端有 6 对臀棘，雌蛹稍大（图 10 - 13）。

（二）生活简史

豹蠹蛾 1 年发生 1 代，以幼虫在被害枝条内越冬，来年 4 月下旬发芽时继续蛀食为害，可转移枝条再度蛀食。6 月上中旬开始化蛹，蛹期 13～37 天，6 月下旬开始羽化成虫，羽化盛期在 7 月中旬，8 月份尚有少量成虫出现。成虫多在夜间活动，有趋光性。在嫩枝上及叶腋处产卵，卵期 9～20 天，初孵幼虫多取食枣吊及嫩枝，随虫龄增长，转至为害枣头嫩梢，蛀孔并向枝条基部蛀食移动，枝条上留有多个蛀孔供通气及排粪用。约在 10 月下旬停止蛀食，开始越冬。被害枣吊干枯，枣果随之干枯脱落，被

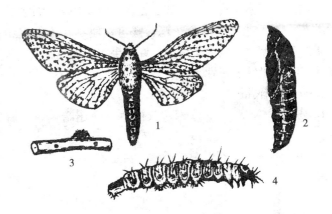

图 10 - 13　枣豹蠹蛾
1. 成虫　2. 蛹　3. 危害状　4. 幼虫

害枝条常遭风折。

（三）防治方法

1. 农艺措施　在枣树落叶后或早春，彻底清除枣园的枯枝、枣吊、落叶、销毁。结合枣树冬季修剪将被豹蠹蛾为害有蛀孔的枝条剪下来，集中销毁，用修剪防治豹蠹蛾较药剂防治效果更好。6～7月份成虫羽化时利用黑光灯诱杀。

2. 生物防治　豹蠹蛾的天敌有小茧蜂、蚂蚁及鸟类等应保护利用。

3. 药物防治

①对蛀孔的枝条用 1‰ 苦参碱醇 500 倍液用针管注射，然后用药泥将蛀孔全部堵死。

②对蛀孔的枝条用 80% 敌敌畏 200 倍液用针管注射，然后用药泥将蛀孔全部堵死，也可用毒签将全部蛀孔堵死，否则效果不佳。

十八、枣绮夜蛾

枣绮夜蛾属鳞翅目夜蛾科，又名枣花心虫、枣实虫等。分布河北、山东、河南、安徽、江苏、浙江、甘肃等省。幼虫在花期吐丝缠花，藏于花序中咬食花蕊、蜜盘，使枣花不能授粉而脱落。果实生长期幼虫吐丝于果柄，蛀食果实，虫孔较大，最终果实脱落，有转果蛀食习性。

（一）形态特征

1. 成虫　体长 4～6 毫米，灰褐色，前翅暗褐色，后翅浅褐色。

2. 卵　球形，初产时白色透明，后变红色。

3. 幼虫　体长 12～16 毫米，浅黄绿色。

4. 蛹　长 6 毫米左右，初化蛹时绿或黄绿色，后变为褐色。茧为丝质，质地软，灰色。

（二）生活简史

枣绮夜蛾 1 年发生 2 代，以蛹的茧化形式在树皮缝或树洞穴内越冬。5 月上中旬成虫羽化，卵多产生在花梗及叶柄处，成虫寿命 10 余天。5 月下旬第一代幼虫开始孵化，幼虫孵化后开始吐丝缠花并在其中啃食枣花，6 月上中旬是为害盛期，6 月中下旬开始化蛹，7 月上中旬结束。此代蛹中一部分不再羽化而越冬，另一部分在 6 月下旬开始羽化，7 月中下旬结束，为第二代。7 月上旬第二代幼虫孵化，多取食枣果，有转果为害习性，1 头幼虫可转害 4～6 个枣果。7 月下旬至 8 月中旬老熟幼虫化蛹越冬。

（三）防治方法

1. 农艺措施　春季堵树洞和刮除树干、树枝杈及主要骨干枝的粗皮并待天敌放飞后集中销毁，夏季在枝杈部位缠草把，引诱老熟幼虫化蛹放飞天敌后烧掉草把及虫蛹。

2. 生物防治　保护利用天敌。

3. 药剂防治

①在幼虫 1～2 龄发生期可用 1%苦参碱醇 500～700 倍全树喷雾防治或用苏云金杆菌乳剂（100 亿个/毫升）500～800 倍液

防治。

②幼虫发生期正值花期，须保护蜜蜂和天敌，可选用对蜜蜂和天敌影响小的苏云金杆菌乳剂（100亿个/毫升）500～800倍液，5%氟定脲（抑太保）乳油1 000～1 500倍液，25%杀铃脲悬浮剂1 000～2 000倍液喷雾，喷药要选在幼虫的1～2龄期防治效果才好。果实膨大期防治，参照桃小食心虫相关部分，防治桃小食心虫的同时也防治了枣绮夜蛾。

十九、皮暗斑螟

皮暗斑螟俗称甲口虫，属鳞翅目、螟蛾科，我国枣区均有发生，该虫食性较杂，除为害枣树外尚为害梨、苹果、杏、旱柳、榆树、刺槐、香椿、杨树等。1995年杨振江等人对该虫进行了生物学特性及防治的研究，并由中国科学院动物所宋士美先生鉴定并定名为皮暗斑螟。

（一）形态特征

1. 成虫 体长6.0～8.0毫米，翅展13.0～17.5毫米，全体灰色至黑灰色。下唇须灰色、上翘。触角暗灰色丝状，长约为前翅的2/3，复眼，胸部背面暗灰色，腹面及腹部灰色。前翅暗灰色至黑灰色，有两条镶有黑灰色宽边的白色波状横线，缘毛暗灰色，后翅浅灰色，外缘色稍深，缘毛浅灰色。

2. 卵 椭圆形，长0.50～0.55毫米，宽0.35～0.40毫米，初产卵乳白色，中期为红色，近孵化时多为暗红色至黑红色，卵面具蜂窝状网纹。

3. 幼虫 初孵时头浅褐色，体乳白色，老熟幼虫体长10～16毫米，灰褐色，略扁。头褐色，前胸背板黑褐色，臀板暗褐色，腹足5对，第三至第六节腹足趾钩双序全环，趾钩26～28枚。臀足趾钩双序中带，趾钩16～17枚。

4. 蛹 体长5.5～8.0毫米，胸宽1.3～1.7毫米，初期为淡黄色，中期为褐色，羽化前为黑色（图10-14）。

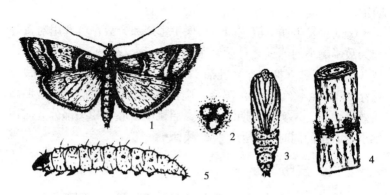

图 10-14 皮暗斑螟

1. 成虫 2. 卵 3. 蛹

4. 甲口被害状 5. 幼虫

（二）生活简史

皮暗斑螟在沧州一年发生 4～5 代，以第四代幼虫和第五代幼虫为主交替越冬，有世代重叠现象，以幼虫在为害处附近越冬，第二年 3 月下旬开始活动，4 月初开始化蛹，越冬成虫 4 月底开始羽化，5 月上旬出现第一代卵和幼虫。第一、二代幼虫为害枣树甲口，使甲口不能愈合，树势衰弱，落花落果，严重造成枣树死亡。第四代部分老熟幼虫不化蛹于 9 月下旬以后结茧越冬，第五代幼虫于 11 月中旬进入越冬。

（三）防治方法

1. 农艺措施 春天刮树皮，并重点清除甲口周围的翘皮，消灭越冬虫茧和幼虫。

2. 生物防治 保护利用天敌。

3. 药剂防治

①枣树萌芽前喷 5 波美度的石硫合剂，重点喷洒甲口部位。枣树开甲后的两天内甲口部位用 1‰苦参碱醇 100 倍液涂抹甲口，7 天 1 次，连续抹 3 次即可有效防治。

②枣树开甲后的两天内甲口部位用 40％乙酰甲胺磷乳油 100

倍，或 40％乙酰甲胺磷乳油 100 倍加 2.5％功夫联苯菊酯乳油 200 倍或 40％毒死蜱（乐斯本）乳油 100～200 倍加 20％灭扫利乳油 500 倍抹甲口防治，7 天 1 次，连续抹 3 次即可有效防治，保护甲口愈合。上述药剂加灭幼脲 3 号 200～300 倍液防治效果倍增。

二十、麻皮蝽

麻皮蝽属半翅目，蝽科。又名黄斑蝽，俗名臭大姐、臭板虫。北方果区均有分布，为害多种林木果树。以若虫、成虫刺吸果实及嫩枝汁液，导致果面产生黑点、凹陷，局部果肉组织木栓化，形成疙瘩状果，影响果品质量。该虫寄主广、迁移广，可携带多种病菌，是枣树主要传病昆虫。

（一）形态特征

1. 成虫 扁平近椭圆形，背面灰黑色，腹面灰黄白色，长 18～22 毫米，前翅膜质部棕黑色，稍长于腹部。

2. 卵 球形，灰白色，常 12 粒排列于枣叶背面。

3. 若虫 初孵时胸腹部有红、黄、黑三色相间横纹，翅尚未形成，2 龄时体灰黑色，腹部背面有 6 个红黄色斑。

（二）生活简史

麻皮蝽 1 年发生 1 代，以成虫在树洞、柴草堆、果园小屋等处越冬，4 月下旬至 5 月初成虫开始活动，吸食嫩枝汁液补充营养（先在梨、桑等萌芽早的树上为害），6 月上旬交尾产卵于叶背面，6 月中下旬出现若虫，刚孵出的若虫在一起静伏，后分散活动。从 7 月上中旬至 9 月上旬为成虫为害盛期，9 月中旬以后随温度下降陆续寻找越冬场所开始越冬，成虫具有假死性。

（三）防治方法

1. 农艺措施 枣树园内不堆放柴草垛，树洞可用沙子白灰膏堵严，并兼治木腐病，果园小屋应在早春封严（包括墙缝），然后熏蒸杀死越冬成虫。利用成虫假死性人工捕捉。

2. 生物防治 椿象类的天敌有椿象黑卵蜂、稻蝽小黑卵蜂等应予保护，也可人工饲养，于6月前释放于枣园，控制其发生。

3. 药剂防治

①在若虫1～2龄发生期可用1‰苦参碱醇500～700倍液或苦楝原油乳剂200倍液或40％硫酸烟碱800～1 000倍液喷雾防治。

②6月中下旬若虫发生期，最好在若虫尚未分散活动之前用50％敌百虫乳油400～500倍液（或90％敌百虫晶体制剂800～1 000倍液）、30％乙酰甲胺磷乳油800～1 000倍液、48％毒死蜱（乐斯本）乳油1 500倍液、20％甲氰菊酯（灭扫利）乳油2 000～2 500倍液或10％联苯菊酯（天王星）乳油3 000～3 500倍液等拟除虫菊酯类药剂喷雾防治。

③甲氨基阿维菌素苯甲酸盐0.5％微乳剂3 000倍液，或爱福丁3 000～4 000倍液喷雾防治，并可兼治红蜘蛛。与上述药剂混合使用效果更好。

另外茶翅椿象、梨椿象也为害枣树，茶翅椿的发生规律、越冬场所与麻皮蝽近似，可参阅麻皮蝽防治方法进行防治。梨椿象也是1年发生1代，以2龄若虫在树皮裂缝中越冬，3月下旬梨树发芽时若虫逐渐分散到树枝吸食汁液，高温下有群集习性，常在树干阴面和树杈处静伏，傍晚后分散到树上为害。6月上旬成虫羽化，成虫寿命长4～5个月，8月下旬至9月上旬产卵，卵多产在树干粗皮裂缝、树杈，卵期10天左右，9月中下旬开始卵孵化，孵出若虫蜕皮1次，寻找场所越冬。

防治方法：可在早春，梨椿象若虫活动前刮树皮破坏其越冬场所，9月上旬，在树干绑草把引诱若虫越冬，入冬解开草把，收集在一起放飞天敌后烧毁，药剂防治可选在高温夏天，利用其群集静伏的习性喷药，其他防治事项参阅麻皮蝽部分。

二十一、大青叶蝉

大青叶蝉属同翅目叶蝉科。又名大绿浮尘子、大青叶跳蝉等，全国各地均有分布，为害农林植物 39 科 160 余种，以成虫、若虫刺吸植物叶、花、果实及嫩枝汁液，在幼龄果树、苗木及大树一年生枝条上产卵，是为害枣树及苗木的重要害虫。

（一）形态特征

1. 成虫　雌虫体长 9 毫米左右，雄虫略小，翠绿色，前翅绿色，前缘白色，半透明，后翅及腹背深褐色，胸足 3 对善飞翔跳跃，腹面浅橙黄色。

2. 卵　长卵圆形，长 1.6 毫米左右，浅黄色。

3. 若虫　初产黄白色，至 3 龄期时变黄绿色，出现翅芽，老龄若虫体长 6 毫米左右，与成虫相比仅无完整的翅（图 10-15）。

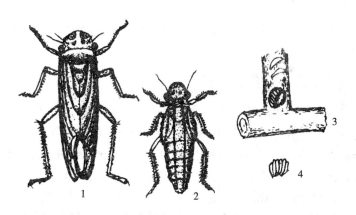

图 10-15　大青叶蝉
1. 成虫　2. 若虫　3. 危害状　4. 卵

（二）生活简史

在华北地区一般 1 年 3 代，以卵在枝条及苗木的表皮下越冬，来年 4 月初孵化，若虫在杂草及大田作物上为害，5～6 月出现第一代成虫，7～8 月出现第二代成虫，9 月底为第三代成虫，10 月中下旬成虫飞往枣树上产卵越冬，产卵处表皮刺破呈月牙形。为害严重枝条或小苗干枯死亡。

（三）防治措施

1. 农业措施 枣园及附近不能种植晚秋蔬菜及作物，如萝卜、白菜、芹菜等。并注意清除园内及周围杂草。对幼树及苗木的枝干上用石灰乳涂白，防止产卵（涂白剂配方，生石灰、食盐、黏土为 5∶0.5∶1 的 20 倍水混合物）。7～8 月份成虫发生期用黑光灯诱杀。结合冬季修剪，剪除产卵枝条销毁。

2. 生物防治 保护利用天敌。

3. 药物防治

①在若虫 1～2 龄发生期可用 1‰苦参碱醇 500～700 倍液全树喷雾防治或苦楝原油乳剂 200 倍液或 40％硫酸烟碱800～1 000 倍液喷雾防治。

②虫量较大园片在若虫 1～2 龄发生期可用 80％敌敌畏乳油 800～1 000 倍液防治。

二十二、六星吉丁虫

六星吉丁虫属鞘翅目，吉丁虫科，又名串皮虫、串皮干等。北方大部分省份均有分布，除为害枣树外还为害苹果、梨、桃、李、杏、核桃、板栗等多种果树。以幼虫蛀食枝干的皮层和木质部，使枝干干枯死亡。

（一）形态特征

1. 成虫 体长 11 毫米左右，紫褐色，有光泽，触角锯齿状，复眼椭圆形黑褐色。翅鞘各有 3 个近圆形绿色斑点，足 3 对，基节粗肥。

2. 幼虫 乳黄白或乳白色，胸部肥大，体长 15～25 毫米，腹部扁圆柱形，较胸部细。

3. 卵 椭圆形乳白色。

（二）生活简史

六星吉丁虫 1 年发生 1 代，以幼虫在树木内虫道里越冬。来年 4 月底老熟幼虫在木质部化蛹，5～6 月份羽化成虫，咬破表皮爬出活动。交尾后产卵于树干下部的树皮缝中，卵孵化后幼虫蛀入皮层为害至越冬。成虫有假死性。

（三）防治方法

1. 农艺措施　利用成虫的假死性，可在 5～6 月成虫发生期，清晨到树下振树捕杀。在 4 月底及 8～9 月份，经常检查树体发现虫粪及虫孔时，用细铁丝从虫道挖出蛀干幼虫。

2. 生物防治　保护利用天敌。

3. 药物防治

①在幼虫蛀孔处可用 1‰苦参碱醇 500 倍或苦楝原油乳剂 100 倍液注入毒杀幼虫并用药泥堵死虫孔，或用 50 倍液浸泡脱脂棉球堵塞虫孔熏杀幼虫。

②在幼虫蛀孔处用 80％敌敌畏乳油 200 倍液注入毒杀幼虫并用药泥堵死虫孔，或用 50 倍液浸泡脱脂棉球堵塞虫孔熏杀幼虫，或用毒签堵塞虫孔闷熏杀死幼虫（毒签市场有售）。

二十三、星天牛

星天牛属鞘翅目天牛科，又名银星天牛，俗称水牛牛，各枣区均有分布。幼虫蛀食枝干木质部及根干皮层，造成树体衰弱死亡。是为害枣树重要害虫，还为害多种林木和果树。

（一）形态特征

1. 成虫　体长 32 毫米左右，体黑色光亮，触角鞭状黑色，长度超过身体 1～5 节，基部 2 节之外的各节 1/3 处均有蓝色毛环。

2. 卵　长椭圆形乳白色。

3. 幼虫　体长 50 毫米左右，黄白色，头部浅褐色，胸部肥大。

4. 蛹（裸蛹）　乳白色长 32 毫米左右（图 10-16）。

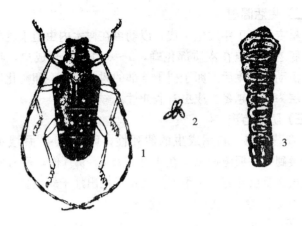

图 10-16　星天牛
1. 成虫　2. 卵　3. 幼虫

（二）生活简史

星天牛在大部分地区 1 年发生 1 代，幼虫在树干基部木质部越冬。5 月上旬开始羽化成虫，6 月上旬为盛期，成虫取食叶片和嫩皮，6 月份为产卵盛期，卵多产在根颈上部 20 厘米左右处的韧皮组织内，卵期 9～15 天，7 月中下旬为卵孵化高峰，2 龄前蛀食韧皮部，2 龄后转蛀食木质部，通常在地表上部 5～10 厘米处留一个通气和排粪孔，11 月起，老熟幼虫开始化蛹越冬。

（三）防治方法

1. 农艺措施　5～6 月份人工捕捉上树成虫集中销毁。经常检查树体发现虫粪及蛀孔时，用细铁丝从虫道挖出蛀干幼虫。

2. 生物防治　保护利用天敌。

3. 药物防治

①对成虫在树皮产卵的刻伤处刮治并涂以 1‰苦参碱醇 500 倍，在幼虫蛀孔处可用 1‰苦参碱醇 500 倍或苦楝原油乳剂 100 倍液注入毒杀幼虫并用药泥堵死虫孔，或用 50 倍液浸泡脱脂棉球堵塞虫孔熏杀幼虫。

②对成虫在树皮产卵的刻伤处刮治并涂以 20%的敌敌畏柴

油乳化剂杀卵。及时查找有虫粪虫孔，清理虫口，以 80％敌敌畏 200 倍的药棉球堵塞虫孔，也可用药签堵塞虫孔。

第三节 枣园草害防除

一、正确认识草害

对杂草要用生态平衡观点去认识，只要不是恶性杂草或对主栽作物不影响生长的草类，在肥、水允许的条件下，可任其生长，选择适宜时机翻压草体，以提高土壤的肥力。干旱少雨或已影响主栽作物生长的草可用人工、机械和化学除草均可。

二、人工或机械除草

用人工或机械除草能使土壤疏松，利于保墒，是生产有机食品枣首选的除草方法，但山区枣园应注意水土保持。

三、化学除草

化学除草是一种省工、省时、有利于水土保持的除草技术，不同品种的杂草在不同生长期选用不同的除草剂，如禾本科杂草应用专除禾本科的或除禾本科草和阔叶草兼用的除草剂，可用高效氟吡甲禾灵、双丙氨膦、氟乐灵等；杂草出土前的萌芽期除草，可在播种或幼苗出土前用氟乐灵、百草枯、异丙甲草胺等；幼苗期可用双丙氨膦、百草枯、草甘膦等；多年生杂草应用有内吸作用的除草剂像草甘膦、喹禾灵、丁草胺、乙草胺等。目前市场上除草剂品种很多，在选用和使用除草剂前一定要详细阅读说明书，按照说明书的要求，使用浓度、方法去做以取得良好地除草效果。使用除草剂一定要在无风或微风天，要压低喷头防止药液溅到作物叶片上造成伤害和损失。喷洒除草剂要用专用药械，或用完彻底清洗喷雾器具，以防药害。

编者提示：选择农药一定要对症，并要购买信誉好大厂家的近期产品，成交后一定索要发票。一次进药不宜太多，够用就行，因为再好的药一年最多用两次，以延缓病虫耐药性的产生。每批次药使用后要留少量药样，作为凭证。

枣园周年管理工作历参见表10-2。

表10-2　枣园周年管理工作历

月份	物候期	主要管理工作
1～2	休眠期	①在幼树主干上缚捆玉米、高粱、向日葵等秸秆，防止野兔啃食树皮。 ②总结上年管理工作，制定今年管理工作计划。 ③备好全年使用的化肥、农药、农膜等农用资料。 枣树冬剪工作量大可在1月份进行，剪口应适当留长一点以防冻伤预留芽。
3	休眠期	①刮树皮，解下树干捆缚诱虫的草圈（草把），把草圈及刮下的树皮收集在一起用纱网罩起来，喷水保持湿度和温度，待天敌出蛰飞枣园后，然后销毁。枣树刮皮后要及时涂白防冻和消灭病虫。 ②进行枣树冬季修剪。 ③修整树盘平整土地做灌排水渠道。 ④彻底清除枣园修剪下来的枝条、枯枝落叶，病虫落果，枣园杂草采集中销毁，清洁枣园。 注：如果冬剪的工作量大可提前至1～2月份进行。
4	萌芽前、后	①萌芽前全园喷5波美度石硫合剂，消灭树上越冬的病、虫源。 ②进行萌芽前追肥、浇水，浇水后松土保墒。 ③地面喷药浅翻，将药盖入土内，再覆盖地膜，防治地下越冬害虫。 ④萌芽后树干缚黏虫胶带或塑料裙，阻止枣尺蠖、红蜘蛛等害虫上树为害。
5	枝叶生长、花芽分化，早花始花	①进行枣树夏剪，枣头摘心，控制营养生长，促进生殖生长。幼树要扶持各类枝头生长，以扩大树冠为主，结果为辅。 ②喷药防治枣瘿蚊、食芽象甲、枣黏虫、枣尺蠖、绿盲椿象等害虫及早期浸染的病害如枣烂果病。 ③5月底可进行花前追肥与浇水，浇水后松土保墒。

（续）

月份	物候期	主要管理工作
6	花期及坐果期	①继续做好枣头摘心、调整各类枝条角度和长势等夏剪工作。 ②枣园安排放蜂为枣花授粉。 ③花期适时开甲并做好甲口涂药防治甲口虫。 ④做好花期喷赤霉素（九二〇）、硼砂、硫酸锌、磷酸二氢钾、尿素、清水等促进坐果的技术措施。 ⑤安装杀虫灯诱杀各种蛾类。 ⑥月初、月底各喷一次药防治枣叶壁虱、食叶象甲、枣瘿蚊、日本龟蜡蚧、枣黏虫、桃小食心虫、刺蛾类、红蜘蛛等虫害及枣炭疽病、枣锈病、枣烂果病病菌的初侵染。
7	幼果期	①枣树追肥、灌水及后期排水。 ②适时翻草，压绿肥。 ③利用高温季节沤制有机肥，为秋后备足有机肥作为基肥。 ④喷倍量式波尔多液重点防治此期多发的各种病害，随时检查全园枣树，发现枣枯枝病及时刮树皮涂药防治。有生理性缩果病的枣园可再喷一次到硼酸（砂）予以防治。 ⑤喷药防治枣红蜘蛛、桃小食心虫、日本龟蜡蚧、天斗牛类注干害虫。枣树地里插杨树嫩枝把、引诱棉铃虫产卵，防治棉铃虫。
8	果实膨大期	①继续做好病害防治，8月中旬前可继续用波尔多液，以后改用易保、仙生、大生、高尚铜等药剂防治。 ②继续防治各种虫害，可用阿维菌素兼治红蜘蛛和其他害虫。 ③喷氨基酸钙、硝酸钙、氯化钙等钙肥减少裂果病的发生。 ④旱时适时灌水，减少裂果病发生。继续注意排水。 ⑤在树干捆草圈诱使害虫在草内越冬。 ⑥加工品种在白熟期即可采摘加工蜜枣，早熟鲜食枣半红期采摘上市。
9	果实成熟期	①继续采摘白熟期枣加工蜜枣，鲜枣半红期采摘上市。有贮藏价值的鲜食枣可下树贮藏。 ②果实采前喷钙，减少果实裂果和提高果实保鲜期。 ③准备贮藏鲜枣的库房及用具进行消毒灭菌。 ④准备红枣制干场地及其用具，烘烤房的检修、工具修缮。 ⑤9月下旬成熟制干枣应在完熟期下树制干枣。

（续）

月份	物候期	主要管理工作
9	果实成熟期	⑥已采完果的枣园、树应进行秋施基肥，继续加强树上管理，采果后马上喷一次 0.5%～1%尿素液如有病虫加入相应的药剂，延缓落叶，保证叶片生理功能制造更多营养贮备。
10	晚熟枣成熟及落叶期	①鲜食品种半红期下树上市或入库贮藏。 ②继续，红枣制干，分级包装入库贮藏或外运销售。 ③继续秋施基肥、秋翻松土保墒。 ④晚熟枣下树入库贮藏保鲜或制干。 ⑤落叶后摘除树上、树下病虫果。 ⑥枣粮间作地块应适时播种冬小麦。
11～12	休眠期	①清洁枣园，清除枯枝落叶、病虫落果及果园杂草，运出枣园销毁。 ②枣园浇封冻水（最迟要做到夜冻日溶，再迟对安全越冬不利），水渗后松土保墒。 ③随时检查入库保鲜枣，随时调节库内温、湿度，保证库内最佳贮藏温度、湿度及气体组成，枣变红要挑出及时销售。 ④做好干、鲜枣的市场销售工作。 ⑤进行全年枣园管理工作总结。

（周正群、周 彦）

第十一章

金丝小枣优质丰产栽培

编者提示：为突出本书内容详细实用和言简意赅的特点，减少不必要的内容重复，自第十一章及以后的各单项章节，在内容安排上只提纲挈领地写出主要内容及要求，具体作法不再重复。如枣园选址只写选址的要求，涉及有机、绿色、无公害食品具体标准的内容可参照本书第四章中的相关内容。再如施肥根据金丝小枣生长的特性只写出施肥时期、施肥品种、施肥量，施肥方法可参阅本书前面有关内容。以下各章节均同不再赘述。

第一节　金丝小枣栽培概况及生物学特性

一、金丝小枣栽培概况

枣是鼠李科枣属植物，原产地为中国。据 20 世纪 70 年代河南密县峨沟北岗新石器时代遗址挖掘出的炭化枣果和枣核推测，我国早在 7 000 多年以前就已开始采集和利用枣果了。远在周代以前，枣已被人们视为珍果。在春秋战国时代，枣的栽培已遍及陕、晋、豫、鲁等省，形成了我国历史上的栽培中心并一直保持至今，当时还进行了改良选优，选出了许多优良品种如金丝小枣，并积累了一定的栽培经验。金丝小枣原产地河北省沧州地区的栽培历史距今也有 3 000 多年。金丝小枣干鲜两宜，以其极优的品质和良好的医疗效果深受国内外消费者的青睐，是我国出口创汇的重要农产品，成为我国红枣栽培中面积最大的品种之一，据 2009 年统计，我国金丝小枣栽培总面积 2 500 万亩，年产量 400 亿千克。总面积的 80％分布在河北省的沧县、献县、泊头、河间、青县、盐山、曲阳、行唐、大城、武邑、新乐、涿县、武强等县（市）。另外的 20％分别在山东的乐陵、聊城、寿光，河南的内黄、新郑，山西的柳林、芮城，及新疆、宁夏、甘肃、重庆、云南、陕西等的部分地区。在沧州地区的沧县、献县枣产区的收入占农业总收入的 30％以上，是群众的主要经济来源。

目前金丝小枣的栽培模式有纯枣园和枣粮间作两种。纯枣园盛果期干枣平均亩产量达 500 千克，纯效益达 3 000 元以上。枣粮间作是枣与小麦、大豆、花生、辣椒间作。据调查枣粮间作模式产生的效益是纯枣园的 1.4～1.6 倍，间作的粮食作物比纯粮园提高 2～8.5 个百分点。因此枣粮间作是实现环境友好、农业可持续发展的最佳种植模式。随着我国的改革开放和国民经济的发展，对外贸易不断增加，金丝小枣这一古老的品种乃有发展的空间。

二、金丝小枣特性概述

金丝小枣为干鲜两用品种。鲜枣平均单果重 5～6 克，果皮薄色泽鲜红，光亮美观，肉质细脆、汁中多，味甘甜，核细小，含糖量为 25％～35％。制干率 60％。干枣纹理细密、紫红色、肉厚，干枣的含糖量为 60％～70％，掰开时拉有黄丝，故名金丝小枣。金丝小枣含有丰富的蛋白质、脂肪、钙磷铁镁等矿物质及粗纤维、维生素 C、氨基酸等人体所需物质，素有"维生素丸"之称。金丝小枣可用于清血液、降血脂、调血压、延缓动脉硬化，对气血不足、贫血、肺虚咳嗽、神经衰弱、失眠、高血压、坏血病等均有疗效，民间有"一日食三早，赛过灵芝草"之说，因而金丝小枣被国内外医药界肯定和推崇的营养滋补品。金丝小枣的木质坚硬，纹理致密，是制作现代家具、雕刻的好材料。另外枣树的叶、树皮、树根等均可入药。枣花是优良的蜜源，枣花蜜营养价值高，香气浓郁，别具风味。金丝小枣树可谓"全身是宝"。

三、金丝小枣的植物学特性

（一）根系

小枣的根系水平根很发达，向四方延伸能力强，与垂直根结合构成枣树根系。水平根一般可以超过树冠的 3～6 倍。根系的纵向分布与树龄、品种、土壤及管理有关，一般多分布在 10～30 厘米土层范围内，树冠下为根系集中分布区，其根系约占总根量的 70%。容易发生不定芽形成根蘖是金丝小枣树根系的显著特点，以直径 0.5～1.2 厘米的水平根最易发生，机械损伤可刺激发生根蘖。

（二）枝、芽

1. 芽的特性　金丝小枣树的主、副芽着生在同节位，上下排列，为复芽。主芽形成后当年不萌发，第二年春天萌发生长，并随枝条生长在各节陆续形成主副二芽；副芽为早熟性芽，当年萌发。枣的休眠芽寿命长，有的可达百年之久，受到刺激后易萌发，有利于更新复壮。

枣的主芽着生于枣头和枣股的顶端及侧生于枣头一次枝及二次枝的叶腋间。着生于枣头顶端的主芽，冬前已分化出主雏梢和副雏梢，春季萌发后，主雏梢长成枣头的主轴，冬前分化的副雏梢，多形成脱落性枝。春季萌发后分化的副雏梢形成永久性二次枝。幼龄时枣头顶端的主芽可连续生长 7～8 年。只有当生长衰退时，其顶端的主芽才停止萌发或形成枣股。

副芽位于主芽的侧上方，当年即可萌发，着生于枣头上的侧生副芽，在下部的副芽可萌发成枣吊，在中上部的副芽可萌发成永久性的二次枝，即结果枝组，着生于枣股上的副芽，一般萌发为枣吊，开花结果。

2. 枝的特性　金丝小枣幼树枝条生长较旺盛，树姿直立，干性强；成龄树长势中庸，树姿开张，枝条萌芽力和成枝力较低。小枣的枝分为四类，枣头、二次枝、枣股和枣吊。

(1) 枣头　枣头是由主芽萌发而来的，每个枣头抽生 6~13 个二次枝，中下部二次枝长而健壮。一般枣头一年萌发一次，在生长过程中，枣头主轴上的副芽，按 2/5 叶序萌发，随主轴延伸生长由下向上逐渐萌发长成二次枝。其中上部萌发的永久性二次枝，按 1/2 的叶序着生芽组，每一芽组内有一个主芽和数个副芽，当年副芽萌发成三次枝，即所谓的枣吊，有的可以当年开花坐果。

(2) 二次枝　由枣头中上部副芽长成的永久性呈"之"字形弯曲生长的二次枝，是形成枣股的基础枝，因此又称为结果基枝。二次枝当年停止生长后，不形成顶芽，以后也不再延长生长，从先端向回枯缩，加粗生长也较缓慢。二次枝一般为 4~6 节，短的 3 节，长的可达 13 节。每节着生一个枣股，以中间各节枣股结果能力最强。二次枝的寿命约 8~10 年。

(3) 枣股　枣股是结果的基础，是由二次枝或枣头上的主芽萌发形成的短缩枝，每年由其上的副芽抽生枣吊开花结果。枣股顶端有主芽，周围有鳞片，每年生长量为 1~2 毫米。每个枣股上可抽生 2~7 个枣吊，可连续多年抽生枣吊结果。枣股寿命可达 20 年以上，以 3~7 年生结实能力最强，10 年后逐渐衰弱。自然灾害和人为掰掉枣吊后，当年可再次萌发新的枣吊并能开花结果。

(4) 枣吊　即结果枝，又称脱落性结果枝。枣吊的功能主要是长叶、开花、结果。枣吊通常长 10~25 厘米。每吊上一般有 6~15 片叶。每年从枣股萌发，随枣吊生长在其叶腋间出现花序，开花结果，而于秋季随落叶而脱落。个别枣吊可形成木质化，不易脱落。木质化的枣吊结果能力很强，一个枣吊上可结果 3 个以上。

(5) 叶　金丝小枣叶片互生，叶形为长圆形、卵圆形等，平均长约为 4.2 厘米，宽 2.4 厘米；叶片革质、蜡层较厚，无毛，叶尖锐圆，叶色绿，三主脉明显，叶柄黄绿。树势、气象因子及土壤肥力对叶片的影响较大，一般树势壮、光照充足、肥水条件好的叶片肥大，油绿。每年秋季枣果采收后叶片逐渐变黄，当平均气温 15℃左右时随枣吊脱落。

（6）花　金丝小枣的花多、花量大，每个花序有花 3～7 朵。每个枣吊有 8 个左右花序，大约 30～40 朵花。每个花序分一级花、二级花、三级花。

（7）枝芽的相互转化　枣树具有三枝两芽，其生长发育具有一定的规律，但枝芽间又有相互依存和新旧更新的关系。着生在枣头和枣股的顶端或枣头二次枝腋上的芽都是主芽。而枣头和枣股这两种枝都由主芽萌发形成的。枣头是构成树冠骨架，扩大结果面积，枣股则抽生枣吊，进行光合作用同化营养，开花结果。枣股和枣头之间可以由于刺激或改变营养条件，使其生长势起变化后，而相互转化。如枣股受刺激就可抽生枣头。

3. 枣的花芽分化和开花结果　金丝小枣的花芽分化、开花结果主要特点是：当年多次分化，当年开花，当年结果。当枣吊幼芽长 2～3 毫米时，花芽已开始分化，其生长点侧方出现第一片幼叶时，其叶腋间就有苞片突起发生，这就标志着花芽原始体出现，当枣吊幼芽长到 1 厘米以上时，花器各部已形成，有 3 片成叶时就现花蕾。单花分化时间 6 天左右，单花序分化时间 6～20 天，单枣吊分化时间 1 个月左右，单株分化则长达 2 个月以上。花期一个月左右。金丝小枣可自花结实，花量大，但自然坐果率较低，仅为 1% 左右。落果严重，盛花期后约在 6 月下旬至7 月上旬出现落果高峰，落果量约占总量的 50% 以上，到 7 月下旬虽仍有落果，但逐渐减少，生理落果基本终止。生理落果的主要原因是营养不足引起的。因此，采用环剥或喷肥等措施，改善树体营养状态，是减少落花落果的物质基础。

4. 果实发育　金丝小枣果实发育分为 3 个时期。

（1）**迅速增长期**　此期为果实发育最为活跃时期，果实的各个部分均进行着旺盛的生命活动，细胞分裂迅速，分裂期的长短是决定果实大小的前提，河北省沧州地区大概时间是 7 月 10 日到 7 月底，一般 2～3 周。此期为细胞迅速分裂期增长期，是需营养高峰期。

（2）**缓慢增长期**　细胞和果实的各部分生长下降，核硬化，在此期末细胞的增长趋于停止，由于果核细胞的木质化和营养物质的积累，以及细胞间隙形成的空泡迅速加大。则此期的果实重量和体积也迅速增长，一般 4 周左右，河北省沧州地区时间为 8 月初至 9 月上旬，此期完成果形的变化，形成了品种的形态特征。

（3）**熟前增长期**　此期的细胞和果实增长均很慢，主要特点是进行营养物质的积累和转化，果实已达一定大小，果实外形增长很微。果皮退绿变淡，开始着色，糖分增加，风味渐佳，直至果实完全成熟，具金丝小枣品种特有的色、形、味。

（三）金丝小枣的年龄时期

金丝小枣从幼树到衰老共经历 5 个年龄时期。

1. 幼树期　金丝小枣树开始生长较慢，树体幼小，根系也浅，地上部多是枣头单轴直立生长，很少有分枝，故有称此期为"主干延伸期"，此期虽有花量，但结果较少，以营养生长为主，根系发育旺盛，枣头多单轴延伸，主干优势明显，但由于金丝小枣幼树萌芽力、成枝力较强，在营养充足条件下，常常是二次枝下主芽多头萌发。此期一般 2～3 年。

2. 生长结果期　生长结果期萌发多数侧枝，发育枝也增多，树冠离心生长加速，逐渐形成树冠，又称为"树冠形成期"。此期营养生长很旺盛，树体骨架基本形成，并逐渐由营养生长转为生殖生长，但坐果较难，产量不高。此期一般持续 3～5 年。

3. 结果期　此期的根系和树冠已达最大限度，枣头的生长量减退，由于生长缓和，开始进入大量结果，产量达到高峰，是经济效益最佳时期，又称盛果期。一般株产鲜枣 30～60 千克。枣树的结果期较长，大约此期可达 50 年左右。

4. 结果更新期　金丝小枣在结果期就出现了局部更新，因枣头在生长时多单轴延续生长，一般生长 3～5 年才停止延长生长，待结果后压弯下垂，其基部又萌发新的枣头代替更新，这种周期性的局部更新在枣的一生中可以出现多次。此期一般 80 年左右，只有合理更新骨干枝，加强土壤、修剪等综合管理措施，培养新的结果基枝，恢复结果能力，才能获得较高的产量。

5. 衰老期　树体生长衰退，根系出现死亡，只有内部萌发的更新枝结果，产量下降，在枣树的年轮生长上也进入了生长衰退期。一般枣树多在 80 年后进入衰老期。由于枣树隐芽寿命很长，通过合理更新，形成新的树冠并恢复产量，使老树"返老还童"。在沧州枣区有 200 多年生的金丝小枣树，株产维持在 60 千克以上。

（四）金丝小枣的生长结果习性

金丝小枣的主要物候期包括萌芽、抽枝、展叶、开花、结果、落叶、休眠等。金丝小枣生长发育要求较高的温度，春季气温达到 13～14℃时芽才开始萌动。枣吊生长、展叶、及花芽分化需 17℃以上温度。气温达到 18～20℃，枝叶才达到生长高峰。气温达到 19℃以上时出现花蕾。日均气温达 20℃时进入始花期，气温达到 22～25℃进入盛花期，花粉发芽以温度 22～24℃最佳，温度高于 38℃或低于 20℃，影响发芽与坐果。果实发育期温度 25～27℃。果实成熟期适宜温度为 18～25℃。日均气温低于 15℃开始落叶。在沧州地区金丝小枣 4 月中旬萌芽，4 月下旬抽枝展叶，在展叶期花芽已开始分化，枣吊边生长边分化花芽，5 月中下旬进入始花期，6 月上中旬为盛花期，6 月下旬至 7 月份进入末花期。从 4 月中下旬萌发，到 5 月 13 日达到生长高峰，每周生长量 4～8 厘米，5 月下旬生长迟缓，6 月中下旬停止生长，生长期约 30 天。枣吊的生长特点是生长期短（生长高峰约

2 周）而集中，同时随枣吊的生长，叶面积的增长也同时达到高峰，这样能减少生长消耗，有利于养分的积累。而枣吊的二次生长，对坐果不利。在整个花期，枣头、枣吊生长、花芽分化、开花、坐果和幼果发育同时进行，其物候期重叠。花期过后 6 月底至 8 月初为幼果发育期，8 月底至 9 月初果实着色，9 月中、下旬为完熟采收期，10 月底落叶。金丝小枣生长期为 180 天左右，果实发育为 110 天左右。

金丝小枣的根系活动先于地上部分，在土壤温度达到 7.2℃ 以上时开始活动，土壤温度达到 22～25℃ 时根系生长量最大，当土壤温度降低到 21℃ 时，根系生长速度减缓。在沧州地区枣树的根系于 3 月下旬至 4 月初开始生长，7～8 月间生长达到高峰，根系生长可延至 9 月下旬。金丝小枣树秋季落叶后根系开始休眠。

（五）金丝小枣适宜栽培的条件

1. 沧州枣产区的气候和土壤等主要生态特点　沧州位于华北平原的中部，地势平坦，属暖温带半湿润大陆性季风气候。年降水量 500～600 毫米。四季降水分布不均，多集中在 6、7、8 月份，约占全年降水量的 75％；9 月中旬至 10 月中旬降雨占 6.7％；11 月至次年 3 月降水量占 2.2％。全年日照 2 904 小时，无霜期 195 天。年平均气温 12.5℃，最低温度－20℃，平均低温－16.5℃，极端高温 40.1℃。全年风向多为西南、东北风，平均风速 3.5 米/秒，年大风日约为 30 天，以春季最多。土壤成土母质为河流冲积物，地下水位 5 米左右，pH7.5～8.8。主要土种为中壤质潮土。

2. 环境条件对金丝小枣生长结果的影响

（1）温度　金丝小枣是喜温树种，气温除了能保证各个物候期所需温度外，在－30℃ 时能安全越冬，在绝对最高气温 45℃ 时，也能开花结果，花期温度 22～24℃ 授粉最佳。

（2）湿度　金丝小枣对湿度的适应性较强，在年降水量

100～1 000 毫米的地区都能生长。金丝小枣不同的物候期对湿度的要求不同，花期要求较高的湿度，授粉授精的适宜湿度是相对湿度 70%～85%，花期若过于干燥，相对湿度低于 40%以下时，影响花粉发芽和花粉管的伸长，导致授粉授精不良，落花落果严重，产量下降。相反，花期雨量过多，连续阴天，气温低花粉不能正常发芽，坐果率也会降低。果实生长后期要求少雨多晴天，利于糖分的积累及着色。雨量过多，会影响果实的生长发育，加重裂果、浆烂等果实病害（2007 年沧州枣主产区在采收前连续 15 天雨天和阴天，导致 50%枣果浆烂，有的枣在树上就全部烂掉。）。土壤湿度可直接影响树体内水分平衡及器官的生长发育。当地表 30 厘米土层的含水量为 5%时，枣苗出现暂时的萎蔫，3%时永久萎蔫，水分过多，土壤透气不良，会造成烂根甚至死亡。金丝小枣较耐涝，成龄枣园积水 1 个多月不会因涝致死，但也应适时排水。

3. 光照 金丝小枣是喜光树种，光照度和日照度长短会直接影响其光合作用，从而影响生长和结果。光照度好的结果多，果实品质好，连续结果能力强，结果枝寿命长。相反光照度差的，结果少、果实品质差，无效枝多，结果枝易枯死。据河北省昌黎果树研究所在金丝小枣密植园中调查的结果表明，合理修剪的枣树光照条件好，其树冠中、上层的产量比未修剪树的产量高84%左右。因此，在生产中除进行合理密植外，还应通过合理的冬、夏修剪，塑造良好的树体结构，改善各部分的光照条件，达到丰产优质的目的。

4. 土壤 金丝小枣耐瘠薄、抗盐碱，对土壤适应性较强。土壤 pH 在 5.5～8.2 范围之内，均能正常生长，土壤含盐量0.4%时也能忍耐，但是仍以土层深厚、肥沃的中壤质潮土生长的树势健壮，果实丰产、优质，而且枣树的寿命也较长，砂质土壤的金丝小枣表现为品质下降，树势早衰。

5. 风 金丝小枣抗风力弱，花期遇大风，易增加落花量，果实成熟前多风，易出现"风落枣"。但微风与和风对金丝小枣有利，可以促进气体交换，改变温度和湿度，调节生长环境，促进蒸腾作用，有利于生长、开花、授粉与结实。为减少风对金丝小枣的不良影响，建园时应建造防风林，减少风害，避免在风口地带栽植金丝小枣。在枣树花期和果实发育期喷清水、微量元素或枣园进行花期灌水，可提高空气湿度和坐果率，增加抵御干热风的能力，对提高产量、品质十分有利。

四、金丝小枣建园

(一) 园址的选择

金丝小枣适应性很强，对园地的选择要求不严格，平地、山地、丘陵都能栽植。但日照充足、风害少、土层深厚、排灌良好的地区，容易取得优质丰产的效果。所以园址最好选在阳光充足、避风处、土壤 pH 在 6.5～8 之间、含盐量不超过 0.3%、土层厚度在 30～60 厘米以上且排灌良好的轻壤质潮土和中壤质潮土地块上。生产安全枣果的枣园周围还应没有严重污染源，产地生态环境（园地土壤、大气环境、水质条件）应符合农产品安全质量无公害水果产地环境要求。

(二) 园地规划设计

金丝小枣的经济寿命长达数百年以上，因此栽植前要进行园地规划设计。规划设计的原则是：最大限度的提高土地利用率，创造有利于其生长的局部环境，发挥其生产潜力，提高枣园效益，便于生产操作，还要兼顾考虑未来发展。园地规划设计包括防护林、道路、排灌渠道、小区合理布局、栽植密度、栽植行向、房屋及附属设施等的规划和设计，并绘制出平面图。

金丝小枣的栽植密度：纯枣园一般栽植密度株距为 2～4 米，行距 4～6 米，亩栽 83～28 株；中高密度园株距为 1～2 米、行距为 2.5～4 米，亩栽 240～83 株；枣粮间作园一般株距 2～4 米，行距 7～15 米，亩栽 45～16 株。栽植行向以南北行向为宜。

南北行向遮阴小，通风透光好，病虫害少，适易枣树的生长发育，对间作物无不良影响。

（三）品种选择

选择抗裂、抗病、丰产稳产、采前落果较轻、可溶性固形物及含糖量较高、果个整齐的金丝小枣品种。如献王枣、金丝3号、金丝4号、无核1号、无核3号、无核红、金丝丰、金丝蜜、雨帅等。

（四）栽植前的准备

1. 整地定穴 金丝小枣为多年生果树，要为其创造一个良好的立地条件，保证树体生长健壮，栽植前必须先细致整地，提高土壤的保水保肥能力。再根据栽植规划定出栽植点。栽植点分布形状一般为品字形，可最大限度地利用土地资源，满足树体对肥水的需要；提高光能的利用率，多生产优质果。

2. 挖穴 依定植点挖60～80厘米见方的栽植穴。挖穴时将表土与心土分放在穴的两侧。挖穴最好是春栽秋挖，秋栽夏挖，以使土壤充分风化腐熟。挖完穴后，每穴施腐熟农家肥25～50千克并掺加磷肥0.5千克，与表土拌匀后回填坑内。土壤含盐量超过0.3%的盐碱地要提前一年在雨季前挖好栽植穴或沟，蓄水淋盐碱，降低土壤盐碱含量，并在穴底铺上15厘米厚的麦秸、麦糠或细碎秸秆，降低盐分上升速度，提高栽植成活率及树体生长量。如果是旱地，在回填土内每穴要加入25克的土壤保水剂。

（五）苗木选择、假植与处理

1. 苗木的选择 选择品种纯正、无机械损伤、无检疫对象的一级嫁接苗木。苗木出圃后，来不及栽种时需进行假植，以防苗木干枯。

2. 苗木的处理 栽植前剪去失水干枯、劈裂等不良根系及地上30厘米内的二次枝，将根系浸水24小时吸足水分，再用ABT生根粉50毫克/千克的溶液浸根1小时。

（六）栽植时期和栽植方法

1. 栽植时期　金丝小枣栽植时期有秋栽和春栽两个时期。秋栽是在苗木落叶后至土壤封冻前进行。因为金丝小枣根系停长与落叶几乎同步进行，所以秋栽越早越好。栽后应注意防寒；春栽是在土壤解冻后至芽体萌动期进行。以枣芽萌动时栽植成活率最高。栽后要在树盘覆地膜，树干涂白，以保证成活率。

2. 栽植方法　采用三埋两踩一提苗的栽植方法栽植。即在坑内的有机肥土上，继续将表土回填，当回填土面距地面 25 厘米时，对正苗子的阴阳面放入苗木，使根系舒展，并对准株行向，填表土，踩实，提苗，再填土，踩实。填土面与地面相平或略高于地面，栽植深度以浇水土壤沉实后苗木原土印与地面相平或略低于地面为宜。栽植完，留出 1 米宽的树体营养带，培垄作畦并浇水，水下渗后，疏松表土并进行地膜覆盖。

（七）栽后管理

苗木栽植后的管理工作主要是扶正苗木、防寒、树体涂白、做好肥水管理和病虫防治，促使苗木快速健壮生长。

为提高幼树园的经济效益，搞好作物间作。

选择矮秆、较耐阴、秋季需肥水较小、与枣树没有共同病虫害的作物间作。河北省沧州间作种类有小麦、豆类、花生、甘薯、辣椒、金银花等矮秆作物。切忌种秋季需大肥大水作物、高秸秆作物及与枣树有共同病虫害的作物，如高粱、玉米、棉花、苜蓿、白菜、胡萝卜等。种植间作物时一定要给树体留出 1 米宽的营养带。

第二节　金丝小枣整形修剪

金丝小枣整形修剪的目的同其他果树一样，是使树体形成牢固合理的结构，以充分利用空间，立体结果，调节养分、水分的分配，改善通风透光条件，增强树势，提高树体抗病虫害的能力，实现果品优质、丰产、稳产。

一、金丝小枣优质丰产树的树相指标和树形

（一）优质丰产树的树相指标

1. 群体结构　枣园株行距为 2～3 米×4～5 米，每亩 44～83 株，树冠覆盖率 75%～80%；枣粮间作株行距为 3～4 米×10～20 米，每亩 11～27 株，树冠覆盖率为 23%～45%。

2. 树体结构　适宜的树形每株枣头 15～25 个，枣头二次枝500～800 个，健壮枣股 2 000～3 000 个，每平方米树冠投影面积平均枣股 100～200 个，每立方米树冠体积有效枣股 80～120个，叶幕层厚度不超过 1 米，叶面积系数 4 左右。

3. 产量指标　单株鲜枣产量 15～25 千克，盛果期纯枣园每亩产鲜枣 1 000～1 400 千克，干枣 500～700 千克；枣粮间作园每亩产鲜枣 600～800 千克，干枣 300～400 千克。

（二）树形

金丝小枣的树形有自然圆头形、纺锤形、单层半圆形、疏散分层形、开心形等。目前推广的主要是单层半圆形、疏散分层形、开心形。

1. 单层半圆形　干高 0.8～1 米，全树主枝 6～8 个在主干上 0.6～0.8 米范围内错落着生，每主枝着生侧枝 1～3 个，树顶落头开心；主枝开张角度 40°～80°；树高 3 米左右。

2. 疏散分层形　干高 0.8～1 米，主枝 6～8 个，分 2～3层；第一层主枝 3～4 个，每主枝着生侧枝 2～3 个；第二层主枝2～3 个，每主枝着生侧枝 1～2 个；第三层主枝 1～2 个，每主枝着生侧枝 0～1 个层内距 20 厘米左右；层间距 0.8～1 米；主枝开张角度 60°～80°；第一侧枝距中心干 40～60 厘米，每主枝上相临两侧枝间距 40～50 厘米；树顶落头开心；冠径 3.5～5米；全树高 3～3.5 米。

3. 开心形　干高 0.8～1 米，树体没有中心干；全树 3～4

个主枝轮生或错落着生在主干上，主枝基角 40°～50°，每主枝有侧枝 2～4 个，相邻两侧枝间距 40～50 厘米，侧枝在主枝上按一定方向和次序分布，不互相交叉重叠密挤。

4. 自然圆头形 干高 0.8～1 米，全树主枝 6～8 个在主干上错落着生，主枝间距 20～30 厘米，每主枝着生侧枝 1～3 个，树冠呈圆头形，树高 3.5～4.5 米左右。该树形顺应枣树的发枝特点，修剪量小，枝条多，成形快，单株产量高，但盛果期外围及上部枝条密挤、树体通风透光差，小枝易枯死，结果部位外移，后期产量下降。

5. 纺锤形 主枝 7～9 个，错落排在主干上 1.5～1.8 米范围内，不分层，主枝间距 20～30 厘米，主枝上不培养侧枝，直接着生结果枝组，主枝开张角度 80°～90°，干高 70～80 厘米，树高 3 米左右。此树形树冠小，下面的枝组粗壮，上面的较细，适于密植。金丝小枣中的献王枣长势较旺，枝条节间较长，比较开张，用此种树形整形比较容易。

总之，无论采取哪种树形整形，树高一般都控制在 3～4 米之间，最高不要超过 4.5 米，否则果实品质下降，不宜管理。

二、整形修剪

(一)金丝小枣修剪特点

①枣树的结果枝组连续结果能力强，容易培养与更新，随着枣头的萌发、二次枝同时形成，分布在枣头主轴上生长势缓和。二次枝只有一次生长，结果枝组的大小容易控制，枣股的结果能力强，可连续结果 20 年以上，粗壮的枣头形成的结果枝组健壮，结果能力强。主芽极易萌发枝条，当结果枝下垂后其背上主芽自然萌生新的枝条；枣树的潜伏芽寿命很长，当回缩衰老枝时，后部的潜伏芽很快萌发出新的枝条，可多次更新，所以枣树更新容易寿命长。

②营养生长向生殖生长转化快。枣树结果极其容易，不论树

龄大小，开甲就能结果。结果多的枣树骨干枝生长缓慢，枣头萌发数量少且生长量减少，大部分营养物质用于结果，生长和结果的矛盾不突出。

③花芽多次分化，无花量不足之忧。金丝小枣是多花植物，花芽具有当年分化、多次分化、多次结果的特点，分化的花芽大大超过其坐果需要，在修剪时不需要考虑花芽留量问题。在正常的管理水平下产量的波动较小，因此修剪简单易行。

④金丝小枣树修剪具有"一剪子堵、两剪子生"的特点，即对一年生的枝条短截不像其他的果树一样短截后发出理想的枝条，只有再次剪除剪口下二次枝的情况下才能发出健壮的枝条。

（二）修剪的时期

枣树修剪分冬季修剪和夏季修剪两种。

1. 冬季修剪　即枣树休眠期修剪。在落叶后至第二年春季枣树发芽前均可进行，在河北省沧州最适宜的修剪时期是早春2～3月份，此期枝条柔软，修剪容易，剪口不易抽干、愈合快，枝条生长旺。冬季修剪主要采用疏枝、短截、回缩、缓放技术手段，培养树形、及结果枝组，均衡树势，建立牢固的树体骨架，改善光照条件，集中营养供应，促进树体健壮生长，稳产丰产。

2. 夏季修剪　即在生长季修剪。主要内容包括刻芽、抹芽、拉枝（别枝）、摘心、疏枝等精细管理。夏季修剪的目的是调节营养生长和结果的矛盾，减少养分的消耗，改善树体通风透光，尽快培养树形，提高坐果率和果实品质。

（三）修剪原则

采用冬季修剪和夏季修剪相结合的形式，以冬季修剪为主、夏季修剪为辅，冬季修剪主要调整大枝，培养树形及结果枝组。夏季修剪主要调整小枝，均衡营养。夏季修剪要及时、要精细。

（四）修剪方法

枣树修剪的方法有短截、疏枝、回缩、摘心、缓放、拉枝、抹芽、除萌、开甲等。

（五）定干

金丝小枣定植后 2～3 年内，在距地面 1～1.2 米处树干直径达 2.5～3 厘米时将上部剪除或锯除，使其下的 30 厘米的整形带内培养出结果主枝及中心延长枝。金丝小枣定干不可过早，否则主干太细时定干，分枝量少、枝条生长细弱，给以后整形带来困难（表 11 - 1）。

表 11 - 1　定干粗度与发枝情况调查

处　理	定干后抽生枝条数（个）	枝条长度（厘米）
干径 1 厘米以下	2.2	43.6
干径 1～2 厘米	3.3	52.3
干径 2～3 厘米	4.7	70.5

金丝小枣定干有两种方法：一种是清干法，即将剪、锯口下所有的二次枝剪掉，促使整形带内萌发 4～6 个新枣头，以培养中心干及第一层主枝。此法定干，发枝力强，新生枣头开张角度小，主枝负载力大，不宜衰老。另一种是留枝法，即将剪、锯口下第一个二次枝剪掉，促使二次枝下主芽萌发，培养中心延长枝，其下选 4～5 个二次枝留 1～2 个枣股短截，促使枣股上的主芽萌发枣头，培养第一层主枝，其下的二次枝全部从基部剪掉。此法定干，枝条角度开张，不用拉枝，结果早，但大量结果后，主枝弯曲下垂，易早衰。

（六）整形修剪

1. 不同年龄时期枣树的整形修剪

（1）幼树期的整形修剪　通过定干和短截，促生分枝，培养主侧枝，扩大树冠，加快幼树成形，形成牢固的树体结构。除此之外，要充分利用不作为骨干枝的枣头，将其培养成健壮的结果枝组，尽量多留枝，从而实现幼树的速生及早丰产，对于没有发展空间的枣头要及时疏除。

（2）生长结果期树的修剪　此期树体骨架已基本形成，树冠继续扩大，仍以营养生长为主，但产量逐年增加。此期修剪任务是调节生长和结果关系，使生长和结果兼顾，并逐渐转向以结果为主。

此期要继续培养各类结果枝组，对无生长空间的结果枝组，花期进行环剥，促其结果，使长树、结果两不误。在树冠直径没有达到最大之前，对骨干枝枝条采用双截的方法，促发新枝，继续扩大树冠。当树冠已经达到要求时，对骨干枝的延长枝进行摘心，控制其延长生长，并适时开甲，实现全树结果。

（3）结果期树的修剪 此期树冠已经形成，生长势减弱，树冠大小基本稳定，结果能力强。后期骨干枝先端逐渐弯曲下垂，交叉枝生长，内膛枝条逐渐枯死，结果部位外移。因此，在修剪上主要注意调节营养生长和生殖生长的关系，维持树势，采用疏除、回缩相结合的办法，打开光路，引光入膛，培养内膛枝，防止内部枝条枯死和结果部位外移。修剪时注意结果枝组的培养和更新，以延长盛果期年限。

调节营养生长和生殖生长的关系。进入盛果期后，保持树势中庸是高产稳产的基础。对于结果少、生长过旺的树，要采用主干和主枝环剥、开张角度等方法，提高坐果率，消弱长势；对于结果较多、枝条下垂、树势偏弱的树，要通过回缩、短截等手段，集中养分，刺激萌发枣头，增加营养生长，复壮树势。对于已经郁闭的枣园，必要时可间伐株或间伐行，不间伐的在完成膛内修剪的同时，通过回缩、枝条变向等方法在行间强行打开宽1米的空间。

培养与更新结果枝组。对于骨干枝上自然萌生的枣头，要根据其空间大小，培养成中、小型结果枝组。也可运用修剪手段在有空间的位置刺激萌发枣头，培养结果枝组。金丝小枣树的结果枝组寿命长，但结果数年后结实率下降，必须进行更新复壮。一般可利用结果枝组中下部萌生的健壮枣头，通过回缩、短截等手段，使中下部萌生枣头，培养1～2年后，从该枣头萌发处剪掉老枝组。

疏除无用枝。金丝小枣的隐芽，处于背上极性位置时，易萌发形成徒长枝，从而扰乱树形，影响通风透光。因此对没有利用价值的徒长枝要疏除。另外，也要疏除交叉枝、重叠枝、并生枝、轮生枝、病虫枯死枝。层间的辅养枝要根据情况逐年疏掉，以打开层间距，引光入膛，改善树体光照条件。

（4）结果更新期树的修剪　此期生长势明显转弱，老枝多，萌生的新生枣头少，产量呈逐年下降的趋势。此期修剪主要任务是更新结果枝组，回缩骨干枝前端下垂部分，对于衰老枝重回缩，促发新枣头，抬高枝条角度，恢复树势。由于此时期金丝小枣抽枣头能力减弱，所以要特别重视对新生枣头的利用，以便更新老的结果枝组。

（5）衰老期树的修剪及更新　此期骨干枝逐渐回枯，树冠变小，枣头数量极少，内膛空虚，枣头生长量小，枣吊短，树体生长势明显变弱，结果能力显著下降，产量锐减。衰老期树的修剪任务主要是根据其衰老部位及衰老程度进行树冠更新、树干更新、根际更新。

①树冠更新。只是树冠残缺不全时进行树冠更新。树冠更新有轻、中、重3种不同程度的更新修剪。

轻更新。进入衰老期不久，生长势逐渐变弱，萌发新枣头能力下降，二次枝开始死亡，骨干枝有光秃现象，产量呈下降趋势。当全树有效枣股1 000～1 500个、株产7.5～10千克时进行。方法是采用轻度回缩的手段，将主侧枝总长的1/5～1/3锯掉，刺激下部抽生新生枣头，培养新的结果枝组，增加结果能力。如果回缩部位有良好的分枝，也可以用分枝带头。进行轻更新以后，继续开甲，维持一定的产量。

中更新。当树体明显变弱，二次枝死亡，骨干枝大部光秃，产量急剧下降，有效枣股在500～1 000个之间，株产5～7.5千克时进行。方法是将骨干枝总长的1/2锯除，同时将光秃的结果枝重截，以促生新枝。中更新的同时停止开甲养树2年。

重更新。当树体极度衰老，各级枝条死亡，骨干枝回缩干枯严重，有效枣股在500个以下，株产5千克以下时进行重更新。方法是将各级骨干枝的2/3锯除，刺激萌生新枝，重新形成树冠，并停止开甲养树3年。

②树干更新。在树冠严重残缺不全、树干没空心时进行。更新方法是在树干健壮处，锯除整个树冠，促使锯口下萌发新枝，培养新的树冠。

③根际更新。在树干全部腐朽时采用根际更新。方法是于根际处锯除树体，利用根际发生的根蘖苗，培养新的植株。

三、放任树的修剪

枣树放任树是指管理粗放，从来不修剪或很少修剪而自然生长的树。其总的特点是：树体通风透光不良，骨干枝主次不分明，枝条紊乱，密挤，先端下垂，内部光秃，结果部位外移，花多果少，果实品质差；或者树冠残缺，枝条稀少，产量低。对于放任树的修剪要掌握"随树整形、因树修剪"的原则，做到"有形不死、无形不乱"，不强求树形。

①对于枝条过多的放任树，采用疏枝的方法，降低树高，引光入膛，使树体开心、主从分明；回缩交叉枝、下垂枝培养牢固的结果枝组；剪除多数枣股上萌发的新枣头、对有空间的枣头留2～6个二次枝短截、对于过长过细枝轻打头的方法，培养成健壮的结果枝组。经过上述修剪，使树体通风透光、主从分明，呈现大枝亮堂堂、小枝闹泱泱、互不交叉、互不密集、互不重叠、各在预定的空间结果的丰产稳产树形。

处于盛果期的树进行树体改造时应注意：

A. 当年全树修剪量不超过总枝量的1/5，否则树体返旺，影响产量。

B. 树体落头开心时，依中心干的强弱，锯口下一定要有2～

3个粗度为主干粗度的1/5～1/2较开张的跟枝，否则落头、开心效果不好或起不到落头、开心效果。

C. 回缩下垂枝、短截多年生长放枝，以剪口直径不超过1厘米为好，此标准修剪既能起到培养稳定的结果枝轴、防止结果部位外移的效果，又不会使结果枝冒条。

D. 对于背上直立枝，除用作准备更新之外，一般从基部疏除，不要短截。

E. 剪除多数枣股上萌发的枣头时，从萌发处剪掉，不要伤枣股，否则影响产量。

②对于枝条过少的放任树修剪时，先回缩光秃大枝，培养侧枝，再短截细弱枝，复壮枝组，并剪除病虫枝、干枯枝、无利用价值的细弱枝，使树体健康结果。对于外围用于骨干延长枝的枣头，尽量保留，如果方向不好可通过拉枝、别枝、撑枝的方法改变方向及角度。对于内膛的枣头，可通过短截、摘心的方法培养结果枝组，填补空间。

四、密植枣树的整形修剪

密植枣树由于单位面积株数多，单株产量与稀植及中密度栽植树不同，所以要求树体矮小，结果早。修剪时不能过分强调单株枝量，要以整行或整块地为修剪单位，只要是亩枝量达到要求，就促其结果。

（1）整形扩冠期的修剪　修剪原则是"以轻剪为主，促控结合，多留枝，留壮枝"。修剪措施是"一拉、二刻、三短截、四回缩"。

一拉：对于方向及角度不好的枝，不要疏除，采用拉枝的方法使其变向，改变角度，填补空间。

二刻：对于缺枝方向的芽，于芽体萌发前，在芽上1厘米处刻伤，深达木质部，促使主芽萌发抽生枣头，增加枝叶量。

三短截：对于主干上枝量少，空间大的部分，可将中心枝短截，并对其下的二次枝选留方向好的从基部剪掉，促使枝条上主芽萌发枝条，增加枝量。上年萌发的枝条须增加侧枝、扩展延长枝，留5～7个二次枝短截，并将剪口下2个二次枝疏除。

四回缩：当树体高度超过行距时，顶端回缩，控制其高度，增强中下部长势；对于交叉、直立没有利用空间的枣头，留2～4个二次枝回缩，培养成小型结果枝组。

（2）密植枣树盛果期的修剪　修剪任务是打开光路，调节营养生长和生殖生长的关系，培养更新结果枝组。

第三节　金丝小枣土肥水管理

一、土壤管理

土壤管理的内容主要有：深翻除蘖、中耕除草、松土保墒、施肥浇水、间作绿肥、地面覆盖等。

（一）深翻除蘖

①深翻可与施有机肥同时进行，以增强土壤中的有机质和无机养分。深翻分为：

A. 秋翻：在枣树采果后至落叶前进行，河北省在9月下旬至10月上旬，可结合施基肥进行。

B. 春翻：宜在枣树发芽前20天进行。河北省大概在3月底至4月中旬左右。

②耕翻方法：可人工深翻或机器耕翻。耕翻深度为15～30厘米，近树周围宜浅，以不伤大根为宜，遇到大根要加以保护，特别不要损伤直径0.5厘米以上的粗根。

③除蘖：除蘖就是铲除根蘖苗。有育苗任务的，每株大树可保留根蘖苗2～3株，其余铲除；没有育苗任务的，应当全部铲除，铲除越早越好，应当随出随铲。

（二）中耕除草，松土保墒

1. 中耕除草与松土保墒时间　在枣树管理中要及时进行中

耕，铲除杂草，疏松土壤，节约营养和水分。中耕一般在浇水后或降雨后进行，也可根据间作物的需要进行中耕，一年要进行多次中耕。防止杂草与枣树或间作物争肥争水。

2. 中耕除草与松土深度 深度为 10～15 厘米。

（三）间作绿肥

1. 适宜间作的绿肥种类 北方适宜间作的绿肥种类有黑豆、绿豆、豇豆、红小豆、草木樨、田菁、苕子、花生、辣椒、毛叶苕子、紫穗槐、沙打旺等，在河北沧州金丝小枣园间作的辣椒比单种的辣椒长势好、产量高，提高了经济效益并且绿盲蝽象危害少，何乐而不为；长江以南适宜的冬季绿肥以紫云英为好。

2. 不适宜间作的绿肥种类 在绿盲椿象发生地区，不适宜间作的绿肥种类有苜蓿、棉花。

（四）地面覆盖

地面覆盖分有机物覆盖和地膜覆盖两种：

（1）有机物覆盖 一般是用作物秸秆、杂草、锯末等进行覆盖，覆盖厚度一般为 10～15 厘米，覆盖后要压上一层薄土，以防风、防火。当有机物腐烂后翻压到土壤中，培肥地力，增加土壤通透性及团粒结构。

（2）地膜覆盖 为提高地温、延长根系生长期、抑制杂草生长、保持土壤湿度、促使果实上色可地面覆膜。地面覆膜的时间和覆膜的种类根据用途而定。可结合春季种植间作物覆膜；为防止裂果，可在果实开始进入白熟期（河北沧州大概时间在 8 月上中旬）施肥、浇白熟水后大面积覆膜；为缓解冻害、抑制杂草生长可于春季浇水后，覆盖黑地膜。

二、枣树施肥

金丝小枣与其他果树不同，枣树花芽分化是随同营养生长同时进行的，在枣树开花前较短的时间内，需要建造上万个结果枝，几十万张叶片和数以万计的花蕾，养分消耗过度集中。

因此要根据枣树的生育期来确定施肥时期，以满足各器官对养分的需要。施肥时期应在枣树需肥时期和最佳吸收期之前进行。

（一）枣树施肥

1. 施基肥时期　一般在枣果采收后至第二年春季枣树发芽前进行。金丝小枣落叶终期根系开始休眠，所以金丝小枣秋季施基肥应在落叶前进行，河北沧州以采果后的 9 月下旬至落叶前的 10 月上旬为佳。故秋季没施基肥来年春季基肥也应早施。

2. 土壤追肥的时期　根据金丝小枣树物候期不同，可分 3～4 次进行：

第一次在枣树发芽前进行，以有机肥混合施入速效性无机肥为好。此次追肥是对上年秋季树体贮藏营养的补充，以满足枣树萌芽、花芽分化，开花坐果对养分的需要，为全年的丰产丰收打基础。

第二次追肥是在枣树开花前进行，此次追肥根据树势而定，若树势强可不追肥；若树势弱，要以速效氮肥为主，配合施入磷、钾肥。

第三次追肥在幼果期进行，以磷、钾肥为主，配合施入少量氮肥。此次施肥不可单一施用氮肥，防止发生第二次营养生长而加重生理落果。

第四次追肥在果实接近白熟期进行，以钾肥为主，配合施入少量氮肥、磷肥。此次追肥对提高果实品质，增加果肉厚度，增加含糖量非常重要，配合施肥后浇水可在一定程度上减轻裂果。

3. 叶面喷肥　叶面喷肥不受时间限制，从金丝小枣展叶至落叶前均可进行。叶面喷肥的喷施时间宜在无风天的上午 9 时以前或下午的 4 时以后进行。早晨有露水时，须待露水干后喷施。叶面喷肥在幼果膨大末期以前以氮肥为主（河北省正常年份在 7 月 20 日前），幼果膨大期（河北省沧州地区 6 月下旬至

7月中旬）掺加钙肥，膨大末期至采收前以钾肥为主，果实采摘后至落叶期以氮肥为主。叶面喷肥一定要严格按说明使用，不可超量。叶面喷肥只是一种辅助性措施，不能代替土壤施肥（表11-2）。

表11-2 叶面喷肥浓度参考

肥料种类	百分浓度（%）	肥料种类	百分浓度（%）	肥料种类	百分浓度（%）
尿素	0.2～0.5	硫酸锌	0.3	磷酸二氢钾	0.3～0.5
		硫酸亚铁	0.3	腐熟人粪尿	10
硫酸铵	0.2～0.3	硫酸镁	0.1	氨基酸钙	0.2～0.3
		硼砂	0.2		
硫酸钾	0.3		0.2～0.3	沼液	30～50

（二）施肥量

1. 施肥依据 枣树生长结果的需要量、土壤中含有的营养元素数量、吸收率、上年施肥情况、枣树的生长势及肥料性能等多种因素决定。

2. 施肥原则 平衡施肥，提倡配方施肥。综合考虑各营养元素之间的关系，以有机肥为主，化肥调整为辅，适量掺加微量元素肥料。

3. 施肥量 献县林业局红枣技术站2004年开始在献县尚庄镇学礼村50年生盛果期大树，进行平衡施肥试验，试验设配方施肥〔株施农家肥50千克＋氮（16）：磷（10）：钾（14）配制的枣树专用肥1.5千克＋腐殖酸肥0.2千克，含硼、铁、锌、镁等微量元素肥0.02千克混合均匀后施入〕和常规施肥（按株施农家肥50千克＋磷酸二铵1千克＋0.5千克尿素混合均匀后施入）两个处理，试验结果如表11-3。

从试验中可以看出，配方施肥枣果每吊平均坐果数、枣吊长度、枣果含糖量及产量均高于常规施肥法。

表 11 - 3　常规施肥与配方施肥试验效果调查

处理	枣吊长度（厘米）	每吊平均坐果数（个）	百果重（克）	含糖量（%）	平均株产（千克）	裂果率（%）
配方施肥	13.56	1.78	457.7	37.31	39.7	16.42
常规施肥	12.14	1.49	441.3	35.68	34.6	29.01

注：枣吊长度和每吊平均坐果数均为 100 吊。

从 2005 年在献县 1 万亩枣园上示范推广了平衡施肥技术，从大面积应用效果看，配方施肥效果明显优于常规施肥法，调查结果如表 10 - 4。目前该技术已在献县枣区得到推广。

表 11 - 4　平衡施肥大面积应用效果调查

处理	新生枣头数	每个枣股着生枣吊数	吊均长度（厘米）	吊平均叶面积	吊平均坐果	叶片厚度（毫米）
配方施肥	11.5	3.97	13.56	31.37	2.71	0.247 8
常规施肥	9.8	3.87	12.45	28.79	2.53	0.239 1

综合各地施肥情况，一般按每产 100 千克鲜枣施纯氮 1.4～1.8 千克、磷（P_2O_5）0.8～1.2 千克、钾（K_2O）1.3～1.6 千克，含硼、铁、锌、镁等微量元素肥 0.05 千克，按此量施肥，既能保持树势健壮，又可连年丰产、优质。全年施肥量的 70%，以基肥形式施入，30% 用于追肥。根据各种肥料的养分含量，一般每产 100 千克鲜枣需施入 100～150 千克优质有机肥加 3 千克磷酸二铵、1 千克尿素、0.035 千克微肥于采果后施入，其余的 3 千克尿素于发芽前、白熟开始期（8 月上中旬）各施入 1/2；余下的 1.5 千克磷酸二铵于幼果膨大期、（河北沧州 7 月上旬）白熟开始期各施入 1/2；2.5 千克硫酸钾肥于幼果膨大期、白熟开始期各施入 1/3、2/3；余下的 0.015 千克微肥于幼果膨大期施入。

（三）施肥新技术

1. 树干强力注射施肥技术　靠机具持续的压力，把枣树所需要的肥液，从树干上强行注入树体内，运送到根、枝和叶片，为枣树所吸收和利用。目前常用的机械有：气动式强力树干注射机和手动式树干强力注射机。

2. 管道施肥技术 结合喷灌或滴灌，把肥料施于树体根系或叶片。

3. 根系饲喂施肥技术 于早春枣树萌芽前，从土壤中挖出粗度约 0.5 厘米的吸收根剪断，放进肥液瓶或袋中，埋好即可。

4. 肥料滴注施肥技术 用钻头在树干上打眼，角度与树干成 45°角，斜向下，用快刀把钻孔削去毛茬，然后把装有肥液的瓶或袋挂在树上，用专用树干输液器对树体进行肥料的滴注。此法可用于缺素症或其他病害的治疗与康复。

(四) 穴贮肥水增产技术

穴贮肥水技术是一项省水省肥的肥水管理方法，穴贮肥水的方法是：在春季枣树发芽前在树冠投影下方挖直径 50 厘米，穴深 40 厘米，均匀分布的营养穴 6～8 个，将玉米秸或麦秸捆扎成直径 40 厘米的草把垂直地面放入穴的中央。将按氮、磷、钾 2：1.2：1.6 的比例配得的复混肥与农家肥混合均匀后，施入营养穴的草把周围，表层覆土，踏实。余下的土要均匀地撒在树干周围，使树干周围覆土略高于施肥穴，以备雨水流入贮肥穴中，然后浇水（可以在贮肥穴草把周围覆草或覆盖地膜）。生长期追肥时要先把肥料用水溶解后沿草把浇入，其他管理方法相同。据献县林业局红枣技术站试验，穴贮肥水较常规管理每吊坐果个数、百果重、含糖量、产量均有所增加，可以推广应用。

三、叶片营养诊断施肥

1. 概念 叶片营养诊断施肥是将被测树体叶片中矿物质元素做分析后，与枣叶分析标准值做比较，通过微机处理，确定营养元素的多少为依据，再提出施肥的种类及其先后次序（表 11-5）。

表 11-5　金丝小枣丰产园叶片矿质元素含量

元素	氮(N)(%)	磷(P)(%)	钾(K)(%)	钙(Ca)(%)	镁(Mg)(%)	铁(Fe)(毫克/千克)	锰(Mn)(毫克/千克)	铜(Cu)(毫克/千克)	锌(Zn)(毫克/千克)	硼(B)(毫克/千克)
金丝小枣	2.88	0.17	1.72	2.46	0.42	182.82	54.4	10.5	20.37	47.03

2. 采样时期　7月上旬至8月中旬，如果只分析氮和磷，在6月下旬至9月上旬均可。

3. 采样方法　取每株树冠外围枣吊中部叶片，每枣吊取1片叶，在树冠四个方位取4或8片叶，每园取叶100～300片。成龄大树一般在距地面1.2～1.7米范围内取样，幼树和生长结果树要取树冠中部外围叶片，将取下的叶片放入塑料袋或纸袋中，马上带回室内。

4. 样品处理　用干净的湿布轻轻擦去叶片上浮土和农药残渣，在0.1%的洗涤液中清洗10～20秒，再用蒸馏水冲洗3～4次，用滤纸吸除叶片表面水分，然后将叶样在105℃烘箱中烘20分钟，再在75℃烘箱中烘至恒重，用不锈钢粉碎机将叶片粉碎，放入瓶中待用。

四、沼肥应用

最近几年，各地农民兴建沼气池为着力点，大搞生态家园建设，优化美化环境，产出的沼气用作家庭照明及燃料，沼液、沼渣可以作为肥料用于种植和养殖，是沼气生产"无公害"农产品，增加农民收入，建立生态农业，实现农业可持续发展的有力措施。沼肥的使用是一项新事物，现将沼肥在枣树上的应用做一介绍，供参考。

（一）沼肥的营养成分

一般沼肥浓度为10.8%左右（干物质占沼肥液态重）。沼渣含有机质36%～49.9%，腐殖酸10.1%～24.06%，粗蛋白

5%～9%，全氮 0.8%～1.5%，全磷 0.4%～1.2%，全钾 0.6%～1.2%。沼液含全氮 0.042%，全磷 0.036%，全钾 0.083%左右，同时还含有对农作物生长起重要作用的硼、铜、铁、锰、钙、锌等微量元素，以及多种氨基酸、维生素和生长素等多种活性物质。施用沼肥，不仅能显著地改良土壤，确保枣树生长所需的良好微生态环境，提高坐果率 5%以上，增产 10%～30%，果实甜度提高 0.5～1 度，果型美观，商品价值高，还有利于增强其抗冻、抗旱能力，减少病虫害，降低成本，经济效益显著。完全用沼肥生产出的果品，是一种绿色有机食品。

（二）使用要点

1. 沼渣施肥 沼渣可用作基肥与秸秆、麸饼、土混合堆沤腐熟后的施用。

（1）施用时间 果实采收后的 9 月下旬至 10 月中旬。

（2）施用方法 成年树采用放射状沟施施肥方法，沟深30～40 厘米；幼树采用环状沟施施肥方法，沟深 20～30 厘米。将肥料分层埋入树冠滴水线施肥沟内，之后再埋土。

使用量：应结合枣树长势确定施肥量。原则上长势差的应多施，长势好的少施；衰老的树多施，幼壮树少施；坐果多的多施，坐果少的少施。一般用量为幼树每株 4～8 千克，结果树每株 50 千克，另加 0.5 千克磷酸二氢钾、1.5 千克过磷酸钙。

2. 沼液施肥 沼液具有易被作物吸收及营养全面等特点，主要用作根部追肥和叶面喷肥，并可起到杀虫抑菌作用。

在枣园施用沼液时，一定要用清水稀释 2～3 倍后使用，以防浓度过高而烧伤根系。幼树施肥：可在生长期（3～8 月）之间施沼液。

（1）根部追肥 在树冠滴水线挖 10～15 厘米浅沟浇施。依树长势用量为稀释 2～3 倍后的沼液每次每株 2～5 千克。施肥时间为枣树发芽前、现蕾期、开花前、幼果膨大期、近白熟期。

（2）沼液叶面喷肥 在枣树整个生长期都可用沼液作叶面

喷肥。

具体方法是：从沼气池水压间或储粪池取出的沼液停放过滤后（取自正常产气1个月以上的沼液），加1～2份清水喷施叶面（即根据沼液浓度，生长季节、气温而定，总体原则是：幼苗、嫩叶期、1份沼液加2份清水；夏季高温，1份沼液加1份清水，气温较低，又是老叶时，可不必加水。）。每隔7～10天喷施1次，可多次喷施。

（3）施用时间　在气温低于25℃时可在10点至16点喷施。在气温高于25℃时以早晨露水干后10点以前、下午16点以后或阴天喷施。喷施沼液时要侧重时背面。根据树体营养需要可加入0.05％～0.1％的尿素或0.2％～0.5％的磷钾肥喷施，以喷至叶面布满水珠而不滴水为程度宜。沼液对蚜虫、红蜘蛛、绿盲椿象等害虫有很好的防治作用。在施用时可根据害虫严重程度适量添加农药进行喷施。

（4）喷施的时期　一是在春梢叶片转绿前，用氨基酸500倍加50％沼液结合杀虫防病喷2～3次，能明显起到控梢、壮梢、防虫、防病的作用；二是在显蕾至开花前，叶面喷施2次，促进保花保果；三是在果实膨大末期至着色前，用50％沼液加0.3％磷酸二氢钾喷施2～3次，可有效地增加果实含糖量，促进果实着色，提早成熟；四是在果实采收后，用70％沼液加0.5％～1％尿素液喷施1次，可以延缓叶片衰老，增加养分积累。

3. 使用注意事项

①沼肥出池后不能立即使用。刚出池的沼肥还原性强，它会与作物争夺土壤中的氧气，影响根系生长发育，导致作物的叶片发黄。因此，沼肥出池后要先在储粪池中存放5～7天再使用。

②使用沼肥不能过量。一般施用量比普通猪粪肥少，若盲目大量施用会导致徒长。

③不能与草木灰、石灰等碱性肥料、碱性农药混合使用，否则，会造成沼肥中氮肥的损失，降低肥效。

五、金丝小枣园灌溉与排涝

（一）金丝小枣树灌溉

民间有"旱枣涝梨"之说，这里的旱指的是枣红后的旱，而不是指的从坐果到成熟整个阶段的旱。我国北方气候春季干旱，雨季来的又迟（一般在 7、8 月份），所以在北方金丝小枣产区为保证枣树生长发育对水的要求，枣树发芽前、开花和幼果期都应及时灌溉。为保证枣果安全，枣园用水可用无空气污染的降雨水、深井水、干净的河流水；不得使用含盐量高的浅井水及含氟量超标的井水及有工矿企业、医院污染的水。

1. 灌水时期

（1）催芽水　在萌芽前（河北沧州 4 月上旬）进行，此时正值北方干旱少雨，应通过灌溉及时对枣树补充水分。此次灌水结合追肥灌透水一次，满足萌芽、长吊、孕蕾的需要。

（2）助花水　枣树花期对水分相当敏感，枣开花坐果的最适气温为 22～26℃，最适湿度 70％～85％，而这一时期，北方枣区极易出现高温、干旱，造成"焦花"。因此，务必在枣树初花期浇水。此次灌水主要为提高花期空气湿度，创造花粉发芽、受精条件和增加坐果量，不可灌大水。灌水量以渗透土壤 10 厘米左右为好。如果花期持续高温 38℃以上且干旱，也可灌水，灌水量同上。

（3）促果水　河北沧州 7 月上旬，枣树正值幼果迅速生长阶段，需水量很大。有的年份北方雨季尚未到来，土壤仍较干旱，应通过灌溉及时补充土壤水分。否则，天气干旱，叶片蒸腾作用旺盛，叶片便从幼果中争夺水分，从而造成幼果萎蔫，使果实细胞分裂受到抑制，落果加重，果实变小。

（4）白熟水　在果实接近白熟期（河北沧州 8 月上中旬），结合降雨情况适量浇水，增加土壤湿度，提高树体储水量，满足着色期果实糖分转化对溶态水的需要，可提高果实品质，增加产量，减少裂果。

（5）封冻水　在秋季施基肥后、土壤结冻前灌足上冻水，不仅可以提高枣树的抗寒抗病能力，而且对第二年枣树的生长发育和枣果优质丰产也大有好处。

2. 灌水方法　因地制宜。有灌溉条件的可采用畦灌、灌施肥沟、滴灌、渗灌方式；水资源缺乏的地区可可采用穴灌、穴贮肥水、应用保水剂、应用土壤改良剂、土施增墒剂等措施，提高水的利用率。灌水大都在施肥完成后进行。

（二）节水措施

①土施增墒剂。在枣树盘内土施 5 克强力增墒剂可吸收 1 000～2 000倍的水，抵御干旱，改良土壤。增墒剂有中国科学院兰州化学物理研究所研制的 LPA－1、LPA－2、LSA－2 等粉状、块状增墒剂。

②喷草木灰水。用新鲜的草木灰 5～6 克，加水 100 千克，充分搅拌匀后浸泡 14～16 小时，过滤残渣，用澄清液喷于树冠上，能提高树体含钾量，有效减弱叶片蒸发强度，增加树体抗旱耐高温能力。

③山地枣园可通过修“外噘嘴、内流水”样式梯田，挖深宽各为 70 厘米、1.5 米的圆形鱼鳞坑（坑面外高里低，下半坑边缘垒石堰），修拦淤坝，挖蓄水池的形式满足树体对水的需求。

（三）枣树排涝

金丝小枣树适应性很强，比其他果树耐涝，但地面长时间积水也会恶化土壤的透气状况，引起根系死亡，特别是果实着色后，果园积水会加重裂果、烂果，因此，枣园长期积水时应及时排水保证枣树正常生长。

第四节　枣园花果期管理

一、开花前至开花后管理

枣树是自然坐果率较低的果树，一般坐果率仅为开花数的

0.4％～1.6％左右，由于开花坐果期间，营养生长和生殖生长对营养物质争夺激烈，各器官之间矛盾突出，所以，除加强土、肥、水管理外，还要通过采取修剪、开甲等技术措施对树体养分进行分配调整，改善授粉、受精条件，以提高坐果率。

1. 确定合理的负载量 近几年来，有的枣农盲目追求产量，多次施用激素，造成前期负载量过多，由于营养和水分的供应不足，造成大量生理落果，并且消耗了大量的树体营养，使树势变弱、极易感病，经多年调查，吊果比在 0.7～0.8 时裂果和浆烂果轻，在 1.5 以上时则发病严重。吊果比在 0.9～1.1 时，正常年份发病较轻，而且产量较高，质量好。

2. 夏剪 夏剪是控制营养生长，促结果生长，减少养分的消耗，提高坐果率，减少落果，生产优质果的重要措施。

（1）夏剪的时期 盛果期树夏剪一般分两次，第一次在开甲前进行（沧州在 5 月底 6 月初），此次夏剪主要为提高坐果率；第二次在坐果后果实黄豆粒至花生粒大时进行（沧州 6 月下旬），此次夏剪主要是防止落果。

（2）夏剪的方法 剪除上部挡光的新生枝条及结果枝背上的直立旺枝，疏除内膛的无用枝，剪除多数枣股上萌发的新枣头，对外围有发展空间的新生枣头留 2～6 个二次枝摘心。

3. 开甲 花期开甲是提高金丝小枣坐果率的有效措施，一般在开花量占全株总花蕾量的 30％～40％时开甲，此期开甲坐一级、二级花果，果实个大，糖分含量高。但近几年沧州采收前常遭阴雨天气影响，裂果严重，因此枣农为躲过着色期的阴雨天气影响，推迟到开花 50％～60％时开甲，虽然果实相对小些，但品质及产量不会降低，相反比起前面开甲果实着色期遇雨天气造成的影响效益要高。可根据当地的气候确定适宜开甲时间，沧州枣区一般在"芒种"至"芒种"后一周开甲。甲口宽度视树体情况而定。一般应掌握：初甲小树 0.6 厘米，老树 0.4 厘米，壮树 0.5～0.8 厘米，弱树 0.3 厘米，过于衰弱树要停甲养树，待树势复壮后再开甲。开甲期雨水多或水浇地盛果期的枣树，甲口宽度可适当加宽到 1 厘米左右，一般甲口宽度不宜超过 0.7 厘米，否则影响甲口在正常时间内愈合，造成树势衰弱，对树体生长极为不利。开甲后 3～5 天，要对甲口涂药保护，防止甲口虫为害。

"果树伤口愈合保护剂"的使用方法及效果：将本药剂在调匀后，即可用毛刷、板笔等对甲口涂抹，涂抹本药剂要均匀细致，不可遗漏，否则将影响本药剂的使用效果。本剂施药一次一般可保持药效 30 天左右。

金丝小枣甲口愈合时间初甲树及壮树为 30 天，弱树为 25 天，愈合早会出现幼果脱落现象；愈合晚会造成树势衰弱；不愈合的会出现死树现象。因此要检查甲口。一般开甲后 15 天开始检查，发现有完全愈合的，将愈伤组织再次切掉一部分。20 天检查时，没有产生愈伤组织的树先用九二〇水刷甲口（1 克九二〇用酒精溶解后兑水 20 千克），再用潮土糊严甲口后用塑料布包裹，包裹 7 天后检查，没完全愈合的再次操作，一般 1～2 次可愈合。

4. 花期喷激素和微量元素　喷布植物生长调节剂和微量元素，可提高枣树坐果率。目前，常用的植物生长调节剂和微量元素为 10～15 毫克/千克（1 克九二〇兑水 50～67 千克）的九二〇＋0.2%～0.3%的硼砂或者 0.05～0.1 的硼酸液。为满足开甲期树体对养分的需要，可加入 0.3%的尿素。喷布次数为 1～2 次，间隔时间 3～5 天。不可过多使用激素，否则坐果率高，养分供应不够会使幼果大量脱落，白白消耗养分，即使坐果多，果实品质也不高，以平均单吊坐果 0.9～1.1 为准。也可采取多施有机肥、花期喷肥，及时修剪等农业措施提高坐果率，达到坐果标准，可不喷激素和微量元素。

5. 花期喷水　在我国北方枣区，枣树花期干旱无雨，焦花严重，严重影响枣树的开花坐果，为了改善田间小气候，增加空气湿度。除对枣园进行浇水外，也可于每天傍晚喷清水一次，连喷 2～3 天，可提高坐果率 50％以上。

6. 枣园放蜂 枣树为典型的虫媒花，异花授粉坐果率较高，枣园放蜂可提高异花授粉率。据河北省农林科学院石家庄果树研究所调查，枣园放蜂坐果率提高 68％～238％。枣林距蜂箱越近，效果越好。

7. 坐果少的补救措施 在沧州地区，金丝小枣一般 5 月下旬至 6 月上中旬进入开花、坐果期，是枣树管理的关键时期。但生产中部分枣园由于肥水管理差、防治绿盲椿象不及时等原因，往往出现花蕾少、花蕾质量差，甚至无花蕾现象。抓住枣吊在停长前这一关键时期采取急救措施，能使无花蕾的枣吊重新现花序 1～2 个，每个枣吊坐住 1～2 果，保证当年不减产。

急救措施如下：

①5 月下旬至 6 月初，每株施枣树专用肥 1 情况＋碳酸铵 1 千克，施肥后浇水。

②5 月下旬至 6 月初，枣吊没封顶时喷 2 000 倍的复硝钾溶液或 40 毫克/千克的九二〇＋0.3％的尿素＋0.5％的磷酸二氢钾 1～2 次，促使枣吊延长、现蕾。

③疏除多数剪锯口处萌发的无用枣头及多数枣股上萌发的枣头，对外围有空间的枣头留 2～6 个二次枝短截，以节省养分集中供给有效枣枝，促使枣吊延伸、现蕾、坐果。修剪时要尽量留下有花蕾的枣吊。

二、枣树中、后期管理

枣树中后期管理，从 8 月份开始到采收前的工作主要是以促进果实增大，减少采前落果，减轻裂果，提高果品质量为主。

1. 防止采前落果 主要通过选用优良抗落抗病虫品种、控制树体旺长、增施肥等措施，为保证果品安全己停止使用萘乙酸、防落素减少落果。

2. 中、后期控施氮肥，增施磷、钾肥，提高果品质量 氮是构成最基本的生命物质原料。枣树从萌芽到新梢旺长期为大量需氮期。旺长高峰过后到果实采收，叶片与根系含氮量处于稍低水平，为需氮稳定期，若此期氮含量高，则影响磷钾元素的吸收，会明显地降低果实品质，如着色差，含糖量降低等。

磷也是植物的重要组成成分。磷能提高根的活力与寿命，缺磷时会使果肉细胞数减少，影响果实的增长；磷还能改善果实品质。

钾在植物生长代谢过程中起催化剂作用。钾能提高果实原生质活性，促进了糖的运转流入。钾充足时枣果个大，含糖量高，风味浓，色泽艳丽。

由此可知，在矿质营养中，氮素过多，枝叶疯长，果实糖分积累少，酸多；缺磷，果实个小，含酸多；磷适量，果实糖多酸少；钾能增加果实糖分含量。

因此，枣树中后期施肥要控制氮肥的用量，而有目的的增加磷钾肥的施用量。

3. 保持土壤湿度，减轻裂果 枣树裂果现象在沧州枣区较为普遍，一般年份裂果比例占产量的 8％左右，如果枣着色后赶上降雨，特别是连续降雨，枣裂果率达可到 70％～80％，这极大地影响了枣的商品价值。

造成裂果的主要原因是在果实生长期天气干旱，土壤含水量低，枣果吸收的水分不足，再加上光照充足，果实在阳光下暴晒，造成果实表皮细胞与下表皮细胞老化，细胞壁加厚，失去弹性，一旦遇阴雨天气，果实细胞迅速吸水，造成细胞壁破裂，而出现裂果现象。裂果是由表皮开始，逐渐向纵深发展。在枣果白熟期至脆熟期，若遇雨，虽雨量不大，空气湿度很大，也会造成不同程度的裂果。因此，可采取以下措施降低裂果率：

①选择抗裂品种，进行高接换头。在沧州枣区，献王枣、金丝新 4 号、雨帅等品种均有优良的抗裂性状。

②若伏天干旱，要及时对枣园进行浇水，使土壤含水量保持在 16％～20％范围内。

③合理修剪，保证树冠通风透光良好。

④合理施肥，增强树势，提高抗裂果能力。

⑤叶面喷施钙肥（如、氨基酸钙等肥料），可降低裂果率20％～30％。

⑥喷植物液体保护膜可阻挡雨水进入果实，可降低裂果率20％～30％。

4. 撑枝　金丝小枣由于坐果多，枝条较软，加上修剪不当，下部结果枝后期极易下垂接地，感染病虫，影响果实品质，所以要撑枝。撑枝方法：用竹竿或木棍将结果枝撑离地面 0.5 米以上。

5. 平整、清扫枣园　在采收前的 15～20 天，将枣园内的间作物、杂草、落叶清理掉，平整树盘，镇压地面，准备采收。

第五节　果实采收、自然晾晒与烘干

一、枣果采收

1. 枣果的成熟期　枣果的成熟期按皮色和肉质变化情况可分为以下 3 个时期：即白熟期、脆熟期和完熟期。

2. 采收时期

（1）适期采收的重要性　枣果的成熟过程是不同品种枣果特有的形状、色泽、营养和风味迅速定型的关键时期，只有适期采收才能最大限度地发挥出优良品种的优良种性，过分早采（抢青）或晚采都会严重影响枣果的商品质量甚至减产。对于制干品种，早采不仅导致干枣的果肉薄、皮色浅、营养含量低、风味差，严重影响质量，而且制干率低，对产量影响也很大。过分晚采，会出现大量落果，遇雨易造成浆烂，对制干也不利。

（2）枣果的适时采收　不同用途枣果采收适期不同。作鲜食和醉枣用的，以脆熟期为采收适期（沧州地区一般在 9 月 10～15 日左右）。此期枣果色泽鲜红、甘甜微酸、酥脆多汁，鲜食品质最好；加工醉枣，能保持良好的风味，还可防止枣果由于过熟导致破伤引起的烂枣。制干用的枣果，以完熟期采收最佳（沧州地区一般在 9 月 25 日左右）。此期枣果已充分成熟，营养丰富，含水量少，便于干制、制干率高，制成的红枣色泽光亮、果形饱满、富有弹性，品质最好。

采收适期的确定还应考虑到天气以及贮藏加工和市场的要求等。一般采前落果严重的可适当早采；为提高耐贮性，鲜食用的可在半红期采收；用于制干的且不易裂果和采前落果轻的，若果天气允许可在完熟期采。因为果实着色后不仅是提高果实品质的关键时期，也是果实增重的关键时期；对于遇雨易裂果的品种，可根据天气预报情况，适当提前采收。此外，鉴于金丝小枣同一品种的不同树及同树上不同枣的成熟期存在差异（可达 2 周以上），有条件的地方，特别是用于鲜食的品种，应分期分批采收。

3. 采收方法

（1）手摘　手摘采收主要适用于鲜食和醉枣等的枣果采收。虽然用工多，但可保证鲜枣不受损伤，利于长期贮藏和醉制加工。

（2）震落　震落采收主要适用于制干和加工去核枣、鸡心枣、酥脆枣、阿胶枣、枣粉等枣果的采收。一般是用竹竿或木棍震荡枣枝，在树下撑（铺）布单接枣，以减少枣果破损和节省拣枣用工。采用此法采收，应注意保护树体。每年的震动部位应相对固定，以尽量减少伤疤，尤其要避免"对口疤"。另外，下杆的方向不能对着大枝延长的方向，以免打断侧枝。

（3）化学采收　主要适用于制干枣果的采收。方法是：在拟采收前的 5～7 天，全树均匀喷洒 0.02%～0.03% 的乙烯利水溶液，一般喷后第二天即可见效，第四天进入落果高峰。喷后 5～6 天时，轻轻震动枝干，枣果即可全部落地。此法较人工震落采收可提高工效 10 倍左右，提高制干品质，并可避免损伤树体和枝叶，值得推广。

使用注意事项：

①不能与碱性药物混用。

②气温低于 20℃时应用效果不好。应现用现配，喷后 6 小时内遇雨需要补喷。

③严格掌握浓度，超过 0.04% 有落叶现象。

④对眼睛和皮肤有刺激作用，应注意保护。

⑤喷施乙烯利后使果柄形成离层，堵塞树体向果实输送水分和养分的通道，导致果实含水量逐渐下降，果肉变软失脆，影响鲜食品质，因而对于鲜食品种不宜采取化学采收。

二、自然晾晒

自然晾晒，方法、设备简单易行，晒制的红枣色、香、味俱佳，且耐贮运。缺点是干制时间长，技术掌握不好，会出现干条、油头现象，降低商品优质果率，特别是遇连阴雨天气烂果严重，维生素 C 等营养成分损耗大，且在晒制过程中易刮入尘土等杂物，影响枣的商品性，不符合无公害果品产后处理要求。采收后如果遇阴雨天气，可先存于冷库，晴天后再取出晾晒，可大大减轻烂果。

1. 场地的选择与搭建　一般选择通风宽敞的场地，用砖和竹竿将秫秸箔支离地面 15～20 厘米。

2. 暴晒　将枣均匀地摊在箔上 6～10 厘米厚，暴晒 3～5 天，在暴晒过程中，每隔 1 小时左右翻动 1 次，每日翻动 8～10 次，日落时起垄将其堆放在箔中间，用席或塑料膜覆盖，防止着露返潮。第二天日出后箔面露水干时摊开再晒，空出中间堆枣的潮湿箔面，晒干后再将枣均匀摊在整个箔面上暴晒。暴晒期间，一定要经常翻动枣果，使上层下层枣受光均匀，避免上层枣暴晒时间过长而出现油头现象。暴晒 3～5 天后，改为晾晒。晾晒前要将含水量不一致的枣分级拣出，分箔晾晒。

3. 晾晒　每天早晨将枣摊开晾晒，到 12 点合拢，封盖。下午 2 点再摊开，傍晚时再将枣收拢、封盖。经过 10 天左右晾晒后，手握枣果不发软有弹性，果皮纹理细浅，含水量降至 28％以下，即可分级储藏，也可先分级后晾晒。

三、人工制干

人工制干也称烘干法。烘干法干制红枣不受天气影响，在阴雨天时还可有效减少浆烂损失。干制时间短，制干率高，维生素 C 等营养成分损失少，红枣洁净无杂质，优质商品率高。

（一）烘干房的种类

烘干房分火道式、水暖式和热循环烘干房 3 种。火道式简易烘干房用燃料（多数是煤）通过火道加温烘烤，目前果农应用最多；水暖式烘干房是蒸汽通过锅炉管道输送，以管道取暖方式加温烘烤，中小企业用的较多；热循环烘干房是将热量以热循环风的形式进入烤房、烘烤果品，现代大企业应用较多，技术较先进的旭创力-XCL 烤房目前枣区已引进采用。

（二）烤房的功能效益

1. 火道式简易烘干房的构造　火道式烘干房为砖混结构，用水泥板封顶。长宽一般为 4 米×6 米。顶部设有两个 50 厘米见方的排湿通气孔、两个小烟囱、一个大烟囱。地面为火炕，炕内有火道 4 条。房体正面有 0.9 米×1.8 米的门，在门的两侧距炕面 72 厘米、48 厘米、48 厘米处墙体有 24 厘米宽、高见方的横闸、纵闸及墙体掏灰坑各一个。墙体后面有高为 5.2 米的大烟囱一个，墙体后面地面下有深、宽、长为 1.2 米、1 米、3.41 米的烧火操作坑一个，坑内墙体有炉门，宽、高各为 0.3 米和 0.28 米的炉膛两个，炉膛下有宽高为 0.50 米×0.5 米的掏灰坑两个。墙体两侧各有距炕面 0.12 米，高、宽都为 0.24 米的进气孔 3 个。烘干房内长 6 米、宽 3.4 米、高 2.5 米，中间为 1 米宽的通道，两侧各放七排铁架，每个铁架10层，每排每层可放3个装枣用的竹篦子，一个烘烤房可放420个竹篦子。

此烘干房可单独建设，也可连体建设。每间建设成本1.3～1.5万元，每昼夜可烘干干枣1 250千克左右，烧煤100千克。烘干枣与自然晾晒的金丝小枣相比其优点是：降低烂果率20％～30％，而且成色好，商品率高，上市早。每烘干1 250千克枣可增收1 875～2 500元，且烘干房一次建成多年受益。

2. 取热原理　在炉膛点火，火在地面火道通入前面墙体，开始插入纵闸，关闭墙体掏灰孔，打开横闸，使烟气从小烟囱冒出。当火旺、燃烧正常时，关闭横闸，打开纵闸，使烟火进入墙体火道、烟道，从侧墙斜上入后墙体，再水平进入大烟囱，在大烟囱内起初是两条烟道，出墙后合为一条烟道，最后出烟囱，完成整个取热过程。

3. 烘干房烘干枣的方法

工艺流程：采摘→分级→清洗→装盘→加热→排湿→均湿→包装→成品

（1）准备阶段　金丝小枣采收后，把其中的浆烂果、伤果、枝、落叶等杂质清除掉并根据枣的大小、成熟度进行分级。

（2）清洗　经过分级后的金丝小枣放入清水池进行清洗，洗去枣果上的泥土，洗后的枣表面要干净光洁。水池里要经常换新水，保证枣果清洁，以提高烘烤后的枣果品质。

（3）装盘和入烤房　把清洗后的金丝小枣装入烘烤用的枣篦子，厚度以两个枣厚为宜，最多不超过3个枣的厚度，然后放入烤房中的烤架上。

（4）点火升温（受热阶段）　当枣装入烤房后，要把门、通风口（天窗和地洞）都要关严。然后点火升温，点火时首先要在炉膛外口处点，这样有利于升温，燃料用一般烟煤即可。为防止金丝小枣出现糖化、碳化、开裂现象，此阶段要缓慢升温，一般在4～6小时内温度升高到45～48℃，并在开始时将枣坯用苦席覆盖保温，全枣果出现凝露后撤去苦席，以加速蒸发。果面凝露消失以后，进入排湿阶段。在升温的过程中要经常抖动枣箅子，以利于枣受热均匀，每半小时观察一次温度表和湿度表。

（5）排湿阶段（蒸发阶段） 此阶段时间大约用时8～10个小时，当枣烤到第一阶段末的时候，手摸枣面有灼烫感，空气湿度达70％时开始通风排湿（人在烤房中感觉身体皮肤湿潮，房内有潮气），首先要先打开天窗，再打开地洞，每次通风时间为15～20分钟，当空气湿度下降到55％后关上地洞，再关天窗。在整个烘干过程中排湿7～8次，此过程中要注意把第一层和第五层，第二层和第四层的枣箅子倒换位置，其他的枣箅子不用动，以利于枣受热均匀，避免下层枣由于温度过高影响烘烤质量。

（6）完成阶段（均湿阶段） 均湿阶段，停火6～8小时，使枣果内水分逐渐外渗，达到内外平衡，避免长时间烘烤，以防果实表面干燥过度而结壳焦煳。这段时间温度最高可达55℃，当枣的含水量达到20％～30％时就可将金丝小枣出烤房。

注意事项：①新建烤房一定要等到烤房完全干了以后才能使用。②升温前期温度不要太快，否则会出现糖化和碳化现象，严重的会出现裂枣现象。③注意通风时天窗和地洞打开、关闭的先后顺序不要颠倒。④烤房内装枣箅子时，离烧火最近的地方，第一、二层不要放枣箅子，避免枣被烤坏。⑤烘烤时间不要太长，否则会出现酸枣现象。

4. 旭创力-XCL烤房功能效益

（1）构造 主要由供热系统、全自动控制系统和房体三部分构成。烘干房内部长×宽×高约为6米×3.8米×2.3米。每个烘干房内有烘干车6个，每车烘干架10层，架上放烘干盘。每烘干室放盘900个，每盘盛鲜枣5～6千克。

此烘干房每 12～15 小时，烘干鲜枣 4 000～5 000 千克，耗煤 175～200 千克，耗电 20～23°，平均每千克红枣干制品燥成本约为 0.07 元。每套设备及房投资 6 万元左右，使用年限 15～20 年。

（2）设备工作原理　供热系统将热量通过循环风供入烤房。热量来源有电加热、燃煤、燃油、天然气；自动控制温度、湿度、单位时间供热量、排湿、进风、循环风速等各项参数，温度精度达（±0.5℃），湿度精度达（±3%）。使物料干燥时内外同步脱水，最大程度保留枣果色、味、形、质，烘烤效果自然均匀。

（3）根据枣的成熟程度总结以下烘烤曲线表　参见表 11-6 至表 11-8（以下数据只供参考）。

表 11-6　红枣在 20%～40% 红色时的烘烤曲线

	预热阶段			排湿		干燥完成	
阶段	1	2	3	4	5	6	7
温度	35℃	40℃	55℃	60℃	65℃	60℃	50℃
时间	2 小时	2 小时	2 小时	2 小时	2 小时	2 小时	3 小时
湿度	65%	65%	65%	55%	55%	40%	38%

表 11-7　枣在 50%～80% 为红色时的烘烤曲线

	预热阶段			排湿		干燥完成	
阶段	1	2	3	4	5	6	7
温度	35℃	40℃	55℃	60℃	65℃	60℃	50℃
时间	1 小时	2 小时	2 小时	2 小时	2 小时	2 小时	2 小时
湿度	65%	65%	65%	55%	55%	40%	38%

表 11-8 枣在 90%～100%为红色时的烘烤曲线

	预热阶段			排湿		干燥完成	
阶段	1	2	3	4	5	6	7
温度	35℃	40℃	55℃	60℃	60℃	60℃	50℃
时间	1 小时	1 小时	2 小时	2 小时	2 小时	2 小时	2 小时
湿度	65%	65%	65%	55%	50%	40%	38%

5. 烘干后的枣果处理 出烤房后的枣在遮阴棚或屋内堆放厚度不超过 1 米，每平方米要放一个草把利于通风，红枣存放 10～15 天后，至果肉里外硬度一致，稍有弹性为止就可装箱进入市场。

注意：出烤房的枣，不要在阳光暴晒的地方存放，否则枣果表面发黑，影响枣果品质。

第六节 枣果的分级、检测、包装、运输、贮藏与加工途径

一、枣果的分级

鲜枣采收后应按表 11-9 质量要求进行分级。

表 11-9 鲜枣等级质量标准

项目	特级	一级	二级
基本要求	脆熟期采摘，果实完整良好，新鲜洁净，无异味及不正常外来水分。着色面积 50%以上，无浆果及刺伤。果实内在标准达到品种固有特征。维生素 C 含量≥450 毫克/100 克，可溶性固形物≥36%		
色泽	具有本品成熟时的色泽		
果形	端正	端正	端正
病虫果（%）	<1	≤3	≤5

（续）

项目		特级	一级	二级
单果重	有核果	≥6	≥5<6	≥4<5
	无核果	≥4.5	≥3.5<4.5	≥3<3.5
	碰压伤	无	允许轻微碰伤不超过 0.1 厘米/处	允许轻微碰伤不超过 0.1 厘米两处
	日灼	无	允许轻微日灼，总面积不超过 0.2 厘米²	允许轻微日灼，总面积不超过 0.5 厘米²
	裂果	无	无	裂果总长度不超过 1 厘米/果
	损伤率（以上三项）%	0	≤5	≤10

干枣晾晒、制干后应按表 11-10 质量要求进行分级。

表 11-10　干枣等级质量标准

项目	特级	一级	二级
基本要求	果实饱满，具有本品种应有的特征，个头均匀，肉质肥厚有弹性，身干，握不黏手，无霉烂、浆果，含水量不超过 28%，杂质不超过 0.5%		
个头	不超过 300 粒/千克	不超过 370 粒/千克	不超过 400 粒/千克
色泽	具有本品应有色泽	具有本品应有色泽	允许不超过 5% 的果实色泽稍浅
损伤和缺点	无干条、浆头、病虫果、破头、油头三项不超过 3%	无干条、浆头、病虫果、破头、油头三项不超过 5%	干条、浆头、病虫果、破头、油头五项不超过 10%（病虫果不超过 5%）

分级方法：可人工分级，也可用选果机分级。

二、检测

按照 100 件抽 5 件样品或 100 亩抽 1 个样品（每样品 1.5～2.5 千克）的要求，抽取代表性样品，送国家规定部门检测达标后，方可上市。

三、包装

（一）包装容器

包装容器必须坚实、牢固、干燥、洁净、无异味，符合包装卫生标准，保证果实不受到损伤。根据包装要求不同，鲜枣可用塑料箱、泡沫塑料箱为包装容器；干枣可选用双瓦楞纸板箱、单瓦楞钙塑板箱和麻袋为包装容器；1 千克以下的小包装可用单层硬纸盒或透明塑料盒为包装。同一批枣果要采用相同质地、规格统一的包装容器。

（二）包装方法

各等级枣果必须分装，并且应装紧装满。包装内不得有枝、叶、砂、尘土及其他异物。各包装件的表层果实在大小、色泽和重量上均应代表整个包件的情况。包装完后贴上统一标识。

四、枣的运输、贮藏与加工利用途径

（一）运输

鲜枣果实采收后应立即按相关标准规定的品质等级规格分级，尽快装运、交售或冷藏。鲜枣装运时要轻拿轻放。待运枣果，必须批次分明，堆码整齐，环境整洁，通风良好。严禁烈日暴晒和雨淋。注意防冻防热。尽量缩短待运时间。运输工具要洁净卫生，不得与有毒有害物品混存混运。

（二）储藏

1. 鲜枣的储藏　鲜枣极易失水失脆，加之易发生无氧呼吸、酒化变软和不耐二氧化碳，因而耐贮性很差，对贮藏技术要求十分严格。储藏有冰窖贮藏、冷藏、气调贮藏、减压气调贮藏、辐照贮藏、真空贮藏、冻藏等多种方法。

（1）机械冷藏　目前多采用塑料薄膜小包装冷库低温气调保鲜贮藏。在金丝小枣半红期采收，入库前采用喷水或浸水等方法迅速降温预冷；用打孔塑料薄膜袋（采用 $0.04 \sim 0.07$ 厘米厚的低密聚乙烯或无毒聚氯乙烯薄膜制成）包装，然后放入塑料框中，将框分层堆放库中（包装规格为每袋容量 $15 \sim 20$ 千克）。库内温度控制在 $-1 \sim -3 ℃$；相对空气湿度 $90\% \sim 95\%$，二氧化碳浓度在 5% 以下；库内经常抽样检查果实变化情况采取相应措施。多数研究认为鲜枣贮藏的最佳气体组成为氧气 $3\% \sim 5\%$，二氧化碳小于 2%。采后用 $2\% \sim 3\%$ 的 $CaCl_2$ 浸泡处理，会增加耐储性。

（2）冻藏　将鲜枣用 $-25 \sim -30 ℃$ 温度处理 24 小时，然后转入 $-15 \sim -18 ℃$ 温度条件下低温处理。实用时，取出慢慢融冻后可在常温条件下保鲜 3 天。

2. 干枣的储藏　干枣贮藏比较容易，只要保证贮藏环境的干燥并注意防止虫害和鼠害，一般能保存一年以上。其具体方法有：①缸藏：适于少量贮藏。将干枣直接或用 60 度酒边喷边装入洁净的缸或坛内，密封置于凉爽的室内，可贮藏 3 年以上。②囤藏和屋藏：适于大量贮藏时采用，将席子卷成囤，将干枣置于囤中，或将干枣置于屋内。在其囤和屋内放置防潮、吸湿和散热物质，此外还可放置酒坛起到防虫防变质的作用。③夏季是干枣贮藏中最关键的时期，因为夏季属高温高湿季节，干枣容易受潮霉烂，虫蛀等造成很大损失，所以在有条件情况下，夏季转入塑料袋密闭抽空包装贮藏，且品质明显提高，好果率达到 90% 以上。河北沧州枣区的企业，一般用气调库冷藏。库内有风冷机，用容量 $15 \sim 20$ 千克的纸箱包装堆放。库内温度控制在 $-1 \sim 0 ℃$；相对空气湿度 30% 以下，如此可保存一年不变质。

3. 枣果加工利用途径 金丝小枣除鲜食和制干外，可制作各种传统甜、黏食品，如枣花糕、枣棕子、枣黏糕、枣切糕等，还可加工制成蜜枣、枣茶、枣汁、枣酒、枣香槟、枣酱、枣罐头、醉枣、鸡心枣、阿胶枣、枣粉、枣红色素等 40 多个品种，金丝小枣各种营养成分的提取技术日渐成熟，正在应用于实践中。果品加工拓宽了金丝小枣的利用途径，对金丝小枣产业的发展起到了巨大的促进作用。

（侯富华　周　敏　高　洁）

第十二章

冬枣优质丰产栽培

第一节　冬枣栽培概况及生物学特性

一、冬枣栽培概况

枣是鼠李科枣属树种，是我国特有的果树资源，冬枣是红枣中品质最佳的晚熟鲜食品种。迄今，河北省黄骅市境内，仍然保留着世界上种植面积最大、树龄最长、种质资源最丰富的原始冬枣林。据生物学测定，占地 456 亩原始冬枣林中，600 年以上的古冬枣树 198 株，300～600 年冬枣树 1 076 株，其他冬枣树均在 100 年以上。据当地刘氏族谱记载，在明朝冬枣已成为贡品，备受宫廷青睐，并有许多美丽的传说……改革开放以前，河北的海兴、沧县、盐山，山东的沾化、乐陵、庆云、无棣及天津的大港区等县市都有少量冬枣树，多为户家院内零星栽植。改革开放以后，各级林业部门高度重视并积极推广，一度出现冬枣栽植热，冬枣的栽培面积和产量迅速增加，据分析目前全国冬枣栽培面积在 800 万亩左右，产量可达 500 万吨。

根据冬枣的生物学特性，凡是有其他枣种植的区域，冬枣都可以生长，但并非所有区域都能生产出品质优良的冬枣来。尽管全国大部分省份都有不同规模的种植，但从反馈信息看，只有与冬枣原始栽培区立地、气候条件接近的地区，产量与品质才能有保证。前些年，北至辽宁，西至新疆，南至海南，东至上海，都有过冬枣栽培报道，就实际调查看，除了新疆部分地方的特殊气候较适宜冬枣生长外，多数远距离与原生地气候条件差异大的地区，栽培都不很成功，表现为产量低，品质差。例如：北京以北尤其承德以北地区，早霜来临早，对于生育期长的冬枣来说，往往还没进入正常成熟期就遭遇霜害，品质明显下降。长江以南及近长江的北部地区，雨量大、高温、高湿，尽管冬枣能完成结果过程，但糖分积累量不足，风味变淡，病害严重，品质不理想。冬枣最适宜栽培区为：河北、陕西、山西及北京的中南部地区；新疆的部分地区；山东、河南和天津绝大部分地区；这些地区也是冬枣的主产区。另外，江苏、安徽、湖北的北部与河南比邻地区也可栽培。冬枣的发展已经经历了市场的暴利期，进入合理的利润或微利期，如解决好目前冬枣栽培中的低投入高产出的管理方式，采取以增施有机肥为主的肥水土壤管理，以合理负载、精细修剪为主要内容的地上管理，淘汰品质差的冬枣单株，恢复冬枣原有的优良品质，作为一个迎国庆、渡中秋、庆元旦、过春节均能让广大消费者享受到的优良鲜食枣的品种乃存在着较大市场商机。

二、冬枣概述

冬枣果实呈苹果状，又有苹果枣之称，果实圆形，纵横径比为 1∶1.02，横径略大于纵径。平均单果重 17.5 克，最大单果重 77.3 克（2008 年冬枣果王）。冬枣个大、皮薄、汁多、色泽鲜艳靓丽，肉质细嫩酥脆，酸甜适口，啖食无渣。枣果中总糖占 32.2%，总酸占 0.367%，果胶占 0.286%，纤维素占 1.74%，维生素 C 含量 303.8 毫克/100 克，铁含量 0.2 毫克/100 克，锌含量 2.83 毫克/千克，可食率 94.3%，品质极上。冬枣果实中含有大量的环磷酸腺苷，这种物质对预防心脑血管疾病，预防癌症，有显著作用。因为冬枣品质特殊优良，1996 年被专家评定为"260 个鲜食枣品质之冠"。

果实成熟前绿白色阳面有红晕，随逐渐成熟，果面变乳黄着艳红色，外观相当漂亮。果肉乳黄色，肉质细嫩多汁，啖食无渣。整个果实成熟分为白熟期、脆熟期、完熟期，在沧州9月中、下旬进入白熟期，冬枣就可食用，脆熟期是鲜食和贮藏的最好时期，进入完熟期的冬枣多用于加工。

三、冬枣的植物学特性

据调查，现存的冬枣均为嫁接繁殖，至今没发现一株根蘖繁殖的个体植株。冬枣树姿直立，干性强，一年生发育枝紫红色，与其他枣比，冬枣幼树针刺短小，随树龄增大，进入结果期后，针刺逐渐退化。一年生冬枣枝条皮目稀、小，呈灰白色均匀分布。叶片长椭圆形，叶尖钝圆，两侧向叶面纵卷，叶色浓绿，较普通金丝小枣的花盘大，花蜜多，开花期有大量的虫媒出现。

（一）冬枣的主要物候期

冬枣为喜温果树，其生长发育要求较高温度，所以萌芽晚，落叶早。4月上旬，当旬平均气温达到11℃左右，树液开始流动；4月中旬，气温达到13℃左右，芽体开始萌动；4月下旬至5月中旬，气温达到18℃左右，枣吊和枣头逐渐延长生长，并伴有花芽分化和花蕾出现；5月下旬，气温达到20～22℃时，进入初花期；6月上、中旬，气温达到25℃左右时，进入盛花期；花期授粉和坐果的最佳温度24～26℃；果实迅速生长期要求25℃以上的温度。6月下旬至7月上旬完成第一次生理落花落果，脱落的多是未授粉受精和花粉败育的花器，7月中、下旬完成第二次自然落果，脱落的多为中途败育的幼果。果实整个生育期有两次生长高峰，第一次生长高峰在6月底至7月下旬，8月上、中旬进入幼果缓慢生长期，第二次生长高峰在8月下旬至9月中旬。9月中、下旬进入白熟期，9月下旬至10月上旬为脆熟期，10月中旬进入完熟期，果实生长期历时120天左右。10月下旬至11月上，旬平均气温低于13℃时，叶功能逐渐衰退，并伴有叶片脱落，遇有早霜冻，会加速落叶。

（二）原始冬枣林自然条件

原始冬枣林位于河北省黄骅市聚官村，北纬 $38°61'$～$38°62'$，东经 $117°20'$～$117°23'$ 之间，气候属暖温带大陆性季风气候，在极地大气团和热带海洋气团的影响下，形成了春旱、夏涝、秋吊的气候特点，年平均降水量为 642.6 毫米，年平均蒸发量 2 236 毫米。光照充足，太阳辐射总量历年平均 526.18 千焦/厘米^2，年均日照 2 699.2 小时，日照百分率 R 为 61.0%，大于 0℃年积温平均 4 674.6℃，大于 10℃年积温平均 4 234.7℃，历年平均气温 12℃，最高年 12.9℃，最低年 10.9℃，最热 7 月份平均 26.4℃，最冷 1 月份平均－4.4℃，极端气温最高 41.9℃，最低－21.3℃，初霜期在 10 月 26 日左右，终霜期在 4 月 5 日左右，无霜期 202 天左右，历年平均降水量 610.3 毫米。降水特点明显的年内分配不均；3～5 月占 12.0%，12 月至翌年 2 月占 2.7%，6～11 月占 85.3%，土壤类型为滨海盐渍化潮土。

四、冬枣的枝芽种类及生长特性

冬枣枝分为枣头（发育枝）、枣股（结果母枝）和枣吊（脱落性结果枝）3 种。

（一）芽的种类及生长特性

冬枣树的芽分为主芽和副芽两种。

1. 主芽　分为枣头主芽、枣股主芽和侧生主芽。位于枣头顶部的主芽称为枣头主芽，位于枣股上的主芽为枣股主芽，位于一次枝叶腋间的主芽为侧生主芽。位于枣头和枣股顶端的主芽，由于极性的作用，随萌发加长生长，枣头主芽加长生长，用于广大树冠、搭建骨架和培养结果枝组等；枣股主芽尽管也加长生长，但生长相当缓慢，年生长量 2 毫米左右；侧生主芽形体很小，肉眼不能察觉，形成后一般不萌发，处于休眠状态，寿命可达百年之久。不过，当枣股主芽和侧生主芽，一旦受到人为的短截、回缩等更新修剪刺激或非为人枝条损伤刺激时，也能萌发，形成新的发育枝（枣头）。

2. 副芽 侧生于 3 种主芽周围与主芽紧密相连，一个主芽周围有多个副芽。当枣头主芽萌发延长生长时，中、上部的副芽萌发后形成二次枝，着生于枣股主芽、侧生主芽周围的副芽，一般萌发后形成枣吊。

（二）枝的种类及生长特性

1. 枣头 又称为发育枝或营养枝，是冬枣树当年萌发形成的新生枝条的统称。枣头可以发展成骨干枝和结果枝组。枣头生长量大小、生长快慢、生长期长短与树龄、树势、环境条件有密切关系，肥水充足的幼壮树生长时期长，生长速度快，生长量大；反之，相反。新枣头具有当年结果的特性，生产中常利用一年生枣头适时摘心增加产量，这也是农谚所说的"桃三杏四梨五年，枣树当年就换钱"的理论依据。

随着枣头的延长生长，一般中上部侧生副芽萌发，形成枣头枝上的二次枝，呈"之"字形生长，其上着生枣股和枣吊。二次枝的数量、长度和节数与枣头的生长势有关，越强壮的枣头，其二次枝数量越大、长度越长、节数越多。一般二次枝顶端不能形成顶芽，越冬后呈干枯状。

2. 枣股 枣股由二次枝和枣头一次枝上的主芽萌发形成的短缩性结果母枝。每年枣股上的部分副芽抽生枣吊开花结果，是形成产量的主要组成部分，枣股的木质部和韧皮部输导组织一般没有枣头一次枝和二次枝发达。枣股顶芽每年萌发后生长缓慢，生长量小，并且停长止生早。这一特性有利于树体营养积累，提高花果质量，实现丰产优质的目的。

枣股的结实能力和寿命因着生枝枝龄、着生部位及栽培管理措施等有关。着生在 3～6 年生基枝的中上部、栽培管理条件好的枣园，结果能力强，枣股寿命长。枣股寿命一般 8～12 年，3～5 年生枣股结果能力最强，结出的果实品质最好。

3. 枣吊 又称为脱落性结果枝。枣吊多数由枣股副芽萌发

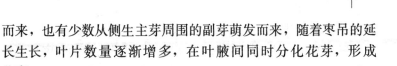

而来，也有少数从侧生主芽周围的副芽萌发而来，随着枣吊的延长生长，叶片数量逐渐增多，在叶腋间同时分化花芽，形成花序。

（三）枝芽间的相互转化

枣树枝芽生长发育既有各自的特点，同时，枝芽之间也可以相互转化。一般规律是：枣头主芽萌发形成新枣头，新枣头上又着生各种类型的主芽与副芽；枣股主芽尽管生长缓慢，外观似乎没有太多的形态变化，随春季萌芽生长，其内部同时萌生新的主芽与副芽；侧生主芽多呈休眠状态。枣头主芽随生长，其侧生副芽一部分形成二次枝（其上着生枣股），一部分形成枣吊，枣股主芽周围的副芽、一次枝侧生主芽周围的副芽，一般萌发形成枣吊。无论是主芽还是副芽，当受到强烈刺激（比如短截、回缩、机械损伤等）都可以萌生新枣头，形成各种枝芽间的转化，这种相互转化给冬枣树整形修剪奠定了基础。有时，在肥水条件特别充足的保护地内，通过强化摘心，枣吊也能形成木质化枣吊，有的能转化成枣头。

冬枣树的萌芽因芽位和枝条类型不同，发芽早晚各异，就一株树而言，一般枣股先萌芽，枣头顶芽再萌发，侧芽萌发最后。当然，如果有更新枝，一般更新枝先萌芽，然后是普通结果枝组，最后是枣头。

五、冬枣花芽分化特点和开花结果习性

（一）花芽分化

枣树花芽分化与一般果树不同，主要特点是：当年分化、随生长随分化，单花分化期短、分化速度快，全树分化期长，从枣吊延长生长开始，便伴有花芽分化进行。据观察单花分化需要1周左右，整个花序分化需要2周左右，一个枣吊完全成花芽分化常常超过1个月，单株花芽分化完成最长需要3个月之久。理论上讲，只要树体上有新的生长点，就伴有花芽分化。枣吊伸长与

花芽分化同步进行，随着枣吊伸长展叶，叶腋间就有花原基出现，随着生长，花的形态特征逐渐完善。花芽分化的顺序是：先萌发的枝条花芽先分化；单个枣吊从基部到中部然后上部的顺序分化。不过，由于枣吊基部一、二节生长期间，往往环境条件和营养状况不能满足树体生长与花芽分化的需要，出现叶片弱小、花芽分化不完全等现象，因此，枣吊基部第一二节位上很少坐果，即便坐果，个头小，质量差，一般不作为留果对象。从第三、四节位开始，随着气温的升高，营养逐渐得到充分利用，以后各节位的花芽分化完全，花朵质量好，坐果力强，果实品质优良。由上可见，冬枣树结果，基本不受开花先后的影响。先开的花朵因条件不适，不能正常结果时，后开的花朵随着环境条件的改善依然能够大量结果。当然，在正常生长环境条件下，先开花结的枣果，生育长，成熟充分，品质往往优于后者，因此，生长条件允许的情况下，应争取早花早果。

（二）开花结果习性

冬枣的花序为二歧聚伞花序，夜开型。开花顺序是从树冠外围逐渐向内开花，从枣吊基部逐渐向尾部开放，从花序中心开始，然后是一级、二级……开放。冬枣花朵蜜源丰富，味道清香，适宜虫媒传粉。

冬枣花量大，同时落花落果严重，自然坐果仅为开花总数的0.98%。开花数量、质量与树势及环境条件有直接关系，坐果数量、质量除与树势及环境条件有关外，与技术管理水平有直接关系，冬枣开花期间，枣头摘心、开甲、喷坐果药剂等一系列保花促果措施是必不可少的。

第二节　建立冬枣园

一、冬枣园址的选择

冬枣适应性很强，对园地的选择要求不严格，无论平地、山地、丘陵都能栽植。不过，栽培在日照充足、风害少、土层深厚、排灌良好的地区，容易取得优质丰产的效果。目前，食品安全已经成为日趋严重的问题，所以，对新建冬枣园提出了更高的标准。新建冬枣园必须做到以下几点：①远离城市、远离主要交通要道，原则上距离高速公路不少于500米，距离国道不少于200米；②园区周围无工业或矿山的直接污染源（"三废"的排放）和间接污染源（上风口和上游水域的污染）；③土壤质地适合冬枣树生长，有灌溉条件；④生态环境良好，无污染或不受污染源影响或污染物限量控制在允许范围内，并且产地环境中大气、土壤、水符合相关国家标准。

二、冬枣园的规划

冬枣树的经济寿命很长，原始冬枣林百年以上的冬枣树比比皆是，所以，冬枣建园必须长久规划。规划时，既要最大限度地提高土地利用率，又要考虑适应未来机械化作业和集约化经营，同时，兼顾路、渠、房的合适布局。通常各类用地比例为：冬枣栽培区占85%左右，防护林及道路绿化占5%左右，排灌渠道占5%左右，办公场所、配药设备、仓库、选果场、储果库房等占5%左右。

（一）小区规划

果园小区是基本生产单位，设置好小区，会使生产便捷高效。小区的大小因园而异，尽量保持同一小区立地条件一致，从而保证管理技术内容和效果的一致性，为枣园的生产、机械化管理及运输等作业活动提供方便。小区的大小可根据地形、管理形式、劳力和机械化程度设置，以方便生产为原则，结合作业道路和排灌沟渠的设置划分作业小区。平地或气候、土壤条件较为一致的枣园，每个小区面积可设计10公顷左右；山区、丘陵地形切割明显，地形复杂，气候、土壤差异较大的地区，每小区设置面积1～2公顷；低洼盐碱地区，为便于排水洗盐、降低地下水位，多利用台田或条田栽植果树，每一台田或条田为一小区。

（二）路、渠、道规划

良好而合理的路渠系统，是枣园的重要设施，是现代化果园的标志之一。大、中型冬枣园应设置主路、支路和小路，并辅以沟渠系统，一般主路设置在枣园中心位置，贯穿整个枣园，道路两边为灌水渠，冬枣园的周围为排水渠，要与外在排水系统相连结。主路宽度以能并行两辆卡车为限，约6～8米。支路设置在小区之间，与主路垂直，以能并行两台动力作业机械为宜，宽度约4～6米。每个小区内设置一条或多条作业道，以能通过一台动力作业机械为宜，道宽2～3米。

（三）防护林设置

防护林可减弱风、沙、旱、寒等恶劣天气的危害，降低风速，增加空气湿度，减少土壤水分蒸发，营造良好的生长环境，有利于冬枣开花坐果、优质丰产。

大型冬枣园的防护林应设主林带和副林带。主林带的方向与主要风害方向垂直，这要与当地的季风结合起来设置。防护林种类以"稀疏透风林带"为主，这种林带可以逐渐减弱风速，不至于造成风蚀等现象，同时扩大防护范围，防护林带的背风面保护距离可以达到防护林高度的25～30倍。山谷、坡地易发生霜冻为害的园片，也可在上部设置"紧密不透风林带"，阻挡冷空气下沉，在下部可以设置"稀疏透风林带"，以利于冷空气排除，防止霜冻为害。外围防护林设置应与防护沟相结合，园内防护林应与主路、支路及排灌渠相结合。建立起良好的防护林系统，可以获得经济林、用材林双收益。

林带树种的选择要参考当地的环境条件和适生性，应选择树体高大、生长迅速、树冠紧密且直立、同枣树无共同病虫害的树种。

三、栽植要求及栽后管理

(一)栽植密度及方式

冬枣以片林或枣粮间作栽植,新建冬枣园以小冠密植或计划密植为主,高接换头的冬枣园,如果栽植密度过稀,也可适当加行加株。

1. 栽植密度 冬枣是鲜食品种,只能依靠人工采摘,宜选择低干、矮冠、密植的栽培形式。紧凑的树体结构,便于修剪、施肥、病虫防治等田间作业,利于机械化作业、集约化经营。不过,冬枣属喜光树种,密度不宜过大,否则,影响花果质量,减少冬枣树的经济寿命。生产中推广使用的栽植株行距为:2米×3米、2米×4米、2米×5米、3米×5米、4米×6米等,计划密植栽植为:0.5米×1.5米、1米×2米、2米×3米等,也可采用枣粮间形式,株行距为:2~4米×10~20米。栽植行向以南北向为宜,南北向通风透光好,适宜冬枣树的生长发育、开花结果。

2. 栽植方式 生产中多用长方形栽植,即行距大于株距,尤其大行距小株距更利于冬枣优质丰产。

(二)栽植技术

1. 挖定植穴 栽植前,首先平整土地,然后根据株行距要求测点定穴。如果采用人工挖掘,在定植点上挖长、宽、深均为40~60厘米的定植穴,如果采用机械挖掘,穴深和直径约60~80厘米左右(对于有改良土壤或者客土调剂任务的地块,可加大定植穴尺度,甚至挖定植沟)。将阴、阳土分放两边,然后用阳土混拌适量腐熟的农家肥回填坑内,填至距地面10厘米左右处,踏实浇水,准备栽树。对于耕层深厚、土壤质地良好枣园,可以挖穴栽植同步。

2. 苗木准备 对准备栽植的冬枣苗,要进行核对、登记、挂牌,同时,进行质量检查分级,所栽苗木要根系完整、枝条充实、无检疫病虫害等。对不合格的弱苗、病苗、畸形苗应严格剔除；经长途运输或保存不善造成失水的苗木，应立即解包浸水，充分吸水后再行栽植。

沧州冬枣苗木分级标准（DB1309/T 58—2003）参见表 12-1。

表 12-1 沧州冬枣苗木分级标准

项　　目	特级苗	一级苗	二级苗
苗木：苗干无严重机械损伤和病虫害，地面之上苗木高度	≥1.5 米	≥1.5 米	≥1.2 米
基径：地面之上 10 厘米处或接口上方 5 厘米处基径	≥2.0 厘米	≥2.0 厘米	≥1.5 厘米
根系：根系无严重劈裂，垂直根长 20 厘米以上，并具有粗度 3 毫米以上的侧根	5 条以上	5 条以上	2 毫米以上的侧根 5 条以上
嫁接部位愈合良好，整形带内健壮饱满主芽	≥5 个着生于苗干的分枝(枣头)2～3 条	≥5 个	≥5 个

3. 栽植时间 栽植时间要参照当地的气候条件，对于冬季较为温暖的地区，在落叶后至发芽前这段时间均可栽植，不过，秋栽更有利于伤口愈合，促进新根生长，随翌春温度回升，正常萌芽生长。对于冬季较为寒冷的地区，秋栽易发生抽条或冻害，以春栽为宜，即在土壤解冻至冬枣树萌芽前。据冬枣原产区经验，在冬枣树刚萌动时栽植成活率最高，就是农谚所说的"枣栽鸡嘴"。

4. 栽植方法 栽植时苗木根系要舒展，考虑好株行间的具体定位，采取"三埋、两踩、一提苗"的方法进行栽植，即先在穴内回填一部分混拌腐熟农家肥的阳土（一埋），踩实（一踩），"一埋"后穴内空余深度约等于根系长度；把冬枣苗木放入穴内，继续回填混拌土（二埋），直至根径处，为防止根系弯曲，用手握住苗木，轻微抖动（一提苗），踩实（二踩）；最后，结合做树盘，回填土与地面平齐（三埋）。为提高冬枣苗木栽植成活率，枣区果农常常采用"春挖坑，夏蓄水，秋栽树"的方法，即春季土壤解冻后，挖好定植穴，将表土混拌适量农家肥回填坑内，心土放置坑边筑埝，充分利用夏季蓄水，培肥穴内土壤，秋季适时栽植。

（三）栽后管理

1. 浇水覆膜　冬枣栽植后，及时浇水，然后用长宽各 1 米的地膜覆盖树盘，再用细土将周边压实，以防被风刮起。这样，可以保温保湿，加速根系伤口愈合，提高成活率，同时，促进苗木生长发育。到了雨季，为防地温过高，可把地膜全部埋在土壤中，即可以保墒，也可以有效地抑制杂草生长。

2. 及时修剪　苗木栽植后，应立即修剪，并及时保护剪锯口，防止树冠过大造成树体晃动，减少水分蒸发。

3. 幼树防寒　冬季严寒和易于发生冻害或抽条的北方地区，应利用绑草把、筑土埂、喷施枝杆保护剂等方法进行保护。

4. 其他管理　除上述之外，要根据冬枣园的管理要求，加强土、肥、水管理，积极防治病虫害等，确保冬枣幼树成活好，生长快，早果早丰。

第三节　整形修剪

整形修剪是构建合理的树体结构，平衡树势，调节营养生长与生殖生长，实现冬枣优质丰产的重要管理措施。目前，生产中采用的丰产树形主要有：疏散分层形、开心形、自由纺锤形、自然圆头形、扇形等。这几种树形主枝分布合理，姿势开张，层次分明，通风透光，属优质丰产树形。

一、与整形修剪有关的枝芽发育特性

①冬枣枣头的单轴延伸能力强，处于顶端部位的芽，容易萌发出新的发育枝。进入结果期以后，随着产量的不断增加，主、侧枝角度不断扩大，由于极性的原因，主、侧枝容易萌生背上徒长枝，若不及时修剪，易造成树形紊乱、内堂郁闭等现象。

②冬枣二次枝着生的枣股与小枣相比，萌芽率高、成枝力强，由枣股萌发形成的新枣头基角好，常用来培养主枝、侧枝或大中型结果枝组。

③从苗木开始，冬枣花芽具有当年分化、多次分化的特点，花量大，花期长，易丰产。

④冬枣树的主芽寿命长，可潜伏多年不萌芽。这些休眠芽对修剪反应非常敏感，通常对枣头短截后，即便不将剪口部位的二次枝剪掉，通常也会萌发出新的枣头，只不过新生枣头与原枝容易形成夹皮角，产量担负能力差，生产中一般不使用这类枣头培养主、侧枝和大中型结果枝组，这点与一般小枣不同。

二、修剪时期及方法

（一）修剪时期

1. 休眠期修剪　又称冬剪，指在冬枣树落叶后至发芽前进行的修剪。为防剪口抽干，修剪工作一般安排在发芽前 1～2 个月内进行。

2. 生长期修剪　又称夏剪，在生长期随时进行，包括抹芽、摘心、拉枝等。

（二）修剪方法

1. 休眠期修剪　休眠期修剪方法主要有：短截、回缩、疏枝、拉枝、缓放、落头等。

冬枣短截与小枣不同的是：一般小枣树常有"一剪子封，两剪子生"的修剪特点，而冬枣对枣头短截后，无论去掉不去掉剪口下二次枝，剪口下主芽一般都能萌生出一个新生枣头，只有结合夏季抹芽，才能实现"一剪子封"的目的。而"两剪子生"在冬枣树修剪上表现尤其明显，其方法是剪留一年生枣头的同时，将剪口下第一个二次枝从基部疏除。这种剪法，一般都可以刺激主芽萌发，形成新生枣头。所以，枣农们常说：冬枣树修剪，"一剪子未必封，两剪子肯定生"。总之，要明确短截目的，并结合夏季管理，才能达到预期目的。

2. 夏季修剪 夏季修剪方法包括抹芽、摘心、拉枝、疏枝、除根蘖、环割、开甲等。在做好上述夏剪的基础上，重点在冬枣开花前，为集中树体营养，保证开花坐果效果，必须根据枝组类型、空间大小、枝势强弱进行不同程度的摘心。枣头摘心：方位好、空间大的枣头，等长出 7～9 个二次枝时摘心；中、小型空间的枣头，等长出 4～6 个二次枝时摘心；并针对空间大小，对枣头摘心的同时，留 5～7 个枣股对二次枝摘心；枣吊摘心：把开花后继续生长的枣吊顶端进行摘心。冬枣枣吊摘心对提高坐果率和果实品质效果非常明显，这项技术在冬枣产区正积极推广。

三、主要树形及结构

因为冬枣属鲜食枣品种，主要依靠人工采果，这就决定了树形的培养目标是低干矮冠的树形，即便于采摘，也便于生产管理。

（一）疏散分层形

树高 250～300 厘米，干高 40～60 厘米，全树分 2 层，着生 5～6 个主枝。第一层主枝 3～4 个，第二层主枝 2 个；主枝与中心主干的基部夹角 70°左右，每主枝一般着生 2～3 个侧枝，侧枝在主枝上要按一定的方向和次序分布排列，第一侧枝与中心干的距离为 40～60 厘米；同一枝上相邻两个侧枝之间距离为 30～50

厘米，层间距为 80～100 厘米，层内距为 30～50 厘米，该树形属大冠类，适于枣粮间作或中低密度栽植。

（二）自然圆头形

树高 250～300 厘米，全树着生 5～7 个主枝，错落排列在中心主干上，主枝之间的距离为 40～60 厘米，主枝与中心主干的夹角 60°～70°；每个主枝上着生 2～3 个侧枝，侧枝在主枝上要按一定的方向和次序分布排列，第一侧枝与中心主干的距离为 40～50 厘米，同一主枝上相邻的两个侧枝之间的距离为 40 厘米左右。骨干枝不交叉，不重叠。该树形适合枣粮间作及中、低密度栽培。

（三）开心形

主干高 40～60 厘米，树体没有中心主干；全树有 3～4 个主枝轮生或错落着生在主干上，主枝基角为 60°～70°；每个主枝上着生 2～4 个侧枝，同一主枝上相邻的两个侧枝之间的距离为 40～50 厘米，侧枝在主枝上要按一定的方向和次序分布排列，不相互重叠。该树形适于中密度栽植。

（四）自由纺锤形

在直立的中心主干上，均匀着生 7～10 个主枝。树高 200～300 厘米，干高 40～50 厘米；相邻两主枝之间的距离 30 厘米左右；主枝的基角 70°～80°，主枝上直接着生结果枝组；主枝在中心主干上要求在上下和方位角两个方面分布均匀。树高 2～3 米左右落头开心，适于中、高密度栽植。

（五）扇形

干高 40～60 厘米，由主干、主枝和结果枝组构成树型。全树共有主枝 5～7 个，反方向对生，着生于主干之上，各主枝间距为 20 厘米左右，其余结果枝组填补生长结果空间，着生于主干或主枝上，主枝与行向夹角为 30°～60°，主枝基角一般为 80°左右，适于高密度栽培。

另有改良扇形，篱壁形与扇形结构相近，可酌情采用。

四、整形修剪技术要点

定干：按照定干高度要求，通过短截、摘心等方式，把前端枝条去除，促使下部枝芽萌发，有目的的培养树形的一种修剪措施。冬枣幼树定干遵循"随栽随定"的原则，为防止定干处剪口失水抽干，定干后应及时对剪口进行保护，常用的方法：对剪口处涂一层油漆，或用塑料条包扎剪口。冬枣树提倡春栽，以便随栽植，随定干，然后正常生长发育。

以下就几种典型树形分述如下：

（一）疏散分层形、自然圆头形、开心形和自由纺锤形修剪要点

1. 定干　此类树形的定干高度一般为80～90厘米，定干高度下20～40厘米称作整形带，其区域内要求着生4～5个生长健壮的二次枝，在定干部位剪除其上部的枝条后，将剪口下面第一个二次枝从基部剪去，强化刺激抽生枣头作中心干，在整形带范围内选3～5个方向好，生长健壮的二次枝，剪留1～3个枣股促生枣头，并将之培养成第一层主枝。之所以用枣股培养主枝，是因为枣股抽生的枣头不形成夹皮角，担负产量能力强，易形成合理的树体结构。整形带以下的二次枝酌情留1～2个做辅养枝，地面以上30厘米范围内的所有枝条，全部疏除。

2. 中心干及主枝的培养　定干后第二年，当中心干延长枝达到截留长度要求时，根据层间距，剪留延长枝的同时，将剪口下面1～2个二次枝从基部剪去，其他二次枝，选2～3个方向合适的（与上一年主枝的位置方向错开），剪留1～3个枣股，培养成第二层主枝，同法培养其他主枝。若第一年中心干延长枝的长度不能达到培养第二层主枝的要求，缓放不剪，翌年等顶端主芽萌发继续延伸生长，达到中心干延长枝的粗度、长度及芽体的饱满程度时，再培养第二层主枝。

3. 侧枝的培养　当第一层主枝长度达到80厘米、在距中心

干 50～60 厘米处粗度达到 1 厘米以上时，选留 2～3 个二次枝短截，将剪口下第一个二次枝从基部疏除，促使主芽萌发成枣头，继续做主枝延长枝头，然后将剪口下第二、三二次枝基部疏除，促生枣头，培养成侧枝。各主枝的第一侧枝应留在主枝的同一侧。此后 2～3 年内根据主枝延长枝的长度和粗度培养其他侧枝。第二侧枝应在第一侧枝的另一侧。第三侧枝与第一侧枝在同侧。其余主枝上的侧枝培养方法与此相同。

（二）扇形

1. 定干　在苗木 90～100 厘米处短剪，将剪口下面第一个二次枝从基部剪去，长出的枣头培育成中心干。

2. 主枝培养　在中心干整形带内选 2～3 个方向适宜的二次枝，剪留 1～3 个枣股作主枝培养，第二年在中心干延长枝 50～60 厘米处剪留，再选择位置适合的 2～3 个方向适宜的二次枝，剪留 1～3 个枣股作主枝培养。所有主枝的基角为 80°左右。各主枝应保持相反方向交互生长状态，与行向的夹角视栽培密度决定，一般 30°左右，南偏西，北偏东方向排列。

五、不同年龄时期冬枣树的修剪要点

（一）幼树修剪

通过定干和各种不同程度的短截修剪，促进枣头萌发而产生分枝，培养中心干、主枝和侧枝，迅速扩大树冠，加快幼树成形。利用不作为骨干枝的其他枣头，采用夏季枣头摘心和冬剪短截相结合的方法，将其培养成辅养枝或健壮的结果枝组。

（二）初果期修剪

当冠径基本达到整形要求时，对各级骨干枝的延长枝进行缓放或摘心，进一步控制营养生长向生殖生长的转化。在树冠内配置合理的大、中、小各类结果枝组，由于冬枣树初结果期营养生长旺盛，要实现适龄结果，夏季管理尤其重要，应做好以夏剪为主要内容的夏管工作。

（三）盛果期修剪

此期在修剪上要采用疏缩结合的方法，打开光路，引光入膛，培养扶持基部和中部枝组，防止或减少主枝基部枝条枯死和结果部位外移，维持稳定的树势。进入盛果期的冬枣树，应加强预备枝的培养，可以借鉴其他果树中常用的"双枝更新，轮替结果"技术，确保丰产、稳产。

（四）衰老期修剪

对于寿命长的冬枣来说，如果科学管理、合理负载、轮替更新，盛果期能维持相当长的时间，一旦过于强化坐果，尤其产量超负荷，再加上不注重培养预备枝，有些枣园六、七年就需要更新一次，造成一定程度的树体损伤和经济损失。

对于衰老期的冬枣树，骨干枝应根据树上有效枣股的多少来确定更新强度。轻更新在冬枣树刚进入衰老期，骨干枝部分出现光秃时进行。方法是轻度回缩，一般剪除各主、侧枝总长的1/3左右。中、重更新应在二次枝大量死亡，骨干枝大部光秃时进行。方法是锯掉骨干枝总长的1/2或更多些，刺激骨干枝中下部的隐芽萌发新枣头，重新培养树冠。中更新和重更新后都要停止开甲，养树2～3年。枣树骨干枝的更新要一次完成，不可分批轮换进行。更新后剪锯口要用蜡或漆封闭伤口，及时进行树体更新后的树形培养。

六、放任冬枣树的修剪

放任树是指管理粗放，从不进行修剪或很少进行修剪的树。修剪时必须遵循"有形不死，无形不乱，随树造形，因枝修剪"的原则。对于放任树，生产上采用"上面开天窗，下部去裙枝，中间捅窟窿"的方法。即上面延迟落头开心，打开光照，下部清理地面以上30厘米范围内的辅养枝，中间疏除交叉枝、重叠枝和过密枝，达到树体通风透光的目的。具体的讲：主侧枝偏多的，应选择其中角度较大、位置适当、二次枝多、有分枝的留作主侧枝，其余的疏除或改造成结果枝组。对于中心主干过高，下部光秃，无分枝或分枝少的树体，应回缩落头，使树冠开张，改善通风透光条件。对于徒长枝，应多改造利用，能保留的尽量保留，将其改造成为结果枝组。主枝分布或生长势不均造成树冠不平衡者，不要过于强求树形，要逐步调整。

七、保花保果技术

冬枣与其他多数枣品种一样，花期长，花量大，坐果率低，一般花朵坐果率仅为1%左右。由于开花期间，正值枣头旺盛生长期，营养生长和生殖生长竞争激烈。因此，要保证理想的坐果率，必须在加强土肥水管理的基础上，积极采取相应技术手段，调节树体养分分配，并创造良好的授粉受精条件。

（一）加强树体营养

冬枣树营养不良是落花落果的主要原因之一。树体营养状况的好坏对当年和来年的生长、结果均有影响。所以加强土、肥、水管理，合理修剪，科学防治病虫害，提高树体营养水平，对提高坐果率至关重要。

1. 加强土肥水管理　土肥水管理只有统筹运用，才能得到健壮的树体树势，土壤管理是一项周年性工作，肥水管理要因土壤肥力、需水程度、树体大小、树势强弱而异。

2. 合理整形修剪　修剪，尤其是夏季修剪是冬枣树保花保果工作的主要技术措施之一。在相同管理条件下，冬枣树同龄植株产量的构成决定于光合强度，合理修剪可以调解生长和结果的矛盾，改善树冠的通风透光条件，促进花芽分化，提高坐果率。夏季，花芽分化、枣头生长及开花结果的物候期重叠，必须及时进行抹芽、疏剪、摘心、拉枝等技术措施，合理分配树体营养，减少养分消耗，集中养分，供应花芽分化及开花坐果的需要。

3. 科学防治冬枣树病虫害

（二）调节营养分配，保花保果

1. 花期开甲 枣树开甲，即对枣树进行环状剥皮。在盛花初期，环剥树干或骨干枝，切断韧皮部，阻止光合产物向下部运输，使养分在地上部积累，最大程度保证开花坐果对养分的需要，缓解地上部生长和开花坐果间的矛盾，从而提高坐果率。枣树开甲当年可增产 30%～50%，果实品质明显提高。至今，开甲仍然是提高冬枣坐果率必不可少的措施之一。

（1）开甲时间 冬枣开甲最适宜的时期在盛花初期，即全树花开 30%～40% 时开甲。开甲时间过早，花朵开放少，前期温度较低，花粉管伸长缓慢，不能满足坐果的客观条件，坐果不理想；开甲时间过晚，头喷花（每个花序的第一朵花）花期已过，其他花的质量参差不齐，再加上冬枣果实的生长发育期相应缩短，会造成果实成熟不充分、个头不匀、风味变淡、品质下降等一系列问题。

个别年份，如果盛花初期的气温过低，达不到坐果需要温度的低限（花粉发芽最适宜温度 24～26℃），应适当推迟开甲时间。

（2）开甲部位及开甲类型 生产上一般分为主干开甲和结果枝开甲两种，主干开甲多应用于树干粗壮的盛果期冬枣树或高接换头的冬枣树。对于主干开甲的冬枣树，第一次开甲甲口距离地面高度 20～30 厘米，以后每年上移 5 厘米，直到接近第一主枝时，再从下而上重复进行，甲口一般不重合。结果枝开甲，多应用在初果树上，根据不同的枝龄、不同枝干粗度、不同开花程度，采取分枝、分期开甲，开甲处粗度要求在 2 厘米以上，这种方式使营养分配更加具体化，坐果更趋稳定。生产中，要求对结果枝开甲必须预留辅养枝，由于初果期冬枣树根系尚不发达，一旦甲口愈合期过长，会使根系饥饿造成部分吸收根死亡，致使树势衰弱，甚至整树死亡。预留的辅养枝制造的光和产物，可以促进甲口愈合，保证根系及时得到必需的营养。

为提高坐果率，加速幼果生长，地力条件好、树势健壮的枣园，也可用二次开甲的方法。即针对坐果不理想、加口愈合过快、树势过旺的部分枝干，进行二次开甲，开甲时间大约在7月中下旬，绝对不能与上次开甲重合，与上一次开甲距离至少20厘米以上。无论采取哪种开甲方式，必须建立在树势健壮、丰产优质的基础上。

冬枣开甲的甲口宽度一般掌握在0.5～1.0厘米之间。幼树、弱树、细结果枝甲口宽度为0.5～0.6厘米；成龄树、壮树、粗结果枝甲口宽度为0.8～1.0厘米。甲口宽度低于0.5厘米容易造成甲口过早愈合，光和产物大量向下运输，坐果不理想；甲口宽度宽于1.0厘米，甲口愈合缓慢，易造成树势衰弱。

2. 枣头摘心 花前摘心可有效地集中营养，确保开花坐果需要。

（三）创造良好的授粉受精条件

1. 花期喷植物生长调节剂和微量元素 在冬枣初花期至盛花期，喷布10～15毫克/千克的赤霉素加0.3%～0.5%的硼砂或尿素，可显著提高坐果率。一般喷一次效果就很理想，如果由于某些客观因素坐果达不到指标，隔5～7天，再补喷1次。这项技术与开甲一样，是提高冬枣坐果率必不可少的措施之一，不过赤霉素在冬枣树上的应用，不能超过2次。

2. 花期喷清水 冬枣花粉发芽需要的相对湿度为70%～80%，适宜气温为24～26℃。而冬枣花期常遇干旱天气，易出现"焦花"现象，影响冬枣树的授粉受精，造成减产。因此，花期喷水不仅能增加空气湿度，而且能降低气温，从而提高坐果率，喷水时间一般在下午4时以后较好。一般年份从初花期到盛花期喷2～3次，严重干旱的年份可喷3～5次，一般每隔1～3天喷水1次。

3. 花期放蜂 冬枣虽然是自花结实品种，但异花授粉可显著提高坐果率。冬枣园花期放蜂，通过蜜蜂传播花粉，使坐果率提高。每 667 米² 冬枣园放 1~2 箱蜜蜂。开花前 2 天将蜂箱置于冬枣园中。采用放蜂授粉的果园，花期禁止喷对蜜蜂有害的农药。

（四）控制坐果量

生产上在各种保花保果技术措施综合使用下，常常出现坐果量过多的现象，而冬枣作为鲜食品种，果个大小、果实整齐度及品质等因素，直接影响到冬枣的商品价值，因此，要根据冬枣树的坐果指标，合理负载。疏果是控制坐果量的主要措施之一，在 20 世纪 90 年代，由于冬枣产量相对较少，市场上供不应求，生产栽培中很少采用疏果措施。随着冬枣产量的大幅度提升及无公害生产与标准化管理的推行，冬枣疏果工作已经逐渐被枣农接受，并在冬枣主产区大面积推广。

1. 疏果时间　疏果一般在第一次落果后（北方在 7 月上旬）开始进行，一直到 8 月下旬都可进行。

2. 留果量　留果量因树而宜，冬枣幼果期产量一般控制在 500 千克/667 米² 左右，盛果期产量一般控制 1 000 千克/667 米² 左右，最多不超过 1 500 千克。涉及每株冬枣树留果量，按单位面积株数分配。枣吊留果量一般掌握在平均每枣吊留果 1 个左右，最多不能超过 1.5 个，然后将其余全部摘除。对于枣吊短弱，叶片光和能力差的枣吊，尽量不留枣果。疏果时，尽量选留头盘果（第一批花开后坐的枣果），疏果越早，幼果生长越快，整齐度就越好，品质和产量也越高。

（五）防止落果

幼果膨大后期（北方大约在 7 月份），由于果实营养供应不足，常伴有落果蔫果现象，为此，可喷 0.3% 的磷酸二氢钾溶液，进行营养补充，也可针对树势强壮的成龄树或粗壮的结果枝组进行二次干甲，促进养分向果实集中。两种方法均有明显的保果作用。

第四节　土肥水管理

　　土、肥、水管理是保障冬枣优质丰产的基础。其目的是为冬枣树提供良好的生长环境，满足冬枣树对养分、水分、空气和热量的需求，从而保证冬枣树的生长发育，为实现优质丰产奠定基础。

一、土壤管理

　　土壤是冬枣生长发育的基础。土壤管理的目的在于增进地力，改善土壤的理化性状，扩大根系生长范围，提高吸收功能。

（一）土壤改良

　　冬枣在定植时虽然经过穴状整地，只是局部的，随着冬枣逐年生长，要继续进行土壤改良，扩大整地范围，为冬枣健康生长，创造良好的根际环境。土壤改良包括深翻熟化、防盐改碱。

　　1. 深翻熟化土壤　　土壤深翻可以增加活土层的厚度，改善土壤蓄水保肥能力，改善土壤的通透性，促进微生物的活动，提高土壤肥力。深翻结合施肥，使土壤的有机质，氮、磷、钾等营养物质含量有较大提高。土壤活土层增厚，促进根系垂直根和水平根的扩展，增加吸收面积，使树体生长健壮。对于土质盐碱，土层薄，底土黏重，深翻熟化土壤更为重要。

　　（1）深翻的方法

　　深翻扩穴：定植穴逐年或隔年向外扩展深翻。

　　隔行深翻：先在一个行间深翻，留一行不翻，第二年再翻未翻过的一行。

　　全园深翻：便于机械化施工和平整土地，只是伤根太多，多用于幼龄冬枣园。同时注意距树越近越浅，渐远渐深。

　　带状深翻：主要用于宽行密植冬枣园，即在行间自树冠外缘向外逐年带状开沟深翻。

（2）深翻时期 一般在栽后 2～3 年根系伸展超过原栽植穴后开始深翻。一年四季均可进行，但通常以秋季深翻效果最好。春夏季深翻可以促发新根，但伤根多会影响到地上部生长发育。秋季果实采收后深翻，树体生长缓慢，养分开始回流，因而对冬枣树影响不大。而且根系正值生长高峰期，有利于伤根愈合及新根生长。

秋季深翻：一般结合秋施基肥进行。

春季深翻：在土壤解冻后枣树萌芽前进行，以利于新根生成和伤口愈合。

夏季深翻：应在枣头停长和根系生长高峰之后进行。

冬季深翻：应在土壤结冻前进行，宜早不宜迟。

（3）深翻深度 土壤翻耕深度为 15～20 厘米，深翻扩穴深度为 40～60 厘米，以不伤粗度 1 厘米以上大树根为宜。

2. 防盐改碱 冬枣虽然对盐碱抗性较强，但降低土壤含盐量，减小碱性有利于冬枣生长发育，防止根系早衰和缺素症的出现，给冬枣创造一个良好的生长环境，以利于早果早丰优质生产。

①定期清挖支、斗、毛渠，保证排水、淋盐畅通。毛沟深一般保持在 1.5 米以上，斗、支渠深 1.8 米以上，毛、斗、支渠相连，排水畅通，每隔 2～3 年要清淤 1 次，保证应有的深度。

②根据水往低处流，盐向高处走的自然规律，冬枣栽植时树盘都比地面低 5～15 厘米，以利躲盐和蓄积雨水压碱。

③多次深锄造坷垃，为了保墒和防止土壤碱化，减少有害盐分上升到耕作层，一年多次深锄造坷垃。冬枣幼树期尤其注意在每年春秋两季多深锄，夏季雨后及时松土保墒。这样一是切断了土壤毛细管，防止深层盐分随水上升到表土；二是改善了土壤通透性，减轻了土壤碱化，有利于根系生长。

④在毛沟、株间、树下种植紫穗槐和田菁，一年在树下压肥 2～3 次，据试验，连续两年在株间、树下种田菁，70～80 厘米

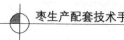

高时及时翻压树下或每年捋3次紫穗槐叶树下压肥，0～40厘米土层中，土壤含盐量从0.35％左右降到0.12％左右。因为田菁和紫穗槐不仅能增加土壤有机质，改善土壤团粒结构，增加土壤通透性，提高土壤肥力。同时由于根系分泌有机酸能中和碱性，起到了防盐改碱作用。

⑤树盘下覆草，改善土壤理化性状。利用目前柴草充足的有利条件，通过在冬枣树盘下覆草，能有效地起到增温、保湿、防盐、改碱，增加有机质，促进微生物活动，改善土壤理化性能，为根系生长创造良好的环境。初果期冬枣树覆草产量可明显增加，覆草方法简单。将豆秸、杂草、秸秆等在树盘下盖严15厘米左右，可省去中耕除草等作业，连年盖草可以不深翻。

（二）冬枣园土壤管理制度

1. 清耕法 即在冬枣园内除冬枣树外不种植任何其他作物，利用人工除草的方法清除地表的杂草，保持土壤表面疏松和裸露状态的一种土壤管理制度，目前，生产中多用此方法。

优点：可以改善土壤的通气性和透水性，促进土壤有机物分解，增加土壤速效养分的含量；经常切断土壤毛细管，防止土壤水分蒸发；减少杂草对养分和水分的竞争。

缺点：长期清耕，会破坏土壤结构，使土壤有机质迅速分解而含量下降，使土壤理化性状恶化。清耕必须与增施有机肥相结合，才能保持良好的土壤结构和肥力。

2. 生草法 有水浇条件的冬枣园可实施生草法。即在冬枣园内除树盘外，在行间种植禾本科、豆科等草种的土壤管理方法。适宜冬枣园种植的有三叶草、绿豆、田菁、黄豆等。不宜间作苜蓿、油菜，否则会加重绿盲椿象的发生。

优点：可减少土壤流失，省去中耕除草用工投入，增加土壤有机质，改善土壤理化性状，保持良好的团粒结构，有利于蓄水保墒；可调节地温和土壤含水量，减少害虫数量，也是农业防治措施之一。

缺点：与树争肥争水；影响枣园通风透光；衣层土有机质的增加会诱导冬枣树根系上浮。

3. 清耕生草法　对灌溉条件差的冬枣园，春季干旱时清耕，雨季前播种绿豆、田菁等绿肥作物，当绿肥作物开花时进行翻压。此法既结合了清耕与生草法的优点，又解决了春季草与冬枣树争水的矛盾。

4. 覆草法　无灌溉条件的冬枣园，可在冬枣树株间、行间覆盖杂草、碎秸秆等。覆草厚度 15 厘米左右，其上盖一层土，防火灾。距树干 20 厘米范围处不覆草，以防根茎腐烂。草腐烂后再覆新草。

优点：抑制杂草生长，减少土壤水分蒸发，培肥地力，抑制土壤返碱，减少地温变化幅度，提高土壤中酶的活性，加快养分转化，增加土壤养分含量。

缺点：可引起冬枣根系上浮，但可通过在秋季深施基肥加以纠正，给采收冬枣带来不便，可在春季覆盖，雨季翻压。

5. 免耕法　即土壤不进行耕作，主要利用除草剂防治杂草。

优点：保持土壤的自然结构，土壤渗透性、保水力、通气性较好；利于冬枣园机械化管理，节省劳动力和成本。适用于土层深厚，土质较好的冬枣园。

缺点：土壤有机质逐渐减少。

二、施肥

（一）施肥的必要性

①冬枣树寿命很长，几十年、上百年地从同一地点有选择性地吸收大量的营养，使土壤中某些元素缺乏。冬枣产量高，果实中含有大量的糖分和其他营养物质，每年从土壤中吸收大量营养物质来满足冬枣树的生长，只有通过施肥来补充，不断地提高土壤肥力，才能保证冬枣树正常的生长发育。

②冬枣树有许多生长发育阶段重叠进行。譬如，冬枣 5 月份枝叶生长和花芽分化同时进行；6 月份开花坐果和幼果生长同时进行；7～8 月份果实生长和根系快速生长又同时进行。营养消耗多，如果不能满足各器官对养分的需要，必将导致树势衰弱，产量降低，品质下降。

③冬枣树生育期长，在北方从 4 月上旬发芽，到 10 月下旬落叶，近 200 天的生育期，在营养需求上，是个不间断的过程，如果仅靠采收后，秋后或春季一次施肥方式，远远不能满足冬枣树对养分的需要，必须在冬枣的整个生育期，根据各时期的需肥特点，有目的补充肥料，才能保证枣果产量质量。

鉴于此，为保证冬枣优质生产，必须加强冬枣树的施肥工作。

（二）需肥种类

1. 基肥种类　基肥应以有机肥为主，适当配合施入一些速效肥。常见的有机肥有圈肥、堆肥、厩肥、粪肥、绿肥、腐殖酸肥等。

2. 追肥种类　追肥主要是一些速效性肥料，包括大量元素肥料，如氮肥、磷肥、钾肥等，微量元素肥料，如铁肥、锌肥、锰肥、硼肥和一些稀土元素肥料等。据测定，冬枣对钾肥的需要量较大，尤其后期需求更多，所以，在冬枣配方施肥时，必须科学地置入足够数量的钾肥。

（三）施肥时期及方法

施肥时期主要为秋施基肥及萌芽前、开花前、幼果期、果实膨大期追肥。

1. 秋施基肥　基肥是供给冬枣树生长发育的基本肥料。施好基肥，可使土壤在冬枣树的整个营养生长期中源源不断地供给各种营养成分。

秋施基肥宜早，一般在冬枣采收后施入，秋季早施基肥，可提高秋末枣树叶片的光合效率，为翌年冬枣树的抽枝展叶、开

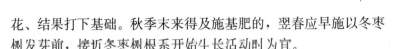

花、结果打下基础。秋季末来得及施基肥的，翌春应早施以冬枣树发芽前，接近冬枣树根系开始生长活动时为宜。

施用基肥应该注意的问题：第一防止肥料过于集中，造成吸收不良，或发生烧根现象。第二要适当深施，以减少氮肥分解时的损失。第三施用有机肥时，要配合施用氮、磷、钾和微量元素。

2. 追肥 是在冬枣树生长期间，根据其各生长时期的需肥特点，利用速效性肥料进行施肥的一种方法。

①萌芽前追肥：在冬枣萌芽前进行，目的是保证萌芽时期所需养分，保进枣头、二次枝、枣吊、叶片生长和花芽形成。此次追肥以氮为主。氮肥用量要占全年补充氮肥量的一半以上。

②花前追肥：一般于5月中旬进行，冬枣树花芽分化、开花、坐果几个时期重叠，花期长、需要养分多且较集中，此次追肥可以补充树体贮备营养的不足，缓解各器官养分竞争矛盾，提高花芽质量和坐果率。此次追肥以磷肥为主，钾肥次之，辅以适量氮肥。

③幼果期追肥：一般于6月下旬到7月上旬进行，有助于果实细胞增大，促进幼果生长。以氮、磷、钾三元素的复合肥为宜，不能追施单一氮肥。以防枣头、枣吊出现二次生长，加重幼果的脱落。

④果实膨大期追肥：于8月中旬进行，氮、磷、钾配合施用，以钾肥为主，可促进果实膨大和糖分积累，提高枣果品质。

3. 叶面喷肥 是一种将肥料溶于水中配成低浓度的肥液，用喷雾器喷到树冠枝叶上的追肥方法。具有肥料利用率高且见效快的特点。7～8月份结合喷药喷0.3％～0.5％的尿素液2～3次。8月份以后可喷0.3％～0.5％磷酸二氢钾3～4次。在冬枣采摘后及时喷0.5％的尿素液，促进叶片后期光合作用，延长落叶期，有利于养分积累贮存（表12-2）。

表 12 - 2　适宜叶面喷肥的肥料及浓度

肥　料	浓度（%）
尿素	0.3～0.5
磷酸二氢钾	0.3～0.5
过磷酸钙（浸出液）	0.2～0.3
草木灰（浸出液）	0.4
硼砂	0.3～0.5
硫酸亚铁	0.2～0.4

4. 施肥范围及深度　冬枣树冠垂直投影处 20 厘米范围内，深 15～50 厘米土层中，吸收根数量占全树的 50%～60%，因此，施肥应施在树冠垂直投影处宽度为 30 厘米，深度为 30～40 厘米的地方，扩大根系分布范围，提高肥料利用率。

5. 施肥方法

①基肥的施肥方法有环状沟施、放射沟施、轮换沟施、全园或树盘内撒施。以上几种方法应交替轮换运用，注意保护根系并诱使根系向深层土壤生长，扩大吸收范围，提高枣树的抗旱抗寒能力。

②追肥方法有穴施或浅沟施及撒施。

③叶面施肥：为避免高温使肥液浓缩发生药害，叶面喷肥时间应选择无风天的上午 9 点以后或下午 4 时以后进行。喷肥液时要均匀喷布，尤其叶背面气孔多，吸收量大，要多喷。不要将酸性和碱性的肥料混在一起喷布，以防降低效果。每次间隔期为 7～10 天。是一种补助性施肥措施，不能代替土壤施肥。

6. 施肥量　施肥量要根据树龄、树势、土壤肥力及坐果情况综合考虑。一般要求，每生产 100 千克鲜枣施肥量折合纯氮 2 千克，磷 1.2 千克，钾 1.6 千克。为提高果实品质要增加有机肥的使用量，要求每生产 100 千克鲜枣施有机肥 100～150 千克，尿素 1～2 千克，过磷酸钙 2～4 千克，硫酸钾 1～2 千克。

三、浇水

水分既是冬枣树进行光合作用及呼吸作用不可缺少的物质，也是树体的重要组成部分。当水分满足不了冬枣树正常生理活动需要时，叶片便呈现萎蔫状态，光合作用受阻，生长停滞。严重时，常引起落花落果落叶乃至造成植株死亡。另外，土、肥、水三者的关系十分密切，有了良好的土壤条件，才能充分发挥肥料的效能。而肥料只有在水的作用下，才能被溶解、运转、吸收和利用。所以，施肥必须与浇水相结合，才能收到良好的效果。浇水是冬枣园优质生产的重要措施之一。

1. 浇水时期　冬枣虽然比较耐旱，但根据冬枣树的生理特点，有 4 个重要的需水时期。

（1）萌芽前浇水　冬枣树 4 月中旬前后发芽，发芽后很快进入旺盛的生长发育期，枣叶、枣吊相继生长；花蕾分化、发育；根系生长发育即将进入一年中最旺盛时期。这一时期营养生长和生殖生长重叠进行，需要大量水分。正值干旱少雨季节，适时浇水十分必要，萌芽浇水可结合萌芽前追肥进行。

（2）花前浇水　冬枣树开花同枣头、枣吊、叶片生长同时进行，是需水的关键时期。冬枣树花量大，花期如遇干旱，常导致冬枣树大量"焦花"脱落，影响坐果。为保证冬枣树开花、授粉、坐果的需要，要浇好花前水，同花前追肥相结合。

（3）膨大期浇水　冬枣膨大期从幼果膨大到果实速长需要大量水分才能保证果实正常生长的需要。此时已是雨季，如降雨适量，就可以不浇水，如长期不降雨，土壤含水量低于田间持水量的 60%，就要及时浇水，应与追肥相结合。

（4）封冻水　秋施基肥后浇水，对冬枣树后期的营养积累、安全越冬及翌年春季生长极为有利，要结合施基肥进行浇水，如果秋季降水多，可不浇封冻水。

2. 浇水方法

（1）**株浇法** 在没有灌溉条件或灌溉条件差的情况下，可采用株浇的方法，每株浇水 150 升左右。

（2）**畦灌法** 在有间作物的冬枣园以及水源充足的地方，可顺枣树营养带做畦，这种方法工程量小，水量大，效率高。

（3）**沟灌法** 在冬枣树行之间挖灌水沟 1～2 条，深 30 厘米，宽 50 厘米，沟长根据树行长度确定。为防止水分蒸发，当水渗入后，应及时将沟填平。

（4）**喷灌法** 是新型的灌水技术，耗水量小，效果好，多在集约化程度和管理水平较高的冬枣园采用。

第五节　冬枣采收与贮藏

由于冬枣成熟期较晚，自然贮藏期较短，不能较长时间满足市场需求。为此，近些年对冬枣贮藏保鲜技术进行很多试验研究，总结出沙藏、冷藏、气调、冰冻等多种贮藏方法，在此，只介绍一种常用的低温冷藏方法。

一、合理建造库房

贮藏库多为永久性建筑，具有投资较大、使用期较长的特点。建造之前，必须进行技术论证和可行性研究。只有具备以下条件，才能建造冬枣贮藏库：①临近较大规模的冬枣基地，贮藏资源充足；②水电供应、技术管理和资金周转有保证；③交通运输便利，甚至能够装备自己的冷藏车；④具备可靠的市场销售网络；⑤贮藏库要由专业人员设计、安装和管理。另外，为了提高贮藏效益，库房空间应该大、中、小相结合。

二、库房检修、消毒和预冷

1. 制冷设备的维修、调试 每年冬枣入库前，要对压缩机、冷凝器和蒸发器等主要设备，气液分离器和分油器等附属部件以及各种管道和调节阀进行全面检查，发现问题及时修理，直到试机正常无误。

2. 库房消毒　一般用硫黄熏蒸，用干锯末与硫黄混合点燃，发烟密闭 2 天，然后通风换气。也可用 1%～2% 的福尔马林溶液或 4%～5% 漂白粉溶液喷雾消毒。

3. 库房及果品预冷　入库前，库房需开机预冷，将库温降至 0～2℃。对果品也要预冷散热，做到分次、分批入库。如一次入库量过多，果品带有的大量田间热，同时产生呼吸热，一旦产生的热量如超过制冷负荷，就会出现库温短时间无法降低甚至升高的现象，使呼吸消耗加速，贮期缩短，品质下降，造成不可估量的经济损失。

三、选好产地，科学采收

1. 冬枣产地选择　最好建立自己的冬枣生产基地，标准化管理，生产出优质无病虫危害的冬枣，做到安全贮藏，取得良好的贮藏效果。对外收购时，除了寻找相对集中的园片外，尽量做到贮藏主和栽培户之间建立稳定供求关系，要对产地的生产管理情况基本了解，严禁带有病害、虫害、机械伤害等不合格的冬枣入库，是提高贮藏效益的关键之一。不能到病虫害发生较多的冬枣产地盲目乱收，否则，会给贮藏带来隐患。有时，看似外观正常果实，其实病原菌早已经潜伏侵染，在贮藏过程中一旦发病，会造成巨大经济损失。

2. 做好采收、分级包装和入库等工作

（1）采前管理　用做贮藏的冬枣，采收前半月内，分 2 次喷 0.3% 氯化钙溶液。采收前喷钙，不仅可以明显保持贮藏枣果的硬度，而且可以提高好果率，是提高冬枣贮藏保鲜效果的一项辅助措施。

（2）适时采收　北方冬枣成熟期在 9 月下旬至 10 月中旬，应根据贮藏计划，分期采收，保证入贮果实有均匀的成熟度。采摘宜在早晨露水干后或傍晚气温低时进行。

枣果的成熟可分为白熟期、脆熟期和完熟期 3 个阶段。白熟期为果面由绿转白、着色之前的阶段；脆熟期的果实果皮由梗洼、果肩开始逐渐着色转红，脆熟期的果实又分为初红果（25％着色）、半红果（50％着色）和全红果（100％着色）；完熟期的果实含糖量达到最高值，果皮渐变为紫红色。在白熟期临近脆熟期时（果实表面开始着黄色条线）采收，可贮藏 3 个月上，初红果可贮藏 2～3 个月，半红果可贮藏 2 个月左右，全红果贮藏期一般不超过 1 个月。

3. 采摘方法 采摘技术直接影响贮藏效果。采摘顺序是：先摘外围果、后摘冠内果；先摘下层果、再摘上层果。采摘时，一手捏住枣吊中部，另一手握住果实，逆着枣吊生长方向轻轻用力将果实连柄一齐摘下。不带果柄果贮藏到一个月以后，随成熟度提高，常有少量枣果在梗洼处感病，随着贮藏期延长，感病率逐渐升高；而带果柄的枣果在整个贮藏期内感病率比较低，3 个月后感病率不足为 5％左右，故要带柄或齐果肩剪柄采摘。

四、分级、包装及时入库

采收后的冬枣首先要剔出残次果、病虫果、成熟过度的枣果，然后按果实大小分级（沧州冬枣等级分类主要指标见表 12-3）。尽量减少冬枣在采收、运输、挑选及商品化处理等各个环节中的机械损伤，避免病原菌侵入。

目前，冬枣贮藏包装多用薄塑料袋铺放在 10～20 千克的贮藏筐内，然后装枣，经过田间热释放、库内降温后封袋，并按照一定顺序分区入库贮藏。

五、贮藏期管理

1. 温度控制 冬枣入库初期要进行预冷，库温调至 2～4℃，入库量达到预储量后，温度调至 0～2℃，10 天后将温度调至

－1～1℃，温度尽量不要低于－2℃，否则，成熟度低的枣果易受冻害。以后基本保持该温度。

表 12-3　沧州冬枣等级分类主要指标

项　目	特等	一等	二等
基本要求	果实在脆熟期采摘果实完整良好，保留果柄，新鲜洁净，无异味及不正常外来水分，无浆果及枣伤。果实内在品质达到本品种固有特征特性。有毒物质含量符合农产品安全质量无公害安全要求。		
果形	端正	端正	比较端正
病虫果率 a（％）	a≤1	1<a≤3	3<a≤5
单果重 b（克）	b≥16	12≤b<16	8≤b<12

2. 湿度控制　在贮藏期，库内空气相对湿度应保持在 95％以上。冷库加湿方法有两种：一是地面洒水，在地面覆盖麻袋等吸湿物品，每天早、晚向地面洒水，以覆盖物表面湿润为宜。二是用电动加湿器或高压喷雾。每天早晚各 1 次，喷水量以达到湿度要求为准。

3. 通风换气　每周打开通风口或库门通风换气，换气时间因库容量而定，大贮量冬枣库换气半小时左右，小贮量冬枣库换气 10～20 分钟。

六、有目的贮藏，有计划销售

不同时期采收的冬枣，贮藏保质时间长短不同，要做到有目的的贮藏，有计划的销售。冬枣发展之初，面积小，产量低，总量少，市场缺口大，冬枣成为贵族果品，贮期越长，销售价格越高；随着冬枣栽培面积大幅度增加，产量猛增，冬枣已经从礼品化走向平民化，此时的贮藏效益主要受市场需求左右。从几年看，市场的需求规律是：冬枣采收期，大量冬枣上市，进入第一个需求大高峰；采收期过后半个月至 1 个月内，随着大量的冬枣入库，处于鲜食品质最佳时期冬枣数量日减，而消费者的消费惯性依然存在，出现一个需求小高峰；以后为相对平稳的销售阶段。据近几年的观察，出现需求小高峰时，贮藏库内的冬枣多是刚着色，远没达到预期品质，市场会出现短时间的供不应求，相应产生一个高价格阶段。这就提醒大家，不要一味追求长期贮藏，更不能掠青贮藏，只有采收不同成熟期的冬枣，通过长、中、短期贮藏结合，才能保证经济收益的稳定性。

七、提高贮藏库利用率

冬枣保鲜期最长不超过 4 个月，多数在 2~3 个月内销售完毕，也就是说，冬枣贮藏库要有 9~10 个月的闲置期，可以充分利用闲置期贮藏南方水果、鸡蛋、牛奶和蔬菜，可以为果蔬加工厂代贮原料，为红枣晾晒场和红枣经销商代贮干枣；春夏及初秋季节，可以冷贮啤酒及高温易变质的中药材等；如果将冷库制冷设备稍加改造，夏季可以生产冷饮、冷食。提高贮藏库利用率，获得更高的经济效益。

（韩金德）

第十三章

婆枣优质丰产栽培

第一节　婆枣生物学性状及植物学性状

婆枣别名串干、阜平大枣、新乐大枣。分布较广，为河北西部的主栽品种，太行山中段的阜平、曲阳、唐县、新乐、行唐等浅山丘陵地带为集中产区，河北的衡水、沧州及山东省的夏津、武城、乐陵、庆云、寿光等地也有栽培。

一、经济学性状

在沧州产地，果实9月下旬成熟采收，果实生育期105天左右。果实长圆或卵圆形，大小较整齐。平均单果重11.5克，最大24.0克。果肩平圆，稍耸起，梗洼与环洼中等深广。果柄较细。果顶广圆，顶点略凹陷。果面平滑，果皮较薄，棕红色，韧性差，遇雨易裂果。果肉乳白色，粗松少汁，含可溶性固形物26%左右，可食率95.4%，干制率53.1%，鲜食风味差。干枣含总可溶性糖73.2%，可滴定酸1.44%，肉质松软，少弹性，味较淡，品质中。果核纺锤形，纵径2.1厘米，横径0.8厘米，核重0.53克，含仁率17%左右。

二、植物学性状

树体高大，干性强，发枝力弱，树姿直立，树冠圆头形或乱头形。树干灰褐色，裂纹浅，宽条状，皮易片状剥落。枣头多直立延续生长，紫褐色，被覆灰白色粗厚的蜡质浮皮。针刺发达，不易脱落。二次枝粗短，向下弯曲成弓背形。枣股圆柱形，连续结果八、九年。枣吊短而细。叶片卵圆形，深绿色，叶尖短，先端圆钝，叶基平或广圆，叶缘平整，锯齿浅圆。坐果稳定，产量甚高。风土适应性很强，耐旱耐瘠薄，花期能适应较低的气温和空气湿度。栽种应以枣粮间作为主，成园栽种，每公顷栽405~465株为宜。

第二节　婆枣园建设

一、枣园的选择

婆枣属浅根性喜好阳光的多年生果树，结果早且盛果期持续时间长，结果可达百余年，在建园时，必须慎重选择土地，确定密度，力求在可能的条件下，最大限度地满足其对位置、地形、土壤、地下水位等的要求。同时婆枣的生长环境直接影响婆枣的质量和污染程度，不符合生产无公害果品的环境，再好的技术也难以生产出优质安全的果品，可以选择的办法是果园远离污染源。为此，园址的选择非常重要，既要满足生产安全果品的需要，又要考虑未来果品升级生产绿色果品的需要。

（一）位置

果园要求远离有污染源的工矿企业、医院、生活污染源、交通流量大的重要交通干线、含有重金属离子的水源和土壤有害离子超标等环境因素。同时婆枣树适应性强，枣果耐贮运，所以在砂荒、山地、次耕地的平原，雨水较少、水位高及交通条件较差的地方亦可大力发展。

（二）土壤

婆枣对土壤要求不严，砂土、壤土、黏土，以及砂质壤土，均可栽植婆枣，不过以排水良好、渗透性强、通气性好的中质壤土，最适婆枣的栽培。在这种土壤上，婆枣结果早、产量高、肉多味甜，品质最优。但是近些年随着无公害果品生产的推进，选择确无污染并符合无公害果品生产标准的地块作为果园选址的环境依据，首先要弄清建园地块的土壤状况，要到当地农业局土肥站咨询，搜集当地土壤的有关资料，有条件的地方可进行土壤化验。在确定土壤中有害金属离子及六六六、滴滴涕等衰败期长的农药有毒成分符合生产无公害果品的要求，才能作为建园地址。还要对土壤质地、酸碱情况、地形等因子综合考虑，选择最适宜生产无公害婆枣的地块，可以减少成本投入，达到高效的目的。

土壤的酸碱性以中性最好，但在酸性和碱性土上亦可生长，婆枣树耐盐碱，能在土壤总盐量 0.3％以下地方生长。一般来讲枣树在土壤 pH 5.5～8.2 范围内，均可生长。

（三）地下水位

地下水位的高低，直接关系到枣树根系生长、发育。水位过高，土壤通气性差，影响微生物的活动和根系的扩大，反之水位过低，满足不了枣对水分的要求，易造成枣果缺水萎蔫、早衰脱落，影响产量。据相关资料地下水位，以 3～8 米，最适婆枣的栽培。

二、婆枣的栽植

（一）栽植时期

婆枣树栽植时期较长，自落叶期到翌年萌芽前，均可进行（封冻期除外），若按季节划分，可分为秋植和春植两个时期。

秋植，沧州地区多在 10 月中旬至 11 月中旬，成活率较高，因为此时土壤中水分较多、地温尚高、枝叶已落、蒸腾作用微弱、地上呼吸作用不强，植后根部伤口很快愈合，因而来春发芽快，生长旺且抗旱力强。一般来说，秋植以落叶后至封冻前愈早愈好，苗木定植时间愈短，成活率愈高。冬季土壤不封冻的枣区，秋植为宜，反之宜春植。

春植多在 3 月下旬至 4 月中旬，一般以土壤解冻后，枣芽萌动时。《齐民要术》对栽枣时期有记载："候枣叶始生芽鸡嘴形而移之"。此法适用于近距离移栽。春植的特点是成活率高，不仅能弥补秋植时间的不足，并可防除晚秋栽植而造成的冻害。

（二）栽植形式与栽植密度

婆枣树在我国分布范围较广，各地群众多依当地的自然条件、经济状况和栽培目的分别采取宅旁零星种植、片林、枣粮间作和枣树密植等栽植形式。

1. 零星种植　这种类型的枣树数量很多，群众多在房前屋后，道路两旁，沟坡堤岸及小块闲散土地上栽植婆枣树。这种经营形式不受什么规格限制，既能美化环境，又有一定的经济收入。但一般管理较为粗放，树势较弱，产量较低。只要加强管理，增供肥水，复壮树势，除治病虫害等，产量便可大幅度提高。

2. 片林　面积大小不一，小的几亩，大的几十亩、几百亩、上千亩等。这种形式，便于集中管理和实行机械化作业，一般经营水平较高，单位面积产量也较高，适宜在城市郊区附近发展。

在平原、土地肥沃的地块种植时，栽植密度可以适当稀些；瘠薄沙地、丘陵山坡，或管理水平较高的，密度可以大些。栽植时可以采用宽行密株，行距最小应大于株距 2 米左右，这样既便于田间操作，又能保证较好的通风透光条件。栽植密度一般不宜过高。尤其行间不宜过小，以防婆枣树成龄后行间郁闭，光照状况变劣，影响树冠中下部坐果而严重减产。

根据上述原则，生长势较强的婆枣在平原进行密植栽培时，株距一般 3 米，行距以 5～6 米为宜。丘陵山坡地带，修整成梯田后，沿等高线单行栽植于台面偏外 1/3 处，株距 3～4 米为宜，过密栽植会给相邻台面的光照带来不利影响。

3. 枣粮间作　枣粮间作是我国劳动人民的创举，是提高土地、日光能和空气等自然资源利用率，增加单位面积产量、产值的先进的农作制度，是立体农业的典范，越来越受到人们的重视，面积在迅速扩大。

（1）以枣为主、以粮为辅的间作模式　这种模式，适用于地多人少地区采用。即枣树株行距为 4 米×6 米，每亩栽植枣树 37 株，占地面积 432 米^2，粮食作物占地面积 235 米^2。或者采用双行带状型间作模式，即株距 4 米，小行距 4 米，大行距 10 米，亩栽植枣树 24 株，占地面积 384 米^2，粮食作物占地面积 283 米^2。

（2）以粮为主、以枣为辅的间作模式　这种模式适用于人多地少地区采用，枣树行距较大，一般行距以 15 米为宜，株距 4 米，亩栽植枣树 11 株，占地面积 176 米^2，粮食作物占地面积 491 米^2，或采用株距 4 米，小行距 4 米，大行距 18 米双行带状型间作模式。亩栽植枣树 15 株，占地面积 240 米^2，粮食作物占地面积 427 米^2。

（3）枣粮兼顾的间作模式　这种模式适合于人口、土地均衡地区采用。枣树株距 4 米，行距 8 米，亩栽植枣树 21 株，占地面积 336 米^2，粮食作物占地面积 331 米^2，或采用株距 4 米，小行距 4 米，大行距 12 米双行带状型间作模式，亩栽植枣树 21 株。

4. 婆枣树密植　随着各类果树矮密栽培技术的发展。枣树矮密栽培也开始有了发展，尤其是冬枣、金丝小枣等品种密植栽培取得了良好的经济效益。由于婆枣属于较大冠形的品种，因此前些年密植栽培的较少，但近几年笔者在沧州地区尝试了密植栽植，并收到了良好的效果。

栽植密度要结合栽培目的、品种特性、立地条件、管理水平等因素综合考虑。如土壤肥水充足、光照条件好、管理水平高、树冠矮小的品种宜密，反之宜稀。随着树龄的增长，合理的密度也应是变化的。所以要根据自然条件、树体生长发育规律等方面及时控制树体和单位面积上的株数。真正做到合理密植，才能达到早实、丰产、优质稳产高效的目的。

婆枣密植园大体可分为，一般密度和中密度两种模式。

一般密度要求 2～3 米×4 米，栽植后当年恢复生长并有少量植株开花结果，第二年产量 50 千克/亩，第三年150 千克/亩，4～5 年 400～500 千克/亩，以后逐年上升，并稳定在 1 000 千克/亩以上。

中密度要求 1.5～2 米×2～3 米，栽植后当年有 25％的植株开花结果，第二年 150 千克/亩，第三年 500 千克/亩，4～5 年 1 000 千克/亩，以后逐年上升，产量稳定在 2 000 千克/亩左右。定植方式采用长方形，行距大于株距，植株配置可分为单行密植或双行密植。栽植可采用沟栽或穴栽。

（三）苗木栽前的选择与处理

由于婆枣树枝条含水量低，根系保水能力差，如果整地、起苗、运输、栽植、管护等技术环节操作不当，常常导致枣树栽种成活率低。近几年笔者在生产过程中探索出苗木"四选"法，即选壮苗、选良好根系的苗、选无病虫害苗、选无冻害苗。苗木选用 2～3 年生优良婆枣归圃苗或嫁接苗，要求苗木根颈超过 2.0 厘米、苗高 1.2 米以上，整形带内有健壮的二次枝。枣苗根幅 20 厘米以上，侧根 6 条以上，剪去起苗过程中损伤的根，以利于新根的萌发。枣树苗木尤其是从外地调入的要检测有无枣大球蚧、枣疯病、美国白蛾、褐斑病等检疫病虫害，如果发现要及时销毁，防止疫情扩散。特别是发育较差的枣苗近几年冻害严重发生，因此要选择根颈部无冻害的苗木。从外地刚刚运回的枣苗，应立即在清水浸泡 10～20 小时，然后栽植，如果发现部分根系缺水，外皮萎缩现纹时，浸苗后应在阴凉避风的地方，分层埋土假植，每天浇水一次，让苗木在这种湿度饱和的环境中假植 5～6 天，待苗木水分补足、脱水象征消失时，再行定植，对仍是外皮萎缩失水的枣苗应挑出不栽，保证成活率。

（四）栽植技术

栽植前，将表土与腐熟的有机肥混匀，取其一多半填入坑内，踏实，使中央成丘状，将枣苗放在丘顶，使根系在丘面分散开，再填入剩余的表土，最后填入心土，填满坑后，将苗木稍稍向上提动，使根系舒展并与土壤密接，用脚踏实。枣苗栽植深度以原根颈为准，使原根颈与地面相平，或使根颈高出地面3～5厘米灌水后根颈下沉与地面持平，栽后要立即灌透水1次。在缺水地区，灌水后覆盖地膜可提高成活率，覆盖地膜可单株覆盖或成行覆盖，依枣园形式而定，密植成行枣园可成行覆盖，大冠稀植可单株覆盖。覆盖时把地整平，单株覆盖用1米^{2}地膜以树干为中心覆盖地面，四周及树干处的孔用土压严，增强保水力；成行覆盖的用1米宽的地膜，从树行的一端铺到另一端。另外，也可使用保水剂和ABT生根粉，提高成活率。保水剂的使用：每株树用20～25克的保水剂和表土混合均匀，填埋在根系附近，然后浇水即可。ABT生根粉的使用：将ABT生根粉3号稀释为50毫克/千克浸根，可以促进生根和地上部的生长。

枣树栽植后，要及时修剪，减少水分散失。高度超过1.5米的苗木，将1.5米以上部分剪除。笔者在婆枣种植过程中还采取了苗木套袋保湿提高成活率技术。提前准备好的厚度为0.15毫米、宽15厘米左右、长度100～120厘米的塑料薄膜筒。婆枣苗木栽植后，按照栽植密度的不同，对苗木进行定干，将所有二次枝从基部剪除。将塑料薄膜筒套在修剪后的苗木上，上口用绳扎紧，下口埋在土中，枣树萌芽后择时去袋。苗木套袋后可以保温保湿，成活率提高15%～20%。

栽后适时检查成活率，死亡的苗木要及时补栽。苗木成活后，要加强肥水管理，每年追速效氮肥1～2次，每株可施尿素50～100克。根据墒情及时灌水，一般栽植当年灌水至少3次，此外还要及时松土保墒，除灭杂草，进行病虫防治。枣粮间作枣园，间作物不宜为高秆作物，要给枣树留出至少1米宽的营养带，以保证婆枣树健壮生长。

第三节　婆枣园管理

一、树体管理

（一）婆枣树整形与修剪

整形修剪的目的是使树体形成牢固的骨架，以增强树势，提高树体抗御病虫害的能力，改善树冠的通风透光条件，增加结果部位，实现立体结果，提高枣树产量，增进果实品质，延长结果年限。

婆枣树的树形根据栽植方式有所不同，零星栽植和枣粮间作形式下可采用疏散分层形和自然圆头形，密植枣园树形一般采用小冠疏层形、开心形和纺锤形。

1. 疏散分层形　栽植密度 3 米×6 米，全树有主枝 7～9 个，分为二层或三层，相间着生枣树中央干上。第一层有主枝 3～4，第二层、第三层各有主枝 2～3 个，以 50°～60°的开张角度匀称地四外伸展。一、二层间距 1.0～1.2 米，二、三层间距 0.8～1.0 米。各主枝上配备侧枝 2～3 个。原则上是下层主枝、侧枝可适当多留，向上各层则逐渐减少。各层主枝相间排列、插空配置。主枝上的侧枝间距为 60～100 厘米，均匀着生于主枝上。结果枝组多分布于主、侧枝的两侧或背部，各层叶幕厚度不超过 1.5 米。这种树形由于主枝分层、相间排列，膛内光照状况好，枝多不乱，树冠空位较小，易丰产。

2. 自然圆头形　此种树形多是在定干后放任生长的情况下形成的，生产中较为常见。全树有主枝 6～8 个，不分层，各主枝交错着生于中央干上，每个主枝分生侧枝 2～3 个，结果枝组多着生于主侧枝的两侧或背部。

自然圆头形树形顺应婆枣树的发枝特性，树体常较高大，修剪量小，枝条较多。在生长发育良好的情况下，单株产量较高。编者在沧县、献县等地调查时看到过树高 9 米、冠径 5 米的婆枣树，其单株产鲜枣可达 100 千克以上。

这种树形进入盛果后期时，由于外围枝条密挤、树冠内膛光照状况变劣，常造成内膛小枝枯干，主枝中、下部空裸，结果部位外移，产量下降的后果。为改善内膛光照状况，保持稳定的产量，可将中央领导干落头，改造成开心形树。

3. 小冠疏层形　此树形适于密植婆枣园，株行距 2.5～3 米×5 米，亩栽 45～53 株，可以采用此种树形。干高 60～80 厘米，树高 3.0～3.5 米，冠径 3～4 米，主枝 5～7 个，第一层 3～4 个，第二层 2～3 个。第一层主枝至第二层主枝间距 80～100 厘米，第一层主枝上各留 2～3 个侧枝，第二层主枝各留 1～2 个侧枝。

4. 开心形　株行距 2.5～3 米×5 米，亩栽 45～53 株，可以采用此种树形。这种树形具主枝 3～4 个，以 30°～40°的开张角相邻或邻近生于主干上，主枝不分层。每个主枝有侧枝两个左右，结果枝组均匀分布于主、侧枝的上下和四周。树冠中空，阳光可自上部直射入膛，故光照充足，坐果良好，枣果质量也好。这种树形树体较矮，结构简单，易于整形和管理。但需注意主枝开张角度，角度过小，会失去开心形光照良好的特点；角度过大，则主枝的负载能力减小，结果后主枝角度更加开张，造成枝条垂地，给管理带来不便。

5. 自然纺锤形　株行距 2.5～3 米×5 米，亩栽 45～53 株，可以采用此种树形。主枝 7～9 个，轮生排在主干上，不分层，主枝间距 20～30 厘米，主枝上不培养侧枝，直接着生结果枝组。干高 70～80 厘米。此树冠小，适于密植栽培。

树形是负载果品的骨架，整形要求不是一成不变的，要因地因树灵活运用，笔者认为没有不结果的树形，只要骨干枝与结果基枝搭配合理，长势均衡，通风透光良好，能创造高效益的树形就是好树形。据调查，丰产树形树相要求，外围枣头生长量应保持在 30 厘米左右，各主枝、结果基枝分布合理，长势均衡，叶幕厚度 1 米左右。行间距保持 1 米左右通风带，株间交接 10 厘米左右，树冠投影，光点分布均匀，面积应占投影 20％左右。有效枣股的年龄在 8 年左右，果吊比 1～1.2。

6. 婆枣树放任树的修剪　放任树是指管理粗放，从不修剪或很少修剪而自然生长的婆枣树。其总的特点是树冠枝条紊乱，通风透光不良，骨干枝主侧不分，从属不明，先端下垂，内部光秃，结果部位外移，花多果少，产量低、品质差。放任树的修剪方法要掌握"因树修剪，随枝作形"的原则，不强求树形。

笔者在沧州枣区，对原有密度过大和多年不修剪的婆枣树，通过降树体高度、开张骨干枝角度、减小枝条密度等"降三度"措施，锯除内膛影响光照的直立大枝、过密枝，结合树下埋拉线拉枝、行间树枝对拉等措施，将较直立的骨干枝拉到 60°～70°。在沧县李庄头示范园进行了随机调查，结果：改造后的婆枣树树高降低，树势强壮，由于打开了光路，树体的通风透光条件明显改善，枣树枣吊增多、增长，枣吊木质化程度提高，叶片增大，内膛枝条坐果率提高。详见表 13-1。

表 13-1　不同处理树体结构及结果状况比较

处理	枣吊数（个）	枣吊长度（厘米）	枣吊叶片数（个）	叶面积（厘米²）	百吊坐果数（个）
树体改造	270	17.1	12.5	8.96	123.2
未改造	201	11.5	8.5	7.04	93.2

7. 婆枣的修剪　婆枣的修剪分为冬剪和夏剪。冬剪是落叶休眠期的修剪，修剪量不大一般在春季的 2、3 月份进，主要任务是构建骨架、调节营养生长和生殖生长，平衡树势，更新或培养各类枝组。夏季修剪指生长季修剪，其主要内容包括抹芽、疏枝、摘心、拿枝等。目的是继续调节生长和结果的矛盾，减少养分消耗，改善树体光照，培养健壮结果枝组，提高坐果率。夏季修剪由于在生长季进行，它的作用比冬剪更直接、更快，修剪后

的效益也更明显。过去习惯上不太重视夏季修剪，这是不对的，枣树（幼树除外）修剪应以夏剪为主，冬剪为辅，一般夏剪做得好，冬剪修剪量便很小。

二、婆枣园施肥

（一）施肥时期和种类

由于婆枣树是花芽当年分化、多次分化型的树种，物候期重叠，营养消耗多，器官间养分竞争激烈。如果不能满足各器官对养分的需要，势必影响某些器官的正常生长和发育，最终表现为影响树势、果实产量和品质。为增加婆枣树的贮藏营养，一般可通过早施基肥、适时追肥和叶面喷肥的方法来解决。

1. 基肥 是供给婆枣树生长、发育的基本肥料，一般在枣果采收后施入较好。婆枣作为加工品种使用时，一般在 8 月中旬即可采收上市，到落叶还有 2 个月的时间。此时枝叶已停止生长，果实也已采收，养分消耗少，叶片尚未衰老，正是营养物质积累的时期。此时根系仍有一定的吸收能力，土壤温度高、湿度大、肥料分解快，有利于根系吸收。所以婆枣采收后施入基肥，可大大提高叶片的光和效能，制造大量的有机物质贮藏到树体内，为翌春枣树的抽枝展叶、开花、结果打下基础。一般婆枣作为加工品出售后，于 9 月份施入基肥最佳；作为干质红枣的可延迟到 10 月中下旬施入。

基肥以圈肥、厩肥、绿肥及人粪尿等有机肥为主、掺入部分氮素、磷素化肥。磷肥应先与有机肥混合堆沤，以提高肥效，减少磷肥与土壤的接触。有机肥有许多优点，但也存在缺点。如肥效慢、养分含量低，不能针对作物各发育时期需要供给足够的养分，因而要与化学肥料配合施用。

2. 追肥 是在婆枣树生长期间，根据不同生长阶段的需肥特点，利用速效性肥料进行施肥的一种方法。婆枣花期及果实迅速生长期均有若干个物候期并存，为了调解满足开花坐果及果实生长对养分的需要，可进行追肥。婆枣树的主要追肥时期为：

花前追肥。沧州枣区一般于 5 月底，纬度高开花晚的地区一般在 6 月初进行。此时施肥可补充树体贮备营养的不足，提高花芽质量和坐果率。应以速效氮肥为主和适量的磷肥。

幼果期追肥。沧州枣区于 6 月底至 7 月上旬进行，有助于果实细胞增大，促进幼果生长，减少遇到连阴雨天气造成光合作用受到抑制，果实营养不足而萎蔫。此期追肥以氮、磷、钾三元素的复合肥为宜，不能追施单一氮肥。

果实膨大期追肥。于 8 月上中旬进行，此期氮、磷、钾配合施用以促进果实膨大和糖分积累，尤其是作为加工枣品的，此期追肥以磷、钾为主可迅速增加营养，促进枣果膨大，增加枣果产量。

3. 叶面喷肥　又称根外追肥是把肥料溶于水中，配成低浓度的溶液，用喷雾器喷到树冠枝叶上的一种施肥方法。具有省水、肥料利用率高、见效快的特点。根据试验叶片喷尿素 3 天内即能使叶片变绿，7～8 月份可以结合喷药喷 0.3％～0.5％的尿素液 2～3 次。8 月份婆枣摘果后及时喷 0.5％的尿素液促进叶片后期光合作用，有利养分积累储存。作为制干用枣，8 月份后喷磷酸二氢钾 0.2％～0.3％水溶液 2～3 次，提高婆枣的产量和品质。根外追肥作为施基肥和追肥的补充手段，保证婆枣树在整个生育期养分供应，十分重要应推广使用，但决不能代替根系施肥。

（二）施肥范围及深度

枣树根系主要起吸收和固定作用，枣树一级根和二级根主要担负固定作用，吸收根（三级根）主要担负吸收作用，因此，了解婆枣树根系的分布状况，对于土肥水的科学管理是很有必要的。一般来说枣树根系的分布与土层厚度、土质结构、土温及地下水等因素密切相关，由于婆枣树体高、树冠大，根系分布范围及深度也较深和远。据调查，沧州中壤质体黏潮土上生长的树高

6米、冠径近5米的100年多年生的婆枣树的根系分布情况来看，距树干1.5米以内的根数占全树总根数的35％，距树干3米以内的根数占全树的50％。在垂直分布上，以距地表20～40厘米的土层内根数最多，占全树根量的40％，0～40厘米土层内根数占全部根量的65％，以后随深度增加，根数逐渐减少。同时从调查中得出，在树体的四个方位上各级根分布是不均衡的，根幅大小与枝展成正相关，地下根系的生长对地上部枝条生长有明显的影响，地上部生长旺盛的部位，相应的吸收根的分布就较多，而且垂直分布也较深。

（三）施肥量

施肥量的多少应依树势、树龄、结果情况和土壤肥力等条件综合考虑。一般老树、弱树、病树、结果多的树和地力差的应多施，以提高土壤肥力，复壮树势、维持枣树的高产量；幼树生长旺盛、结果少的树，可以少施，这样既可缓和树势、利于结果，又可达到经济施肥的目的。

全年施肥以有机肥为主，化肥为辅，在养分总量中，有机肥提供的养分不能低于60％。目前，生产中推荐的施肥量是通过调查、总结枣树丰产园施肥情况，结合土壤养分测定和叶片营养诊断结果确定肥料用量。一般每生产100千克鲜婆枣施纯氮2千克、纯磷（P_2O_5）1.2千克、纯钾（K_2O）1.6千克。每株结果量50千克左右的大树施优质腐熟农家肥50～60千克、磷酸二铵2千克、尿素0.7千克，以基肥形式施入，占全年施肥量的70％。追肥量根据基肥施入情况而定，一般每株结果大树开花前施二铵0.7千克；幼果期追施磷酸二铵0.5～0.7千克；果实膨大期追施磷酸二铵和硫酸钾0.5千克。

三、婆枣园灌溉与排水

（一）灌水时间

沧州地区春季多干旱、夏季降雨集中的特点，结合婆枣生理特点，在以下几个需水关键期，进行灌溉时十分必要的。

1. 萌芽前灌水 此期正值萌芽期，枣头生长、枣吊的形成、花芽分化都需要土壤有适宜的水分供应，水分不足将影响婆枣树的生长。北方地区正是干旱少雨季节，适时浇水十分必要。

2. 花前灌水 婆枣开花与枣头、枣吊、叶片同时生长，是需水需肥的关键时期，花期土壤湿度过小，造成焦花，落花，授粉受精不良。为保证婆枣开花、授粉、坐果的需要，要灌好花前水与花前追肥相结合，施肥后立即浇水。

3. 果实膨大期灌水 果实膨大期，从幼果膨大到果实速长需要大量水分才能保证果实正常生长的需要。此时正值雨季，应根据土壤含水量多少决定是否需要灌水，如降雨适量，土壤含水量适中就可以不灌水，如长时间不降雨，土壤含水量低于田间持水量的 60% 以下时，就要及时灌水，此次灌水也应与追肥相结合。

4. 封冻水 婆枣作为加工品种使用时，枣果采收较早。枣果采收后，由于此时降水仍较多，一般施入基肥后不用浇水，但封冻水对果树后期的营养积累、果树安全越冬及翌年春天根系生长十分有利，如果秋季降水较多土壤墒情好可以不浇封冻水，可结合秋冬树盘深翻，搞好土壤保墒。

(二) 排水

婆枣生长季节，地面积水 10 天左右会明显受害，轻者树叶发黄，树势衰弱；重者叶果脱落，长期积水甚至死树。果实成熟期雨水过多会发生裂果、烂果，造成品质变劣和严重减产减收，且果实不易保存。婆枣采前这段时间，如果遇到大风大雨，常常造成落枣、裂果等危害，甚至造成绝产绝收。另外婆枣园积水，根系的呼吸受到抑制，土壤通气不良，易造成烂根，影响根系吸收功能和地上部分的生长发育并影响果品的质量。因此，雨季降水量大，持续时间长，枣园有积水时，要及时排水。婆枣耐涝性较强，为充分利用降雨蓄水，树盘内存水 1～2 天可以不排，否则就要排除多余水分。排水最好通过排水沟渗水排水，地面水较多时可挖沟将水排走，但树盘内的水一定要通过渗水排走，特别是盐碱地更需蓄水压碱。有条件的果园可在婆枣园周围建蓄水坑塘，蓄存排水，供果园需要灌水时应用。

第四节　婆枣花果期管理

一、促进坐果措施

（一）开甲

开甲即环状剥皮，作用是切断韧皮部，阻止光合产物向根部运输，调控地上部营养水平，缓解枝叶生长和开花坐果对养分的竞争，从而提高坐果率。这项技术措施，过去主要是在河北、山东等枣区的金丝小枣树上采用，这些年运用到婆枣树上也同样取得良好的效果。尤其是在密植枣园中应用的更加广泛，已成为婆枣安全优质丰产的重要技术措施。

开甲应在婆枣花开到 40%～50% 时进行，开甲过早坐果率低，影响产量，过晚枣果生长期缩短，枣果单果重和果实品质下降。一般掌握在婆枣树中部的枣吊开花 10～15 朵时开甲较为适宜。另外，近些年婆枣近成熟期遇连续阴雨易造成裂果，给传统婆枣产区制干枣生产带来极大的影响。为此，婆枣作为制干产品生产时，可以适当的延后开甲时期，以延迟成熟，避开枣果脆熟期连续阴雨造成的裂果。

近几年沧州枣区生产的一种新型开甲器在生产中应用广泛，它由两部分组成，一部分是呈 U 形弯刀，作用是刮粗皮；另一部分是近似方形的刮刀，一般有两个宽度，作用是刮出韧皮部。由于用刮刀清除韧皮部，因此甲口宽窄一致，易于甲口愈合，并且开甲的劳动强度大大降低，深受群众欢迎。

开甲后应注意甲口保护，以防甲口虫为害，使甲口适时愈合。一般采用涂药、抹泥方法。涂药方法是于开甲后凉甲 12 小时再每隔 1 周左右，在甲口涂杀虫剂，常用药剂有乙酰甲胺磷 50～100 倍液或辛硫磷 50～100 倍液。甲口抹泥一般根据坐果状况于开甲后 20～25 天以后进行，用泥将甲口抹平，既防甲口虫，又增加湿度，有利于甲口愈合。

枣树连年开甲，极易造成树势下降，近几年笔者使用"促花王"取得良好效果。其使用方法是，将婆枣树的粗皮刮掉，露出韧皮部，用刀环割两道，将药剂涂抹在环割口上。肥力和管理水平高的枣园，于花期和幼果期使用"促花王" 2 号 2 次；肥力和管理水平一般的在开花末期用一次，可较好地提高婆枣坐果率，推迟枣果发育期，大大减少缩果病发生、抗病、壮树、养树，提质增效。婆枣树安全优质生产过程中，可以考虑用"促花王"替代开甲技术。

（二）搞好夏剪，减少营养消耗

夏季对枣头一次枝进行摘心；疏除着生位置不好，影响其他枝条生长，又无生长空间的当年新生枣头等措施都可明显提高坐果率。同时对长势旺、影响其他结果基枝生长的枣头，通过拿枝软化改变方向，减弱生长有利坐果。对着生位置不好的枣头可通过拉枝改变其生长方向，有改善树冠结构，调节枝条的均衡分布，增加坐果的作用。

（三）花期喷水

婆枣花期在 5～6 月份，正值北方干旱少雨、干热风较多的时期，空气相对湿度低，对花粉发芽及花器均有不利影响，易产生因高温造成枣花干枯脱落即焦花现象。据笔者调查，2001—2003 年干旱年份，沧州枣区婆枣焦花比率达到 60%，极大地影响了婆枣坐果率。花期喷水可以提高空气湿度，降低花器温度，减少焦花，有利于花粉发芽和授粉，提高坐果率。

喷水时期应选初花期到盛花期，一天之中的喷水时间以下午 4 时后最好。花期喷水用量，一般根据婆枣树冠大小而不同，大树每株每次喷水 5～6 千克，中等树每株每次喷水 3.5～4.5 千克，小树每株每次喷水 2.5～3.5 千克。喷水次数视天气而定，干旱年份应多喷几次，反之可以少喷几次，一般喷水 3～4 次为宜。喷水范围越大，效果越好。

（四）花期放蜂

婆枣虽然是自花结实品种，但通过蜜蜂在采蜜过程中帮助枣花粉传播，增加了异花授粉的几率，从而能提高婆枣的坐果率。通常花期放蜂能提高坐果率 1 倍，高者达 3～4 倍，而且距蜂箱近的枣树授粉效果最好。因此，果园蜂箱设置距离 100～200 米为宜，过远效果不明显。据研究，1 箱具有 2 万只蜜蜂的蜂群，1 天访花总数可达 2 400 万朵。1 箱蜂平均可完成 20 亩枣园的授粉任务。为保护蜂群，在枣园放蜂期间，严禁使用对蜜蜂有毒的药剂。

（五）花期喷植物生长调节剂和微量元素

有些植物生长调节剂和微量元素可刺激婆枣花粉萌发，促进花粉管伸长，或刺激单性结实，促进幼果发育。因此，6 月中上旬盛花期喷施可提高坐果率，常用的植物生长调节剂和微量元素有赤霉素（九二〇）、硼砂溶液等。九二〇是赤霉素的一种，具有促进植物细胞分裂和伸长，使植株健壮、叶片增大的作用，还有单性结实，减少落花落果，提高坐果率的作用。九二〇是植物激素，属于低毒的植物生长调节剂，在生产无公害和 A 级绿色食品中允许使用。在婆枣初花期至盛花期喷 10～15 毫克/千克的九二〇稀释液、0.1％～0.3％硼砂稀释液 1～2 次，可显著提高坐果率。

喷施植物生长调节剂或激素对提高坐果率的效果，与树势、肥水管理水平、年份、气候条件等因素有关，树势强壮，肥水充足，喷施后效果好，反之，喷后效果差，即使当时坐果率提高，但到后期由于树体营养亏乏而导致大量落果，这种现象在生产上经常遇到。因此，搞好以增肥浇水为主要内容的综合管理，增强树势是发挥植物生长调节剂的重要措施。不同年份或不同气候条件也影响喷施植物生长调节剂或激素的效果。

二、减少后期裂果

婆枣生长着色期，尤其是正在变色或已红的婆枣，在连续降雨且持续长时间阴天里，容易形成裂果，特别是枣果生长的前期干旱的年份，初着色期突然降雨，往往造成大批裂果，裂果婆枣不但外观不佳，还会导致外源微生物的侵染，使枣果霉烂，严重影响婆枣的产量和品质。

1. 裂果的成因　枣的裂果和降雨、成熟度、气压、土壤含水量以及品种特性等密切相关，其成因主要是阴雨连绵、气压降低、湿度饱和、蒸腾作用减弱，加之土壤水分激增、有足量的水分供给根系吸收，因而导管的内压加强，果肉细胞体积快速增大，导致外果皮裂口，形成裂果，就其形状而分有纵裂、横裂和T形裂口 3 种类型。

2. 裂果和成熟度的关系　笔者在沧州枣区调查发现，绝大部分的裂果都出现在外果皮着色 1/3～1/2 的枣中，其次是已经全红的枣，至于青枣很难发现裂果。

3. 裂果与降雨的关系　笔者以沧州地区 2003 年到 2009 年 9 月 10 日至 10 月 10 日逐日降水统计结果看，以历史气候值（1971—2000 年）27.8 毫米为基准，7 年间平均值为 71.1 毫米，最大值出现在 2007 年的 152.5 毫米。7 年平均值为历史气候值的 2.56 倍，最大年统计值为历史气候值的 5.49 倍。从连阴雨发生的次数和降雨量看，除 2006 年外，其余 6 年共发生 7 次连阴雨，只有 2005 年 9 月 15～21 日降水量 25.1 毫米低于历史气候值，其余 6 次连阴雨降雨量均超过历史气候值，最长一次 2007 年 9 月 26 日至 10 月 10 日，连续 15 天内有 11 天降水，降雨量 134 毫米。同时统计了 2003—2009 年的 7 年间枣果的婆枣裂果情况，分别是 32％、30％、17％、28％、64％、26％、27.5％。

4. 防止婆枣裂果的措施

①对现有婆枣进行抗裂性选优，选择果皮较厚、抗裂果的婆枣品种，同时对易裂的婆枣树进行高接换头。

②对易裂的婆枣树，选择在枣果的白熟期采收，加工成大枣制品。

③喷施激素的方法提前或推迟大枣成熟期，使枣果成熟期避开雨季。

④雨季注意排放枣园中的积水。遇天气干旱时，注意给枣园灌水，若能进行滴灌或喷灌则更好。在枣果膨大期，要保持土壤湿润，但也要防止土壤过湿或过干。

⑤增施有机肥料，增强土壤透水性和保水性，使土壤供水均匀。同时合理修剪，使枣树枝繁叶茂，果实生长正常，这样也可以减轻裂果。

⑥避雨栽培。

第五节　婆枣采收与制干

一、婆枣的成熟期

目前生产上多按果皮颜色和果肉的变化情况，把婆枣成熟的发育过程划分为白熟期、脆熟期和完熟期3个阶段。

1. 白熟期　从果实充分膨大至果皮全部变白而未着红色，这一阶段果皮细胞中的叶绿素大量消减，果皮退绿变白而呈绿白色或乳白色。婆枣以加工为目的的，如加工蜜枣时，以果实白熟期采收为好，此时果实已充分发育，体积不再增长，肉质松软、少汁含糖量低，加工蜜枣时可以充分吸糖且果皮薄而柔韧，加工时不易脱皮掉瓣，加工出的成品晶亮、半透明琥珀色，品质好。

2. 脆熟期　白熟期过后果皮自梗洼、果肩开始逐渐着色，果皮向阳面逐渐出现红晕，然后出现点红、片红直至全红。果肉内的淀粉、有机酸等物质转化成糖，含糖量剧增，质地变脆、汁液增多，果肉仍呈绿白色或乳白色，果皮增厚稍硬，内含营养物亦最为丰富。此期婆枣肉质脆嫩、多汁，甜爽而微酸，加工醉枣风味好，还可防止过熟破伤避免引起浆包烂枣。

3. 完熟期 脆熟期之后果实便进入完熟期，枣果皮色进一步加深，养分进一步积累，含糖量增加，水分和维生素含量逐步下降，果肉逐渐变软，果皮皱褶。用手易将果掰开，味甘甜。以制干红枣为目的的婆枣，则以完熟期采收为宜。此时果实已充分成熟，物质积累终止，干物质含量达到最高点，加工红枣制干率高，色泽鲜艳，果形饱满，富有弹性，品质最佳。

二、采收方法

1. 手摘法 由于婆枣单株坐果不尽相同，对于成熟期不一致的婆枣，以及特殊加工用的枣（如加工醉枣），应进行挑选，采取手摘的方式，摘取需要的枣果。

2. 震落法 目前我国很多地区采用杆击震落法。即用木杆敲击大枝，或摇晃树干，将枣果震落，有条件的地方在树下铺布单或塑料布，便于落果拾取。但是这种古老的采收方式也有很大缺点，如对枝干损伤严重，历年采收，木杆重击之处，击伤击落树皮，有的终生不能愈合，造成枝干伤痕累累，影响树体养分运输。每年打枣时还打落大量叶片和部分枣头及二次枝，影响树势。

3. 乙烯利催落法 为了克服木杆打枣的缺点，婆枣用于制干时，可采用乙烯利催落法采收，此法较木杆打枣提高工效10倍左右，可大大减轻劳动强度。适时喷布乙烯利后，4～5天后摇动枝条，枣果即可落下，此法简单易行、节省劳力，不伤树体，能增进果实品质。

具体做法是枣果正常采收前5～7天，全树喷布200～300毫克/千克的乙烯利，喷后2天开始生效，第四至第五天进入落果高峰，只要摇动枝干，即能催熟全部成熟枣果。喷布400毫克/

千克的乙烯利有轻微落叶现象，不宜采用。同时，在实际应用过程中，我们还发现，催落速度还与喷布时期有关，喷施时期越接近完熟期，催落效果越好。

气温影响乙烯利释放乙烯的速度，因而对催落枣果的速度也有影响。据沧州林科所试验表明，进入脆熟期后，最高日温32～34℃时喷药，第三天即进入落果高峰，第五天果实基本落尽。最高日温30℃喷药，第四天才开始进入落果高峰，第七天才落尽。

三、婆枣的干制

婆枣等大枣具有补中益气，养血安神的作用，作为中药应用已有2000多年的历史。但前些年由于裂果、浆烂等原因，主要作为加工品种使用。近年来药理研究发现，大枣中含有多种生物活性物质，如大枣多糖、黄酮类、皂苷类、三萜类、生物碱类、环磷酸腺苷（cAMP）、环磷酸鸟苷（cGMP）等，对人体有多种保健治病功效。近期婆枣干制枣的价格逐渐攀升，河北的阜平、沧州一些枣区又开始进行了婆枣的干制，并取得了很好的效益。

婆枣干制是将采后的枣果水分脱去，使枣果含水量达到干枣入库标准，以便入库保存、运输和销售。干制后枣果含水量小于28％，以保证在存放和运输中不发霉、不浆烂。枣果干制的方法有自然干制和人工干制。

（一）自然干制

自然干制是利用太阳辐射热、热风等使果品干燥，又称自然干燥。自然干制设备简单，方法简易，使用面广，处理量大，生产成本低，不需要特殊技术，但受气候和地区的限制，在干制季节如遇雨尤其是阴雨连绵的天气，干燥过程延长，降低干制品质量，甚至因阴雨时间长引起腐烂，造成很大损失。

选择向阳、平坦、无积水之患的地方作为晒枣场，用砖、竹竿等物将秫秸箔支离地面15～20厘米。将婆枣均匀地摊放在箔上，厚度5～10厘米，暴晒3～5天。在暴晒过程中，每隔1小时左右翻动1次，每日翻动8~10次，日落时将枣堆集于箔中间成垄状，用席封盖好，防止夜间受露返潮，第二天日出后揭去席，待箔面露水干后，再将枣摊开晾晒，空出中间堆枣的潮湿箔面，晒干后再将枣均匀摊在整个箔面上暴晒。暴晒3~5天后，改为每天早晨将枣摊开晾晒，上午11点左右将枣堆集起来，下午2点以后再将枣摊开晾晒，傍晚时将枣收拢、封盖。这样经过10天左右晾晒后（可根据枣的干湿状况可间断地稍加摊晒和翻动），果实含水量降至28％以下，果皮纹理细浅，用手握枣时有弹性，即可将枣合箔堆积，用席封盖好。每天揭开席通风3~4小时即可。

晾晒中应注意的问题：

成熟度不同的枣含水量不一样，需要晾晒的时间长短也不相同。因此，晾晒前要按枣的成熟度进行分拣，分别晾晒，并拣出虫、烂、伤、病果及杂物。

暴晒期间一定要勤加翻动，使上下层的枣受光均匀，避免上层的枣暴晒时间过长而出现油头枣。

在晾晒过程中，要不断地拣出含水量不一致的枣，分箔进行晾晒。

（二）人工干制

由于受传统生产方式的影响，婆枣制干仍以自然晾晒为主。但是近几年，婆枣果成熟期前后降雨较多，鲜枣不能及时晾晒而造成大量浆烂，枣农损失惨重，枣产业发展遇到极大的困难。尤其是2007年秋季连续近20天的阴雨天气，使大量枣果不能及时采收晾晒而霉变浆烂。利用烘烤设备，在婆枣成熟时将枣果水分烘去，能大大减少枣果浆烂，达到增产增收的目的。

1. 人工制干的优点

（1）减少浆烂损失，抵御自然灾害　在正常年份，婆枣在制干过程中就有20％~30％的浆烂损失，灾害年份更为惨重。

（2）提高枣果质量　人工制干的枣果光亮、色好，外观质量好；干净、卫生；提高商品等级。据雷昌贵在"太行山婆枣烘干技术研究"一文介绍，优质新鲜婆枣经烘房干制和自然干制所得的干枣其产出率分别为 59.10% 和 53.70%，经烘房干制者比自然干制者产出率提高 5.40%，次等新鲜婆枣经两种干制方式所得干枣分别为 58.30%、50.70%，经烘房干制者比自然干制者的产出率提高 7.60%。优质新鲜婆枣经烘房干制和自然干制的干枣其优质枣率分别为 97.50% 和 92.10%，前者比后者可提高 5.40%。

（3）节省时间、精力和场地，提高工效 传统的晾晒方法占用场地多，耗时长，分拣次数多。利用烘干房烘干节省了时间、精力和场地，提高了工效，一般平均 24 小时可烘制 1 吨鲜婆枣。

（4）增加了枣的出干率 将下树的婆枣马上在分拣、清洗后进行烘干，减少了枣果的呼吸消耗，提高了出干率 15%～20%。

2. 烘烤程序

（1）准备阶段

分级：婆枣采收后，要根据枣的大小、成熟度进行分级，同时要把其中的浆烂果、伤果、枝、落叶等杂质清除掉。

清洗：把分级后的婆枣放入清水池进行清洗，洗后的枣表面要干净光洁，水池里要经常换新水，以提高烘烤后的枣果品质。

装盘和入烤房：把清洗后的婆枣装入烘烤用的枣箅子上，厚度以单个枣厚为宜，最多不超过两个枣的厚度，然后放入烤房中的烤架上。

（2）点火升温阶段 当烘盘送至烘房内装妥后，关闭通风设备及门窗，拉开烟囱底部闸板，以利于加大火力，提高烘房内的温度。温度逐渐上升至 50～55℃。一般需 4～6 小时完成预热升温。婆枣预热时间为 6 小时。在升温的过程中要经常抖动枣箅子，以利于枣受热均匀，每 0.5 小时观察 1 次温度表和湿度表。

（3）排湿阶段 加大火力，在 8～12 小时内，使烘房的温度（指烘房中段的中部温度）升至 60～65℃，不要超过 70℃。此阶段要勤扒火、勤出灰、勤添煤，使炉火旺盛，很快提高室内温度，加速枣的游离水大量蒸发。当枣体温度达到60℃以上，相对湿度达到70％时，立即进行烘房内的通风排湿。一般每个烘干周期进行8～10次通风排湿。蒸发阶段还要注意倒盘和翻枣，避免局部过度受热。

（4）完成阶段　此阶段所需时间为6～8小时，火力不宜过大，保持烘房内温度不低于50℃即可。相对湿度若高于60％以上时，仍应进行通风排湿，次数比排湿阶段相应减少，时间也应缩短。一般需要时间6小时左右，当婆枣的含水量达到25％～30％时就可取出婆枣。出烤房后的枣要放在遮阴处或房屋内进行回软，不要被太阳直晒，否则枣表面发黑，影响枣果品质。堆放的枣厚度不要超过1米，每平方米要放一个草把通风，红枣存放10～15天后含水量低于28％就可装箱进入市场。

（杜增峰、张福霞、温如意）

第十四章

赞皇大枣优质
丰产栽培

赞皇大枣又名金丝大枣，果实个大、质优，成熟后半干时掰开，可拉出金黄色糖丝，因此得名，为目前唯一已知的自然3倍体枣品种，据普查其栽培历史600多年，为历代贡品。

第一节　品种特性

一、植物学特性

树势强壮旺盛，树姿半开张，树体中大。枝条粗壮，主干深灰色，树皮呈纵条状龟裂，粗厚，不易剥落。当年生枝粗壮，浅棕褐色，枝面圆整，表面覆盖一层薄且易抹掉的灰白色蜡质物，节间平均长9厘米，皮孔小，圆形，黄褐色或灰白色，分布较稀，针刺不易脱落。二年生枝紫褐色，多年生枝灰褐色，皮孔大且分布均匀。枣股长圆形，黑色，多年生有分歧和弯曲现象，每枣股产生枣吊3～5个。枣吊长11～30厘米，平均长16厘米，每枣吊有叶11～18片。

叶宽，卵圆形或心脏形，叶厚，深绿色，有较厚蜡质层，有光泽，长5.5～7厘米，宽3.6～4.5厘米，叶尖渐尖，先端钝圆，叶基广圆形，叶缘锯齿较粗，单锯齿。叶脉三出，颜色较浅，突出于叶面和叶背。花较大，萼片三角形，花瓣、萼片、雄蕊各5枚，花冠6～8毫米，初开时蜜盘浅黄色，萼片绿色，花柄长 0.4～0.5 毫米，长于一般品种，花柱两裂。

果实长卵圆形或倒卵圆形。纵径 4.4～6.1 厘米，横径 3.1～3.8 厘米，鲜果平均果重 17.3 克，最大单果重 58 克，梗洼平均深 3.5 毫米，对称。果梗长 6 毫米，直径 0.8 毫米。果皮薄，深红紫色，蜡质，有光泽，韧性好。果点圆形，黄灰色及白色，阳面较明显。果顶平而微凹，基部圆形平滑，柱头遗失。果肉白绿色，过熟后金黄色，肉质细，汁液中多，味甜微酸。鲜枣含总糖 26.5％～28.5％，可溶性固形物含量不低于 30.5％，每 100 克维生素 C 含量 394.6 毫克，肉厚，占可食部分的 96.6％，出干率 50％～56％。果肉有糖丝，品质极上。核呈纺锤形，黄褐色，沟纹较深，纵条形，纵径 2.2～2.5 厘米，横径 0.8 厘米，核重 0.63 克，肉核比 26.4∶1，核不具种仁。适于生食、制干，为制干、鲜、加工兼用品种。

二、生物学特性

耐瘠薄、耐寒、极耐干旱，但花期要求湿度较高，花期枣花的授粉受精适宜的温度为 24～26℃，相对湿度为 75％～85％。适应性强，但于砂壤土、黄土，以及母质为片麻岩风化成的浅山丘陵区生长最好。

幼树期扩冠快，营养生长强；初果期扩冠渐漫，营养生长仍较旺盛；盛果期新枝生长能力减弱。早实性稍差，栽后 3～5 年进入初果期，树势稳定后产量逐年提高，8～10 年后进入盛果期，结果母枝连续结果能力很强，枣股持续结果能力可达 10～20 年，盛果期高产稳产。每吊平均花蕾数 37 个，坐果常位于 5～7 节，每吊坐果 0.3～1.2 个。

在石家庄市赞皇县 4 月中旬发芽，5 月下旬始花期，6 月上旬盛花期，8 月中下旬果实着色，9 月下旬采收，果实生长期为 100 天，10 月中下旬落叶。

第二节 繁育与建园

赞皇金丝大枣传统的育苗方法有：枣区内的自然萌蘖、枣园内的开沟断根、利用野生酸枣接大枣等方法，但这些方法均不利于苗木培育的良种化和生产基地化。因此，在这里主要介绍生产中普遍使用的实生苗嫁接的育苗方法。

一、育苗

（一）苗圃地的建立

选择地势较平缓，土层深厚，肥力好，接近水源，能灌溉的农耕地或山沟地，以砂质壤土为最好。高山、风口、低洼地、坡度大及土壤黏重、土壤瘠薄的地方均不适宜选作苗圃地。酸枣种子出土较慢，播种浅容易风干，播种深不易出苗，所以育苗前需精细整地，包括深耕、耙地、平整、镇压，播种层10厘米以内不能有较大的土块。结合深耕每亩施入腐熟的农家肥5 000千克。基肥分两次施入，秋耕施入75%，春耕施入25%。为了促进根系发育，应结合翻耕每亩施入过磷酸钙约40千克。

（二）酸枣实生砧木苗的培育

1. 酸枣种子的处理 选用发育良好的成熟酸枣果堆积软化后加水搓洗，去掉果肉和其他杂质（或选购酸枣种子），漂去浮核，捞出晾干待用。酸枣种子种核坚硬，且种仁外表具有一层蜡质膜，水分不易渗入，须经层积低温处理。层积酸枣种子从12月份开始，第二年3～4月播种。层积前用清水浸泡2～3天，使种核充分吸水。层积一般在室外进行，要选择地势高燥，排水良好，背风背阴的地方挖坑，坑深60～70厘米，宽80厘米左右，长度随种子多少而定。河沙用量为种子体积的3～5倍，砂的湿度以手攥成团不滴水，松手散开为宜。坑底铺10厘米厚的湿砂，将枣核和沙混合放入坑中，堆到距地面10～20厘米为止，上面覆 10 厘米厚的湿砂，最后覆土呈屋脊形，以免漏水。春节后及时检查种子萌动情况，以便适时播种。

2. 播种 春季 3～4 月份，当 80％的种子发芽后进行播种，育苗地应选在交通便利，背风向阳、地势平坦、便于灌溉、排水良好、土壤肥沃和质地疏松的地方。大田采用条播，在整平耙平的圃地作畦。畦宽 1.7 米，长度 8～10 米，每畦播种 4 行为一带，行距 30 厘米，两带中间留畦埂 80 厘米。开沟深度 3～4 厘米，株距一般为 5 厘米，下种量大约为 3～4 千克/亩，播后浇足水，覆盖土 3 厘米。

此外，酸枣播种还有营养钵、塑料薄膜覆盖和塑料小拱棚育苗方式。

3. 酸枣砧木苗的管理 幼苗长到 3～4 片叶时开始间苗，去掉弱小苗及个别大苗，尽量保持苗木分布均匀。待酸枣苗长到 7～8 片叶时即可定苗，株距 20 厘米，保留株数要大于产苗量的 20％左右；酸枣播种前应灌足底水，出苗前不浇蒙头水，否则对发芽出土不利。幼苗期切忌大水漫灌，旺盛生长期特别是雨季之前，需水量增加，此期及时灌水是培育壮苗、提高嫁接成活率的关键措施，低洼地应注意排涝；结合浇水追施化肥，前期可施用氮肥，每次每亩施尿素 5 千克，苗高 20 厘米以后，亩施尿素 10 千克。后期施用复合肥，每次每亩 8～10 千克，以加速苗木生长和木质化程度。施肥方法，最好采用沟施覆土浇水；雨后或灌水后结合中耕除草进行 2～3 次。嫁接前 20～25 天，苗高 50 厘米时摘心，并及时去掉距地面 20 厘米以内的二次枝和萌蘖，及时防治枣黏虫、枣步曲、红蜘蛛、枣锈病等病虫害。

（三）接穗采集与处理

采集接穗一般在休眠期（11 月至翌年 3 月），从优种采穗圃或生长健壮、品质优良且符合赞皇大枣品种特性的成龄单株上采集接穗。接穗应选用树冠外围、生长充实的 1 年生或两年生枣头，粗度以 0.6～1 厘米为宜。接穗采下后，二次枝留 1 厘米剪截，选枣头上的饱满芽，每芽剪成一个接穗。剪好的接穗，应立即进行全蜡封处理，然后装入塑料袋中，置于温度为 0～5℃冷库或地下窖中存放，随用随取。

（四）嫁接

枣树圃地嫁接一般在气温达到 10℃左右时就可开始，一直可延续到萌芽后 3～4 周（赞皇县以 3 月中旬至 5 月上旬为宜）。这个时段嫁接枣树，生长期长，当年秋后可出圃。嫁接前一周砧木苗要进行一次中耕、施肥、浇水，去掉基部的二次枝及根蘖，以利于提高成活率。

枣树嫁接方法很多，适于圃地嫁接的方法主要是劈接法和腹接法。

劈接法操作简便，成活率高，嫁接速度快。用剪枝剪，把接穗削成两个削面等长的楔形，削面长 2 厘米左右，一边稍薄，一边稍厚。剪砧有两种剪法，第一种是用剪刀平剪砧木，剪面与苗茎垂直；剪砧面高度尽量贴近地面。切砧时，剪锋从砧木中央切下。第二种为改良劈接法，剪砧时剪面与苗茎呈一角度，为一斜面；切砧时剪锋从斜面高的一面斜切一刀。接穗和砧木均削切好后，立即把接穗插入砧木，使接穗稍厚的一侧与砧木平滑一侧枝面的形成层对齐，上面露白 0.5 厘米，最后扶正，用塑料薄膜包严嫁接处和接穗切口。

腹接法具有发芽早、生长旺的特点。在选用接芽的下方削成两个大小不等的斜面，大斜面在接芽的对面，两个斜面夹角约 15°左右。在砧木短桩中部选一光滑部位用剪枝剪向斜下切开，角度掌握在 10°～20°之间，深达木质部的 1/3～1/2。长削面向里，迅速将削好的接穗插入，形成层对齐、绑缚等与其劈接法相同。

（五）嫁接苗的管理

1. 及时补接　嫁接后 2～4 周结合除萌检查成活情况，皮色鲜亮、芽体饱满是成活的表现;皮色皱缩发暗,芽体变枯是未成活的表现。如成活率达不到90%,且出现连续2株以上死亡现象需及时补接。

2. 除萌解绑 为使集中养分,促使接穗芽体正常生长,每隔1周左右就应进行一次除萌,即抹除砧木上分生萌芽,一般除萌2～3次。待接芽抽梢40厘米时,用刀片竖着划破塑料条解除绑缚。

3. 肥水管理和病虫害防治 促进苗木的生长是成活后管理的重点,5月20日前后,当嫁接苗长到20～30厘米时,结合灌水亩施尿素或磷酸二铵10～15千克。进入9月份要控制肥水,使苗木生长充实。雨后或灌水后及时中耕除草,以利保墒。在苗木生长期间,重点防治枣瘿蚊、红蜘蛛、枣步曲枣锈病等病虫害。

4. 及时摘心 当嫁接苗长到1～1.2米时摘心,促其枝条成熟,苗茎加粗生长,整形带内芽体饱满,以利于定植后整形。

二、建园

(一)园地选择及整地

枣园应选择在光照较强、排水良好、土层较厚、质地疏松的平地和山坡丘陵地,并符合国标对大气、环境、土壤、水质的要求。建园首先要平整土地,丘陵山地应采用客土、炮震扩穴、增施有机肥等方法改良土壤。山地爆破整地有两种方式:

1. 水平沟(田)围山转整地 适宜坡度在25°以下的较缓坡面。用罗盘仪或用长40～50米、直径约为1厘米的注满水的塑料管测出等高线,用白灰标记。两等高线水平距离为4～5米,在等高线上每隔2米打深80～100厘米的炮眼,装炸药1千克,进行爆破。之后整出一水平面,再在水平面内侧放1～2排炮,爆破后打碎石块,整出田面宽2～3米,里低外高,外沿宽30厘米,高出田面20～30厘米,活性土层达1.2米深以上的围山转水平梯田。

2. 鱼鳞坑整地　25°～35°的坡面不适宜修水平梯田，要进行鱼鳞坑整地。在等高线上，每隔如无 2～2.5 米打一炮眼，装炸药 1 千克，爆破后打碎石块，整出长径 1.5 米，短径 1 米，活土层厚度 80 厘米，里低外高，高出田面 30～40 厘米的定植盘，俗称鱼鳞坑。上下两等高线水平间距 5～6 米。鱼鳞坑呈品字形排列。灌溉条件，应打井或修渠引水，以保证能及时浇水，提高栽植成活率。规模较大的枣园应设计好道路、灌渠、工具棚、配药池等。山地枣园在修筑梯田或水平沟的基础上，要特别注意修好排灌系统，以防止水土流失。

（二）栽植

1. 栽植时期　枣树栽植时期一般在秋季落叶后到土壤封冻前，或第二年土壤解冻后至发芽前。冬季比较寒冷或春季大风天气多的地区适宜春栽，不宜秋栽。实践证明，春栽比秋栽成活率高，枣树最适的栽植时期为春季萌芽前。

2. 栽植密度　纯枣园的栽植密度为株距 2.5～3 米，行距 4～5 米，围山转隔坡水平梯田适宜株距 2～3 米。枣粮间作园的栽植密度为株距 3～4 米，行距 10～15 米，此类型的枣园适合于平原。

3. 栽植方法　选择一年生苗高 1 米以上，地径粗 1 厘米以上，品种纯正、整齐一致、根系发达、无机械损伤、无病虫害的优质苗木。栽植时用 ABT3 号生根粉 0.05% 浸根 3～5 小时。栽植之前，根据选定的栽植密度，用标杆、测绳、白灰标好定植点，再挖定植坑。平地建园的定植坑要求长、宽各 1 米，深 0.8～1 米。山地枣园的定植坑为直径 0.8～1 米的园坑，坑深 0.8 米。每坑施入 30～50 千克的腐粪肥，将有机肥与表土拌匀后回填于坑内，灌大水沉实。然后，放置枣苗，让枣苗根系分散开，再填入余下的表土，最后填入心土，浇透水。填土时要分层踩实。要求在浇水塌实后苗木的栽植深度正好为苗木在苗圃的生长深度，栽植过深或过浅都不利于枣苗的成活和生长。以定植点为中心覆盖 90 厘米×90厘米的地膜，根茎处低，外缘高，地膜要用土压实，这样可以积水保墒、灭草，提高成活率，促进生长。

4. 栽后管理 栽后适时检查成活率，并及时补栽。苗木成活后，要加强管理。依土壤墒情适时浇水，栽植的当年至少要浇3次水。松土保墒，提高地温，增加土壤通气性，减少土壤水分蒸发，促进根系生长。及时除草，防止草荒。加强病虫害防治，新栽枣树要特别注意防治金龟子、枣瘿蚊、枣步曲、绿盲椿象、枣锈病等病虫害。

第三节　土肥水管理

赞皇大枣在生长发育过程中，根系不断地从土壤中吸收水分和养分，因此，为了实现早果、丰产、稳产和优质的目的，必须加强土肥水管理，为枣树提供良好的地下生长环境。

一、土壤管理

土壤是枣树生长发育的基础。枣园土壤管理的目的是改善土壤的理化性状，增加土层厚度，保持和增进土壤肥力，满足枣树生长发育的需要。土壤管理包括土壤深翻、枣园兼作、耕作制度等。

1. 山地枣园的水土保持 栽植前应完成高标准的梯田或鱼鳞坑修筑工作，栽植后，每年于春季和秋季加强维修和保护。春季主要加固地埂和条田、梯田的边沿，以便蓄水保墒。秋季主要对坍塌部分进行维修和加固，防止水土流失。

2. 土壤深翻 土壤深翻的作用是改善土壤通透性，提高土壤保肥保水能力，促进土壤微生物活动，改善土壤的理化性状，促进根系和地上部生长。

土壤深翻时期一般在枣果采收后，结合秋季施基肥进行。深翻深度以枣树根系层稍深为宜，一般为50～60厘米，黏重土壤深翻要较深一些。

（1）山地枣园的深翻　土层瘠薄的山地枣园，母岩坚硬，不易深翻，可采用小炮扩穴松土的方法。此法宜在秋季落叶后至春季萌芽前进行。在树冠外围 3 米左右打炮眼，炮眼选两树中间，深 80～100 厘米。一般每炮眼装硝酸铵自制作药 0.5～1.0 千克。每炮崩深可达 1.2～1.5 米，松土范围直径达 3～4 米。爆破后，捡拾大块石头修筑田埂，结合松土，每亩枣树施有机肥 1 500 千克以上，整平后浇水。

小炮扩穴法适用于母质为片麻岩的丘陵地，不易风化的石灰岩不宜采用。

（2）平地枣园的深翻　方法主要有两种。一是扩穴深翻，即在栽后第二、三年开始，从栽植穴的外缘开始，逐年或隔年向外开轮状沟，直至枣树株间土壤全部翻完为止。二是隔行隔株间深翻，即顺行或在株间挖条状沟深翻，深翻沟宽一般为 40～60 厘米，深翻时注意保护好树根。

3. 刨树盘　刨树盘是在秋末冬初或早春进行，在树干周围 1～3 米范围内用铁锨刨松或翻开 15～30 厘米土层，近树干处浅，越向外越深，免伤根系，除去杂草和不必要的根蘖。其作用是增厚活土层、改良土壤、消灭地下越冬害虫。

4. 枣园间作　枣园间作不仅能充分利用土地、空间和阳光，提高单位面积产量和产值，还能提高枣园土壤熟化程度，增加土壤肥力。

（1）枣粮间作　枣树萌芽晚、落叶早，与粮食农作物之间的肥水和光照矛盾不很突出。适宜的间作物有花生、甘薯、小麦、谷子、芝麻等矮秆作物。

（2）间作绿肥　绿肥作物体内含有氮、磷、钾等营养元素，间作绿肥可提高土壤肥力，调节枣园地温，减少土壤水分蒸发，防治水土，控制杂草生长。常用的绿肥作物有豌豆、沙打旺、紫花苜蓿、草木樨等。

5. 中耕除草　杂草与枣树争夺养分和水分，通过中耕，不仅可以抑制杂草生长，还可疏松土壤，促进土壤微生物活动，增加土壤肥力，对枣树根系生长以及养分和水分的吸收都极为有利。中耕要经常进行，特别是夏季雨热同期，杂草繁盛，要进行多次翻耕，中耕深度一般为5～10厘米。

6. 枣园覆盖　枣园覆盖是在树冠下或全园覆盖杂草、作物秸秆等材料，覆草有利于抑制杂草生长，减少水分蒸发，提升地温，提高土壤肥力，防止水土流失。覆草前先进行施肥、浇水、中耕，覆草后要适当拍压，并在草被上压适量土。覆草一般在枣树萌芽前进行，亦可在生长季中期进行，覆盖物厚度一般为20厘米，树干周围20厘内不宜覆草，以防根颈腐烂。根据覆草腐烂情况，每年或隔年不断补充新草。

二、施肥

以片麻岩为基质的岗坡次地，土壤有机质和可以利用的钾元素极度匮乏。因此合理施肥是赞皇大枣丰产、稳产、优质的重要条件。施肥以有机肥为主，有机肥料和无机肥料配合使用，以相互促进，提高肥料利用率和增进肥效，降低生产成本。

1. 基肥的施用　常用的有机肥有经无害化处理腐熟的圈肥、人粪尿、饼肥、绿肥、作物秸秆和土杂肥等，有机肥料是一种完全肥料，含有枣树必需的各种营养元素。施用有机肥可改良土壤，提高土壤的保水、保肥能力。有机肥料必须经过充分腐熟才能施用，否则在会导致根系烧伤、引发病虫害等危害。

（1）基肥的施用时期　枣树基肥施用时期以枣果采收前后至落叶前越早越好，如果秋季未来得及施入，应在第二年春天早施。秋施基肥，枣树根系活动仍较旺盛，地温也较高，施肥时所伤根的伤口易愈合，并能发出新根，促进根系对养分的吸收。同时，有机肥料经过秋、冬季腐熟分解，利于翌春树体吸收。秋施基肥时，加入一些速效氮、磷、钾肥料，有利于增强叶片光合作用，增加树体营养。

（2）基肥的施用量及方法　据生产实践，可采用环状沟施、条状沟施、放射状沟施、全园或树盘内撒施等方法交替进行施肥。枣树基肥的施用量为每生产1千克鲜枣需施用2千克优质有机肥。结合深翻每年秋季每亩盛果期枣园施入有机肥2 000～4 000千克，硫酸钾40～50千克，磷酸二铵30～40千克，幼树酌减。在挖施肥沟时，要注意少伤根系，尤其是直径大于0.5厘米的根要小心保护，以免切断。

2. 追肥的施用　赞皇大枣从萌芽、花芽分化、枝条生长、开花、坐果等各生长期相互重叠，需肥量集中，因此枣树应在施好基肥的基础上适时追肥。追肥目的主要是满足各生育期对各种营养元素需求，要采用速效。速效肥作用快、肥效高、容易被根系吸收，但是肥效短，易随水流失。根据其养分可分为氮肥、磷肥、钾肥与复合肥。常用的追肥有碳酸氢铵、硝酸铵、尿素、磷酸二铵、过磷酸钙、重过磷酸钙、钙镁磷肥、硝酸磷肥、氯化钾、硫酸钾、钾镁肥、钾钙肥等。

3. 施肥时期

（1）萌芽前　春季赞皇大枣萌芽前，以氮肥为主，适当配合施用磷肥，可以使枣树萌芽整齐、枝叶生长健壮，有利于花芽分化。尤其对于树势衰弱或基肥不足的枣园，这次追肥更显重要。

（2）花前和初花期　此期以氮、磷肥为主，适当加入一些钾肥。作用是提高坐果率，促进幼果生长，避免因营养不足而导致大量落果。此期一般采用叶面喷肥的方法。

（3）幼果期　这一时期果实细胞数量明显增多，此期肥料不足，果实个头小，落果重。此期以氮、磷肥为主，适当加入一些钾肥，以磷酸二铵为好。以提高坐果率，促进幼果生长，避免因营养不足而导致大量落果。

（4）枣果迅速膨大期　此期氮、磷、钾配合施用，适当增加磷钾肥的施用比例，以磷酸二铵加一定量的钾肥为好。可促进果实膨大和糖分积累，提高枣果品质，并能增加叶片光合效能，有

利枣树贮藏营养的积累。

4. 追肥施用量及方法 施肥量应根据树龄、树势、产量以及土壤肥力、肥料种类等因素综合考虑。据赞皇县实践经验，一般盛果期大树每次株施速效肥约 1 千克左右，全年约 3 千克，弱树和产量高的树适量多施，幼树适量少施。可采用穴施、全园撒施等方法施入。

5. 叶面喷肥 山区交通不便、水源缺乏，多进行叶面喷肥。展叶后至花期，叶面喷 0.3%～0.5%的尿素 2～3 次，花期可加喷 0.1%～0.3%硼砂，花后喷 0.2%～0.3%磷酸二氢钾或 500 倍惠满丰、绿风 95，300 倍多效素等多元叶肥 3～4 次。喷肥的最适温度为 18～25℃，夏季喷肥最好在上午 10 时前和下午 4 时后进行，以免气温过高，发生药害。此外常用肥料及适宜喷布浓度如下：硝酸铵 0.1%～0.3%、过磷酸钙 0.5%（浸出液）、磷酸铵 0.3%～0.5%、硫酸钾 0.3%～1%、草木灰 3%～10%、硫酸亚铁 0.05%～0.1%。叶面喷肥可结合喷药进行。

三、灌水和排涝

赞皇大枣具有很强的抗旱性，大量降水不利枣树生长，但如果干旱缺水，枣树生长发育也受到不利影响，要保持枣树丰产稳产仍需在生长期进行灌水和排水。

1. 灌水时期

（1）催芽水 萌芽前（4 月上中旬）进行灌水，有利于萌芽、枣头及枣吊的生长、花芽分化和提高开花质量。

（2）花期水 花期是枣树需水的关键时期，一般为 5 月下旬至 6 月上旬。花期对水分相当敏感，因为花期正处于各器官迅速生长期，对水和养分的争夺激烈，而且枣的花粉萌发需要较大的湿度。花期灌水不但坐果率高，而且果实发育迅速。

（3）坐果水 7 月上旬，在幼果迅速生长期，结合追肥灌水，可促进细胞的分裂和增长，是果实增大的基础。

（4）促果水　于白熟期结合施肥进行，能加速果实膨大，减少裂果提高品质。

（5）越冬水　土壤封冻前浇水可增加枣树的越冬抗旱能力。

2. 节水灌溉　在山区往往干旱少雨、水源不足，要提倡节水灌溉。可以采用以下几种措施：

（1）喷灌或滴灌　这两种方法尤其适于山地丘陵区枣园，具有节水、保土保肥、节省土地和劳力、适用范围广等优点，应积极推广。

（2）穴贮肥水　即在树冠下挖 3～5 个直径 30～40 厘米、深40～50 厘米左右的圆筒状坑，坑内放入玉米秸、杂草等物，如追肥时可将化肥施入坑内，灌水入坑中，水渗后坑上覆地膜或覆草，以增强蓄水保肥效果。

（3）整修树盘　在山区，可通过整修树盘加大鱼鳞坑，梯田、条田提高蓄水能力，并采用树盘地膜覆盖、覆草减少地面水分蒸发满足枣树需水。可在山顶、地外建蓄水池，拦蓄地面径流贮存雨水，以便在干旱时使用。

3. 排涝　山区丘陵枣园枣树一般不易遭受涝灾，但因山水容易冲毁梯田、鱼鳞坑以及水土保持设施等，也可形成局部积水，所以应注意排涝。地势低洼的枣树，如果长期积水就会造成根系无氧呼吸，积累大量毒素，引起根系死亡，因此，要及时排除枣园积水。

第四节　整形修剪

整形修剪是赞皇大枣丰产栽培中一项重要的技术措施。通过整形修剪，可以培育树体的良好结构，有效调节树体营养分配，通风透光良好，提高果实品质。

一、枝条生长特点

赞皇大枣的枝由枣头、枣股、二次枝和枣吊组成，各种枝类在生长结果上分工比较明显。

1. 枣头 枣头是主芽萌发形成的枝条的总称，包括枣头一次枝和二次枝。枣头二次枝是由一次枝各节的副芽当年萌发形成。枣头一次枝基部二次枝常发育较差，当年冬季脱落，称脱落性二次枝，上部二次枝发育健壮，为永久性二次枝，永久性二次枝是着生枣股的主要部位。枣头生长势强，主要担负着生长任务，进入结果期的树，不加外界刺激，每年很少有新枣头发生。

2. 枣股 又称结果母枝，枣股每年生长量很小，据调查，每年平均延伸仅 1 毫米左右。主要着生在 2 年生以上的二次枝上。枣股可连续多年抽生枣吊，一般能持续结果 6～12 年，经济寿命长，但以 3～7 生枣股的结实能力最强，果实品质最好，枣股超过 8 年生以后，要逐年进行更新修。

3. 枣吊 又称脱落性结果枝，主要着生在枣股上。春季萌芽、随着枣吊生长，着生叶片、花蕾，开花结果，秋季随落叶而脱落。

赞皇大枣的生长特性决定了一般不会因枝量过多造成枝条交错、影响光照，因此修剪量很轻。整形修剪的主要是将骨干枝分布均匀，均衡树势，形成强壮的结果枝组，保持良好的结果能力。

二、修剪时期和方法

1. 修剪时期 赞皇大枣的修剪根据修剪时期可分为冬季修剪和夏季修剪。冬季修剪在落叶后至发芽前进行，但因枣树冬季休眠时间较长（平均 185 天），愈合能力差，所以冬剪时期不宜过早，应在翌年 2～3 月份进行。夏季修剪应在 5～7 月份进行。

2. 修剪方法 赞皇大枣常用的修剪方法有以下几种：

（1）短截　主要对枣头延长枝短截，刺激主芽萌发形成新的枣头，促进主侧枝延长枝的生长。对枣头进行短截时，剪口下的第一个二次枝必须疏除，否则主芽不易萌发，即所谓"一剪子堵，两剪子出"。如使留下的二次枝粗壮提高其枣股的结果能力，短截时可不疏除二次枝，主芽一般不萌发形成新枣头。

（2）回缩　剪去多年生枝条的一部分。主要用于老树更新和结果枝组的复壮，在向上分支处回缩还可抬高枝头角度复壮枝势。

（3）疏枝　即将枝条从基部去除。疏除、病虫枝、交叉枝、重叠枝、过密枝，有利于通风透光，集中营养，促进生长和结果。

（4）刻芽　为培养主枝或侧枝，在萌芽前，在需要抽生主侧枝的主芽上方1厘米处刻一圈，深达木质部；或用剪枝剪在主芽上方1厘米处刻一伤口，以刺激该主芽萌发。

（5）开甲或环割　生长季在枣树主干上进行环状剥皮为开甲。用刀环割一圈深达木质部，称为环割。该方法可以阻止环剥（环割）以上部位的营养物质向下运输，提高地上部营养水平，促进花芽分化，提高坐果率。

（6）摘心　将新生枣头顶芽及部分嫩梢摘除。可控制枣头加长生长、提高坐果率，摘心越重效果越明显。

（7）拉枝　用铁丝、绳子或木棍等，改变骨干枝角度和方向称拉枝，作用是改变枝条生长势，平衡枝势，改善树体结构。

（8）抹芽和除蘖　即在生长季抹除当年萌发不久、没有利用价值的主芽。目的是减少枝量，节省养分，保持通风透光，从而提高花芽分化质量和坐果率。及时刨除无用的根蘖小苗，节约营养供树上健康生长。

三、常用树形及整形方法

赞皇大枣有多种树形，生产上常采用的主要有主干疏层形、自由纺锤形、自然圆头形、开心形。

1. 主干疏层形 此树形特点是骨架牢靠，层次分明，通风透光良好，易丰产。有明显的中心干，树高 3～4 米，有 7～8 个主枝，分 2～3 层着生在中心干上。第一层 3～4 个主枝，均匀向四周分散开，第二层 2～3 个主枝，伸展方向与第一层主枝错开，第三层 1～2 个主枝，主枝与中心干的基部夹角 60°～70°。第一与第二层的层间距为 100 厘米，第二层与第三层间距 80 厘米。第一层层内距为 40 厘米，第二层及第三层层内距为 30 厘米。第一层主枝留 1～2 个侧枝，侧枝要按一定的方向和次序分布，第一侧枝与中心干的距离为 80 厘米，同一主枝上相邻的两个侧枝之间的距离为 50～60 厘米，第二与第三层主枝不留侧枝。

定干：定干高度为 0.8～1 米，剪口下整形带 30～35 厘米的区域内芽体饱满，二次枝生长健壮。剪口下第一个二次枝从基部疏除，在整形带范围内选 3～4 个方向好、生长健壮的二次枝，在其基部留 1～2 个枣股短截，在靠下的 2 个二次枝基部上方于枣萌芽前刻伤，促使剪口下枣股顶端主芽的萌发，均衡枣头之间的长势，并将其培养成为第一层主枝。整形带以下的二次枝全部从基部疏除。

中心干和主枝的培养：定干后第一年长出的中心枣头和主枝枣头，生长季要依据新枣头的长势留适当长度进行摘心。休眠期修剪时对主干延长枝顶端的二次枝从基部疏除，下一年当主干延长枝的高度达到 120～130 厘米时进行摘心，休眠期再进行培养第二层主枝的修剪，方法同定干修剪。当主干延长枝的高度距第二层主枝 100 厘米时摘心，休眠期再进行第三层主枝的培养，此时对最上的二次枝不需再做疏除修剪。

侧枝的培养：当第一层主枝长度达到 0.8 米时，将第一个二次枝从基部疏除，促使剪口芽萌发成枣头作主枝延长枝，第二个二次枝留 1 个枣股短截，促其枣股主芽萌发作侧枝培养。各主枝的第一侧枝应留在主枝的同一侧。此后 1～3 年内根据主枝延长枝的长度和粗度培养第二侧枝。

2. 自由纺锤形 干高 80 厘米左右（枣粮间作可留至 100 厘米），中心干较直立。在中心干上分布 6～7 个主枝，各主枝间距 30 厘米左右，主枝与中心主枝夹角 70°～90°，上部主枝基角要小于下部主枝的基角，主枝上不着生侧枝。各主枝交错生长，分布均匀。

定干：在中心主干 1 米处短截，疏除主干剪口下第一个二次枝促使剪口芽萌发枣头成为主干延长枝。

主枝培养：在整形带内选 3～4 个方向适宜的二次枝，留1～2 节进行剪截，促发枣头作主枝培养。第二年在主干延长枝上距最近的主枝 70～80 厘米处短截，同时疏除剪口下 2～3 个二次枝，促发枣头，选位置适合的 1～2 个枣头作主枝培养，延长枝剪口芽萌发的枣头继续作为主干延长枝。第三四年用相同的方法培养其余主枝。在主枝上萌发的枣头，通过摘心培养成结果枝组。注意调节各主枝之间的平衡，保持中心干的优势，主枝粗度超过主干粗度的 1/2 时，及时更新该主枝。

四、不同年龄时期枣树的修剪要点

1. 幼树期修剪 通过定干和不同程度的摘心、疏除和短截二次枝，促进枣头萌发而产生分枝，培养主枝和侧枝，迅速扩大树冠，加快幼树成形。通过夏季枣头摘心培养良好的结果枝组。

2. 初果期树的修剪 主要是调节生长和结果的关系，兼顾生长和结果。对冠径小、四周生长空间大的枣树，要以长树为主。通过短截各骨干枝枝头，促发新枝，继续扩大树冠。在扩大树冠的同时，通过对其他新生枣头的摘心，并辅以开甲等手段，让结果枝组充分结果，使之有一定的产量；对冠径已达要求，没有生长空间的枣园，在修剪上要转向以结果为主。要对各类延长枝和新生枣头进行不同程度的摘心，适时开甲，实现全树结果，增加产量；生长结果期树结果太早太多，出现未老先衰现象，要停止摘心、开甲等手段，通过短截各级骨干枝，促发新枝，使之扩大树冠。

3. 盛果期树的修剪 通过调节营养生长和生殖生长的关系，使树体始终保持旺盛的生命力，保持强大的结果能力。要通过冬夏修剪结合，疏截结合，保持树体良好的通风透光条件，复壮树势，促生枣头，补充更新结果枝组，防止或减少内膛枝条枯死和结果部位外移，维持稳定的树势和经济产量。

4. 衰老期树的修剪 在枣树刚进入衰老期，骨干枝出现光秃时进行轻更新，即在主侧枝总长的1/3处轻度回缩；二次枝大量死亡，骨干枝大部分光秃时进行中更新，即锯掉骨干枝总长的1/2左右并对光秃的结果枝组予以重短截；在树体极度衰弱，各级枝条大量死亡时进行重更新，即在原骨干枝上选有生命力的、向外生长的壮枣股处锯掉枝长的2/3或更多一些，同时加强肥水供给，刺激骨干枝中下部的隐芽萌发新枣头，重新培养树冠。中更新和重更新后都要停止开甲养树2～3年。枣树骨干枝的更新要一次完成，不可分批轮换进行，更新后用蜡或油漆涂抹伤口。

第五节　花果管理

一、枣坐果率低的原因

赞皇金丝大枣落花落果严重，坐果率仅为2％左右。枣坐果率低的主要原因是枣树花芽当年形成、当年分化、随生长随分化、分化量大，枣吊生长、花芽分化、开花坐果及幼果发育同时进行，各物候期严重重叠，营养消耗多，各器官对养分竞争激烈。赞皇金丝大枣落花落果与气候也有密切关系，枣花的授粉受精适宜的温度为24～26℃，相对湿度为75％～85％，温湿度过高或过低也不利授粉受精。如在花期遇不良天气如低温、高温、干旱、干热风、连阴雨等，便会降低坐果率。

二、提高坐果率的措施

1. 枣头摘心 摘心时间应在夏季生长期进行，当枣头生长达到要求长度时进行摘心，随生长随摘心。花前至初花期对当年生枣头摘心，打破了因顶端优势（茎尖含较高的生长素）而导致枣头旺长，使摘心后的一段时间内营养生长相对减弱，从而使养分转向花器部位，可明显提高坐果率，并可减少晚花果和小果的比例。

2. 开甲 枣树开甲可阻止树冠上部营养往下运输，暂时提高树冠营养积累可促进枣果实发育，提高坐果率。定植后第三年主干开始开甲，开甲时间一般在开花量达到30%～40%时进行。第一次开甲，甲口距地面20～30厘米，甲口部位应选平整光滑处，先用自制的刮皮刀在该部位刮一圈老树皮，宽约3～5厘米，深度以露出白色嫩皮（韧皮部）为度。然后用开甲刀等在刮皮处绕树干环切两道，刀口深达木质部，将两切口间的韧皮部剥掉。开甲的宽度一般0.5～0.7厘米为宜，甲口做成上平下斜的梯形槽，以免存水。开甲1～2天，甲口涂抹200倍的辛硫磷或乙酰甲胺磷防甲口虫，7天后再涂抹1～2次。也可甲口抹泥，即于开甲后10天，用泥将甲口抹平，既防甲口虫，又增加湿度，有利甲口愈合。每年环剥的位置从下而上交替、错开，间距约5～10厘米，直至树干分支处，然后由上而下或由下而上进行。

3. 涂抹促花王 花期环割主干2周，间隔5厘米，按应用说明涂抹环割口1.5厘米宽，可明显提高坐果率，并有效降低枣铁皮病的发生。

4. 花期放蜂 花期放蜂有利于授粉受精，从而提高坐果率。每50亩枣园，开花前2天将1～2箱蜂放置枣园中。花期尽量避免喷杀虫剂，以防毒杀蜜蜂。

5. 花期喷水 枣树花期常遇干旱天气，影响枣树的授粉受精，造成严重减产。因此，在枣的花期喷水，可提高空气湿度，提高坐果率。喷水时间一般以傍晚时较好，此时喷水能使空气湿度保持时间较长。一般年份喷 2 次或 3 次，严重干旱时可喷 3～5 次。一般每隔 1～3 天喷水 1 次。

6. 花期喷肥等　在盛花期喷 0.1%～0.2%硼砂和 0.3%～0.5%尿素混合水溶液，间隔 5～7 天再喷 1 次。此外喷赤霉素、芸薹素等植物生长调节剂能增强细胞的新陈代谢，促进细胞分裂，有效地提高坐果率。

三、病虫害防治

赞皇大枣的主要病虫害有枣尺蠖、桃小食心虫、枣黏虫、食芽象甲、枣龟蜡蚧、枣瘿蚊、红蜘蛛、枣疯病、枣锈病、枣铁皮病等。病虫害防治要坚持"预防为主，综合防治"的原则。防治病虫害首先应依靠水肥调控，科学管理，以增强树势，提高树体抗病虫的能力。以农业、物理、生物防治为基础，根据各种病虫害的发生规律，抓关键期科学使用化学防治技术，有效控制病虫害。具体防治方法参照本书病虫防治部分。

第六节　采收与干制

一、采收时期及方法

赞皇大枣果实成熟期可划分为 3 个时期：白熟期、脆熟期和完熟期。白熟期的特点是枣果大小、形状已基本固定，此期果皮绿色减退，呈绿白色或乳白色，果实肉质变得松软，果汁少，含糖量低。脆熟期的特点是果实半红或全红，果肉质地变脆，汁液增多，含糖量剧增。完熟期的特点是果皮红色变深，微皱，果肉近核处呈黄褐色，质地变软，此期果实已充分成熟。赞皇大枣主要用于制干，也可鲜食和加工蜜枣，果实何时采收应依枣果的用途而定。用于加工蜜枣的果实应在白熟期采收；用于鲜食和加工酒枣的果实应在脆熟期采收；用于制干时应在完熟期采收，此时枣果出干率高，色泽浓，果肉肥厚，富有弹性，品质好。

　　赞皇大枣用于鲜食或加工时，要求枣果完整无损伤，须用手摘法。如枣果用于干制，采收时可用木杆敲击大枝，或摇动树干，将枣果震落。在此之前树下先铺上布单或塑料布，以便于拾取落果。

二、枣果的干制

　　1. 自然干制　即将采摘下来的枣果摊放于日光充足、通风良好的地方，经日晒风吹脱水干制的方法。自然干制一般需要5～15天的时间方可入库，由于赞皇县在自然干制的过程正值秋雨连绵的季节，自然干制常造成大量烂果，烂果率高达24％，不仅造成了经济损失，而且红枣质量也难以保障。

　　2. 人工干制　利用大枣烘房，使用红枣烘干技术进行枣果脱水的方法。一般历经预热、蒸发、干燥完成3个阶段及出炉、回软暂存环节等，完成大枣干制过程。当烘盘送至烘房内装妥后，点火加热，使温度逐渐上升至50℃，一般需4～6小时完成预热。蒸发阶段需加大火力，在8～12小时内使烘房温度（烘房中段中部温度）升至60～65℃，不宜超过65℃。干燥完成需要4～6小时，火力不宜过大，保持烘房内温度不低于50℃即可，室内相对湿度不超过60％。烘干完成出枣后需经过15～20天回软暂存，即将经过短暂通风散热后的红枣堆放，使内外水分互相均衡，质地柔软，便于包装贮运。

　　利用大枣烘房烘干赞皇金丝大枣具有诸多优点：一是降低了红枣因雨浆烂的百分率，使红枣丰产丰收有了保证。二是提高了红枣商品等级。红枣采收后，及时进行烘干，减少了腐烂、裂口、损伤和污染，使产品完整饱满，干净卫生，经过加工挑选，个头均匀，等级一致。三是提高了红枣的重量百分率。在保证同一质量特别是含水量趋于一致的前提下，烘干的红枣，较之自然晒干的红枣，出干率可提高5％～8％。四是保证了红枣的商品价值。烘干的红枣，颜色深红，具有光泽，外形丰满，营养成分如维生素 C 等，一般均较晒干枣的含量高。五是省工省时，成本低。烘房烘干大枣只需经过一昼夜即可达到商品要求，大大缩短的干制时间。当前大量推广使用的大枣烘房，系砖混凝土结构建筑，且每烘成 1 千克干枣仅耗煤 0.4～0.6 千克，成本较低。

（徐立新、贾胜辉、储新房）

第十五章

临猗梨枣优质丰产栽培

第一节　梨枣的生物学特性及栽培特点

一、梨枣的生物学特性

梨枣又名大铃枣、脆枣等，原产于山西运城、临猗等地，栽培历史悠久，栽培数量较少，为枣树中品质优良的中熟鲜食品种。自1981年开发培育，规模发展，已推广到全国十几个省份。以早实、丰产、果实特大、皮薄肉厚、清香脆甜、风味独特，受到人们的重视和消费者的欢迎。果实近圆形特大，纵4.0～4.9厘米，横径3.5～4.6厘米，平均单果重31.6克，最大单果重可达80克，果面不平，皮薄，淡红色，果肉厚，绿白色，质地松脆，汁液中多，味甜。含可溶性固形物27.9％～33.1％，鲜枣含糖量22.75％，含酸量0.368％，含维生素C392.5毫克/100克，核中大，长纺锤形，无种仁，可食率达97％，品质上等，树势中庸，发枝力强，进入结果期早，丰产，定植当年可少量开花结果，3年进入丰产期，4年进入盛果期。采前遇风易落果。

梨枣树干性弱，树势中庸，树体中大，树枝易下垂，主干灰褐色，皮部纵裂，裂纹深，剥落少，枣头枝褐红色，萌发力强，年生长量43～96厘米，节间不曲，皮孔中大稀少凸起灰白色。枣股灰褐色，圆锥形，通常抽生枣吊3～8个，吊长13.5～30厘米，5～10节坐果较多，果实品质较好，花量稀少，每一花序有单花1～5朵，枣吊有叶一般10～20片。叶片小而厚，阔卵圆形，长3.4～6.5厘米，宽1.6～2.8厘米，先端锐尖，叶缘锯齿钝，基部圆形，深绿色，叶柄长0.3～0.7厘米。梨枣喜光，耐热耐寒，耐旱耐涝，对土壤要求不严，在山地、沙薄荒地、轻盐碱地上均能生长。一般日均气温14～16℃时开始萌芽，19～20℃时现蕾，20～22℃时开花，24℃以上授粉坐果最佳，秋季气温降至15℃时即开始落叶。在沧州地区，4月中旬发芽，5月下旬开花，6月中旬达盛花期，9月中下旬果实成熟，11月上旬落叶。

二、梨枣栽培特点

矮化密植枣树栽培是今后生产发展的趋势，在新疆等地新发展的枣园，大面积推广取得较好的经济效益。由于梨枣枣头、枣股及当年抽生的枝条均有很强结果能力，是适宜密植和集约化栽培的枣树品种。目前在中原五省矮密丰模式的栽培面积较大，山西省临猗县庙上乡1 740亩的梨枣矮密丰栽植的成功，促进了我国红枣事业的发展。矮密丰枣树栽培充分突现了梨枣树结果早习性，生产期短，结果早，产量上升快，容易获得丰产。密植是同过去常规稀植相比较而言，它受品种、土壤、肥力、气候和市场需求等因素影响外，主要受科技管理水平的制约。枣树乔化实生苗、根蘖苗或嫁接苗，选用较高的定植密度采用相应配套制管理技术，使之在较短时间内早结果、早丰产、早收益，它的显著特点是高投入、高产出。如山西省运城市林业局红枣繁育基地定植2.3亩梨枣，每亩220株，第四年可产枣果9 305千克。陕西省咸阳市林业局技术推广站在彬县城关镇栽植7亩密植园（两块地）每亩110～148株，嫁接后当年挂果，第二年亩产鲜枣分别为280.5千克和377.7千克，第三年亩产分别为665.5千克和741.5千克，第四年分别为1 287千克和2 012千克。所以矮密丰栽培技术成为目前枣生产中更新换代的栽培模式。

第二节　枣园建设

一、枣园规划

枣园规划是枣树定植前进行的基本建设实施方案，应倍加重视，枣树的经济寿命很长，上百年乃至几百年的枣树依然结果，有可观的产量。因此枣园规划，要坚持科学发展观，既要着眼目前的生产又要考虑到未来的发展，要科学规划认真实施。

1. 园地规模的规划　园地规模的规划应根据目前农业生产实行土地以户承包经营的现实和市场的需求确定。园地规划在总体上适当相对集中，以形成栽培品种区域化，生产基地化，经营商品化，利于枣产业化发展。

2. 枣园选址　枣园选址要适应梨枣对环境、气候特别是花期的温度、土壤的要求，并要符合生产无公害、绿色食品对大气、土壤、环境、灌溉水质要求标准，以保证生产出安全合格的梨枣满足国内外市场需求。

3. 小区面积的划分　小区面积的划分主要对区域内连片栽植的枣园，为便于管理，可将枣园划分为若干作业小区，小区大小以方便生产为原则并考虑未来机械化生产，根据园地的地势及土壤条件、气候情况划分。地势、土壤及小气候条件基本一致的可划分一个小区，面积大的可分为若干个作业区。

4. 道路系统规划　为了作业方便，提高劳动效率，在集中连片枣园内可设主干路，生产便道，主干路应纵贯全园。

5. 灌溉排水系统　平地、河滩、丘陵枣园要建设好灌溉及排水系统，可与道路统筹相结合安排。

6. 盐碱地枣园要建设好台条田　盐碱地枣园要规划建设好台条田的排灌淋盐碱系统，以蓄水压盐碱降低土壤含盐量满足梨枣生长对土壤的要求。

7. 设置防护林带　大风对枣树生长极为不利，特别是花期授粉，设置护林带可为枣树生长创造一个较好的生态环境，针对梨枣有采前遇风易落果的习性更有必要。

8. 设置授粉树 尽管枣树多以自花结实为主，异花授粉有利于提高坐果和果实品质，因此在规划梨枣园时要安排一定数量的授粉品种如冬枣、园铃枣均可。

二、枣园整地

枣是经济寿命很长的果树，为给枣树创造一个良好的生长环境，保证实现枣树的早结果、早丰产，栽植前的整地十分必要。通过整地可以改良土壤质地，改善土壤的理化性能，提高土壤的通透性和良好的保水保肥能力；可以保持水土，有效地防止水土流失，涵养水源；可以减少盐碱地有害离子的浓度，利于枣树根系生长，提高枣树栽植的成活率及整个生育期的生长。特别是党中央、国务院已明确规定，今后基本农田一律不准栽种果树，再发展果树只能上山下滩，利用荒山、荒地。荒山、荒地立地条件差，因此，果树栽种前的整地更有必要。具体整地方法参照第四章相关内容。

三、栽植密度

栽植密度在一定程度上决定枣园有经济产量的早晚。矮化密植能突出梨枣枣头、枣股及当年抽生的枝条均有很强结果能力的特点，实现早结果早丰产，可以采用矮密丰栽培模式。一般密度：110~220 株/亩，可实现当年挂果率 30% 左右；第二年亩产 600~700 千克；第三年亩产 900~1 200 千克；第四年以后产量逐年上升稳定在 3 000 千克以上。高密度：220~330 株/亩，当年可挂果率 30% 以上；第二年亩产 900 千克左右；第三年亩产 1 200~1 400 千克；第四年以后产量逐年上升稳定在 4 000 千克以上。超高密度：330~667 株/亩产，当年可挂果率 40% 以上；第二年亩产在 1 000~1 200 千克；第三年亩产 1 800～2 400 千克；第四年以后产量逐年上升稳定在 4 000 千克以上。栽植密度应根据当地的气候、土壤、肥水条件及管理水平而科学规划。

四、梨枣栽植

梨枣的栽植时期可分为秋栽和春栽。秋栽从秋季落叶后到土壤封冻前均可进行，秋季栽植时间越早越好，如无需长途运输树苗，可在 9 月下旬实行带叶栽植，可提高成活率（苗木叶片应摘去 1/2～2/3 为好）。来年春季栽植可适当晚栽，如不是大面的栽植可在枣芽刚萌动时栽植成活率较高。栽植方法是：枣苗一定要选择品种纯正、无毒、根系完整、无机械损伤、无检疫对象的新鲜优质壮苗。栽前根系要用水浸 12 小时以上使根系充分吸水，并对根系进行修整，剪去脱水、腐烂及劈裂等不良根系，再用 ABT 生根粉 10～15 毫克/千克的溶液浸根 1 小时或用 ABT 生根粉 1 000 毫克/千克速蘸 5～10 秒，然后即可栽植。为提高成活率可将苗木的二次枝部分或全部剪除，中心主枝延长头剪留在壮芽部分。在已整好地的地块上，根据枣树的根系大小再在定植穴或沟上挖植树坑，坑的大小长×宽×深为 40 厘米×40 厘米×40 厘米以保证根系在坑内舒展为宜，然后放入处理好的枣苗，苗木阳面栽植时仍朝阳面，苗木的株行间对齐，使行内、行间成直线，然后填土，边填土，边提苗，使苗木根系在土内舒展，然后踩实，苗木埋土可略高于原苗木土痕（浇水后土面下沉至原土痕为宜），栽后浇一透水，水渗后覆地膜，以保墒和提高地温，利于根系生长。覆膜面积，每株苗木不少于 1 米^2。如果不覆地膜，可在水渗后，适时进行锄划保墒。

枣树栽植后的管理非常重要，直接影响枣树的成活率和结果的早晚。一是梨枣栽后要在苗木周围覆盖 1 米^2 的地膜，保持土壤水分，保证根系不失水，提高地温促使根系生长吸收根。二是在为苗木覆地膜的同时，用 150 倍的羧甲基纤维素喷树苗或用塑料薄膜套将树干整个套起来，萌芽后摘除，目的是保持苗木不失水。枣树定植成活后，可在夏季高温来临之前撤去地膜，如土壤墒情不足，可进行灌水增加土壤湿度，浇水后要及时进行中耕除草保墒，促进枣树生长。盐碱地上的枣树，如水质不好，在一般的情况下不要浇水，可进行多次中耕，减少土壤返盐。枣树成活后新萌生的枣头和二次枝一律不动，任其生长，但要注意与中心枣头竞争的枝头，必要时进行适当抑制竞争枝以扶持中心枣头的旺盛长势。在整个生长期要追肥、中耕除草。第一次追肥要在 6 月份，以氮肥为主，第二次追肥在 8 月份，应以磷钾肥为主，每株施肥量 50 克左右（氮肥可用硫酸铵，用尿素减半，磷肥可用钙镁磷肥，钾肥可用硫酸钾肥），然后覆土，施肥后根据土壤墒情适时浇水、中耕除草，并注意枣锈病及食叶害虫的防治（有机枣生产可追施沼液、沼肥或经无害化处理的有机肥。）。结合喷农药或单独进行叶面喷肥，生长前期可用 0.2% 的尿素液进行叶面喷肥 2~3 次，促进枣树的营养生长，生长后期可用磷酸二氢钾 0.2% 的溶液进行叶面喷肥 2~3 次，提高植株的木质化程度，有利于枣树安全越冬和来年的生长、结果（有机枣可喷施沼液）。通过上述管理，当年新生枣头长势粗壮，长度可达 50 厘米以上，为梨枣的早结果早丰产打下基础。做好以上管理除个别苗木因质量和栽植技术的问题影响成活外，成活率可达 98% 以上。对没有成活的枣树，来年要及时补栽同规格的枣苗，以保持枣园林相整齐，便于管理。

第三节 梨枣整形修剪及土肥水管理

一、整形修剪

整形修剪是梨枣树栽培管理中的一项主要技术措施，通过整形修剪促进幼树生长，建立牢固的丰产树体结构，调节营养生长与生殖生长的关系，平衡树势，实现早结果、早丰产。近年来，随着枣树科学管理技术的不断提高，矮密丰的树体结构越来越受到人们的重视并在梨枣上应用。目前生产上表现较好的丰产树体结构有矮冠疏层形、矮冠开心形、自由纺锤形。

1. 矮冠疏层形

树形特点：树体矮小，成形快；主枝间距大，光照条件好，骨架牢固，负载量大，修剪方法简单，管理方便，单株产量高。

树体结构：树高 2～2.5 米，干高 50 厘米左右，全树 5～6 个主枝分 3 层着生在中心领导枝上。基部 3 个主枝，与中心领导干夹角 70°～80°，层内距 20 厘米；第二层 2 个主枝，与中心领导干夹角 60°～70°；第三层 1 个主枝，与中心领导干夹角 50°，层间距 80 厘米左右。基部主枝长度 100～120 厘米，第二层 80～100 厘米，第三层 60～70 厘米。基部 3 个主枝上各配 2～3 个侧枝，第二层主枝各配 2 个侧枝，最上部配 1 个侧枝。第一侧枝距中心领导干 60 厘米左右，第二侧在第一侧枝的对面相距 20 厘米左右。高度达到要求，要及时落头回缩，呈开心形。树体大小与栽植密度密切相关，主侧枝数量以密度而异，原则上冠径应小于株距，树高不超过行距。

2. 矮冠开心形

树形特点：无领导干，骨干枝少，光照条件好，骨架牢固，负载量大，成形快，结果早，管理采收方便。由于枣树枝条直立，顶端优势强，修剪时应注意控制。

树体结构：树高 1.8～2.0 米，树干高 40～50 厘米。在距地面 50 厘米左右处，选留 3 个长势均匀，方位好，角度适宜的枝条培养基部 3 个主枝，与中心领导干夹角 60°～70°，第二年 3 个主枝全部配齐，在基部的各个主枝上培养 2～3 个侧枝（全树冠共培养 7～9 个侧枝），各主侧枝全部配齐后，原中心枝落头开心，树形完成。

3. 矮冠自由纺锤形

树形特点：主枝或结果枝组直接着生在中心主干上，光照条件好，骨架牢固，负载量大，整形容易，成形快，结果早，管理采收方便，是密植枣园首选树形。

树体结构：干高50厘米左右，中央领导干上着生8～10个骨干枝，无侧枝，相邻两骨干枝距15～20厘米左右，与中央领导干夹角70°左右，骨干枝间错落有序互不交叉重叠向四周伸展，达到高度后落头开心控制树体高度，形成近圆柱形的塔形结构。树体大小与栽植密度密切相关，一般要求冠径小于株距，树高不超过行距。若采用2.5米×3.0米的株行距栽培，其冠径应控制在2.0米左右，树高应控制在2.5米左右。

4. 小纺锤形　栽植密度每亩在330株以上的枣园均属超高度密植枣园。一般采用小自由纺锤形，或称小纺锤形。

树形结构特点是树体矮小，干高30～40厘米，中央主干着生以二次枝为主的结果枝组6～10个，互不重叠向方园四周伸展，相邻两结果枝组间距15厘米左右，第一、二结果枝组与主干夹角70°～80°，随着向上角度逐渐减少，达到高度后落头开心控制树体高度，树高一般控制在1～1.5米，形成一个长圆锥形树形。

整形修剪的重点是骨干枝的修剪，骨干枝修剪分为冬剪和夏剪两个时期。①冬剪。主要任务是促进骨干枝快速延伸生长。对梨枣品种而言，一般培养中央干上的二次枝为骨干枝时，采取留2～4节短截，刺激二次枝主芽萌发枣头枝延伸生长。修剪程度依据枝势、着生部位等因素决定，一般留4～7个二次枝剪截。强枝轻剪，弱枝重剪；树冠上部轻剪，下部重剪。另外，也可对二次枝轻剪，促进枝组健壮。②夏剪。主要目的是控制延长枝头生长，促壮二次枝，提高坐果率和枣果质量。一般在5月底至7月下旬均可进行，以5月底至6月上旬幼龄枝盛花期、延长头长出5～8个二次枝时效果最好。另外，应注意在中央领导干延长头剪口下的第2个二次枝短截后萌发的枣头枝生长直立，不宜培养骨干枝，一般不进行短截，可作为临时结果枝组处理。中主干延长头达到要求高度后，可在适宜二次枝处回缩，落头开心控制树体高度。利用二次枝培养骨干枝时，其基部主芽极易萌发枣头，应及时疏除，以保证二次枝剪口下第一个主芽萌发。对部分2～3龄枝的临时枝顶芽、内膛隐芽及摘心不彻底而萌发的枣头，要随时疏除或剪截。为充分利用梨枣2～3龄枝结果能力强的特性，对幼树期在中心干上有生长空间的部位适当培养临时性、健壮的结果枝组，当结果2、3年后，且已妨碍骨干枝的生长结果时，应及时从基部一次性或逐年疏除，保证树体通风透光和形成合理树形结构。对有空间的结果枝组要及时更新，始终保持2、3幼龄枝的结果优势。

二、适时施肥

枣树是多年生木本植物，几十年甚至上百年生长在一块地方不移动，每年从土壤里吸取大量养分用于萌芽、长叶、发枝、开花、结果等一系列生长发育过程，致使土壤里可供枣树需要的营养物质会越来越少，如不及时补充将直接影响树体的生长及结果，为保证枣果的优质丰产每年必须适时施肥。枣树的花芽分化、花蕾形成，是从萌芽开始，随着枣吊和叶片的生长而同时进行。随着枣树开花、授粉、坐果，花芽仍在继续分化，整个花期可持续一个多月，这就决定了枣树需肥极为集中的特点。另外枣树从萌芽、枣叶生长，到枣树叶片具有合成营养功能之前这一段所需要的营养物质完全依赖于去年的贮藏营养，因此贮藏营养的多少，在很大程度上决定着枣树来年花芽分化质量及枣果产量。为满足枣树上述的需肥特点，一年之中施好基肥，萌芽前、开花前、幼果期和果实膨大期4个时期的追肥是必要的。肥料品种的选择应根据生产无公害、绿色、有机食品的肥料施用标准选用。

1. 基肥　基肥以有机肥为主，附以适量化肥。有机肥属迟效性肥料，秋季9月份在枣树采果前后施肥效果最好。笔者实验，9月2日与第二年的3月19日施同一肥源、施肥方法及数量均相同的基肥，结果是9月2日施基肥比第二年的3月19日施基肥的树，叶片面积增加22%，枣吊增长3.7厘米，果吊比提高0.28%。

2. 萌芽前追肥　在枣树萌芽前进行，此次追肥以氮肥为主，可将全年应补充氮肥的1/2～2/3及1/3的磷肥混合施入地内，目的是保证萌芽时期所需养分，促进枣头、二次枝、枣吊、叶片生长和花芽分化、花蕾形成。据调查，萌芽前追肥与不追肥的枣树比较，前者较后者枣吊长度平均多3～4节，形成的花蕾明显好于后者。

3. 花前追肥　枣树花芽分化、开花、授粉、坐果几个时期重叠，花期长，此期需要养分多且集中，如此期养分不足将影响花芽质量、授粉和坐果率，直接影响果实的品质和产量。此次追肥以磷肥为主，适当配合氮和钾肥一块混合施入土内。

4. 幼果、果实膨大期追肥　幼果、果实膨大期是枣树全年中需肥的主要时期，目的是减少落果，促进果实膨大，提高果品质和产量，养分不足将导致落果且果实品质下降，并影响枣果的耐贮性。此次追肥，幼果期以磷肥为主，配合钾肥，果实膨大期以钾肥为主，配合磷肥，如果叶片表现缺氮、适当加入少量氮肥混合施入土内。

追肥是对基肥施用不足的补充，是在枣树生长的关键时期进行。为保证根系的吸收，追肥应采取多点穴施或沟施，每穴施肥量不能超过50克，穴越多施肥面积越广，越利于根系吸收，如每穴施肥过量不仅不能发挥肥效，还能引起烧根，伤害根系，适得其反，应引起重视。

5. 施肥量　根据梨枣的产量、树势强弱和土壤肥力决定的，一般生产无公害、绿色A级枣，每生产1千克鲜枣需有机肥2千克以上、尿素0.2千克、复合肥0.2千克。有机枣每生产1千克鲜枣需有机肥4千克以上，追肥可用沼液。

三、浇水

水是一切生物赖以生存的必要条件，是细胞的主要成分，一切生命活动都离不开水。如树干含水量在50%左右，果实的含水量在30%～90%不等。树木的光合作用、蒸腾、物质的合成、代谢、物质运输均离不开水的参与。水能调节树温免受强烈阳光照射的危害，调节环境的温度、湿度有利枣树生长，正确灌水是枣树生育所必需的措施。梨枣在整个生育期中，生长最旺盛的时期也是需水需肥最多最关键的时期。我国北方降水量少，且分布不均，50%～70%的降水量集中在夏季，秋季、冬季、春季降水量较小，特别是春季多风气候干燥正值枣树发芽、开花、坐果的关键时期对其生长极为不利。为保证梨枣树的正常生长，在萌芽前、开花前、幼果期、果实膨大期及冬前，如土壤缺水应及时浇水。为保证尽快发挥肥效，施肥应与浇水结合进行。浇水后应做好锄地保墒工作。浇水要视天气而定，如降水满足了此期的需水就可以不浇，如降雨过多还要进行适当排水。盐碱地灌水应慎重，如果灌水条件、水质都不太好的情况下，春季尽量推迟浇水时间，通过深锄造坷垃的方法抑制土壤水分蒸发，减少土壤反碱。

梨枣白熟期如天旱应适时浇水，以减少因干旱造成的裂果。

第四节 梨枣花期及果实生长期管理

一、花期管理

除做好肥水管理外要重点抓好以下几点：

1. 适时摘心 梨枣的品种特性是当年生枣头、2～3龄枝有极强的开花结实能力，无须采取措施即可转化成小型结果枝组。适时摘心能提高坐果率、增大果个和丰产稳产，摘心是夏季修剪的主要措施。一般来说，枣头生长期均可摘心，但以2、3龄枝的盛花期至坐果前效果最佳，重点摘除直立生长、无生长空间的临时枝枣头及二次枝，对培养骨干枝的延长头仅有枣吊长出时必须进行枣吊摘心，以刺激主芽萌发枣头。通过摘心培养木质化枣吊是梨枣品种的主要修剪特性之一。其具体做法是当枣头生长至15～20厘米、基部的第一个二次枝已明显可见时从第一个二次枝处摘除枣头，促使下部隐芽萌发形成木质化枣吊。

2. 适时开甲　花期开甲应在枣花开放 40％～50％ 的盛花期开甲。甲口宽度一般在 0.3～0.7 厘米，旺树适当宽点，弱树、小树适当窄点甚至不开甲。如果甲口愈合过早尚未达到坐果要求，可在甲口愈合口处用利刀再环割一圈延缓愈合时间提高坐果。为使栽培者获得较好的效益，在幼树生长期间，可对非骨干枝的一切辅养枝或高度密植的枣树骨干枝在花期实施环割技术，枣花开放 40％ 左右时在辅养枝上用剪刀环割 2～3 圈，过 7～10 天再环割一次，使辅养枝提前结果，做到长树结果两不误。

3. 合理使用植物生长调节剂　花期合理使用植物生长调节剂能显著提高坐果率，但使用不当，会造成不良后果。花期使用九二〇浓度 15 毫克/千克。有的农民花期喷 4～5 次九二〇，造成果实变小，成熟期延长，品质下降，不应提倡。花期使用九二〇提高坐果率的适宜时期应在开甲之后，选择连续 4～5 天阳光充足的晴天，日均气温 24℃ 以上使用效果才好（应关注花期的天气预报），九二〇与芸薹素内酯，或与 0.2％ 尿素加 0.2％ 磷酸二氢钾或 02％ 的硼砂溶液混合使用比单一使用更好（有机枣生产不能使用植物生长调节剂，可喷硼、沼液）。

植物生长调节剂的使用，必须在良好的肥水管理、树势健壮的条件下才能有效。因此，秋后基肥的施用和萌芽前、开花前追肥非常重要不能忽视。

4. 花期喷水　枣树花期空气湿度达到 70％～85％ 时花粉发芽正常，枣花蜜盘分泌蜜汁多，有利于吸引蜜蜂等昆虫授粉和坐果，我国北方枣区，春季降水少，花期常遇干旱天气，特别是干热风，影响枣树的授粉受精，造成严重减产，并易产生焦花现象（即花朵干枯），花期喷水可以提高空气湿度，减少焦花，有利于花粉发芽和授粉，提高坐果率。喷水时期应在初花期到盛花期，一天之中的喷水时间以傍晚最好，喷水次数视天气而定，干旱年份应多喷几次，反之可减少喷水次数，一般年份喷水 3～4 次为宜。生产有机枣花期不能使用九二○等合成激素，花期喷水是不错的选择。喷水范围越大，效果越好，故提倡整个枣区大面积喷水。

5. 提倡枣园花期放蜂　枣是典型的虫媒花，异花授粉坐果率高，枣园花期放蜂是提枣坐果率和果实品质的重要措施应大力提倡。据调查枣树距蜂箱越近授粉越好坐果率越高，一般要求枣园 20～30 亩放置一箱蜂为宜，也可饲养壁蜂帮助授粉。

二、果实管理

1. 提倡疏果　梨枣为鲜食中熟品种以果实个大著称，进行疏果不仅能增个提高当年的果品品质而且是实现年年优质丰产的重要技术措施。适宜的坐果量可有效积累贮存养分满足翌年萌芽、开花、坐果的需要。为保障食品安全应杜绝使用膨大剂来增大果实。留果量应根据树势和管理水平确定，平均吊果比不能超过一个枣。

2. 果实喷钙　梨枣有裂果习性，果实白熟期前后喷 2～3 钙肥以减少后期裂果。

3. 病虫害的防治　为害梨枣的病虫害主要病害有枣锈病、枣褐斑病、枣缩果病、炭疽病、枣疯病等，虫害有枣黏虫、桃小食心虫、枣诱叶壁虱、枣瘿蚊、绿盲椿象、枣红蜘蛛、日本龟蜡蚧、刺蛾等。病虫防治应在以保护天敌，维持果园生态平衡的基础上，坚持以防为主，治早、治小、治了的原则，采用综合防治，控制病虫危害。具体方法参阅本书第九、第十章有关内容。

第五节 梨枣采收

梨枣是一个果实较大品质较好的中熟鲜食品种，以应时满足市场的需求为主的果品，后期有品质更优的品种上市，贮藏保鲜的意义不大，应根据梨枣的成熟度和成熟不整齐特点，应分批适时采摘成熟度好的梨枣供应市场。

根据梨枣的成熟程度按枣果皮色和果肉的质地变化可将枣果成熟期分为白熟期、脆熟期和完熟期。

（1）白熟期 果实膨大至已基本定型，显现枣果的固有形状，果皮细胞中的叶绿素消减退色，由绿变绿白至乳白色，果实肉质较疏松，汁液较少，甜味淡，果皮白色有光泽，为白熟期，是加工蜜枣的适摘期。

（2）脆熟期 白熟期以后，果实向阳面逐渐出现红晕，果皮自梗洼、果肩开始着色，由点红、片红直至全红。此时果实内的淀粉开始转化，有机酸下降，含糖量增加，果肉质地由疏松变酥脆，果汁增多，果肉呈绿白或乳白色，食之甜味增加略有酸味，口感渐佳，充分体现出该品种梨枣固有的风味和基本特征，此时为脆熟期，是梨枣最佳食用期也是梨枣的最适采摘期。

作为梨枣鲜食为主的品种应在脆熟期采摘，如加工蜜枣可在白熟期采摘。梨枣干枣品质不佳，一般不制干，完熟期无商品意义。

（周　彦）

第十六章

南枣优质丰产栽培

我国地域辽阔，气候、土壤条件差异很大，将枣栽培分为两个区，以年均温度 15℃ 等温线为界，分为南枣和北枣两大类型生态区。南枣区的枣能耐高温、多湿和酸性土壤，品种少，栽培面积较小，多为鲜食和加工。北枣品系较耐低温、干旱和盐碱土壤，品种多，品质优良，鲜食、制干、加工品种均有，栽培面积大。以往有关枣栽培书籍对北枣关注较多，南枣内容不多见，本章以灌阳长枣为例重点讨论南枣的优质丰产栽培技术。

第一节　南枣栽培概况

江苏泗洪、浙江义乌、广西灌阳等地均是南方红枣老产区，栽培历史悠久，多达数百年以上，所产鲜枣和加工的蜜枣都曾是明、清时期的贡品，以其优良品质享誉海内外。近年来，由于栽培管理技术不当，病虫严重，管理成本大，果实品质和产量下降，经济效益低，比较效益差，严重影响了群众发展鲜食枣的积极性，甚至出现了砍树毁园现象。江苏泗洪大枣，就是因为枣疯病的泛滥使泗洪大枣惨遭毁灭。1982 年发现了对枣疯病免疫的优良单株以后，由于各级政府的重视，经过广大科技人员和枣农的努力才又发展起来。浙江地处东南沿海经济发达地区，种枣树比较效益低，造成义乌大枣栽培面积萎缩。广西灌阳长枣也是由于管理不善，枣疯病大面发生造成栽培面积锐减。为此，从2004 年开始，在当地政府的支持下，科技人员在灌阳长枣产区开展了鲜食枣高效栽培技术研究，取得了明显效果，已开始恢复性发展。

枣果营养丰富，有良好的医疗保健价值，富含人体所必需的物质，素有"维生素丸"之称。枣所含主要营养物质远高于其他果品，如维生素C的含量，鲜枣是猕猴桃含量的4～6倍，钙和磷是一般水果含量的2～12倍，维生素P的含量达3 000毫克，为百果之冠。在崇尚食品保健和食疗的今天，枣无疑是人们日常生活中的最佳果品。我国南方气候温暖雨量充沛，物产丰富为我国的鱼米之乡，历代商贸发展，形成许多闻名世界的城市，大自然的神斧天工，雕琢了数不清自然美景，如著名景区桂林，山清水秀，大自然的风光让人流连忘返，每年有数以千万计的国内外游客光顾，为他们送上一盘我国特有的甜酸适口、酥脆多汁的鲜枣，是多么好的休闲美食。1998年昆明世界园艺博览会上，枣销售异常火暴就是例证，由此可见南枣孕育着广阔无限的商机。

第二节　南枣栽培技术

南枣与北枣同为鼠李科枣属植物，其形态特征、植物学特性相同，栽培技术也基本一致，不同的是南方高温多雨，因此枣树年生长周期长，营养生长旺盛，需要通过肥水管理和修剪技术措施进行适宜的调整。土壤多为酸性，品种安排上应以当地优良品种为主，以及鲜食和加工蜜枣品种为主，鲜食枣应引进北方优良早熟品种，丰富当地枣的品种，品种结构以早熟鲜食枣为主，中、晚熟品种兼顾，扩大市场销售链，提高枣的栽培效益。引进北方优良品种应采取高干乔接，以提高引种的成功率。新建鲜食品种枣园，枣树整形可采用篱壁式、自由纺锤形、扇形、开心形等小冠密植树形，结合棚室或避雨栽培，解决枣成熟期遇雨裂果问题，并可使鲜枣提早上市获得较高经济效益。据调查，7月底上市的鲜枣在南宁能卖到50元/千克，如此高的效益何乐而不为？灌阳县属中亚热带季风气候，年平均温度 17.9℃，最高 39℃，最低−5.8℃，年降雨量 1 538.4 毫米，为典型的南枣栽培区域。下面以灌阳长枣为例讨论南枣栽培技术。

（一）灌阳长枣特性

灌阳长枣又叫牛奶枣，主产广西灌阳，栽培历史悠久。据灌阳县志记载，在康熙 47 年（公元 1708 年）就有白枣，距今已有 300 多年，现文市镇还有 1 株 100 多年的枣树健在。果实长圆柱形较大，果尖多向一侧歪斜，平均单果重 14.3 克，最大 20.5 克，果皮较薄深赭红色有光泽，果肉黄白色，肉质较细松脆，果汁少味甜，可食率 96.9％，含可溶性固形物 27.9％，适宜加工蜜枣和鲜食。也可制干枣，制干率 35％～40％。当地果实 8 月上旬白熟，9 月上旬完熟。树体高大干性强，树姿开张，早果性好，丰产稳产。嫁接苗当年有少量开花结果，根蘖苗 2～3 年结果，15 年株产可达 150 千克以上。50 年大树高 8.9 米，冠幅 7.5 米。对土壤和气候适应性较强，耐干旱、瘠薄、高温及酸性土壤。原产地为土壤深厚的平川地，在石灰岩黏壤土、紫色土、红黄黏壤土、冲积沙积土上均能良好生长。近年引种到广西柳州北部、贵州遵义、湖南大部、广东连州市等地栽培表现很好。灌阳长枣在当地每年 4 月上旬萌芽，5 月初始花，5 月中下旬进入盛花期，8 月中旬果实着色，9 月上旬完熟，10 月下旬落叶，果实生育期 110～120 天。

（二）建园

1. 园址的选择　灌阳长枣适应性很强，对园地的选择要求不严格，平地、山地、丘陵都能栽植。园址最好选在阳光充足、避开风口处、土层厚度在 30～60 厘米以上且排灌良好的地块上。枣园周围没有污染源，产地生态环境（园地土壤、大气环境、水质条件）应符合农产品质量安全的国家标准。

2. 园地规划设计　灌阳长枣的经济寿命长达百年以上，因此栽植前要进行园地规划设计。规划设计的原则是：最大限度的

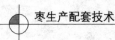
提高土地利用率，创造有利于其生长的局部环境，发挥其生产潜力，提高枣园效益，便于生产操作，还要兼顾考虑未来发展。园地规划设计包括防护林、道路、排灌渠道、小区合理布局、栽植密度、栽植行向、房屋及附属设施等。

新建枣园灌阳长枣的栽植密度：纯枣园一般栽植密度株距为2～4 米，行距 4～6 米，亩栽 83～28 株；中高密度园株距为 1～2 米，行距为 2.5～4 米，亩栽 83～240 株；枣农间作园一般株距 2～4 米，行距 7～15 米，亩栽 16～45 株。栽植行向以南北行向为宜。南北行向遮阴小，通风透光好，病虫害少，适宜枣树的生长发育，对间作作物无不良影响。枣虽然多数是自花授粉结实果树，但异花授粉可提高坐果及改善果实品质，故提倡两个以上品种混栽。

3. 品种选择 灌阳长枣历经数百年栽培，自然变异很大，需要进行品种选育。应选择抗裂、抗病虫，特别是抗枣疯病、果实大，可溶性固形物及含糖量较高，丰产稳产、采前落果较轻的优良单株进行培养繁育，应用采取嫁接方法繁育、品种纯正的苗木建园或用高接换头方法改造老枣园，以提枣园整体优质水平。南方老枣区也可引进高抗枣疯病、品质优良的南枣如泗洪大枣，距景区近的地方或城市周围可引进北方优良的早熟品种，调节品种结构，做到品种布局合理，早、中、晚熟结合，以早为主，延长市场供应链，提高枣的栽培效益。引进北方品种，可采用当地抗病虫强的优质枣苗作砧木，在苗木主干（一般保留砧木主干30 厘米以上，能最大限度地发挥砧木的优良遗传特性）上嫁接引进品种培育枣树，可以提高引进品种适应南方气候、土壤的能力。

4. 枣树栽植 在冬季土壤不结冻地区，枣树种植时间可在落叶以后至翌年发芽前进行，一般在 11 月至来年的 4 月份。枣树种植前要细致整地、浇水，为枣树生长提供一个良好的土壤环境。要求穴状整地：规格不低于 80 厘米×80 厘米×80 厘米，如枣园为土层薄的丘陵山地还应扩大植树坑的规格。每株枣树施农家肥 40～50 千克，过磷酸钙 0.2 千克，氯化钾 0.1 千克与表土混合填入坑内，土填至距坑沿 10 厘米左右，然后浇水塌实待栽树。栽树时根据枣树的根系大小再在定植穴或沟上挖植树坑，坑的长×宽×深为 40 厘米×40 厘米×40 厘米以保证根系在坑内舒展为宜，然后放入处理好的枣苗，苗木阳面栽植时仍朝阳面，苗木的株行间对齐，使行内、行间成直线，然后填土，边填土边提苗，使苗木根系在土内舒展，然后踩实，苗木埋土可略高于原苗木土痕（浇水后土面下沉至原土痕为宜），栽后浇一透水，水渗后覆地膜，以保墒和提高地温，利于根系生长。栽后苗木剪口要涂漆、树体喷石灰乳，防止苗木失水和日灼，有利成活（石灰乳配制方法见第四章）。

第三节　枣树栽植后管理

枣树栽植后的管理非常重要，直接影响枣树的成活率和结果的早晚及枣树的经济寿命。枣树是一个有生命的个体，在其生长发育过程中时时受到大气、土壤、枣园生态环境及自身的树体结构等多种因素影响和制约，因此，枣树管理就是通过实施土壤管理、整形修剪、施肥浇水、病虫防治等技术措施建立环境友好的生态系统。友好就是和谐，和谐就要做到各个因子之间的平衡，因此搞好枣树管理就是使与枣树生长有关的因子之间的平衡。如要做到树体自身结构的平衡，就要运用整形修剪技术，建造一个合理的树体结构，做到各主枝间、主枝与侧枝、各骨干枝与结果枝、结果与发育、地上部分与根系等的平衡谐调；要做到树体健壮就要通过施肥浇水建立土壤结构、各营养元素之间、有益微生物之间的平衡谐调；要搞好病虫害的防治，就要做好果园的天敌与害虫、有益微生物与有害微生物之间的平衡谐调，这是我们管理好果树要遵循的宗旨。

423

一、枣树整形修剪

枣树整形修剪是枣树管理的重要组成部分。一个良好的果园生态环境和一个良好的树体结构，是生产无公害、绿色、有机食品，获得枣果优质丰产的保证条件之一，应引起栽培者的高度重视。枣树整形是通过修剪实现的。修剪分为冬剪和夏剪，落叶后至萌芽前的修剪称为冬剪，生长季节的修剪称为夏剪。修剪的主要作用是构建良好的树体结构，平衡树势，调节营养生长与生殖生长的关系，调节膛内各类枝条的长势，改善树冠内通风透光条件，促使树势健壮，结果适量，延长枣树的经济寿命，获得较高的经济效益。南方枣区由于气温高、降水多、生长期长，一般营养生长旺盛，更应注重夏剪。枣树成形后，冬剪只须调整骨干枝和对更新枝进行培养，重点放在夏剪的抹芽和疏果上。在枣树整个生长期，对于不做延长枝和结果枝的新生枣头要及时全部摘心或抹除，春季萌芽后的抹芽工作尤为重要，减少无效养分的过多消耗。在果实开始迅速膨大时，要按照预定负载量的均匀留果，留果量可高于预产的 20% 左右，其余进行疏除，以提高坐果率和果实品质。

常用的修剪方法有短截、回缩、疏枝、缓放、刻伤、拉枝、撑枝、抹芽、拿枝、扭梢、开甲、环割等。上述修剪方法的综合运用，可建造一个枣优质丰产的树体结构和枣园的群体结构。

1. 枣树的主要树形　生产上采用的树形主要有主干疏层形、自由纺锤形、自然圆头形、开心形。

（1）主干疏层形　此树形特点是骨架牢靠，层次分明，通风透光，结果早易丰产。有明显的中心干，树高 3～4 米，树干高 50～70 厘米，全树有 7～8 个主枝，分 2～3 层着生在中心干上。第一层 3～4 个主枝，均匀向四周分散开，第二层 2～3 个主枝，伸展方向与第一层主枝错开，第三层 1～2 个主枝，主枝与中心干的基部夹角 70°左右。第一与第二层的层间距为 100 厘米，第二层与第三层间距 90 厘米。第一层层内距为 40 厘米，第二层及第三层层内距为 30 厘米。第一层主枝留 2～3 个侧枝，侧枝要按一定的方向和次序分布，第一侧枝与中心干的距离为 60～80 厘米，同一主枝上相邻的两个侧枝之间的距离为 50～60 厘米，第二与第三层主枝选留侧枝应根据树的大小决定。

（2）自由纺锤形 干高 70～80 厘米，中心干较直立。在中心干上分布 7～9 个主枝，各主枝间距 30 厘米左右，主枝与中心主枝夹角 70°～90°，上部主枝基角要小于下部主枝的基角，主枝上不留侧枝。各主枝交错生长，分布均匀。

（3）开心形 干高 70～80 厘米，树体没有中心干；全树 3～4 个主枝轮生或错落着生在主干上，主枝基角 60°～70°，每主枝有侧枝 2～4 个，相邻两侧枝间距 40～50 厘米，侧枝在主枝上按一定方向和次序分布，不能互相交叉、重叠。

（4）自然圆头形 干高 70～80 厘米，全树主枝 6～8 个在主干上错落着生，主枝基角 60°～70°，主枝间距 30～40 厘米，每主枝着生侧枝 1～3 个，树冠呈圆头形，树高 3.5～4.5 米。

南方枣区在树形上与北枣区相比，树冠层次要少，层间距、层内距要大，结果枝组以中小型为主，大型结果枝组不超过 20％，各种树形应注意及时落头开心，疏除膛内影响光照的大枝，保证冠内通风透光。注意枣园的群体结构，株间可交接但不宜超过 10 厘米，行间要有 1～1.5 米的通风透光带，以保证枣树健壮生长，并不利于病虫害的发生。

2. 不同年龄时期枣树的修剪要点

（1）幼树期的修剪 通过定干和不同程度的摘心、疏除和短截二次枝，促进枣头萌发而产生分枝，培养主枝和侧枝，迅速扩大树冠，加快幼树成形。充分利用不影响骨干枝光照和生长的辅养枝通过夏季拉枝和枣头摘心技术措施培养良好的结果枝组。

（2）初果期树的修剪 主要是调节营养生长和生殖生长的关系，兼顾生长和结果。对冠径小、四周生长空间大的枣树，要以长树为主，通过短截各骨干枝枝头，促发新枝，继续扩大树冠。在扩大树冠的同时，通过对其他新生枣头的摘心，并辅以开甲、环割等手段，让结果枝组提前结果，使之有一定的产量，减少多余的营养生长；对冠径已达要求，没有生长空间的枣园，在修剪上要转向以结果为主，要对各类延长枝和新生枣头进行不同程度的摘心，适时开甲，实现全树结果，增加产量；生长结果期的树因结果太早太多，出现未老先衰现象，要停止摘心、开甲等手段，通过短截各级骨干枝，促发新枝，使之扩大树冠，复壮更新。

（3）盛果期树的修剪　通过调节营养生长和生殖生长的关系，使树体始终保持旺盛的生命力，保持强大的结果能力。要通过冬、夏修剪结合，疏截结合，保持树体良好的通风透光条件，复壮树势，促生枣头，补充更新结果枝组，防止或减少内膛枝条枯死和结果部位外移，维持稳定的树势和经济产量。

（4）衰老期树的修剪　在枣树刚进入衰老期，骨干枝出现光秃时进行轻更新，即在主侧枝总长的 1/3 处轻度回缩；二次枝、枣股大量死亡，骨干枝大部分光秃时进行中更新，即锯掉骨干枝总长的 1/2 左右并对光秃的结果枝组予以重短截；在树体极度衰弱，各级枝条大量死亡时进行重更新，即在原骨干枝上选有生命力的、向外生长的壮枣股处锯掉枝长的 2/3 或更多，同时加强肥水管理，刺激骨干枝中下部的隐芽萌发新枣头，重新培养树冠。中更新和重更新后都要停止开甲养树 2～3 年。枣树骨干枝的更新要一次完成，不可分批轮换进行，更新后用蜡或油漆涂抹伤口促进愈合。

二、枣树施肥

枣树是多年生木本植物，几十年甚至上百年生长在一块地方不移动，每年从土壤里吸取大量养分用于萌芽、长叶、发枝、开花、结果等一系列生长发育过程，致使土壤里可供枣树生长的营养物质会越来越少，必须通过施肥补充土壤中所需养分。

1. 基肥的施用　基肥施用时期以枣果采收后至落叶前施用最适宜。枣树基肥的施用量为每生产 1 千克鲜枣需施用 2 千克有机肥。一般生长结果期树每株施有机肥 30～80 千克；盛果期树每株施有机肥 100～250 千克，为提早发挥肥效，基肥中应掺入的速效氮磷肥，用量依枣树大小而定。一般生长结果期树掺入尿素 0.2～0.4 千克，过磷酸钙 0.5～1.0 千克。基肥的施用方法采用环状沟施、放射状沟施、条状沟施。

2. 追肥的施用　枣树从萌芽、枣吊生长、花芽分化、开花、坐果、果实生长等物候期重叠，是需肥水的关键时期，必须进行追肥，才能保证枣的优质丰产。枣树追肥主要分 4 次。第一次在萌芽前（3 月下旬），以氮肥为主，适当配合磷肥。此期追肥能使萌芽整齐，促进枝叶生长，有利花芽分化。第二次追肥在开花前（4 月下旬），仍以速效氮肥为主，同时配以适量磷肥。此期追肥可促进开花坐果，提高坐果率。第三次追肥在幼果发育期（5 月下旬），在施氮肥的同时，增施磷钾肥，其作用是促进幼果生长，避免因营养不足而导致大量落果。第四次在果实迅速发育期（7 月上中旬）。此期氮磷钾配合施用，钾肥适当多点，以促进果实膨大和糖分积累，提高枣果实品质。追肥方法采用多点穴施或沟施。追肥施用量，目前枣树追肥用量是靠丰产园的施肥经验确定的。对于成龄大树，萌芽前每株追施尿素 0.5～1.0 千克，过磷酸钙 1.0～1.5 千克；开花前追施磷酸二铵 1.0～1.5 千克，硫酸钾 0.5～0.75 千克；幼果生长发育期施磷酸二铵 0.5～1.0 千克，硫酸钾 0.5～1.0 千克；果实迅速膨大期，施磷酸二铵 0.5～1.0 千克，硫酸钾 0.75～1.0 千克。

南方枣区的施肥要重施基肥，追肥要少量多次，提倡叶面喷肥。充分利用枣树摘果后生长期长的优势，基肥要早施，继续加强采果后的管理，尽量延长落叶时间，积累贮藏营养，为翌年枣的优质丰产奠定基础。可结合喷药喷 0.5% 的尿素＋0.4% 的磷酸二氢钾液2~3次。每次追肥不需配合灌水，要视降雨和土壤墒情而定，可多做松土保墒工作。

三、枣树灌水与排水

枣树是比较耐旱的树种，如降雨量分配比较均匀，年降水量在700毫米左右即可灌足全年生长的需求。北方枣区一般要求在萌芽前、开花期前灌水，幼果期前和果实膨大期灌水要视降水情况确定，落叶后浇冬水，保证枣树安全越冬。南枣区降雨量多，灌水更要根据降雨多少确定灌水，不管是什么生长期当土壤田间持水量低于60%时就要及时灌水，如降雨过多还要排水。灌阳枣区一般在枣幼果期（7月中旬）降雨偏少需灌水，其他时期一般不需灌水，以免营养生长过旺，秋施基肥如土壤墒情不好可结合施肥灌水促进肥效尽快发挥。

四、花果期管理

枣的花期长，花量大，坐果率低，一般花朵坐果率仅为1%左右。开花期正值枣头旺盛生长期，营养生长和生殖生长竞争激烈。因此，要保证理想的坐果率，必须在加强土肥水管理的基础上，积极采取相应技术手段，调节树体养分分配，并创造良好的授粉受精条件。

1. 做好夏季修剪　夏季修剪是枣树保花保果工作的主要内容。在相同管理条件下，枣树同龄植株产量的构成决定于光合强度，合理修剪可以调解生长和结果的矛盾，改善树冠的通风透光条件，促进花芽分化，提高坐果率。因此必须及时进行抹芽、疏剪、摘心、拉枝等技术措施，合理分配树体营养，减少养分消耗，集中养分，供应花芽分化及开花坐果的需要。

2. 科学防治冬枣树病虫害

3. 花期开甲　枣树开甲，即对枣树进行环状剥皮。在盛花初期，环剥树干或骨干枝，切断韧皮部，阻止光合产物向下部运输，使养分在地上部积累，最大程度保证开花坐果对养分的需要，缓解地上部生长和开花坐果间的矛盾，从而提高坐果率。枣树开甲当年可增产30％～50％，果实品质明显提高。至今，开甲仍然是提高枣坐果率必不可少的措施之一。

　　枣树开甲部位及开甲类型：生产上一般分为主干开甲和结果枝开甲两种，主干开甲多应用于树干粗壮的盛果期枣树或高接换头的枣树。对于主干开甲的枣树，第一次开甲甲口距离地面高度20～30厘米，以后每年上移5厘米，直到接近第一主枝时，再从下而上重复进行，甲口一般不重合。结果枝开甲，多应用在初结果树上，根据不同的枝龄、不同枝干粗细、不同开花程度，采取分枝、分期开甲，开甲处粗度要求在2厘米以上，这种方式使营养分配更加具体化，坐果更趋稳定。生产中，要求对结果枝开甲必须预留辅养枝，由于初果期枣树根系尚不发达，一旦甲口愈合期过长，会使根系饥饿造成部分吸收根死亡，致使树势衰弱，甚至整树死亡。预留的辅养枝制造的光和产物，可以促进甲口愈合，保证根系及时得到必需的营养。

　　枣树开甲的甲口宽度一般掌握在0.5～0.8厘米之间。幼树、弱树、细结果枝甲口宽度为0.5～0.6厘米；成龄树、壮树、粗结果枝甲口宽度为0.8厘米左右。甲口宽度低于0.5厘米容易造成甲口过早愈合，光和产物大量向下运输，坐果不理想；甲口宽度宽于1.0厘米，甲口愈合缓慢，易造成树势衰弱。开甲后3～5天，要对甲口涂药保护，防止甲口虫为害。

　　如果对开甲技术掌握不好也可试用铅丝捆绑提高坐果技术。方法为：在枣树萌芽前刮除捆捆处的老皮，露出韧皮部（五年生幼树可在树干，大树可在主枝上实施）根据捆绑枝、干的粗细，选用14号或16号铅丝捆绑，松紧以稍微陷入皮层为宜，然后固定，当枣树第一次生理落果过后，已完成坐住果后即可解开捆捆铅丝，让枣树恢复正常生长，此技术无甲口保护之忧，同样可起到提高坐果的作用。也可采用环割主枝提高坐果。

4. 枣头摘心 花前、花期、坐果期摘心，可以有效地集中营养，确保开花坐果需要，对无用枣头进行摘心，还要对枣吊进行摘心，一般留7～8节可摘除幼尖控制生长，可提高坐果。

5. 开花前喷多效唑 开花前喷多效唑可以抑制枣头、枣吊生长有利坐果，减少人工摘枣头、枣吊的工作量。一般在枣吊长至6～7节用15%的多效唑300倍液喷1～2次即可，并有兼治真菌病害的作用。

6. 花期喷植物生长调节剂和微量元素 在枣初花期至盛花期，喷布10～15毫克/千克的赤霉素加0.3%～0.5%的硼砂或尿素，可显著提高坐果率。一般喷一次效果就很理想，如果由于某些客观因素坐果达不到指标，隔5～7天，再补喷1次。这项技术与开甲一样，是提高枣坐果率必不可少的措施之一。

7. 花期喷清水 枣花粉发芽需要的相对湿度为70%～80%。北方枣区花期常遇干旱天气，易出现"焦花"现象，影响枣树的授粉受精，造成减产。因此，花期喷水不仅能增加空气湿度，而且能降低气温，从而提高坐果率，喷水时间一般在下午4时以后较好。一般年份从初花期到盛花期喷2～3次，严重干旱的年份可喷3～5次，一般每隔1～3天喷水一次，南方枣区应视降水情况确定，灌阳地区一般年份不需喷水。

8. 花期放蜂 枣虽然是自花结实品种，但异花授粉可显著提高坐果率。枣园花期放蜂，通过蜜蜂传播花粉，使坐果率提高。每667米² 枣园放1～2箱蜜蜂。开花前2天将蜂箱置于枣园中。采用放蜂授粉的果园，花期禁止喷对蜜蜂有害的农药。

五、控制坐果量

生产上，在各种保花保果技术措施综合使用下，常常出现坐果量过多的现象，灌阳长枣地处旅游景区，应以鲜食品种为主，果个大小、果实整齐度及品质等因素，直接影响到鲜枣的商品价值。疏果是控制坐果量的主要措施之一。

1. 疏果时间　疏果一般在第一次落果后开始进行，一直到 7 月下旬都可进行。

2. 留果量　留果量因树而宜，枣幼果期产量一般控制在 500 千克/亩左右，盛果期产量一般控制 1 000 千克/亩左右，最多不超过 1 500 千克。涉及每株枣树留果量，按单位面积株数分配。枣吊留果量一般掌握在平均每枣吊留果 1 个左右，最多不能超过 1.5 个，然后将其余全部摘除。对于枣吊短弱，叶片光和能力差的枣吊，尽量不留枣果。疏果时，尽量选留头盘果（第一批花开后坐的枣果），疏果越早，幼果生长越快，整齐度就越好，品质和产量也越高。

3. 防止落果　幼果膨大后期，由于果实营养供应不足，常伴有落果蔫果现象，为此，可喷 0.3% 的磷酸二氢钾溶液，进行营养补充，也可针对树势强壮的成龄树或粗壮的结果枝组进行二次开甲或环割，促进养分向果实集中。上述方法均有明显的保果作用。

第四节　枣果采收

1. 枣果成熟期　枣果的成熟可分为白熟期、脆熟期和完熟期 3 个阶段。白熟期为果面由绿转白、着色之前的阶段；脆熟期的果实果皮由梗洼、果肩开始逐渐着色转红，脆熟期的果实又分为初红果（25% 着色）、半红果（50% 着色）和全红果（100% 着色）；完熟期的果实含糖量达到最高值，果皮渐变皱为紫红色，枣核处变褐色出现糖心。加工蜜枣适宜白熟期采摘，鲜食枣适宜脆熟期采摘，制干枣适宜完熟期采摘。

2. 采摘方法　鲜食枣适宜手工采摘，应根据不同成熟度分期分批采摘供应市场，加工或制干可用竹竿震落或乙烯利催落方法采摘。

第五节　病虫害防治

在灌阳危害枣树主要虫害有绿盲椿象、枣瘿蚊、食芽象甲、尺蠖类、桃小食心虫、红蜘蛛类等；病害有枣锈病、炭疽病、铁皮病、裂果病、枣疯病等，应高度重视枣疯病的防治，避免给枣业造成毁灭性的灾难。具体防治方法参照本书病虫防治部分。

（周正群）

第十七章

鲜食枣设施栽培

第一节 设施栽培的意义和发展前景

一、鲜食枣适口性好，具有较高营养价值

鲜食枣果风味独特，营养价值高，含糖量 25%～43.9%，富含多种人体不可缺少的物质，尤以维生素 C 含量非常高，一般 100 克含量在 500～800 毫克，为苹果的 70～80 倍，柑橘的 10 倍。同时由于优良的鲜食枣果肉脆、汁液多、味甜或酸甜、适口性强的特点，越来越受到广大消费者青睐。

二、提早成熟，提高品质

一是采用设施栽培，通过改善其生长环境可以实现枣果提前成熟和延迟成熟，错开了正常成熟期的采收高峰。目前，生产中采取提早成熟的栽培措施比较多，简易塑料大棚成熟期一般提前 25 天左右，日光温室一般提前 50 天左右。二是设施栽培的枣果，果皮变薄，果肉更加酥脆，口感极佳，裂果很轻甚至没有裂果，果品质量明显提高。

三、栽培效益高，发展前景好

近年来，随着认识上的改变，鲜食枣品种培育和栽培成为枣业发展的主流之一，同时由于优良的鲜食枣品种较之干枣具有更好的口感、更高的营养，加上我国在加工枣出口的同时，鲜食枣也开始向日本、新加坡、韩国等国家出口，且供不应求，出口潜

力较大，因此，鲜食枣栽培呈现出较快的发展态势。为进一步拉长枣果的市场供应时间，提高其整体效益，采用设施栽培必将成为一项主要措施。据调查，通过简易大棚栽培，使早脆王、马牙枣的成熟期提前 25 天，单产提高 30％，单价提高 1 倍以上，每667 米² 效益达到 3 万元；日光温室促成栽培，使冬枣成熟期提早 50 天左右，单价提高 4～6 倍，每 667 米² 效益达到 6 万元。同时设施栽培枣树病虫害较少，管理较为方便，目前栽培者较少，发展前景广阔。

第二节　日光温室、塑料大棚构造及类型

一、日光温室构造和类型

1. 日光温室构造　温室的结构类型很多，目前在我国北方应用比较普遍的是节能型日光温室。这种温室属于中小型，不需要人工加温，并且这种温室具有取材方便，造价低，采光、保温效果好，节省能源等特点，近年来发展很快。

（1）跨度　目前我国北方各地建造的温室，跨度大多为 6～7 米。

（2）高度　一般在 1.8～3.5 米为宜。

（3）前后屋面的角度　前屋面角是指塑料薄膜与地平面的夹角。一般来说，拱圆形温室的前屋面底脚处的切线角应保持在60°左右，拱架中段南端起点处的切线角应保持在 30°，上段南端起点处的切线角应保持在 20°左右。后屋面的角度取决于屋脊与后墙的高差同后屋面的水平投影长度，一般在 30°以上。温室采光屋面的角度应保持在 20°～25°。

（4）墙体和后屋面厚度　墙体和后屋面要求既能承重、隔热，又能载热，即白天蓄热，晚间放热。其内层要选择蓄热系数大的建筑材料，外层要选择热导率小的建筑材料。华北中南部一般墙体厚度 1 米即可。

（5）后屋面水平投影长度 是指中脊在地面上的垂点至后墙内侧距离。长后坡式前后屋面投影长度比为2：1，短后坡式为3：1～6：1。一般后屋面水平投影长度不宜小于1.2米或1.4米。

（6）防寒沟 在温室前底脚外侧挖1条防寒沟，内填干草、马粪或细碎秸秆等热导率低的材料。沟深一般40～60厘米，宽30～40厘米。

（7）通风口 主要作用就是降温、排湿和补充二氧化碳。通风口通常分上、下两排。上通风口设在屋脊处，间隔3米左右设1个；下排通风口多设在距地面约1米的高处。通风口开设方法一是在屋脊用直径30～40厘米、高50厘米的放风筒放风，二是扒缝放风。

（8）进出口 面积较大的温室在作业间的山墙上开门，作为进出口；面积较小的可在前屋面上安门设进出口，平时关严。

（9）温室方位 一般均为东西延长，坐北朝南。

（10）温室的长度 一栋以50～60米为宜。

（11）相邻温室的间距 南北两栋温室的间距应不小于当地冬至前后正午时的阴影距离。

以上介绍的是规范塑料日光温室的尺寸，在实际建造过程中，应结合当地实际灵活掌握。

2. 日光温室基本类型

（1）短后坡型拱形日光温室 该温室后墙高1.5～1.8米，后屋面长1.5～1.7米，仰角30°左右，投影长0.8～1.2米，跨度5～7米，中脊高2.4～2.8米。前屋面为圆拱形，中腰坡度在30°左右。

温室的支柱可以用竹木或水泥预制柱。水泥预制柱可用直径4毫米钢筋做预制架，制成断面为10厘米×8厘米的水泥柱。后柱长2.8～3.2米，中柱长1.8～2.4米，前柱长1.1米，柱的一端留预埋孔（图17-1）。

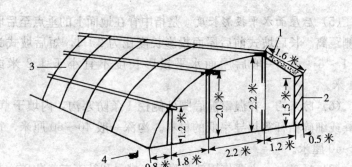

图 17 - 1　短后坡型拱形日光温室

1. 后坡　2. 后墙　3. 前屋面　4. 防寒沟

温室的支柱一般设 3 排。后柱距后墙 0.8～1.0 米，中柱距后柱 2.5～3.0 米，前柱距中柱 3 米，距温室前屋面底 0.8～1.0 米。东西方向立柱每 4 米设一排。立柱埋深 40 厘米，下设奠基石。

横梁可用直径 8 厘米的竹木或用直径 4～6 毫米钢筋预制架制成的断面为 10 厘米×8 厘米的水泥梁。

拱杆用直径 4～5 厘米、长 6～8 米的竹竿做材料，拱杆间距 0.8 米。压膜线用尼龙商品压膜线或 8 号铁丝。

短后坡型拱形日光温室空间大，作业方便，土地利用率较高，冬季光照足，无遮光现象，保温性也好。

（2）鞍Ⅱ型日光温室　该温室是一种无立柱式温室。跨度 6～10 米，长 30～50 米，中高 2.7～2.8 米，后墙高 1.8 米，后屋面长 1.7～1.8 米，仰角 35°，投影长 1.4 米（图 17 - 2）。

墙体用砖石砌成空心墙，内外侧为 12 厘米红砖，中空 12 厘米，内填充炉渣、干土蛭石或珍珠岩等隔热物。前后屋面为装配式镀锌钢管组成的钢结构一体化拱形桁架。下、中、上 3 段坡度分别为 30°～60°、20°～30° 和 10°～20°。后屋面做成泥土和秋秸复合屋面，其厚度不小于 60 厘米，抗负荷设计能力为 300 千克/米²。这种温室采光性、保温性均好，土地利用率高，便于操作，

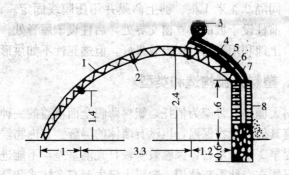

图17-2　鞍Ⅱ型曝光温室（单位：米）

1. 钢拱架　2. 纵拉杆　3. 草苫　4. 板皮

5. 草苫　6. 薄膜　7. 草苫　8. 空心墙

但造价高。

（3）一坡一立式日光温室（寿光式日光温室）　该温室后墙高 2 米左右，后屋面长 1.5 米，投影 1.0 米，跨度 7 米，中高 3 米。前屋面为两折式，一坡一立，立窗角度 70°，高 0.65～0.8 米，坡面角度 21°～23°（图 17-3）。

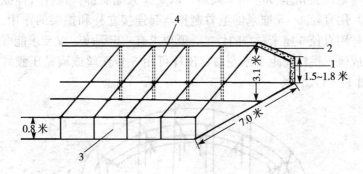

图17-3　一坡一立式温室

1. 后墙　2. 后屋面　3. 立窗　4. 前屋面

这种温室一坡一立，每隔 3 米设 1 钢筋桁架，其间每隔 0.6 米设 1 细竹竿骨架，用 8 号铁丝连接桁架与骨架，铁丝固定于东西山墙，间隔0.4米1根。铺上薄膜并用压膜线固定。设3～4排立柱，前柱设于坡面和立窗交界处，后柱设于屋脊处。该温室空间大，土地利用率高，保温效果好，但透光性不如拱形温室。

二、塑料大棚构造和类型

塑料大棚是以骨架为依托，塑料薄膜全面覆盖的一种设施形式。没有其他覆盖物保温，也没有墙体的屏蔽。其内物候期较露地可以提早1个月左右，保温效果较日光温室差，不能进行越冬生产，只能在春秋季节使用。塑料大棚主要有多柱式和悬梁吊柱式两种类型。

1. 多柱式塑料大棚 竹木结构，由立柱、拉杆、拱杆和压杆组成骨架。立柱用木材或毛竹，直径5～6厘米，高度取决于大棚高度及其所在位置，一般要深埋40厘米左右，要求下有奠基石。一般设6～8排立柱，每排立柱数目依大棚长度而定。每排立柱间隔2～3米，以大棚脊为中心轴线，向两侧对称地由高到低配置，使拱杆顶部的连线呈均匀流畅的弧线。两侧立柱应向外与地面夹角呈60°～70°倾斜，以支撑大棚肩部。拉杆（即纵梁）用直径4～5厘米的毛竹制作，起连接立柱和拱架的作用。拱杆用直径3厘米左右的竹竿，既要求有一定强度，又要求能弯曲成弧。拱杆间距1米左右。压杆可用8号铁丝或商品压膜线（图17-4）。

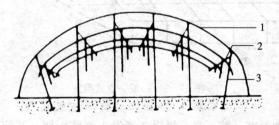

图17-4 竹木结构多柱式塑料大棚构造

1. 拱杆 2. 拉杆 3. 立柱

2. 悬梁吊柱式塑料大棚　在多柱式塑料大棚基础上，以横梁代替拉杆，增设短柱，减少立柱，在横梁上每隔 1 米固定一短柱，拱杆固定在短柱上，即成为"悬梁吊柱"。由于立柱数量减少，致使每个立柱负载强度很大，所以立柱应该用钢筋混凝土柱，规格为 7 厘米×10 厘米。悬梁可用 50 毫米×50 毫米×5 毫米的角钢。短柱用 5 厘米粗的木棍即可（图 17-5）。

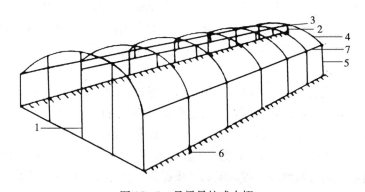

图 17-5　悬梁吊柱式大棚
1. 立柱　2. 吊柱　3. 悬梁　4. 拱杆　5. 边柱　6. 地锚　7. 拉杆

第三节　枣设施栽培关键技术

一、选择适宜品种

目前，鲜食枣品种达到 261 个，其中有很多优良品种，如早熟和中早熟品种有宁阳六月鲜、新郑六月鲜、到口酥、蜂蜜罐、疙瘩脆等；中熟和中晚熟品种有大瓜枣、大白铃、马牙枣、辣椒枣、不落酥等；晚熟品种有冬枣等。近些年通过鉴定的鲜食枣新品种有早脆王、七月鲜、京枣 39、阳光、月光、冀星冬枣等。

二、栽培方式和环境控制

1. 开始保温的时间　枣树的休眠较浅，对低温的要求不太严格。根据连续多年的实践，在河北沧州地区，日光温室冬枣和'早脆王'枣的扣膜升温时间在 12 月下旬，能正常发芽、开花和坐果。说明冬枣升温时间在落叶后的 40 天左右即可。

2. 栽培方式和成熟期　保护设施不同，其保温性能不同，开始保温的时期也不同。日光温室冬枣在 12 月下旬就可以满足其正常发育要求，因此对冬枣的促成栽培效果好；而塑料大棚保温性能较之日光温室保温性能差，太早保温其温度不能满足枣正常生长和发育，因此塑料大棚与日光温室相比，促成栽培效果就差些。一般塑料大棚栽培枣果较之露地栽培提早 25 天左右，温室栽培提早 50 天左右。

3. 温度和湿度的控制　温度是设施栽培中起决定作用的因素，对枣的设施栽培而言，温度管理需要注意以下几点：

（1）从保温开始到开花前　升温催芽阶段，日平均气温保持在 17～18℃以上，白天最高气温可适当高些，尤其是保温后的前期，通过覆地膜促进地温的尽快提升，以保证根系首先开始生长，但最高气温不得超过 38℃。枣树萌芽后，进入控温促长阶段，白天温度维持在 20～25℃，夜间温度维持在 5～17℃，日平均温度保持在 18～19℃以上。注意白天最高气温最多不超过 32℃。

（2）开花坐果期　这一时期对温度较为敏感，白天将温度维持在 25～30℃，夜间将温度维持在 15～20℃。白天最高气温不要超过 38℃。

（3）果实生长发育期　幼果生长阶段，白天最高温度控制在 30～35℃，夜间保持 15～20℃，进入麦收期（5 月底至 6 月初）撤掉草苫；果实进入白熟期，果实不再增大，果皮退绿变白而呈绿白色或乳白色，此期的主要任务是保持昼夜温差，加速糖分转化，促进着色，白天温度控制在 30～35℃，夜间降至棚外温度。

棚室温度的调节主要通过放风来实现，一般在上午 9～10 时开始放风，下午 4～6 时将风口关闭。

在枣树设施栽培过程中，棚室内的湿度控制也很重要，控制不好，对枣树的生长、开花和结果会造成不良影响。因此，在湿度控制上应注意以下两点：一是在枣树扣膜前灌足水，一直到开花前，中间不再灌水，棚室内的湿度控制在70%～80%。接近开花时，土壤湿度往往不够，此时补充土壤水分，可以保证花期有较高的空气湿度，才不至于导致焦花和坐果不良现象的发生。

　　为了保证枣树生长前期有足够的土壤温度和湿度，第一次灌水后要对地面全部覆膜，以提高地温、减少水分蒸发。第一次灌水要灌足灌透。第二次开花前灌水量要小，以每667米²灌水6～7米³为宜。

　　4. 提高光能利用率　枣树对光照要求比较高，光照不足，枣股抽生枣吊少，花量少且花发育质量差，坐果率低。因此，在设施栽培的塑料材料上应选用高透光、高保温、消雾、无滴、祛尘的薄膜，如聚乙烯无滴调光膜、聚氯乙烯无滴防老化膜等。

三、栽培管理

　　1. 栽植密度　确定枣树设施栽培密度应考虑品种的树体大小和生长势。树体大、生长势强的品种宜选用较小的密度；反之，宜选用较大的密度。总的原则是合理密植，争取早期产量。据多年的试验，栽植密度不宜过密，株行距一般为1米×2米。

　　2. 栽植　设施栽培的枣树一般采用先在露地定植1～2年，第二年或第三年再扣棚、盖膜。栽植方法可参照枣树栽培部分。

　　3. 整形修剪　在温室或大棚内的枣树生长旺盛，生长量大，栽植密度较大，如果整形修剪不当，极易造成树体密闭和全园郁闭，使通风透光条件恶化。为避免这种情况的发生，我们应确定合理的树形并进行合理修剪。树形宜采用小冠疏层形、柱状形、扁纺锤形或Y字形树形，严格控制树体高度，枣头长度不宜过长，树体营养枝的数量也不宜多。树高一般控制在2.2～2.5米左右。在单斜面温室内，整形时要灵活掌握树体的高度，温室南部的树体比北部的矮，这样更有利于增加群体的光照。在整个生长季节中应进行4～5次夏剪。第一次，萌芽期对着生位置不好或过密的枣头芽应及时除萌，减少树体的营养消耗。第二次，在枣头长到15～20厘米时，对用做培养枝组的枣头要及时摘心，小枝组一般保留1～2个二次枝，中枝组一般保留3～5个二次枝，设施栽培中基本不培养大型枝组。第三次，在二次枝长到50～60厘米时摘心，木质化枣吊长到30～40厘米时摘心。第四次，在花期对粗壮的枝条进行基部环割或环剥，促进坐果。第五次，在开花坐果后，对二次生长的枣头、二次枝再次摘心，控制营养生长，减少落果，促进果实生长。

4. 施肥　设施栽培枣树一般比露地栽培的产量提高20%～30%，施肥应参照露地密植枣树的栽培，施肥量有所增加。施肥方法多为行间沟施。基肥应在果实采收后进行，追肥在覆膜前结合浇水施第一次，然后在花前结合浇水施第二次，揭棚前果实速长期施第三次。

叶面追肥在设施枣树栽培中应进一步加强，每隔15～20天喷施1次，用肥种类和用量参照露地栽培。

5. 花期和果期管理　开花后为了促进坐果，一是加强叶面喷肥；二是应用赤霉素和稀土元素等；三是对树体主干或主枝进行环剥（开甲）；四是幼果期认真做好疏果、定果工作。

6. 病虫防治　在枣树设施栽培中，由于空气湿度相对较高，所以应加强对病害的防控。在枣树萌芽前喷5波美度的石硫合剂，要做到全树喷淋。生长过程中要注意防治斑点病、炭疽病、轮纹病、锈病等病害的发生。棚室内的主要虫害为红蜘蛛，在生产中可采用树干涂抹黏虫胶的方法进行防治，其他虫害发生较轻，一般不做重点防治，以减轻污染。

7. 鲜枣的采收适期　鲜枣的采收适期主要依据品种成熟期而定，一般在果皮部分或完全转红后的脆熟期为采收适期。对于设施栽培鲜食枣的采收始期，可以选在脆熟期的开始阶段，此时的枣果已经具备了栽培品种应有的商品品质。

第四节　冬枣日光温室促成栽培
技术典型示例

冬枣日光温室促成栽培示范园，坐落在河北青县曹寺乡西蒿坡村，共设计建造日光温室 5 栋，南北方向排列。温室栽培冬枣 10 月底开始落叶，11 月至来年 1 月中旬为休眠期，1 月底至 2 月初树体开始发芽，3 月底树冠叶幕形成，4 月初始花期，4 月 20 左右盛花期，5 月初开始坐果，8 月初开始着色，8 月中旬果实成熟。果实发育期 110 天。平均单果重 20 克，最大果重 35 克。定植后第四年平均每 667 米² 产量 820 千克，第五年平均每 667 米² 产量 2 129 千克。果实平均售价每千克 50 元，2 年平均每 667 米² 效益 69 725 元。

一、温室建造

1. 地块选择　选择地势高燥、排灌方便、土壤肥沃，土壤 pH 7.5～8 的地方建造温室。

2. 日光温室构造　温室南北排列，温室南北间距为 5 米，温室东西走向方向朝南偏西 4°，温室东西室外长度 70 米，南北室外跨度 8 米，土墙厚度 1 米，北墙高 2.1 米，后坡长度 1.2 米，后坡仰角 60°，东西墙高随温室构造设定高度，弧形棚顶，南部棚膜接地，脊高 3.1 米，总占地面积 560 米²。北墙后建好排水沟，保证排水畅通。骨架为钢梁，钢梁间距 1.2 米，脊北坡用苇板压泥土作保温层，温室棚面设两道通风口，上通风口距后坡上端 1 米，下通风口在距南底脚上弧面长 1.25 米处。外设缓冲间。棚面覆盖厚 0.15 毫米蓝色透光无滴膜和厚 3 厘米的草帘保温，草帘升降采取单臂卷帘机。一般建造钢架结构 560 米² 的单个温室造价大约 27 000 元。

二、主要栽培技术

1. 栽植 为了达到就地取土建温室和满足冬枣速生需求的目的,建园采取挖定植沟的方式进行。根据温室用土量和速生丰产建园经验,定植沟宽度 80 厘米,深 70 厘米。定植沟所挖的全部土均放于温室北墙地址外面,满足建温室用土。定植沟挖好后,每个温室用 6 米^3 腐熟的牛粪和鸡粪的混合肥均匀撒于定植沟间的地面上,并深翻 25 厘米混匀,然后将混合好的粪土填回定植沟内,最后顺沟浇水踏实。定植沟踏实后按株距 1 米的设计要求,在定植沟内栽植基径粗度 1~1.5 厘米的健壮冬枣苗,每行栽植 6 株。

2. 整形修剪

(1) 定植后 1~2 年生树修剪 定植当年,苗木栽植后在距地面高 60~70 厘米处定干,并剪除所有二次枝,整形带内选留 3~4 个方位比较好的萌发芽,留中心领导干,所留主枝长到 60 厘米左右时,进行拿枝、拉枝开角,角度 70°~80°。第二年,对中心领导干在距第一层主枝上 50 厘米处进行剪截,培养第二层主枝,所留主枝基本保持单轴延伸,并注意拉枝和开张角度,培养成小冠疏层形。

(2) 结果期树修剪 在保持基本树形的前提下,疏除过密枝、交叉枝、重叠枝和病虫枝,尤其是要注意疏除背上直立枝,对生长相对直立和旺盛的主枝进行拿枝软化,削弱其生长势,实现树体的均衡生长。在生长期要注重夏季修剪,及时剪除内膛新生枣头,减少养分消耗,促进坐果和果实发育。

3. 肥水管理 秋季施肥以基肥为主,枣果采收后及早施入有机肥料,如腐熟鸡粪等,每 667 米^2 施 5 000 千克,在树行间挖条状沟,沟宽 30 厘米,深 30~40 厘米,把肥料撒入沟内,然后覆土、浇水。

追肥选择全元素复合肥,其中氮、磷、钾含量分别为 14%、

6%和30%，同时含有铁、镁、硼、锌等。第一次在化前，每667米² 施4千克；第二次在果实膨大期，每667米² 施10千克；第三次在白熟期，每667米² 施8千克。施肥后及时浇水。

4. 温湿度调控　12月20日开始扣棚，升温30天左右。萌芽期温度控制在白天17～25℃，夜间5～10℃，抽枝展叶期温度控制在白天18～25℃，夜间10～15℃，初花期白天25～30℃，夜间15～20℃，盛花期白天35～38℃，夜间18～22℃，坐果后至麦收前，最高温度控制在35℃以下，麦收后至采果前外界自然温度。扣棚后温室内湿度保持60%～70%，催芽期湿度70%～80%，开花期湿度60%～90%，落花后、生长期、硬核期、果实膨大期直至采收前湿度控制在70%～90%。温度和湿度过高时，白天掀起大棚底边和棚顶膜通风、降温、降湿，麦收后至采果前遇到下雨天气，可将棚顶膜合上。

5. 花果管理

（1）开甲　为提高坐果率，在盛花期对枣树主干进行开甲。开甲方法：第一年从主干地表上25厘米处开甲，宽度0.6～0.8厘米，要求开甲一定切断主干韧皮部，但不伤及木质部。开甲后2～3天甲口涂抹甲口保护剂，防治甲口虫，甲口30～35天愈合，愈合后进行二次开甲，愈合时间掌握在20天左右。以后开甲每年向上移5厘米进行。同时视树体生长状况也可采用单枝环剥。

（2）喷生长激素　开甲后，树上可喷布25毫克/千克的赤霉素，间隔12～15天喷施第二次，促进坐果。

（3）疏果　疏果能调节负载，增大果个，提早成熟，减轻采前落果。疏果可进行2次，第一次在果实黄豆粒大小时进行，当幼果长至玉米粒大小时进行第二次疏果，疏果时疏去并生果、病果、畸形果等。

（4）果实采收　一般到8月中旬进入成熟期。采摘方法是用手握住枣果向果柄弯曲的逆向轻微用力，即可把枣果连同果柄一起摘下。采收时要轻拿轻放，先摘外围，后摘内膛，先摘下层，后摘上层。根据其成熟度做到分期、分批采摘，确保应有的品质。

6. 病虫害防治 冬季结合修剪，清除病枯枝和落叶。萌芽前全树喷一次5波美度石硫合剂，消灭越冬病虫。生长期重点防治绿盲椿象、红蜘蛛、桃小食心虫和黑斑病、炭疽病等。可在棚内悬挂黄色黏虫板和桃小食心虫诱捕器防治绿盲椿象和桃小食心虫，树干涂抹黏虫胶防治红蜘蛛和绿盲椿象，减少打药次数，提高防治效果。

（肖家良）

第十八章

金丝小枣避雨栽培
及设施的建设

　　沧州金丝小枣是优良的既可鲜食又可制干的兼用枣品种，是沧州枣区久负盛名的主栽品种，约占全部栽培面积的90％。但近些年，由于气候的变化，金丝小枣着色期如遇连续阴雨，极易造成枣果龟裂。笔者调查发现，2003—2010年8年间平均红枣的裂果率高达35％以上，每年大约有1.5亿千克以上的金丝小枣因裂果后病菌侵染而烂掉，枣农的直接经济损失高达6亿多元。如何在枣果成熟期如遇连续阴雨天气时减少金丝小枣裂果和浆烂，已是枣树管理过程中亟待解决的技术难题，并已成为制约枣产业持续健康发展的瓶颈。枣树裂果与品种、养分供应、枣果成熟度、降水量及持续时间等多种因素有关。笔者近几年来，在沧州枣区的高川乡、崔尔庄镇金丝小枣生产基地内进行了避雨防裂技术的试验与探索，尝试了多种模式，并取得了很好的防裂果效果。

第一节　　金丝小枣避雨栽培
原理及优缺点

　　金丝小枣避雨栽培技术是应用生物工程学理论，于金丝小枣着色期前的白熟期在枣树上方搭设棚架、覆盖防雨膜，降雨时使水顺膜流入树体两侧的贮水沟中，避免枣果、树叶遭受雨淋，创造了下雨不着雨的特殊环境，减轻枣果短时间集中吸水膨胀而造成果皮开

447

裂现象的发生，同时减少了枣果开裂后伤口被病菌侵染的机会，从而减少化学农药的使用量，达到提高枣果产量和质量的目的。

其优点，一是避免枣果着色期因淋雨而造成的裂果现象的发生；二是降低园中土壤水分和空气湿度，不利于病菌繁殖，可有效地减轻炭疽病、锈病、轮纹病等病害的发生。据笔者调查，一般年份病害发生率可比露地栽培降低30％左右，9月份以后降水在100毫米以上，且持续时间较长的年份病害发生率可降低60％～80％；三是病害危害轻，喷药次数和用药量都有较大程度的减少，既有利于生产无公害枣果、又可节约农药、人工，降低生产成本，减少了对环境的污染。

不可开闭式避雨模式的缺点主要是，由于棚上覆膜，光照减弱，闷热时棚内温度偏高，制造养分能力减弱，营养积累较少，推迟果实着色和成熟，一般比露地迟成熟2～4天。据笔者调查，棚内光照比露地减少1/4～1/3。经过改良后的可开闭式避雨模式与露地栽培模式的光照强度几无差别，但用工量增加。

第二节　搭建避雨棚前的准备工作

枣树树体高度是搭建避雨棚首先考虑的因素，对于新建枣园来说，定干高度要控制在50～70厘米，并培养成小冠疏层形、开心形或自然纺锤形等丰产树形，树高不超过2.5米，实施避雨栽培可减少投资和人工管理费用。对老枣园而言，枝量大、树体高是普遍存在的现象，结合枣树冬剪，采取降低高度、开张骨干枝角度等措施，对树体进行改造，为避雨棚的搭建打好基础。

（一）新建枣园的整形修剪

在避雨大棚内新植的枣树，一般采用密植枣园的形式，树形一般采用小冠疏层形、开心形和纺锤形。

1. 小冠疏层形　株行距2.5～3米×5米，亩栽45～53株。干高50～70厘米，树高2.0～2.5米，冠径3～4米，主枝5～7

个，第一层 3~4 个，第二层 2~3 个。第一层主枝至第二层主枝距离 50~60 厘米。

整形要点：所栽苗木第二年在主干 1 米左右处，粗度达到 1.5 厘米，即可进行定干。定干时将主干从 1 米左右高度剪除，要求剪口下 20~40 厘米整形带内主芽饱满，二次枝健壮。主干剪口下 4 个二次枝从基部剪掉。如果苗木根系发达，管理得当，定干当年可形成主枝 3~4 个。定干当年主干延长枝的长度一般达不到第二层主枝所要求的高度和粗度，缓放不剪，使延长枝继续加粗和延长生长，当延长枝在距第一层主枝 50~60 厘米处粗度达 1.5 厘米以上时短截，剪除剪口下 2~3 个二次枝，促使主芽萌发，培养第二层主枝，其余枣头作辅养枝处理。夏剪要通过拉枝、拿枝软化、摘心等技术调整各类枝条的生长势，保证骨干枝的旺盛生长。

2. 开心形　株行距 2.5~3 米×5 米，亩栽 45~53 株。这种树形具主枝 3~4 个，以 30°~40°的开张角相邻或邻近着生于主干上，主枝不分层。每个主枝有侧枝两个左右，结果枝组均匀分布于主、侧枝的上下和四周。树冠中空，阳光可自上部直射入膛内，故光照充足，坐果良好，枣果质量也好。这种树形树体较矮，结构简单，易于整形和管理。但需注意主枝开张角度，角度过小，会失去开心形光照良好的特点；角度过大，则主枝的负载能力减小，结果后主枝角度更加开张，造成枝条垂地，给管理带来不便。

整形要点：①第一、二年要加强肥水及病虫防治等综合管理，促使枣树旺盛生长。栽植后第二年，当树干距地面 1 米左右处粗度达到 1.5 厘米时，在春季萌芽前在此高度进行双截定干，树干上的二次枝全部从基部剪除，促二次枝基部隐芽萌发形成为主枝。定干后第一年冬剪自树干距地面 50~70 厘米处选择 3~4 个长势好，与树干夹角 50°左右，向周围 4 个方拉伸展的发育枝作为主枝，各主枝间隔 15~20 厘米，定干处第一发育枝仍作中心延长枝头继续保留直立生长，在主枝和中心枝的延长枝头上，选择主芽壮的都位进行双截，促进枝头健壮生长和继续延伸。树干50～70厘米以下的发育枝全部从基部剪除，主枝和中心枝延长枝上的枝条一律不动，但要加大角度，减弱生长势，不影响主枝和中心枝延长枝生长。夏剪要通过拉枝、拿枝软化、摘心等技术调整各类枝条的生长势，保证骨干枝的旺盛生长。保留下来的其他发育枝培养成结果基枝。②定干后第二年冬剪，通过对主枝继续在壮芽处进行双截延伸生长，其余枝条针对在树冠内着生位置和空间大小，培养成大小不等的结果基枝。夏剪要继续调整各类枝条的生长势，保证骨干枝的旺盛生长，对培养的各类结果基枝，在枣花开40%～50%左右时在其基部实施环割技术，使之结果，以果压冠。③定干后第三年冬剪，对主枝顶芽和其他枝条一律不动，夏剪时继续调整各类枝条的生长势保证骨干枝旺盛长势，减缓其生长，不断扩大结果部位。④定干后第四年冬剪，枝条已经或即将搭接，不影响树体平衡生长的枝条可以不动，对影响主枝或永久结果基枝生长的发育枝从基部疏除，对无生长空间的结果基枝进行短截控制生长。夏剪继续上年修剪方法。在中心干延长枝影响主枝生长时进行疏除落头，最后改造成为开心形。

3. 自然纺锤形 株行距2～2.5米×5米，亩栽53～66株。主枝7～9个，轮生排在主干上，不分层，主枝间距15～20厘米，主枝上不培养侧枝，直接着生结果枝组。干高50～70厘米。

整形要点：①第一、二年要加强肥水及病虫防治等综合管理，促使枣树旺盛生长。栽植后第二年在春季萌芽前，当树干距地面80厘米左右处粗度1.5厘米时，疏除主干剪口下第一个二次枝，促使剪口芽萌发枣头成为主干延长枝，同时选整形带内3～5个方向适宜的二次枝留1～2个枣股短截，促枣股萌发枣头，选2～3个作主枝培养。②第二年在主干延长枝上距最近的主枝20～30厘米处短截，并疏除剪口下的2～3个二次枝，促使隐芽萌发形成主枝，剪口芽萌发的枣头继续作为主干延长枝。

③第三、四年同法培养其余主枝，所有主枝的角度约为 80°～90°，上面主枝角度小于下面主枝角度。在主枝上萌发的枣头，通过摘心培养成结果枝组，不留作侧枝。成形后树高 2～2.5 米，冠径 2.0～2.5 米后可落头开心。要注意调节各主枝之间枝势的平衡，保持中心干的优势，当主枝粗度超过主干粗度的 1/2 时，及时疏除，更新主枝。

（二）老枣园改造

一般栽种多年的老枣园，通常树体高度都在 4 米以上，主枝延伸过高、过长，大枝过多，不仅影响树冠通风透光，而且直接影响避雨棚的搭建。笔者在沧州枣区，对计划搭建防雨棚的枣树，冬季修剪时通过降树体高度、开张骨干枝角度、减小枝条密度等"降三度"措施，锯除内膛影响光照的直立大枝、过密枝，结合树下埋线拉枝、行间树枝对拉等措施对树体进行了改造。改造后的枣树，树高降低到 2.8 米以下，骨干枝保留 3～5 个，并将较直立的骨干枝角度调整到 60°～70°（图 18-1）。

图 18-1　老树改造

（三）购置建造大棚所需的材料

准备水泥、沙石、钢管、角铁、钢绞丝、压膜线、拉线、防雨布（或薄膜）等，以备使用。

第三节　避雨棚的类型及建造

根据园内枣树种植行的情况决定园内立柱，一般每一行种植行建一个避雨棚。在8月中下旬枣果白熟期盖膜。

（一）固定钢架——可开闭棚膜式避雨棚（图18-2）

1. 特点　该模式避雨棚的建造采用一行枣树一个棚结构，固定钢架结构，骨架稳固、抗风性好，防雨膜为完整的一片且可开闭，解决了固定式防雨膜影响光照的问题，但成本相对较高。

图18-2　固定钢架——可开闭棚膜式避雨棚

2. 构造　大棚由立柱、三角支架、钢绞线、压膜线、棚膜构成。大棚跨度一般为5米，棚顶高3.5米，每个避雨棚长度为15米。

（1）立柱　在一行枣树的两侧分别安装钢管立柱，按15米间距顺枣树行向设置，立柱高3.5米，立柱下部50厘米埋入地下并用混凝土浇灌固定，地面以上高3米。一行枣树两侧的立柱顶端要确保在同一水平面上，顶端用三角形支架固定连接。

（2）**三角支架** 支架高为50厘米，每间隔1米焊一支撑管，支撑管之间用钢管对角斜拉焊接，以确保三角形支架的稳定性。三角形支架顶端每隔70厘米焊接一个铁环，用于固定顶部的拉线。

（3）**钢绞丝** 棚架顶部用7根钢绞丝连接，3根用做固定三角架，并将两端拉紧并埋入地下；其余4根相间穿于三角架的铁环内，用于支撑防雨膜。

（4）**棚膜** 一般采用抗拉性好、不透雨的尼龙防雨布。在棚膜下面根据拉线的位置，每隔2米固定一圆环，拉线穿过圆环，便于防雨膜的开启与闭合。

（5）**压膜线** 覆盖防雨棚膜后，在膜上面每隔5米设有一根压膜线，压膜线固定在棚两侧地面的锚石上，以防大风将棚膜吹翻。

3. 安装及使用 冬剪时将枣树进行修剪改造，沧州枣区于枣树发芽前（4月中旬）进行棚架安装。首先，在一行枣树的两侧埋设立柱，钢立柱按照15米一根顺行向埋入地下，用水泥固定。待水泥凝固后，将三脚架固定牢，然后将钢绞丝按距离铺设好。为使大棚框架更加牢固、抗风，相邻两个避雨棚的立柱间用钢管焊接。准备好棚膜、压膜线备用。

8月20日前，枣果进入白熟期，开始铺设防雨布。为便于防雨棚膜开闭，棚两端的三脚架上安装定滑轮，同时在避雨棚两侧外沿垂直投影处各挖一条20厘米宽，40厘米深的贮水沟，降雨时收集雨水并将水排出园外。

进入9月后，沧州枣区的枣果进入着色期，此时根据天气预报，降雨前和露水较大的晚上将棚膜拉上，并拉好压膜线；天气晴好时将棚膜拉开，保证枣树有充足的光照条件。枣果采收后将棚膜卸下，清洗干净，储存好，以备来年使用。

4. 成本概算 此模式防雨棚亩投资合计8 800元，其中立柱

2 500 元、三角支架 800 元、钢绞丝 1 800 元、压膜线 200 元、棚膜 2 000 元、安装及人工费 1 500 元。

图 18-3 可拆卸钢架——可开闭棚膜式避雨棚

（二）可拆卸钢架——可开闭棚膜式避雨棚（图 18-3）

1. 特点 采用一行枣树一个棚结构的建造模式，钢架结构牢固，可拆卸，棚膜开启与闭合简便快捷，一次投入连年使用，成本较高。枣果着色期覆盖棚膜，枣果采收后即可拆卸库存，既防盗又可保护材质。

2. 构造 大棚跨度为 5 米，棚顶高 3.5 米，每个避雨棚长度为 18 米。避雨棚由底座、立柱、斜梁及横梁、摇把、钢绞丝、定滑轮、避雨膜、压膜线组成。

（1）底座 在一行枣树的两侧分别按 6 米左右间距顺枣树行向挖 40 厘米见方的坑，将 60 厘米长的 7 寸（1 寸＝3.3 厘米，下同）钢管用水泥浇注到挖好的坑内，钢管出地表 20 厘米。为增加底座的稳固性，埋入地下的钢管部分需焊接 3～4 根横管。

（2）立柱 大棚的骨架，固定支撑整个大棚。选择 6 寸钢管立柱分别插入设置好底座的钢管内，两侧立柱高 3 米，中间立柱高 3.5 米。立柱顶端焊接套管。

（3）斜梁及横梁　斜梁即中间立柱与两侧立柱顶部连接的斜拉钢管；横梁即同一水平面的两侧立柱之间的横拉钢管和同一侧立柱之间的横向固定钢管。大棚内各个立柱之间连接点均以可插入套管形式连接。

（4）摇把　在每一个防雨棚的首尾两端的立柱之间，在距地面 80 厘米处焊接一摇把，将开闭棚膜的拉线缠绕到摇把上，当开启和闭合棚膜时，一端摇动摇把将拉线缠绕拉紧，一端缓慢松开。

（5）钢绞丝　大棚框架中间立柱顶端顺行向也拉一根钢绞丝，两侧立柱顶端分别用钢绞丝连接、紧固，固定在埋入地 50 厘米的锚石上，用于大棚的固定。在棚顶每侧斜梁的两根紧固绞丝之间再铺设 2 根辅助绞丝，即每个棚面共计设计 7 根绞丝，用于固定立柱和支撑棚膜。

（6）定滑轮　大棚四角立柱顶端各安装 1 个定滑轮，首尾中间立柱各安装 2 个定滑轮。

（7）棚膜　采用防雨尼龙布材料，分别将 2 块宽 3 米的棚布铺在避雨棚顶两侧，中间留有 5 厘米的缝隙。棚膜与钢绞丝相对应的部位，每隔 30～40 厘米固定一个铁质圆环，便于钢绞丝穿过固定棚膜。棚膜设为左右两片，解决了单块棚膜顶端阻力大、开闭不方便的难题。同时棚膜不会中间透风，不会再风力过大时将棚膜兜起。

（8）压膜线　覆盖防雨棚膜后，在膜上面每隔 5 米设有一根压膜线，压膜线固定在棚两侧地面的压膜线底座上，以防大风将棚膜吹翻。

3. 建设安装及使用　冬剪时将枣树进行修剪改造，沧州枣区于枣树发芽前，按距离挖好底座坑，浇注好底座及压膜线底座。购买钢管，按设计标准焊接上插接套管，并试连接安装，查找纰漏尽快改进。按尺寸将棚膜裁好，然后缝制结实并将铁质圆环固定好备用。同时准备好钢绞丝、压膜线等建设材料。

8月20日前，进行棚架安装。首先，在将立柱插入底座钢管中，连接好斜梁和横梁，然后将钢绞丝按距离铺设好。为使大棚框架更加牢固、抗风，相邻两个避雨棚的立柱间用钢管焊接。

8月25日左右开始铺设防雨棚膜。同时在避雨棚两侧外沿垂直投影处各挖一条20厘米宽，40厘米深的贮水沟，降雨时收集雨水并将水排出园外。

进入9月后，沧州枣区的枣果进入着色期，此时根据天气预报，降雨前和露水较大的晚上将棚膜拉上，并拉好压膜线；天气晴好时将棚膜拉开，保证充足的光照条件。枣果采收后将立柱、斜梁、横梁、棚膜、压膜线等材料卸下，擦洗干净、储存好，以备来年使用。

4. 成本概算 此模式防雨棚亩投资合计9 700元，其中底座500元、立柱1 200元、斜梁及横梁2 500元、钢绞丝1 800元、压膜线200元，棚膜2 000元，安装及人工费1 500元。

（三）水泥立柱大棚（图18-4）

1. 特点 采用单行枣树一个棚结构的建造模式，水泥立柱

图18-4 水泥立柱大棚覆膜前

牢固，一次投入连年使用。棚膜较薄，易于透光。自枣果白熟期盖膜后，不再开启直至枣果采收。

2. 构造 大棚跨度为 5 米，棚顶高 3.2 米，每个避雨棚长度为 20 米。避雨棚由钢筋水泥立柱、拱形支架、钢绞丝、避雨膜、压膜线等组成。

（1）**立柱** 钢筋水泥立柱高度为 3.5 米，粗度 12 厘米，是大棚的骨架，固定支撑整个大棚。在一行枣树的两侧分别按 20 米左右间距顺枣树行向挖 80 厘米深的坑，将水泥立柱埋到挖好的坑内夯实，地面以上部分 2.7 米。

（2）**拱形支架** 支架为拱形，顶端高 50 厘米，每间隔 1 米焊一支撑管，支撑管之间用钢管对角斜拉焊接，以确保拱形支架的稳定性。拱形支架顶端每隔 70 厘米焊接一个铁环，用于固定顶部的钢绞线。

（3）**钢绞丝** 棚架拱形支架顶部用 7 根钢绞丝连接，3 根用做固定支架，并将两端拉紧并埋入地下；其余 4 根相间穿于支架的铁环内，用于支撑防雨棚膜。

（4）**棚膜** 透光性好的尼龙防雨布，棚膜与钢绞丝相对应的部位，每隔 30～40 厘米固定一个铁质圆环，便于钢绞丝穿过固定棚膜。

（5）**压膜线** 棚膜为一整片，抗风性较差。因此，覆盖防雨棚膜后，在膜上面每隔 3 米设有一根压膜线，压膜线固定在棚两侧地面上，以防大风将棚膜吹翻。

3. 建设安装及使用 冬剪时将枣树进行修剪改造，沧州枣区于枣树发芽前，按距离挖好立杆坑，将钢筋水泥立柱埋入坑内夯实，将拱形支架固定在水泥立柱上。然后将固定钢绞丝按距离拉紧、铺设好。按尺寸将棚膜裁好，然后缝制结实并将铁质圆环固定好备用。同时准备好压膜线等建设材料。

沧州枣区 8 月 25 日，枣果白熟期时开始铺设防雨棚膜，并按距离拉好压膜线。同时在避雨棚两侧外沿垂直投影处各挖一条

20厘米宽，40厘米深的贮水沟，降雨时收集雨水并将水排出园外。

此种类型的防雨棚自枣果白熟期就进行了覆棚处理，且不用根据天气状况进行开闭，减少了人工操作，节省了劳动力成本。但也存在弊端，就是棚内的枣树光照不足，枣果成熟期延迟。枣果采收后将棚膜、压膜线等材料卸下，擦洗干净、储存好，以备来年使用。

4. 成本概算 此模式防雨棚亩投资合计8 200元，其中钢筋水泥立柱1 500元、拱形支架1 200元、钢绞丝1 800元、压膜线200元、棚膜2 000元、安装及人工费1 500元。

第四节 防雨棚应用效果分析

一、裂果率、浆烂果率大大降低

笔者在沧州枣区自2009年开始进行避雨设施防治裂果、浆烂等病害的实验，3年来在摸索中改进防雨模式，逐步探索出了几种适于枣区使用的模式并取得了一定的效果。下面将2009—2011年3年的实验结果作一总结。

我们分别选择同一片枣园，在管理措施一致的前提下，对避雨栽培与露地栽培的枣果进行进行了详细调查。每年9月28日，随机每个棚内随机抽取5株枣树，每株枣树选取东、南、西、北、中5个点，每点调查50个枣果，分别记录裂果、病害果数量并进行分析（表18-1至表18-3）。

从表中可以看出，2011年9月份以后降雨较少，避雨栽培比露地栽培的枣果裂果率低17.1%，病害果率低27.7%。2009年和2010年避雨栽培比露地栽培的裂果率和病害果率降低的幅度更大，分别降低58.12%、62.52%和33.4%、38.1%。2009年、2010年避雨栽培比露地栽培的枣果每亩增加经济效益的金额分别为3 650元、2 650元。即使2011年枣果成熟期降雨较少的特殊年份，避雨栽培比露地栽培的枣树每亩也可增收 1 620 元。总之，避雨栽培比露地栽培的枣果裂果和病害果状况明显减轻，经济效益显著。

表 18 - 1　2009 年结果分析

栽培类型	品种	树龄（年）	株数	枣果数量（个）	裂果数（个）	裂果率（%）	病害果数（个）	病害果率（%）
露地栽培	金丝小枣	25	5	1 250	854	68.32	934	74.72
避雨栽培	金丝小枣	25	5	1 250	126	10.1	153	12.2

表 18 - 2　2010 年结果分析

栽培类型	品种	树龄（年）	株数	枣果数量（个）	裂果数（个）	裂果率（%）	病害果数（个）	病害果率（%）
露地栽培	金丝小枣	26	5	1 250	532	42.6	603	48.2
避雨栽培	金丝小枣	26	5	1 250	115	9.2	126	10.1

表 18 - 3　2011 年结果分析

栽培类型	品种	树龄（年）	株数	枣果数量（个）	裂果数（个）	裂果率（%）	病害果数（个）	病害果率（%）
露地栽培	金丝小枣	27	5	1 250	246	19.7	368	29.5
避雨栽培	金丝小枣	27	5	1 250	32	2.6	23	1.8

二、喷药次数明显减少

炭疽病、锈病、轮纹病是枣生产中的主要病害，危害程度与雨水有很大关系，应用避雨设施栽培后，枣果减少了雨水和露水的浸泡，发病率明显降低，用药次数减少 3～4 次，亩防治成本减少 200 元。

三、成熟期延长

由于建棚覆膜后，光照减弱，光照比露地减少 1/4～1/3，尤其是不可开闭式棚膜的防雨棚内的果实成熟期推迟，一般比露地晚 4～7 天。

（杜增峰、张福霞、温如意）

第十九章

与枣生产相关技术

第一节 富硒枣的生产

硒是人体必需的微量元素之一。硒能促进淋巴细胞的增殖及抗体和免疫球蛋白的合成，提高人体免疫力，预防多种疾病的发生，如大骨节病、关节炎、克山病、心血管疾病、高血压、甲状腺肿大、免疫缺失、淋巴母细胞性贫血、白内障、视网膜斑点退化、肌营养不良、胞囊纤维变性、溃疡性结肠炎等。医学研究证明人体的衰老也与人体缺硒有关。硒参与人体内多种含硒酶和含硒蛋白的合成，如碘化甲状腺胺酸脱碘酶，其中谷胱甘肽过氧化物酶，在生物体内催化氢过氧化物或脂质过氧化物转变为水或各种醇类，消除自由基对生物膜的攻击，保护生物膜免受氧化损伤。硒在机体内的中间代谢产物甲基烯醇具有较强的抗癌活性。硒与维生素E、大蒜素、亚油酸、锗、锌等营养素具有协同抗氧化的功效，增加抗氧化活性。现代医学研究证实硒对结肠癌、皮肤癌、肝癌、乳腺癌等多种癌症具有明显的抑制和防护的作用。硒还具有减轻和缓解重金属毒性的作用。

目前，人体补硒方法主要有服用亚硒酸钠、食用加硒盐等，这些方法难以控制摄入量及存在服用过量产生毒性，有其食用的局限性。从长远和安全的角度看，人们通过食用含硒农产品来补充硒，经过食物链有机转换使硒安全进入人体。

枣果营养极为丰富，富含人体所必需的物质，其含营养成分为百果之首，素有"维生素丸"之称，药食同源，有良好的医疗保健作用，是我国特有的果品，在崇尚营养保健的今天，枣正在走进我国的千家万户，并逐步走向全世界。2011 年在我国新疆召开的首届欧亚经贸洽谈会上，新疆大枣深受外国客商青睐就是例证。因此，通过农艺措施，提高枣果中硒的含量，生产富硒枣，可由食用枣来补充人体硒的营养水平，改善人们的健康，有广阔的市场前景。同时，又能改善枣的品质，增加枣的附加值，促进果农增收，加快小康建设的步伐，具有重要的现实意义。下面介绍富硒枣的生产方法，希望广大果农在生产实践中不断地总结完善富硒枣的生产技术，促进我国枣产业的发展。

富硒枣生产方法简便，一般选用亚硒酸钠（含硒 21.4%）作为肥料土施或叶面喷施，用一般的工业品或化学纯试剂均可，也可采用含硒专用肥。

一、使用方法

1. 土施　在枣树施基肥时，将硒肥与其他肥料混合均匀，于秋后施基肥时一起使用。一般亩用量亚硒酸钠 17 克（合纯硒 5 克）。

2. 喷施　在枣果生理落果结束后和采收前 1 个月各喷 1 次，浓度为 20 毫克/千克的含硒溶液，均匀地喷洒于叶面。一般选择在晴天的上午 9 点以前和下午的 5 点以后喷施，可与中性和酸性农药混合使用，与其他微量元素配合使用，效果更好。

二、注意事项

①使用量一定要准确，称量时要认真、仔细，换算时应按照产品标识的含量进行计算。

②使用时要均匀喷洒，将所有叶面要均匀喷到，结合基肥使用时应与其他肥料充分混合均匀后再施。

③枣果中硒的含量要严格控制在国家食品安全卫生标准以内（50 微克/千克）。因此在生产富硒枣时，要与当地食品安全监督

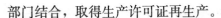

部门结合，取得生产许可证再生产。

根据笔者体验，叶面喷洒补硒，用量容易控制，而且硒的吸收快，用量少，成本低，效果比较显著。与其他微量元素配合使用，对改善果实品质，提高枣果中其他微量元素含量及产量还具有相互促进作用。

第二节　EM 原露在枣生产中的应用

EM 原露也称 EM 菌。EM 是英文的缩写，中文译为"有益（效）微生物群"。它是日本琉球大学比嘉照夫教授发明的新型复合微生物菌剂，合理使用会产生抗氧化物质，消除氧化物质，抑制病原菌，形成良好的生态环境。在种植、畜牧、水产、环保、饲料、人体家庭保健等方面都有显著作用。在种植业中使用具有改良土壤、增强光合作用、促进生长、抗病、改善作物品质的功效，在水产、养殖业中使用具有改善水质、除粪臭、促生长、抑菌、抗病、改善水产、畜禽品质等功效。笔者在枣、梨、番茄上使用均取得良好效果。

一、EM 原露的主要成分

1. 光合菌群（好气性和嫌气性）　主要是光合细菌和蓝藻类，具有光合作用和固氮作用，属于独立营养微生物，能自我增殖。菌体本身含 60％以上的蛋白质，且富含多种维生素、抗病毒物质和促生长因子，还含有动物必需的辅酶 Q10；它以土壤接受的光和热为能源，将土壤中的硫氢和碳氢化合物中的氢分离出来，变有害物质为无害物质，并以植物根部的分泌物、土壤中的有机物、有害气体（硫化氢等）及二氧化碳、氮等为基质，合成糖类、氨基酸类、维生素类、氮素化合物、抗病毒物质及生理活性物质等，是提高土壤肥力和促进动、植物生长的重要物质。光合菌群的代谢物质可以被植物直接吸收，可以成为其他微生物繁

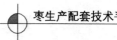

殖的营养源促进有益微生物的增殖。例如VA菌根菌可以光合菌分泌的氨基酸为营养而增殖，它既能溶解不溶性磷，又能与固氮菌共生，使其固氮能力成倍提高。

2. 乳酸菌群（嫌气性） 以嗜酸乳杆菌为主。它靠摄取光合细菌、酵母菌产生的糖类形成乳酸。乳酸具有很强的杀菌能力，能有效抑制有害微生物的活动和有机物的急剧腐败分解。乳酸菌能够分解在常态下不易分解的木质素和纤维素，并消除未分解有机物产生的有害物质；合成各种氨基酸、维生素，产生消化酶，促进新陈代谢，还有融化不溶性无机磷的能力。乳酸菌还能够抑制连作产生的致病菌增殖，能较好地解决连茬障碍。

3. 酵母菌群（好气性） 它利用植物根部产生的分泌物、光合菌合成的氨基酸、糖类及其他有机物质发酵，合成促进根系生长及细胞分裂的活性化物质。酵母菌在EM原露中是促进其他有效微生物（如乳酸菌、放线菌）增殖所需要基质（食物）的重要源。此外，酵母菌产生的单细胞蛋白是动物不可缺少的养分。

4. 革兰氏阳性放线菌群（好气性） 它从光合细菌中获取氨基酸、氮素等作为基质，产生各种抗生物质、维生素及酶，可以直接抑制病原菌。它提前获取有害霉和细菌增殖所需要的基质，从而抑制它们的增殖，并创造出其他有益微生物增殖的生存环境。放线菌和光合细菌混合后的净菌作用比放线菌单一的杀伤力要大得多。它对难分解的物质，如木质素、纤维素、甲壳素等具有降解作用，并容易被动植物吸收，增强动植物对各种病害的抵抗力和免疫力。放线菌也会促进固氮菌和VA菌根菌增殖。

5. 发酵系的丝状菌群（嫌气性） 以发酵酒精时使用的曲霉菌属为主体，它能和其他微生物共存，尤其对土壤中酯的生成有良好效果。因为酒精生成力强，能防止蛆和其他害虫的发生，并可以消除恶臭。

EM原露是含有益微生物的菌群，在种植、水产、养殖业中有广阔的使用前景，在果树上使用 EM 原露，果树病虫害明显减轻，果品产量和品质有较大提高。笔者在枣生产中使用主要是用于优质有机肥的发酵及作为叶面肥喷施。

二、EM 原露发酵堆肥的方法

①原料：因地制宜，就地取材，如谷糠、杂草、人畜粪便、作物秸秆、茎叶、树叶、有机垃圾（经分拣和无害处理）等均可。如有条件，最好加入一些酒糟渣、味精渣、食用菌基质残渣、饼粒、骨粉等（秸秆、茎叶、杂草注意切短）。

②制作方法：按堆肥总量计算每 1 000 千克，可先用 EM 原露 1 千克、红糖 1 千克、水 100 千克在 28～30℃的条件下发酵24 小时制成活性液（母液），再加水即配成稀释液。

③选择在避开夏天太阳直晒的空地挖一大坑，或在避雨处堆成锥形粪堆。用 EM 原露稀释液（500～1 000 倍），先喷湿坑底及四壁，即可放一层原料，喷一次 EM 原露稀释液，使原料湿润，再放一层，再喷一次，边放边喷，直至填满大坑，然后盖上泥土踩实或用塑料膜密封，发酵 3 周后，即可作为基肥使用。秸秆还田时，可以一边粉碎一边喷洒 300～500 倍 EM 原露稀释液，再用机械埋入土壤内以促进分解，这是秸秆还田的有效途径。

堆肥发酵过程中温度不能超过 50℃，若温度高达 50℃以上，需进行翻动，降温后再进行密封发酵，以免破坏有效物质。发酵成功的标志是：没有臭味，堆肥表层长出白色菌丝。如果有很浓的腐臭味，表明堆肥制作失败。EM 原露堆肥的保存期是 1～3个月，时间过长，有效养分将会损失。

三、叶面喷施 EM 原露

用 EM 原露 1 千克、红糖 1 千克、水 100 千克在 28～30℃的条件下发酵 24 小时制成活性液（母液），再加水即配成稀释液。枣树喷施应避开高温季节和时段（一般上午 9 点以前无露水和下午 4 点以后）叶面喷 800～1 000 倍液，以叶面不滴水为度。如能结合灌根效果更好。

注意：EM 原露是有益菌群不宜与杀菌剂混用，必须使用杀菌剂时应先喷 EM 原露，48 小时以后再喷杀菌剂。

（周　彦）

附　录

无公害水果农药残留、重金属及其他有害物质最高限量

项目	指标（毫克/千克）	项目	指标（毫克/千克）
马拉硫磷	不得检出	氯氰菊酯	≤2.0
对硫磷	不得检出	溴氰菊酯	≤0.1
甲拌磷	不得检出	氰戊菊酯	≤0.2
久效磷	不得检出	三氟氯氰菊酯	≤0.2
氧化乐果	不得检出	抗蚜威	≤0.5
甲基对硫磷	不得检出	除虫脲	≤1.0
克百威	不得检出	双甲脒	≤0.5
水胺硫磷	≤0.02	砷（以 As 计）	≤0.5
六六六	≤0.1	汞（以 Hg 计）	≤0.01
DDT	≤0.1	铅（以 Pb 计）	≤0.2
敌敌畏	≤0.2	铬（以 Cr 计）	≤0.5
乐果	≤1.0	镉（以 Cd 计）	≤0.03
杀螟硫磷	≤0.4	锌（以 Zn 计）	≤5.0
倍硫磷	≤0.05	铜（以 Cu 计）	≤10.0
辛硫磷	≤0.05	氟（以 F 计）	≤0.5
百菌清	≤1.0	亚硝酸盐（以 $NaNO_2$ 计）	≤4.0
多菌灵	≤0.5	硝酸盐（以 $NaNO_3$ 计）	≤400

注：未列项目的有害物质的限量标准各地根据本地实际情况按有关规定执行。

主要参考文献

北京农业大学，等.1989. 果树昆虫学［M］. 北京：农业出版社.

陈贻金，等.1993. 中国枣树学概论［M］. 北京：中国科学技术出版社.

河北农业大学.1987. 果树栽培学各论：北方本［M］. 北京：农业出版
　　社.

河北省邯郸市农业局，邯郸市技术监督局.2001. 无公害农产品生产技术标
　　准［M］. 北京：中国农业出版社.

梁国安，等.1993. 果品保鲜贮藏技术［M］. 北京：气象出版社.

刘宏海，黄彰欣.1999. 广东地区小菜蛾对 Bt 和阿维菌素敏感性的测定
　　［J］. 中国蔬菜（2）：9-12.

刘孟军，汪民.2003. 中国枣种植资源［M］. 北京：中国林业出版社.

刘玉升，郭建英，等.2000. 果树害虫生物防治［M］. 北京：金盾出版
　　社.

聂继云，等.2001. 我国农药残留国家标准［J］. 中国果树（4）：47-49.

农业部全国土壤肥料总站肥料处.1990. 肥料检测使用手册［M］. 北京：
　　农业出版社.

曲泽州，王永蕙.1993. 中国果树志：枣卷［M］. 北京：中国林业出版
　　社.

任国兰，等.1995. 枣树病虫害防治［M］. 北京：金盾出版社.

申连英，张学英，等.2009. 鲜枣高效栽培技术［M］. 石家庄：河北科学
　　技术出版社.

史玉群.2001. 全光照喷雾嫩枝扦插育苗技术［M］. 北京：中国林业出版
　　社.

王红旗.2008. 金丝小枣无公害标准化栽培技术［M］. 石家庄：河北科学

技术出版社.

徐汉虹.2008.生产无公害农产品使用农药手册〔M〕.北京：中国农业出版社.

杨丰年，刘彩莉.1990.枣的栽培与加工〔M〕.石家庄：河北科学技术出版社.

赞皇老区建设促进会.2005.赞皇枣乡撷实录〔M〕.石家庄：河北科学技术出版社.

张格成.1995.果树农药使用指南〔M〕.北京：金盾出版社.

张光明.2000.绿色食品蔬菜农药使用手册〔M〕.北京：中国农业出版社.

张学英，师校欣，等.2008.设施果树高效栽培技术〔M〕.石家庄：河北科学技术出版社.

张友军，等.2003.农药无公害使用指南〔M〕.北京：中国农业出版社.

张志善，等.2004.枣无公害高效栽培〔M〕.北京：金盾出版社.

浙江农业大学，等.1979.果树病理学〔M〕.上海：上海科学技术出版社.

周俊义，刘孟军.2007.枣优良品种及无公害栽培技术〔M〕.北京：中国农业出版社.

周双辰.1993.赞皇金丝大枣〔M〕.石家庄：河北科学技术出版社.

周正群，等.2002.冬枣无公害高效栽培技术〔M〕.北京：中国农业出版社.

图书在版编目（CIP）数据

枣生产配套技术手册/周正群主编．—北京：中
国农业出版社，2012.7
（新编农技员丛书）
ISBN 978-7-109-16911-1

Ⅰ.①枣…　Ⅱ.①周…　Ⅲ.①枣－果树园艺－技术手
册　Ⅳ.①S665.1—62

中国版本图书馆CIP数据核字（2012）第131698号

中国农业出版社出版
（北京市朝阳区农展馆北路2号）
（邮政编码 100125）
责任编辑　贺志清

中国农业出版社印刷厂印刷　新华书店北京发行所发行
2012年10月第1版　2012年10月北京第1次印刷

开本：850mm×1168mm 1/32　印张：15.375
字数：380千字　印数：1～6 000册
定价：30.00元
（凡本版图书出现印刷、装订错误，请向出版社发行部调换）